My 3

à Yann maman
Joyeux Noël 2004

Autobiographie d'un virus

*Ce livre n'est pas contagieux...
Mais vous pouvez le transmettre*

Elici NATAF

Le livre n'est pas utopique...
Mais un grand la descente.

Éric MARTIN

Éric NATAF

Autobiographie d'un virus

© Odile Jacob, août 2004
15, rue Soufflot, 75005 Paris

www.odilejacob.fr

ISBN 2-7381-1447-4

Le Code de la propriété intellectuelle n'autorisant, aux termes de l'article L.122-5, 2° et 3° a, d'une part, que les « copies ou reproductions strictement réservées à l'usage privé du copiste et non destinées à une utilisation collective » et, d'autre part, que les analyses et les courtes citations dans un but d'exemple et d'illustration, « toute représentation ou reproduction intégrale ou partielle faite sans le consentement de l'auteur ou de ses ayants droit ou ayants cause est illicite » (art. L. 122-4). Cette représentation ou reproduction, par quelque procédé que ce soit, constituerait donc une contrefaçon sanctionnée par les articles L. 335-2 et suivants du Code de la propriété intellectuelle.

Pour Isabelle

ESPRIT

Nous sommes primitifs.
Primitifs.
Nous sommes anciens.
Nous étions là avant vous ; nous vous survivrons.
Nous ne sommes pas vivants ; nous ne sommes pas morts non
plus. Nous nous situons entre deux rives, installés là, au confluent
de l'inerte et de l'animé.
C'est vrai : nous hésitons à choisir notre camp. Même lorsque
notre engagement paraît total, nous ne nous prononçons pas.
Nous sommes simples ; très simples.
Nous n'avons pas d'avant, pas d'arrière ; pas d'endroit, pas
d'envers. Sous tous les angles, nous sommes
les mêmes, désespérément semblables ; identiques jusqu'à la
nausée, jusqu'au non-sens.
Tant de monotonie pourrait inspirer l'indifférence ;
nous pourrions même passer pour des innocents.
Mais que nul ne s'y trompe ! Nous sommes
des prédateurs.
Nous savons comment semer la mort et le chaos,
çà et là, au gré de nos rencontres.

FIN

Julia est morte. Je l'ai accompagnée hier là où il fallait. Ils m'ont autorisé à le faire.

Nous étions seuls, mon fils et moi. Enfin, quand je dis mon fils, c'est une vue de l'esprit. Tous se sont éteints peu à peu, pétales d'une marguerite funeste ; tous ont trouvé la mort dans des conditions étranges, brutales ; le dernier d'entre nous a disparu il y a des années maintenant. Aussi étaient-ils nombreux, les fantômes des anciens collègues, des amis, à flotter au-dessus de l'excavation brune ; ils étaient là.

Je la rejoindrai moi-même bientôt. Perclus de rhumatismes, rongé par ce mal incurable, me voici seul. Je rôde, je furète. Je tourne dans cette maison où nous avons vécu ensemble tant de moments forts. Ma compagne est morte.

Et dire que je croyais la connaître, l'intime connaissance d'un époux, d'un ami. Foutaises !

J'ai mis de l'ordre dans ses affaires, classé, archivé sa vie. J'ai fait des petits tas d'elle. Et puis je suis tombé sur cette liasse de papiers jaunis ; j'ai lu, j'ai lu ; au début, je pensais avoir affaire à un quelconque journal d'adolescente ; la trace d'un amour de jeunesse dont elle aurait conservé les reliefs. Mais non. Page après page, ma lecture s'est faite plus avide ; des carnets intimes ; ceux d'un homme ; d'un homme, enfin, si l'on peut dire.

C'est alors que mon regard a croisé une écriture différente, la trace de quelqu'un d'autre, une personnalité multiple, mais unique, un être regroupé, voilà le terme adéquat. Des pensées ; presque des codes ; des phrases formulées de manière étrange, non datées, l'Esprit du Mal, on peut le dire ; je préfère ignorer de qui sont ces lignes, ou plutôt je préfère ne pas me l'avouer. Car je pressens l'indicible ; cette écriture ne m'est que trop familière.

Ma vie s'échappe par mes orifices. Mon passé m'appartient moins que je ne l'aurais pensé ; non, je n'ai jamais rien compris au sens réel de cette histoire, pourtant véritable pierre de Rosette de mon existence.

Il y a plus grave, cette impression d'avoir vécu cinquante ans avec une inconnue.

Je ne suis pas écrivain ; on peut même dire de moi que je suis l'inverse. J'ai toujours écrit pour démontrer, prouver, contredire. Jamais pour conter, laisser penser sans dire. Le scientifique évolue dans l'utile, il traque le mystère à la lampe forte, l'inconnu l'effraie, il le nie.

Mais dois-je pour autant m'interdire de me lancer dans l'énoncé des faits, du récit de ce moment où tout s'articule, de cette brève période juchée en haut du troisième millénaire et qui regarde en direction du futur d'un œil glauque ?

Je ne vais pas me laisser mourir sans émettre un cri. Mon témoignage, une bouteille lancée par-dessus le bord d'un rafiot coulant, un ultime espoir à l'intention d'improbables survivants, des êtres ancienne formule. Non content d'être seul, me voilà Unique.

C'est vrai, cette histoire concerne l'humanité, ou tout au moins ce qu'il en reste. Ses ramifications m'apparaissent enfin dans toute leur complexité ; les éléments manquants se mettent progressivement en place dans ma pensée restante.

Je n'ai plus que quelques mois à vivre ; peut-être une année. Ils ne m'ont laissé comme compagnon que ce vieil ordinateur des années 2030. La maladie touche maintenant mon larynx, et le système de dictée vocale ne reconnaît même plus ma voix. Je ne peux plus émettre de vibration, le Net est déconnecté. Silence. Il ne me reste que mes doigts violacés, mon cerveau usagé, et ce clavier dont la touche « effacer » a renoncé.

Mais je vais le faire. Même si je dois souffrir, même si je suis jaloux par-delà la tombe. Même si je dois reconstituer des scènes auxquelles je n'ai pas assisté, redonner la vie à des sentiments qui ne sont pas les miens. Même si je sais qu'Il écrasera les données.

Parce que je n'ai plus rien à perdre.
Parce que je n'ai plus rien.

Paris, novembre 2050.

PREMIÈRE PARTIE

MAX

MAX

« Au carillon, il sera 7 heures. Le journal avec Patrick Ulmer. »
« Visite officielle à Paris ; le Premier ministre britannique sera reçu à déjeuner à l'Élysée. Ce minisommet devrait avoir raison de la crise latente qui couve entre les deux pays depuis près d'un an : divergences chroniques concernant les politiques étrangères, et surtout empoisonnant dossier de la vache folle, dont les récentes péripéties viennent d'envenimer de nouveau les relations. Mais la question qui inquiète le plus les deux capitales est celle du bioterrorisme, la menace venue du Proche-Orient se précisant d'autant plus après les tracts reçus récemment par Scotland Yard et suite à la récente fausse alerte dans le métro de Londres. Notre envoyé spécial, James Anglade, est en direct de Roissy... »

Voici, à quelque chose près, quelles étaient les nouvelles, en ce matin de mai, année de mes 30 ans. J'ouvre un œil ; 7 heures 02 ; une fois de plus, j'ai calculé trop juste. De toute manière, je n'ai jamais été du matin. Même à présent, je ne me résigne pas. J'ignore la plupart des vieillards de mon âge, levés à l'aube et errant sans but, attendant le soleil comme un nouveau sursis, se heurtant dans la pénombre à leurs souvenirs. Aujourd'hui, malgré le poids des ans, je ne rechigne pas au plaisir d'une grasse matinée. Pourquoi se lever ?

L'impétuosité de la jeunesse me fit me redresser d'un coup. Une journée encore vierge et déjà en retard. J'avais eu une nuit agitée, emplie d'inquiétude et de mauvais rêves. J'aurais dû regarder l'insomnie en face. Regrets, amertume. J'aurais pu retoucher mes notes, écrire un paragraphe de plus, que sais-je, me mettre en condition. Mais je n'étais qu'un misérable velléitaire, un épouvantable flemmard, un paresseux contrarié. Et puis, je dois l'avouer, cette stupide et inébranlable confiance en moi m'avait inéluctablement maintenu rivé au lit. J'affrontais avec les moyens du bord cette culpabilité flottante. De toute façon, il était trop tard.

À côté de moi, une place vide, froide ; Julia était partie. Elle m'avait quitté peu de temps auparavant, ce devait être en avril. Bon débarras ! Durant les derniers mois de notre liaison, la vie était vraiment devenue impossible. Nos antagonismes, au départ moteurs, s'étaient finalement retournés contre nous. Je me souviens d'avoir participé, non sans un certain cynisme, à la détérioration, rajoutant çà et là un peu d'huile sur le feu. Quand j'y repense, j'ai dû tirer quelque jouissance de ce naufrage. J'y ai sans doute laissé quelques plumes, la première morsure de la vieillesse, déjà. Qu'importe à présent. Tout me semble si dérisoire, seule la description du cataclysme que nous allions traverser compte. Finissons-en : ce fut Julia qui prit l'initiative de la rupture, je ne fis rien pour la retenir.

Je travaillais alors au CECOS* de l'hôpital Necker, à l'endroit même où se dresse actuellement l'austère bâtisse du musée des Enfants. J'avais accédé depuis peu au poste envié de chef de travaux. Je me rappelle ce jeudi du mois de mai comme si je venais de le vivre. La mémoire ne respecte rien, pas même le temps. L'Angleterre venait à Paris ; j'allais à Londres. Moi, Maxime Journo, Max pour les intimes, jeune biologiste tout juste sur le point de perdre son pucelage scientifique, j'étais convié à un symposium ultra-secret. Ma mission : exposer devant l'élite internationale des spécialistes du sperme les résultats de mois de travail, d'observations et de recoupements. J'avais déjà une petite habitude des congrès, ce mal nécessaire, comme se plaisait à dire Willy Cleg, un collègue. Habituellement, on n'y apprenait pas grand-chose, car rares étaient les communications qui n'avaient pas fait l'objet de publications préalables. L'ennui y régnait en maître, on y croisait toujours les mêmes équipes, les mêmes egos qui se pavanaient.

La réunion à laquelle on m'avait convié était d'un tout autre genre. Elle promettait même d'être tout à fait insolite. C'était bien la première fois que j'entendais parler d'un congrès qui se déroulerait à huis clos, sans le moindre journaliste scientifique ou délégué pharmaceutique à se mettre sous la dent. Difficile de me replonger dans cet état d'esprit qui était alors le mien, mais je crois que j'étais terriblement excité, un mélange de trac et de vanité. En fait, je n'avais pas réellement conscience du séisme que j'avais entraîné dans le petit landernau du sperme. Alors que l'humanité se fissurait, je n'avais en tête que l'honneur qui m'était fait. Pourtant, en ce début de troisième millénaire, les chiffres parlaient déjà d'eux-mêmes. Il suffisait de s'y intéresser, de savoir observer. Mais seul un cercle savait, un cercle dont le diamètre ne renfermait que quelques initiés. Et c'était moi, jeune universitaire prétentieux, qui avais découvert l'innommable. Je n'étais qu'un nouveau-né biologiste, vagissant au milieu de ses paillettes de sperme, et déjà j'allais connaître le baptême du feu, la consécration. Quelques heures encore et je sorti-

---

* CECOS : Centre d'études et de conservation des œufs et du sperme.

rais de l'ombre. J'étais à un âge où les titres s'érigeaient en muraille de respect. J'ai compris depuis leur valeur relative.

Je passai dans la salle de bains, rasoir à la main, traînant comme à mon habitude ce bon vieux transistor hérité de mon enfance. Le bougre est toujours en parfait état de marche, mais la fabrication des piles a été arrêtée aux alentours des années 1925. Une cessation définitive.

Je croisai mon reflet dans le miroir. Quand je contemple, avec un regard non dénué d'une certaine cruauté, la ruine que je suis devenu, j'ai du mal à y retrouver inscrits en filigrane les traits du majestueux jeune homme que j'étais alors. Mes chairs s'étant retirées comme une mer à jamais basse, je ne devine plus sous ma peau tendue que le squelette facial de mon grand-père paternel. Mes ancêtres me rattrapent.

Mais j'avais alors 30 ans, ne l'oublions pas, et m'abandonnais tous les matins à quelques minutes d'un voyeurisme troublant. Je recherchais déjà les premiers stigmates du temps. Alors qu'à présent je peine à reconstituer le passé, je m'amusais alors à anticiper l'avenir.

À 30 ans, on habite encore imparfaitement son image. On hésite à prendre possession d'une ride, à s'introduire dans une pomme d'amour. Moi, j'avais tous les matins l'impression de me retrouver face à un étranger particulier, un inconnu intime. C'était donc moi, ce corps débarrassé de ses attributs sociaux et professionnels, ce corps sans blouse ni cravate, ce volume habité par mon endroit.

Et puis l'inspection commençait, objective et complaisante : de légers cernes soulignaient déjà mes yeux marron, et des ridules apparues récemment sur mes paupières convergeaient vers la racine du nez : ce sont aujourd'hui de véritables crevasses desséchées, canyons fossiles de mes expressions favorites. Des lèvres pleines, légèrement gercées en ce début de printemps, étaient là pour témoigner de mes difficultés à appréhender les changements de saison. Mais mes traits d'alors étaient plastiques. Malgré la gravité du jour, j'exécutai quelque grimace dantesque, afin de m'en assurer. Le sperme lui aussi grimaçait, alors !

Venons-en aux faits ; la radio, une info mit mes tympans sous tension.

« Baisse de fécondité dans les pays développés ; l'inquiétude va croissant. La fertilité masculine n'a cessé de se détériorer au cours de ces vingt dernières années. L'utilisation accrue des pesticides dans l'agriculture pourrait être à l'origine d'une baisse de la qualité du sperme. Ceux-là, concentrés dans les fruits et les légumes, auraient sur les testicules une action proche de celle de la pilule ; les hommes seraient en quelque sorte féminisés. Le chromosome Y, apanage du mâle, pourrait d'ailleurs bientôt disparaître. D'autres hypothèses sont également envisagées, telles que l'importante augmentation de la consommation d'hormones par les femmes. La généralisation du traitement de la ménopause et l'utilisation sans cesse accrue de la pilule contraceptive entraîneraient une augmentation de la quantité de produits hormonaux dissous dans l'eau. Ces résidus, voyageant par voie urinaire, transiteraient par les stations d'épuration avant de se retrouver dans l'eau du robinet. Nous donnons bien sûr ces informations au conditionnel, mais si elles étaient confirmées, il faudrait certainement opérer des modifications dans notre mode de vie, afin de sortir de ce "tout-hormonal". Nul ne peut encore apprécier les conséquences à long terme d'une détérioration importante de la natalité. Passons maintenant à notre page sportive. Une nouvelle législation antidopage... », etc.

« Dieu bénisse les ignorants », ronchonnai-je, la brosse à dents bloquée entre mes mâchoires, et mon esprit d'explorer pour une raison inconnue mes souvenirs cinématographiques, une scène de *La Mort aux trousses*. Cary Grant se tient debout sur le bord d'une route, au milieu des champs ; l'atmosphère dépouillée entretient l'attention du spectateur ; il va se passer quelque chose. L'horizontalité de la terre, l'utilisation d'un grand-angle focalisent l'attention. Le danger doit émerger de ce nulle part des routes. Personne ne remarque ce point noir à peine dérangeant, ce bourdonnement insignifiant qui égratigne le ciel. Erreur, le mal va frapper à la verticale. La maladie de la vache folle ou même le Sras, qui faisaient encore régulièrement les beaux jours des manchettes, n'étaient rien par rapport à ce qui se dessinait derrière cette baisse de qualité du sperme. La vache folle arrivait par la route, mais le sperme étrange, lui, s'abattait du ciel. La vache folle contre la vache rousse, troc bancal. C'était nous qui allions avoir la mort aux trousses.

Moi, Max Journo, je savais. Les informations données par Patrick Ulmer n'étaient que partielles ; il se passait quelque chose de bien plus grave. Une maladie inconnue venait de voir le jour ; et Patrick Ulmer l'ignorait.

Assis dans mon fauteuil club, une tasse de café à la main, mon regard s'immobilisa sur un cadre, posé sur le piano noir : mes trois neveux photographiés sur un manège, en vacances au Portugal. Je fus alors envahi, je m'en souviens très bien, par une impression fugitive : celle de contempler les derniers représentants de l'espèce humaine.

DÉCOUVERTE

Les manifestations anormales avaient commencé un peu plus de deux ans auparavant. Je venais de passer six mois de stage au Bénin. Avoir vécu au sein d'un univers si différent du mien avait peut-être exacerbé ma sensibilité : j'étais réceptif à certains détails ; j'étais prêt.

Au départ, ce n'était d'ailleurs rien de plus qu'une impression confuse, une intuition. Nous avions toujours eu, dans nos statistiques, quelques cas de couples stériles avec tests de fécondité strictement normaux ; nous n'avions pas d'explication convaincante. Personne n'en avait, d'ailleurs. Nous mettions cela sur le compte d'une incompatibilité masculin-féminin à l'échelle cellulaire. Quelque découverte à venir dans le domaine de la biologie moléculaire, un os à ronger pour les futurs chercheurs.

Pourtant, à partir de cette époque, nous avons assisté à la multiplication de ces « curiosités ». Lorsque tout le scepticisme ambiant eut fini d'être consommé, il fallut bien admettre l'évidence : le pourcentage de tels couples était devenu vraiment élevé. Nous étions même presque parvenus au baptême d'un nouveau sigle : le Costefen, ou quelque chose d'approchant... Un constat s'impose : un mort-né, qu'on se rassure, le vrai dénominatif viendrait plus tard. Un détail, quelque chose d'anormal nous avait échappé.

Pendant près de deux ans, nous avons piétiné ; il faut dire que le sujet ne passionnait pas particulièrement le CECOS ; officiellement, ce n'était pas un objectif prioritaire ; nous avions tant à faire avec le commun des couples stériles ; j'en avais parlé plusieurs fois à Fron, le chef de service ; il traitait le problème par le mépris : « Vous avez mieux à faire, Max ; concentrez-vous plutôt sur les oligo-asthénospermies. » Sa voix faussement protectrice me cajole encore.

À sa décharge, Fron n'était pas le seul dans ce cas ; je n'avais alors noté que deux ou trois publications d'importance sur ces « stérilités à sperme normal » : la gent scientifique est souvent longue à la détente et a du mal à considérer que la normalité puisse être anormale. Chez nous, le nombre des maladies existantes fait l'objet d'un quota tacite. Il nous faut du temps pour admettre qu'une nouvelle affection est née. Le plus difficile est certainement le regroupement de cas *a priori* dissemblables en une même entité, un unique syndrome.

En ce mois de novembre pourtant le temps était venu : mon premier cas témoin.

C'est arrivé par hasard, j'étais convié à une soirée comme il y en avait des tas à l'époque, genre anniversaire coincé, quelque part en grande banlieue, à l'ouest de Paris. Très vite, je dus dresser un constat, celle qui m'avait invitée n'était pas là, et je ne connaissais que deux ou trois personnes, et encore, de vue seulement. Je m'assis donc dans un fauteuil à l'écart, attrapai un *Blake et Mortimer* dans une bibliothèque ma foi bien pourvue. Impossible de me concentrer, jupes hautes, regards ascendants, bref, testostérone. C'est alors que j'aperçus Céline, une ancienne amie de fac ; nous avions eu une liaison furtive, quelques escarmouches entre deux gardes. Un homme était debout près d'elle, à l'évidence un amant, un mari. Dire que nous nous tombâmes dans les bras serait un peu fort, néanmoins j'éprouvais un réel plaisir à la revoir ici, dans cette atmosphère anonyme. Je déteste parler travail hors du travail, mais par une série de glissements successifs, nous en vînmes à nous demander ce que nous étions devenus, ce que nous faisions ; Céline était médecin dans une grande entreprise lyonnaise ; elle s'était mariée deux ou trois ans auparavant. Dès que je leur appris ce que je faisais, je sentis la conversation prendre un tour embarrassé. Céline et son mari échangèrent quelques regards incitatifs. Mon ex plongea.

« Max, nous avons besoin d'un conseil.

— Oui ?

— Eh bien, voilà : Gaspard et moi, nous n'arrivons pas à avoir d'enfant. »

Un peu décalé au milieu des petits-fours et des coupes de champagne, notre trio se concentra soudain en un îlot de gravité dans une mer frivole.

« Vous êtes suivis quelque part ? avançai-je.

— Au CECOS de Lyon. On me dit qu'il n'y a aucun problème, j'ovule tout à fait normalement, le sperme de Gaspard est parfait. Mais voilà : rien. »

Rides de dépit, un peu de collagène cassé sur le visage de ma copine. Nos échanges avaient pris le ton cru des discussions entre médecins qui se considèrent comme leurs propres patients. Dans la bouche de Céline, le trait m'apparut pourtant forcé.

« Vous êtes à Paris pour longtemps ?

— Nous restons la semaine.

— Si vous avez un peu de temps, passez me voir à l'hôpital ; nous ferons réaliser un ou deux tests complémentaires sur votre sperme, et je peux me faire envoyer votre dossier par e-mail, avec votre accord. »

Je me mis au travail dès le lendemain matin. Le dossier transmis était un fichier de type CECOS standard : spermogramme normal, glaire du col utérin fluide ; pas de trace d'infection, etc. Céline et son mari devaient débarquer en début d'après-midi. J'avais dans l'idée de réaliser sur le sperme de Gaspard une étude en microcinématographie, technique apprise en préparant ma thèse.

Le couple arriva, visiblement tendu. Dans cette atmosphère si différente de celle de la veille, je regrettais presque de leur avoir dit de venir. Leur vie privée était soudain devenue vie intime. Je devais paraître faussement enjoué, j'en faisais trop. J'introduisis Gaspard dans la salle de prélèvement, une pièce de six mètres carrés avec un canapé de velours rouge pour détendre l'atmosphère. Quelques revues, étalonnées de l'érotique au pornographique, étaient empilées sur la table basse. Glauque, mais efficace. J'avais un peu honte de leur faire subir cela, mais dans les CECOS, les couples n'ont pas le droit de se faire du bien. Trois minutes plus tard, je disposai de la précieuse gelée, pas encore liquide.

J'introduisis le sperme dans l'appareil, déclenchai la caméra ; les spermatozoïdes apparurent, filmés à une cadence de cinquante images/seconde. J'étais dans mon élément. Les têtards filaient droit devant ; mouvement d'ensemble rectiligne. Rien à signaler.

Comme à mon habitude, je repassai la séquence au ralenti, sans illusion. J'avais déjà opéré ainsi des centaines de fois ; lorsque je ne détectais rien sur le mouvement d'ensemble, je ne trouvais généralement rien non plus sur l'analyse plus fine. Comme pour n'importe quel sperme, l'avancée rectiligne de la meute spermatozoïdienne émise par Gaspard était en fait la résultante de mouvements beaucoup plus complexes ; je zoomais sur une cellule au hasard, un monsieur Tout-le-Monde. Ce spermatozoïde « ordinaire » effectuait au ralenti une danse dégingandée sans logique apparente ; j'observai attentivement la trajectoire de la tête de la cellule anonyme, avec son mouvement de balancier de droite et de gauche caractéristique, entrecoupé de révolutions complètes ; sans fausse modestie, peu de monde au CECOS s'y connaissait aussi bien que moi dans la mobilité des gamètes masculins : j'étais ce qu'il est convenu d'appeler un microspécialiste.

Mon regard se porta ensuite sur les dandinements du flagelle, chargé de la propulsion. Quand je pense au temps que j'ai mis à modéliser l'onde animant ce véritable gouvernail, avec ses changements de plans incessants ! Mes investigations restèrent vaines ; le spermatozoïde témoin avançait en tournant sur lui-même : une toupie, comme tous les autres.

Alors survint la coupure électrique ; juste une interruption de quelques secondes, sans doute le temps minimal pour que le groupe électrogène prenne le relais. La microcaméra n'apprécia pas, je dus la rallumer plusieurs fois avant de rétablir un fonctionnement habituel. Lorsque mon spermatozoïde témoin réapparut, lui ou un autre, quelle importance, il n'était plus le même : il était malade.

À la racine du flagelle, au niveau de la pièce connective, était apparue une anomalie, une sorte de rigidité ; on eût dit que le spermatozoïde avait la « nuque raide ». Je crus tout d'abord qu'il s'agissait d'une erreur, d'un artefact. Encore quelques minutes auparavant, et j'aurais donné sans hésitation à ce sperme le « permis de féconder ». La coupure électrique avait dû mettre la vidéocaméra HS. Je remis l'appareil de nouveau plusieurs fois en marche. Rien à faire. L'anomalie persistait, têtue, énigmatique. Le pire était que tous les spermatozoïdes de la préparation présentaient la même aberration. Je passais encore quelques minutes à analyser le sperme de Gaspard, avant de décider de changer d'appareil. Une autre microvidéocaméra était installée dans le bureau d'à côté. Natacha, mon *alter ego* dans le service, ne verrait sans doute pas d'inconvénient à ce que je la lui emprunte. Soulagement ; son appareil me révéla un sperme redevenu normal. Magique !

Ce « miracle » me laissa toutefois dubitatif. Je revins sur mes pas ; ma caméra était restée allumée. Et, soudain, l'explication m'apparut ; là, sur la tranche de l'appareil, la vitesse de défilement de bande, le voyant lumineux indiquait le chiffre 4. Personne n'avait l'habitude de travailler à de telles vitesses. Je compris par la suite à quel point le « hasard » m'avait favorisé. La coupure avait déréglé l'allure.

En actionnant moi-même la molette, je me rendis compte que l'anomalie n'apparaissait ni à vitesse 2 ni à vitesse 6. Seul le « nombre magique » 4 était permissif. Moi qui croyais avoir dressé l'inventaire de toutes les variations possibles de mouvement des spermatozoïdes, je n'avais jamais rien observé de tel.

Dubitatif, mais pressentant que j'avais percuté quelque iceberg, j'allais chercher Natacha.

Natacha… Quand je repense aux circonstances de ta mort ! Tu étais à l'époque une jeune femme impertinente et sexy, à la silhouette souple et fluide. Tu m'avais accordé plusieurs fois les faveurs de ton corps, au début. Au moment où commence cette histoire, nous fonctionnions sur le mode d'une amitié amoureuse résiduelle, émaillée de quelques savoureuses rechutes. Natacha entretenait depuis peu une liaison avec un individu dont les activités se situaient aux antipodes des nôtres, un garagiste sanglé de cuir et de cambouis ; elle n'était pas un modèle de fidélité.

Ma collègue analysait des spermogrammes au labo principal. Je la tirais littéralement par la blouse : « Tu finiras plus tard, viens. »

Natacha était du genre réactif. Ses yeux s'ouvrirent ; les amandes se changèrent en sphères ; je me souviens de ses mots : « Qu'est-ce que c'est que ce truc ? » Puis nous avons passé le sperme de Gaspard sur toutes les caméras du service disponibles, les reparamétrant à la vitesse 4. Les résultats étaient homogènes et identiques : le « syndrome de stérilité acquise » était né.

Il devait être aux alentours de 14 heures ; pas question d'aller déjeuner ; nous avions la fièvre ; le sentiment d'avoir touché du doigt l'inconnu, quelque maladie rare. Car franchement, à ce stade, j'étais persuadé que le cas de Gaspard n'était qu'un cas isolé, un futur syndrome à nom propre, une maladie orpheline.

Nous décidâmes donc de garder le secret, par peur du ridicule, crainte d'un leurre. Nous devions valider cet embryon de découverte. Il nous fallait du sperme, vite. Soudain pris d'une frénésie aux accents sadiques, nous nous précipitâmes sur les paillettes étiquetées « stérilités à sperme normal », des cas *a priori* comparables à celui de Gaspard. Nous passâmes quelques paillettes en revue, au hasard, puis d'autres, puis d'autres encore ; notre excitation fébrile se teinta vite de désarroi. De rareté, point. Des nuques raides en pagaille ; une invasion. Identifier l'anomalie était devenu presque un jeu d'enfant. Comment avions-nous pu voir défiler durant tous ces mois ces milliards de spermatozoïdes rongés jusqu'au trognon sans rien avoir jamais remarqué ?

Nous passâmes la soirée à dresser un bilan préliminaire. Sur tous ces spermes réputés normaux, en attente pour la plupart d'insémination, nous avions un pourcentage ahurissant de rigidité. Aux environs de 11 heures du soir, nous pûmes tirer nos premières conclusions : nous avions affaire à un mal inconnu, une affection qui s'était installée incognito, qui avait tissé sa toile à l'insu de tous. Il nous faudrait prendre le train en marche : les spermatozoïdes raides occupaient déjà beaucoup de compartiments.

La semaine fut mouvementée, éprouvante : divulgation des premiers résultats dans le service, incrédulité du patron, quolibets des résidents. Révision technique de tout le matériel vidéo du service, en vain. Démonstrations pied à pied, épuisantes. Premières réunions, premiers débats ; premiers e-mails, cryptés. La réalité de la nouvelle maladie s'installa dans l'esprit de quelques initiés.

Mois après mois, dans le monde entier, des points rouges s'allumèrent : les foyers de dissémination de l'affection. Très vite, nous nous retrouvâmes dans l'universel. Mais la plupart des esprits se fermèrent. Malgré les faits pourtant têtus, l'homme a toujours du mal à admettre l'émergence d'une nouvelle maladie. Les scientifiques sont trop occupés à traiter les affections déjà connues, englués dans leurs conservatismes. Les politiques dorment, traînent les pieds, peu informés, mal conseillés. Comment ne pas repenser au dossier du sang contaminé, qui a empoisonné la fin du XXe siècle et le début du nôtre ?

Le mécanisme de la stérilité fut quant à lui rapidement élucidé. La rigidité des spermatozoïdes les empêche de « négocier le virage de la trompe », la femme ovule en vain. La rencontre entre les deux gamètes n'a jamais lieu, les spermatozoïdes regardent droit devant eux, taureaux obstinés. Ils foncent dans le mur, le mur de l'utérus. N'en trouvent jamais la sortie.

Et s'épuisent ainsi pendant les quelques jours de leur courte vie.

CATIMINI

Je garai la Saab sur le parking du CECOS, feux de détresse allumés. J'étais en retard, il pleuvait. Petites foulées en direction de l'entrée du bâtiment. Il avait dû se passer quelque chose : des voitures estampillées des sigles des principaux médias étaient garées devant l'immeuble, éparpillées dans la cour : je pensais à autant de spermatozoïdes morts – un réflexe. Fron était comme une marmite avec un couvercle soudé : la presse, mon absence de ponctualité, la rotation inéluctable des aiguilles de sa Rolex, son ulcère... Par prudence, je pénétrai dans l'immeuble par un petit escalier de service, grimpant directement au premier étage, évitant ainsi le vaste hall 1930.

Je poussai la porte du bureau professoral. Fron attendait, debout, nerveux, regardant la cour ; il fit volte-face. Son corps massif, court sur pattes, se dressa devant moi, remuant la queue : un rhinocéros.
« Bonjour Max, je vous attendais.
— Bonjour monsieur, je suis venu chercher les paillettes. »
Fron fut direct.
« Max, rendez-vous compte ! Vous serez le seul à représenter nos couleurs à Londres. »
Temps d'arrêt. Il se demandait sans doute s'il devait s'engager plus avant sur la voie du savon. Mais, ce jour-là, il avait visiblement décidé de prendre sur lui.
« J'ai jeté un coup d'œil à la maigre liste des participants ; chapeau ! Le gratin du sperme mondial, vous serez le seul Français. Attention, le terrain sera miné. »
J'avalai ma salive. Le trac, un paramètre avec lequel il me faudrait composer. J'eus envie de répondre : « Pourquoi moi ? » Le vieux ne m'en laissa pas le temps.
« Ne vous en faites pas, Max. Vous possédez bien le sujet, c'est vous qui avez débusqué le lièvre, c'est à vous d'y aller. D'ailleurs, l'invitation est à votre nom. »
Compliment ? Jalousie ? Faux-semblant ?
« Un conseil : ne vous laissez pas déstabiliser. Souvenez-vous de Chicago. »

Chicago, un cauchemar. Je m'étais fait démolir. Une attaque en règle de mon argumentation. Une communication de cinq minutes sur l'acrosome. Un professeur borné, malveillant. Un blitz, une honte. C'est un autre participant qui avait volé à mon secours.

« Je pense avoir pris de la bouteille, monsieur, depuis la fin de mon internat, et puis je crois que cette conférence au sommet tiendra plus de la veillée d'armes que du règlement de comptes. L'agressivité n'y sera pas de mise.

— N'en soyez pas si sûr. L'agressivité est toujours de mise, Max, entre écoles concurrentes. Derrière les scientifiques, des États s'affrontent.

— Cette maladie ne me semble respecter aucune frontière, monsieur.

— C'est bon, Max. Je connais votre laïus : des spermatozoïdes qui tombent comme des mouches, aucune cause décelable, pas l'ombre d'un traitement, une extension planétaire. »

Après m'avoir flatté, Fron essayait de me diminuer : ce type était une énigme.

« En tout cas, monsieur, une chose est sûre : si l'emprise de la maladie se confirme, vous allez devoir embaucher. »

Rétrospectivement, à sa manière de gérer cette affaire, je pense que Fron, en spermologue de la vieille école, ne croyait pas à une présence déjà aussi étendue du mal, malgré des chiffres pourtant accablants. Du haut de ma résidence sénile, je ne lui jette pas la pierre. Qui pouvait encore, en ce mois de mai, soupçonner ce qui se tramait ? Six mois après ma découverte, nous en étions encore réduits à des conjectures. Comment imaginer que cette anomalie si minime ait pu faire partie d'un vaste ensemble ? L'indéniable expérience de Fron lui faisait plutôt penser à un épiphénomène. Le patron était un homme du XXe siècle, son esprit n'était sans doute pas formaté pour concevoir ce genre de péril. Le CECOS sélectionnait des spermes triés sur le volet, à son avis peu représentatifs de la population générale.

Une borne dans son esprit, en dépit des projections statistiques. Voilà sans doute pourquoi il me laissait partir seul à Londres, en dépit de l'éminence de cet aréopage londonien dont la plupart des membres étaient ses amis. L'invitation en nom propre n'était qu'un prétexte. Le bougre n'était à mon avis pas loin de penser quelque chose du genre : « Après tout, qu'il défende ses idées. S'il a raison, bénéfice pour moi, s'il se trompe, ridicule sur lui. » Comme on peut le constater, Fron tenait à rester en bons termes avec lui-même. Et sa logique était assez primaire ; la culture du pare-chocs.

« Mon cher Max, votre retard chronique m'oblige à abréger ces adieux. Ne ratez pas votre train. Voici la mallette contenant les échantillons. Vous prendrez le Shuttle, Heathrow nous paraît moins sûr. Arrivé à la gare Victoria, vous vous rendrez en taxi au New Delhi Hotel, au 21 Cardery Street. C'est un hôtel de catégorie moyenne, histoire de ne pas attirer l'attention. Une chambre vous y est réservée. »

Je m'emparai de la mallette. Elle me parut lourde – de conséquences. Fron enchaîna.

« Évitez les journalistes ; l'hôpital en fourmille. Ils doivent se douter de quelque chose. Je donnerai tout à l'heure une brève conférence dans la salle de réunions, je tenterai de les embrouiller une fois de plus. Quant à vous, faites attention quand vous sortirez. Vous pourriez tomber sur un micro trop entreprenant. Il ne faut pas provoquer de panique, en tout cas tant que nous n'avons pas de certitude absolue. Bonne chance. »

Nous nous serrâmes la main ; la sienne était moite.

« Max, encore une chose.

— Oui, monsieur.

— Vous côtoierez à Londres les plus grands spécialistes du sperme, pour vous une occasion unique, pensez-y. Sachez nouer des contacts en vue de votre carrière future. Et puis, tant que vous y serez, tâchez de vous renseigner sur les principaux axes de recherche de nos concurrents. Vous serez sans doute le plus jeune : on ne se méfiera pas. »

Outré, mal à l'aise, je décidai de botter en touche.

« Je serai le 007 du sperme, en quelque sorte, dis-je avec un sourire hors de propos.

— Appelez ça comme vous voudrez, répondit Fron avec le sérieux qu'on attribue généralement aux papes, mais ne revenez pas bredouille. »

J'étais impatient de m'éclipser, ce discours m'insupportait. Le rhinocéros voulait me salir ; m'intégrer dans son système de pensée pourri. La vie ne m'avait pas encore compromis.

Avec ma mallette bourrée de sperme suspect, je me hâtai vers la sortie de secours, évitant une fois encore les journalistes.

Après mon départ, Fron rejoignit la salle de réunions, sans tarder, je suppose ; tout le gotha de la presse audiovisuelle attendait. Il avait l'habitude de ce genre de conférences. Depuis maintenant quelques années, le problème de la baisse de la fécondité du sperme revenait périodiquement sur le tapis. Puis l'actualité se tournait vers d'autres sujets et les gens oubliaient. Cette fois, cependant, il y avait foule. Des fuites ?

Je déposai l'attaché-case sur la banquette de ma voiture, sortis de l'hôpital par le portail de derrière, me retrouvai sur le boulevard du Montparnasse : des enfants se tenaient par la main, courant sur le trottoir, en route vers l'École alsacienne. Je tournai à gauche dans le boulevard Saint-Michel et pris la direction du nord.

CARNETS

7 octobre 1971

J'ai 4 ans, 1963, le 7 octobre. La grande maison coloniale, les bords de la rivière Lassa. L'Afrique, sa moiteur, le souffle de la rivière. Pestilence. C'est la fin de l'après-midi. Monjiha, la domestique berbère. L'attente, l'attente de Père, de Mère. Une inquiétude rampante qui croît lentement, par à-coups, avec ses périodes d'accélération, ses phases d'accalmie, ses accès de dramatisation. Des pleurs. Mes pleurs, l'intuition enfantine qu'il s'est passé quelque chose. Les bras de Monjiha, des bras qui rassurent. Des bras qui étouffent. Des coups sourds frappés à la porte en palissandre. Des hommes en blanc. Des chuchotements. Des sanglots. La sortie dans la boue. La pluie. Des trombes d'eau venues d'on ne sait où, il n'y a plus de ciel. L'hôpital de fortune, la grande case. Deux corps à terre, deux corps secoués de convulsions. Leurs visages sont boursouflés, couverts de pustules. Je les reconnais malgré le masque. Papa, maman. Vous vomissez, des flots de sang. Au revoir, au revoir mes chers parents. Monjiha me tire par le bras. Je reste accroché à celui de Père. Papa Bob. Je t'en supplie, ne m'abandonne pas. Mais que peut l'enfance ? Un dernier spasme, et ton corps ne t'appartient plus, déjà ton faciès vultueux regarde au-delà. Maman, elle aussi, m'a quitté.

SHUTTLE

J'étais alors dans mes années train. J'utilisais, chaque fois que c'était possible, le chemin de fer pour aller d'une ville à l'autre. Débarquer directement dans le vif du sujet, au cœur des cités, ça me plaisait. Les transports en commun, c'est un peu comme la fécondation, l'apologie du hasard, la possibilité de contacts avec des gens évoluant dans des sphères différentes de la sienne, l'éventualité de rencontres improbables. Marchant péniblement dans l'allée centrale, alternant faces et profils, croisements incessants, me voici telle la boule d'une roulette de casino, connaissant le numéro, ignorant la case. Mon regard, sautant de place en place, cataloguait les chevelures et les visages, classant et cassant, sélectionnant et élisant. Je préjugeais. Rien ne va plus, place 26, non-fumeur, fenêtre. Raté, un homme.

L'individu, la soixantaine écologiste et la peau jaunâtre, était penché sur des colonnes de chiffres, j'échapperais donc aux classiques mots croisés, encore très en vogue. L'homme se leva pour me laisser m'asseoir, tentant sans conviction la réduction d'un ventre proéminent. Je me glissai devant l'inconnu, comme au cinéma. Bilan prévisionnel : l'élu du jour était une sorte d'hurluberlu, point de vue critique sur la société, quelques principes rigides. Le regard, toutefois, dans le genre rebondi, indiquait une certaine fraîcheur d'esprit. Nous verrons.

Pour l'heure, je bandais mes neurones comme si j'avais sniffé. Les nerfs instables sous la peau, je m'enfonçais dans mon siège, serrant la mallette aux paillettes entre mes genoux. Pas dans le compartiment à bagages, trop risqué.

La navette chuinta : là-bas, au bout de la France, la mer. J'appréhendais un peu la traversée du triple boyau, sans doute quelque peur inconsciente de mourir englouti, mais cela valait mieux que les voyages en ferry de mon enfance, entre vapeurs de fuel et relents de vomi.

Le paysage commença à défiler. La banlieue nord et ses grands ensembles prématurément décatis. C'était de nombreuses années avant l'établissement des zones d'exclusion. Ma perception du réel déclina, mon esprit se mit à battre la campagne.

Je songeais bien sûr à ce congrès d'un genre inhabituel. Pourquoi un si grand secret ? Je n'en finissais pas de m'interroger au sujet de Fron.

En même temps qu'il me distinguait, tout se passait comme s'il m'avait mis entre parenthèses. Une sorte de fusible que l'on pourrait faire sauter en temps utile, si le vent tournait. Mais non, je devenais parano ! Pourtant, mes compagnons de travail avaient été tenus à l'écart. Le boss était le seul à savoir le lieu et le motif de ma destination. Certes, cette maladie, ces spermatozoïdes infirmes, c'était mon bébé, mon idée. Fron n'y comprenait pas grand-chose en définitive. Il avait au moins fait preuve d'une tacite clairvoyance. Il n'aurait probablement pas été capable de tenir la distance face à un auditoire « trié sur le volet », il le savait. Comment aurait-il réagi en apprenant, comme le coup de fil à mon copain Joe, l'Américain, le laissait entrevoir, que les résultats des analyses américaines concordaient ? Je ne pus réprimer une bouffée d'angoisse, une frayeur intestinale, j'avais besoin d'un tord-boyaux, pas d'un tortillard. Le Shuttle prit de la vitesse.

« Contrôle des billets, s'il vous plaît. »

Je tendis mon carton rectangulaire au sous-flic, coup d'œil routinier. Mon compagnon chercha le sien pendant un temps trop long, gesticulant comme s'il était assis sur une famille de tiques. Le titre de transport était plié en huit, enfoui dans l'une des poches de sa veste. Le képi cessa la rédaction du procès-verbal.

« Pas toujours évident de retrouver son billet sur commande.

— Un acte manqué sans doute, répondit le passager avec un haussement d'épaule, comme si cela allait de soi. Peur de l'autorité, envie d'être puni, allez savoir. »

C'était certainement sur un acte manqué que j'avais choisi l'option biologie au concours de l'internat des hôpitaux, alors qu'il suffisait de s'inscrire sur la liste d'attente pour obtenir médecine ou chirurgie. J'aurais pu être installé en ville comme la plupart de mes amis, comme Ygal, chirurgien esthétique de renom, ou André, radiologue qui n'arrivait toujours pas à couvrir ses frais cinq ans après l'ouverture de son cabinet. Et pourtant, même à présent, lorsque j'y repense, je me dis que ce n'était pas le hasard. Depuis ma première pollution nocturne, le sperme n'a jamais cessé d'être un problème pour moi. Il m'accompagne dans tous mes déplacements, il est avec moi. Je me souviens encore du choc ressenti, au lycée, lors d'un certain cours de sciences naturelles, quand j'ai appris que le liquide poisseux était vivant. Ces spermatozoïdes, individualités innombrables au sein d'un individu unique, avaient-ils une âme individuelle ? Cela a dû être une des premières questions métaphysiques à laquelle j'ai tenté de répondre, la dispersion des âmes dans la semence. Car, contrairement aux autres cellules du corps, celles-là sont animées d'un mouvement propre, comme si elles avaient chacune quelque mission individuelle. Le problème est toujours d'actualité.

Alors, lorsque l'option biologie s'est présentée, à l'issue de ces examens pénibles, l'occasion était trop belle. Mes amis ont mal compris ma décision. Selon eux, j'avais tout du médecin classique, à l'écoute de ses patients et à la recherche du meilleur traitement ; que j'aie voulu consacrer ma vie à l'observation de cellules, même mobiles, les a toujours laissés perplexes. Ils ne connaissent pas mon passé, mon secret.

Mes amitiés estudiantines, hasard et nécessité. La relation la plus marquante, celle qui a peut-être joué le rôle le plus important dans la construction de ma personnalité, ne s'est nouée au départ que pour des raisons de commodité. Après la publication des résultats du concours d'entrée en médecine, Benjamin et moi étions les seuls rescapés d'une bande de copains au demeurant fort disparate. Il était venu me voir à la sortie du café où nous avions arrosé l'événement. Il avait dû répéter son texte, car il s'adressa à moi d'un ton cérémonieux :

« Max, nous sommes les derniers des Mohicans ; nous allons faire nos études ensemble ; nous allons être amis. »

Cette intrusion m'avait mis mal à l'aise. Mais une certaine angoisse de la solitude, doublée d'une solide tradition médicale – tout étudiant se devait d'avoir un compagnon de « sous-colle » –, avait fait le reste. Ainsi, moi, Max, solitaire et inachevé, j'ai fini par rechercher la compagnie de Benjamin, pragmatique et social. Recherche d'un frère ?

Notre union a duré près de sept ans ; Benjamin était plus qu'un compagnon de travail. Pourtant, comment dire... ? Ce n'était pas tout à fait un ami. Notre relation se nourrissait du quotidien, nous la vivions au présent. De fait, lorsque s'acheva le temps des études, nos rapports se sont tout naturellement distendus ; lorsque débute ce récit, je ne l'avais plus que de temps à autre au téléphone. Mais le lien ténu qui nous unissait encore devait tragiquement se rompre.

CARNETS

3 novembre 1971

Les odeurs. L'âcre odeur de la chair humaine calcinée, grillades funèbres. Des charniers incandescents allumés çà et là, dans l'urgence. Les survivants atterrés qui s'improvisent pyromanes. Veillées macabres, épouvantables feux de camp, autodafés charnels. Et puis la peur, celle de la contamination qui se lit sur le visage des survivants. Une peur stérile. Car Ils envahissent qui bon leur semble. Ils savent qui choisir, qui tuer, qui épargner. Le hasard n'est qu'apparent. Ils s'amusent.

L'ÉNERGUMÈNE

Mon voisin bouscula mon passé d'un coup de coude.

« Excusez-moi », dit-il émettant en basse fréquence – comprenez bougon.

Je marmonnai un : « Ce n'est rien », mais il m'avait déconcentré. L'inconnu était toujours penché sur ses additions, j'eus envie de me venger.

« Sans vouloir vous importuner, demandai-je en pensant précisément l'inverse, puis-je vous demander ce que représentent ces colonnes de chiffres ?

— Ce sont des mathématiques sumériennes. »

Devant mon visage en accent circonflexe, il ajouta, condescendant :

« Les Sumériens vivaient en Mésopotamie près de trois mille ans avant la venue du Christ.

— Merci, j'ai quelques notions d'histoire ancienne. Vos Sumériens comptaient en base soixante.

— Et ne connaissaient pas encore le zéro : c'est exact, vous marquez un point. Je m'évertue depuis le chant du coq à traduire une de leurs tablettes de comptabilité en chiffres actuels, à la recherche d'une hypothétique erreur de calcul.

— C'est votre métier ?

— Disons que c'est une marotte... *A hobby*, puisque nous allons à Londres ; en fait, je suis ethnologue de formation. »

Je regardai au-dehors. Le Nord déployait ses étendues, plates, comme prévu ; le ciel strié de noir était gorgé d'eau, bourré d'œdèmes. Quelques images de mon premier stage dans un CECOS de Bicêtre m'assaillirent. Mon cerveau persistait curieusement à me resservir des morceaux choisis de mon passé, comme pour certaines personnes au moment de leur mort. Pourtant je ne me croyais pas en danger.

Nous étions aussi en mai, cinq ans plus tôt. Mon directeur de thèse m'avait proposé un sujet sur la mobilité des spermatozoïdes. J'avais accepté presque à regret. Mon idéalisme me poussait alors vers des sujets plus fondamentaux ; l'organisation moléculaire du chromosome Y, l'étude de la contraction du noyau, que sais-je encore ? Mais je devais me décider vite. Paresseux, j'avais attendu le dernier moment.

Pourtant, dès le sujet arrêté, je fus pris d'une frénésie quasi maniaque. Je me suis donc lancé à corps perdu dans l'étude du mode de propulsion des spermatozoïdes, cette mécanique impeccablement réglée qui permet à une si petite cellule de se déplacer si vite.

« Et vous, quelle activité exercez-vous ? renoua le voisin.
— Je travaille dans une banque de sperme.
— Ah ! le sperme, fascinant sujet. C'est un liquide précieux. »

L'archéo-mathématicien se tourna vers moi. Son visage éclairé latéralement prenait bien la lumière. Il continua.

« Vous êtes chercheur ?
— On peut dire ça, chercheur et praticien, un mélange des deux.
— Ça bouge dans le monde du sperme, en ce moment. Avec tous ces problèmes de stérilité ! »

La réplique de l'inconnu, que je perçus comme légèrement hors de propos, me fit tressaillir. Soudain, je fus aux aguets : les consignes de Fron, le secret, tout me revint. Le vieux dut le sentir, une brusque libération de phéromones dans mon atmosphère immédiate, sans doute. Il poursuivit, comme pour faire baisser la pression.

« Savez-vous, jeune homme, que les Baruyas, en Nouvelle-Guinée, fournissent généreusement du sperme à la femme affaiblie pour la revigorer ? »

Avec un sourire que j'interprétai comme coquin, l'érudit continua.

« Et que les jeunes filles tout juste pubères s'en étalent sur la poitrine pour favoriser son développement ?
— Du lait de père pour stimuler la production du futur lait de mère. »

J'étais content de ma trouvaille, mon voisin n'en tint pas compte.

« Et chez les Samos, continua-t-il comme s'il avait vécu parmi eux, le sperme se transforme en sang, support du souffle vital. On retrouve d'ailleurs ce lien entre sperme et sang dans de nombreuses sociétés primitives. »

Le vieux avait vraiment l'air inoffensif, bien que ses mains fines aux doigts grêles me parurent en légère inadéquation avec l'image du chercheur un peu bourru qu'il semblait vouloir donner.

« La civilisation chrétienne n'a, elle non plus, pas été en reste, poursuivit-il. Savez-vous par exemple qu'au Moyen Âge, dans nos contrées, une légende colportait que le diable avait le sperme froid ? »

Tressaillement réflexe : je serrai les paillettes de sperme réfrigéré entre mes genoux.

« Les femmes superstitieuses devaient être en permanence sur le qui-vive, relançai-je, sourire crispé.

— À ces époques, toutes les femmes étaient superstitieuses, le diable était partout... À présent sa présence est voilée...

— Vous connaissez bien Londres ? enchaînai-je sur un sujet plus passe-partout.

— J'y vais assez souvent ; ma fille y habite. Et vous ? Voyage d'agrément ou d'études ? »

— D'études, dis-je sans préciser davantage.

— Je vois. Vous vous intéressez donc aux maladies du sperme ? »

Drôle de rebond. En avais-je trop dit ? Il fallait que j'esquive.

« D'une certaine manière, oui. Mais ce qui me fascine le plus, ce sont les spermatozoïdes eux-mêmes. Savez-vous par exemple que leurs ancêtres, les futures cellules reproductrices, apparaissent très tôt dans la vie ?

— Dès le stade embryonnaire, le vivant se soucie de son avenir.

— C'est vrai. Mais, chose étrange, ces cellules primitives surgissent à l'extérieur de l'embryon. Elles ne migrent que dans un second temps vers leurs logements définitifs, les futurs testicules : un bien long voyage dont l'utilité m'échappe.

— À l'extérieur, tout est là, mon cher. Vous ne faites que me démontrer ce que tout philosophe subodore : le principe de notre perpétuation nous demeure étranger. La vie, ou plus exactement la possibilité de la perpétuer, vient donc de l'extérieur du corps, cela me paraît logique ; c'est quelque chose qui nous est donné, qui ne vient pas de nous. Contrairement à ce que voudrait nous faire gober l'étymologie, se reproduire, ce n'est pas se produire à nouveau, mais fabriquer chaque fois un être complètement différent, inédit.

— Vous ne croyez pas si bien dire : tous les individus vivants, ayant vécu, ou à naître, du moins je l'espère, nuançai-je sous l'emprise de je ne sais quelle pensée parasite, sont génétiquement uniques, sauf bien sûr si ce sont de vrais jumeaux.

— Peut-on en dire autant des spermatozoïdes ou des ovules ?

— Tout à fait : alors que l'écrasante majorité d'entre eux ne donnera jamais naissance à un être vivant – quel monstrueux gâchis génétique, tout de même ! –, eux aussi sont uniques. La nature ne fait pas de brouillon, juste des essais.

— Le sperme peut donc être considéré comme une véritable humanité du possible.

— De tous les possibles... Chaque fécondation est avant tout l'histoire d'une perte immense : un seul élu pour des millions de ballottages défavorables.

— Tout choix est un renoncement. »

Le silence industriel du Shuttle reprit sa place entre nous ; la conversation m'avait rendu songeur ; j'étais perdu dans ses ricochets.

« Jeune homme, reprit l'individu au bout d'un moment, pensez-vous qu'il en sera toujours ainsi ?

— Que voulez-vous dire ?

— Eh bien, je me disais, ces millions de spermatozoïdes, ces milliards d'êtres humains : croyez-vous que la croissance de notre espèce puisse être illimitée ? N'y aurait-il pas quelque régulation en marche ou à venir ? »

Je tressaillis de nouveau, le vieux était au cœur du problème. En avait-il conscience ou me sondait-il ?

« Sans doute », répondis-je, gêné.

Mais le voyageur semblait vouloir m'entraîner ailleurs. Peut-être étais-je trop nerveux ?

« Tous les êtres vivants de la planète sont en équilibre ; chacun a ses atouts, ses failles ; nul prédateur n'est absolu ; nulle proie n'est totalement vulnérable. Lorsqu'il y a trop de lions, le gibier vient à manquer. Lorsqu'il y a trop de gibier, l'herbe se fait plus rare. Les spécimens débiles pullulent, la mortalité augmente. Bref, toutes les espèces vivantes semblent s'imposer ou en tout cas subir une autolimitation nécessaire au bon fonctionnement de la chaîne alimentaire.

— Cela s'appelle un écosystème.

— C'est le terme consacré, en effet. À présent, prenez le cas de l'espèce humaine : quelle en est la limite ? »

J'allais répondre : « Aucune », mais je préférai un angle plus cynique.

« Je ne sais pas, les guerres, les maladies, la longévité limitée à cent vingt ans...

— C'est ce qui a toujours été le cas ; mais imaginez que ces fléaux et entraves ne remplissent plus ou insuffisamment leur rôle, que se passerait-il ?

— L'espèce humaine connaîtrait une croissance infinie.

— Eh bien, voyez-vous, je ne crois pas ; il faut un régulateur. Un régulateur apparaîtrait. »

C'est alors qu'une expérience me revint en mémoire, un truc bête datant du XIXe siècle, que notre professeur d'histologie aimait à nous raconter avant de commencer ses cours ; je l'entends encore, avec sa voix chevrotante animée d'un lyrisme gaullien : « Prenez des cellules de la peau, mettez-les à la surface d'un liquide, donnez-leur à manger tout ce dont elles ont besoin : sucres, acides aminés, vitamines, etc. Croyez-vous que leur multiplication soit illimitée ? Eh bien, non, mes chers élèves : lorsqu'elles auront occupé toute la surface disponible, lorsque enfin elles se toucheront l'une l'autre, elles cesseront de se reproduire. Cet arrêt de la production cellulaire est lié à un phénomène : l'inhibition de contact. »

« Vous pensez donc que la pullulation de l'homme à la surface de la Terre pourrait influer sur sa fécondité.

— Pourquoi pas ? Il faut bien que notre espèce s'autorégule, elle aussi. »

L'idée était intéressante : et si cette nouvelle maladie n'était finalement qu'une réaction normale de la matière vivante pour réduire un trop grand foisonnement ? Et si nous étions pilotés par des forces qui, bien qu'intimes, nous étaient étrangères, une sorte de super-conscience d'espèce ? Je sais maintenant que j'étais dans le vrai, même si je me trompais alors totalement sur la nature de cette dernière.

La rame avait ralenti, et des panneaux le long de la voie annonçaient la proximité du grand tunnel. Nous allions bientôt passer en territoire anglais, et je me rendis soudain compte que nous avions devisé pendant la moitié du voyage. Je ressentis à nouveau les assauts du trac.

« Vous m'excuserez, dis-je, je dois relire quelques notes. »

J'activais mon portable ; il était resté ouvert sur le dossier des statistiques internes du CECOS : 4 % des spermogrammes réalisés au cours des derniers mois avaient révélé l'anomalie, mais ce pourcentage avait doublé d'un semestre à l'autre.

Les néons s'allumèrent. Il était midi. Ce fut la nuit.

CARNETS

18 décembre 1971

*Pourquoi m'ont-Ils laissé la vie ? Pourquoi se sont-Ils abstenus ? Pourquoi moi ? Il s'agissait pourtant d'une forme ultracontagieuse. J'étais à leur merci, une proie facile, des cellules fraîches, jeunes, disponibles. Un saut de puce entre maman et moi, entre papa et moi.
Une hémorragie foudroyante, et c'était fini. Mais non, Ils n'ont pas voulu de moi. Ils m'ont laissé.
Avec en cadeau cet intolérable statut de survivant.*

19 décembre 1971

Peut-être voulaient-Ils m'élire ? Peut-être ai-je été Leur intouchable ? Mon univers intérieur ne Leur plaisait-il pas ? N'étais-je pas « comestible » ? Ont-Ils détecté quelque parenté entre Eux et moi ? Ou tout cela n'est-il que pur hasard ?

CARDERY STREET

Le taxi me déposa à l'angle de Cardery et de Greystone Street. Je fis le reste du chemin à pied, me retournant souvent. Rue vide, axe anodin.

Le New Delhi Hotel était une vénérable bâtisse de l'époque victorienne. Briques rouges, huisseries ocre, cuisines en sous-sol. Un classique du genre, mais un cadre atypique pour une rencontre à haut risque. Je gravis les quelques marches, jetai un regard panoramique sur la rue depuis le perron, puis pénétrai dans le vestibule. Des dessins encadrés d'avions de la RAF ornaient les murs. Ici, le temps semblait s'être arrêté dans les années 1940. L'hôtel attendait l'impact d'un V1 – en fait d'un spermatozoïde.

« Dr Journo, annonçai-je à l'hôtesse, une blonde limite albinos très "fin d'espèce" dont la pâleur extatique était soulignée par un uniforme bleu de Prusse.

— *Room 418* », me répondit-elle en me remettant la clef ainsi qu'une enveloppe blanche et vierge.

Le hall de l'hôtel était vide et silencieux ; m'étais-je trompé de jour ?

L'ascenseur postmoderne s'arrêta au 4e étage. La 418 était au fond du couloir ; le long tapis frappé de grandes marguerites jaunes et rouges laissait deviner par endroits sa trame. Sur le chemin de la chambre, j'eus encore droit à la peinture craquelée, une ou deux ampoules grillées, et à un radiateur qui fuyait dans une vieille casserole en alu. Qui donc irait chercher dans un tel endroit la garde rapprochée des spécialistes du sperme ?

Je donnais un tour de clef. *Room 418*, donc. Respect des proportions, plafond bas. Le lit à deux places avait récemment été poussé dans un des coins de la pièce, pour preuve les empreintes des pieds sur la moquette. Un bureau des années 1970 était installé dans l'encoignure près de l'armoire, en embuscade. Sur le plan de travail, un microscope optique Zeiss attendait, au cas où – les éventuelles impulsions avaient été anticipées.

Je déposai mallette et ordinateur portable sur le bureau, me laissai tomber sur le lit, le matelas s'écarta pour me faire de la place. Vue sur le plafond. Le voyage m'avait rendu un peu nauséeux, je remis mes vestibules au repos. Je repensai au bonhomme du train. À la gare Victoria, nous nous étions simplement serré la main, puis séparés sans commentaires, engloutis chacun par deux flux de foules contraires. Pourtant, nous avions mélangé nos esprits.

Quelques coups frappés à la porte. Je me redressai, état d'alerte.

« Entrez. »

Un visage de chef indien apparut dans l'angle de la porte : Joe Aladef ! Ainsi, lui aussi avait été convié, un ami dans la place.

« Incroyable ! Qu'est-ce que tu fais là ?

— La même chose que toi. »

Joe était l'une des étoiles montantes de l'insémination artificielle outre-Atlantique ; spécialisé dans la préparation à la fécondation des spermatozoïdes atteints d'infirmités majeures, il intervenait dans les stérilités masculines profondes. Accessoirement, Joe était en passe de devenir le spermologue du show-biz.

« Entre. Tu es la première personne que je rencontre depuis mon arrivée dans cet hôtel désert, à part l'hôtesse ; encore un peu et je me croyais embarqué dans un mauvais *remake* de *The Advangers*, tu sais, dans le rôle de celui qui se fait zigouiller en début d'épisode.

— Salut Max, recule un peu que je te regarde.

— Ça va, je ne suis pas devenu volumineux au point que tu aies besoin d'un grand-angle. »

J'ai toujours été grand. Et ma silhouette s'alourdissait déjà d'une bedaine balbutiante, somme de mes abandons culinaires premiers.

« Disons que tu as simplement complété tes formes.

— Que veux-tu ? La graisse est la mémoire de l'homme ; tout y est stocké. Et maigrir est un amoindrissement.

— Tu n'as pas changé, Max. Ça te rassure toujours autant de bâillonner tes incertitudes par des théorèmes. La dernière fois qu'on s'est vu, ça devait être au congrès d'Atlanta. Tu étais plus efflanqué.

— Je m'en souviens, deux journées entières sur la procréation médicalement assistée. Ça m'avait donné faim. Tu avais présenté une étude sur les spermatozoïdes de forme aberrante. »

Joe s'était assis à califourchon sur la chaise. Grec par son père, malgache par sa mère, il avait une petite balafre au coin de l'œil héritée de je ne sais quelle rixe enfantine. Le voir ainsi me rappela fatalement le temps de nos études, cette période si particulière où nous vivions quasiment à plein temps dans un amphithéâtre surchauffé d'un vieil hôpital parisien, Benjamin, Joe, et moi : un véritable ménage à trois, avec ses moments forts, ses dissensions. Déjà, à l'époque, Joe était brillant, mais un peu déséquilibré. Un brin camelot, un zeste bonimenteur, il arrondissait ses fins de mois en vendant de fausses montres Cartier aux femmes de ménage de l'hôpital. Buveur invétéré de Coca-Cola, je le revois encore étudier, souvent en caleçon, parfois entièrement nu. À lui seul une contrefaçon.

Tombé fou amoureux d'un mannequin américain à l'âge de 26 ans, Joe avait tout plaqué pour aller s'installer à New York. Il avait réussi tant bien que mal les équivalences, et le hasard avait voulu que nous exercions la même spécialité.

« Quel est le programme des festivités ?

— Réunion de présentation dans une demi-heure, une vingtaine de participants triés sur le volet. Le gratin du sperme mondial, mon vieux ! On peut être fiers de nous. »

Ce sacré Joe roulait carrément des mécaniques. Moi, j'étais impatient d'en savoir plus sur la maladie. J'eus envie d'une avant-première.

« Quels sont les nouveaux chiffres ? »

Joe embraya : en quelques instants, nous retrouvâmes notre complicité intellectuelle d'antan.

« Les résultats sont déroutants ; nous avons une moyenne de 5 % pour l'ensemble de New York et sa banlieue, en ce qui concerne les donneurs anonymes. Curieusement, il existe d'importantes disparités en fonction des quartiers.

— Explique-toi.

— Eh bien, vois-tu, Max, nous avons 12 % de sperme "anormal" à Brooklyn, 0,5 % dans le Bronx, et tiens-toi bien, près de 50 % dans notre centre de Long Island ! »

Je n'étais qu'à moitié étonné : j'avais déjà noté une tendance à l'hétérogénéité dans la répartition de la maladie, mais peut-être pas exprimée de manière si flagrante. Fallait-il y voir une expression du *melting-pot* américain à l'échelle de New York ?

« Nos chiffres ne révèlent pas de telles différences, mais les CECOS parisiens collectent sur Paris et la banlieue. Les donneurs y sont mélangés.

— Tu ne t'es pas amusé à lancer une recherche par adresse ?

— Pas encore. Ce mode de répartition atypique est une donnée récente. Je m'en occuperai en rentrant. »

La conversation stoppa net, une panne, le poids d'un non-dit. Sourire de cire sur les lèvres de Joe. Il attendait que je pose la question.

« Et toi ? »

Je savais bien que Joe n'avait pas manqué d'examiner ses propres spermatozoïdes, je le faisais moi-même périodiquement. Nous le faisions tous, sauf peut-être Natacha, par la force des choses.

Le sourire avorta. La cicatrice se creusa.

« Nous avons déjà avec Marissa une petite fille de 4 ans. Depuis, plus rien… Je suis atteint. »

Que dire ? C'était si brutal. L'affection venait de basculer dans le réel. Jusqu'alors, elle m'était extérieure, campant à ma périphérie. Une curiosité un peu angoissante certes, mais théorique. Là, pour la première fois, dans cette chambre d'hôtel à la limite du sordide, elle revêtait un caractère immédiat ; elle devenait presque palpable. Joe, mon vieux copain de fac, était atteint. Joe, chef indien rebelle, avait le regard d'un coyote blessé. Il tenta de faire bonne figure, agressif, presque.

« Et toi, vieille canaille ? Plombé ou pas ?

— Rien à signaler, répondis-je presque désolé.

— Quelle chance ! Ah ! le bonheur d'un spermogramme normal ; 90 millions de spermatozoïdes frétillants et hardis au millilitre, 50 % de formes mobiles, 25 % de formes anormales. Max, un vrai taulier de banque de sperme. »

Joe avait le sperme triste, rien d'étonnant à ça. Je le retrouvais bien là : étudiant, il nous faisait le même speech chaque fois qu'il obtenait de moins bons résultats que nous. C'était une bonne occasion pour paraître solidaire.

« Ne te fais pas d'illusions ; mon "bonheur", comme tu dis, n'est que relatif. Tu imagines facilement, vu le contexte, l'état de mes surrénales chaque fois que je vérifie mes zozos sous l'oculaire. Indemnes, peut-être, mais éminemment fragiles. En sursis. »

Joe regarda sa Cartier, une vraie j'imagine.

« Bon. Il va être l'heure. Viens, je vais te présenter à l'instigateur de ce complot, l'illustre John Ross Fenwick. »

Nous descendîmes ensemble au deuxième étage. La double porte de la suite 209 était ouverte. Une mixture de voix cosmopolites s'en échappait : les sonorités anglo-saxonnes dominaient, *of course*. Joe fut happé par une quinquagénaire volubile en robe du soir à gros pois bleus. Il m'adressa un clin d'œil, comme on envoie un SOS.

« Je te présente le Dr Barbara Carter, de Seattle.

— Enchanté, Max Journo, de Paris. J'ai lu vos travaux sur le rôle protecteur du zinc sur la membrane des spermatozoïdes.

— Nous avons effectivement beaucoup travaillé sur les sécrétions de la prostate, avec feu mon mari, le Pr Bornibus : le pauvre est mort du Sras il y a six mois. Il participait à la mise en place d'un service de procréation médicalement assistée, quelque part dans la banlieue de Pékin. Je lui avais dit de ne pas y aller, les passagers en provenance de Chine étaient placés en quarantaine. Mais Gary ne manquait pas d'air. »

Je n'eus pas l'impression que l'ironie fut consciente.

« Désolé. »

Gary Bornibus était connu dans le milieu, un esprit audacieux aux théories controversées, une perte.

« Vous êtes un ami de Joe ? continua Barbara. Je l'ai rencontré tout à fait par accident lors d'un concert de Neil Young, en Alabama, en 1997. C'était un jour formidable, 50 °C à l'ombre ; j'avais mon short à fleurs, celui que Gary aimait tant. »

La technique avec ce genre de personnage est de cesser d'alimenter la conversation... ou d'attendre un sauveur. Je cherchai à attraper le regard de Joe. Ce dernier m'entraîna par le coude ; ma résistance fut molle.

« Je vous l'enlève, Barbara ; nous allons nous restaurer. »

Dans la suite aux dimensions d'une petite salle de réception était dressé un somptueux buffet. Le comité organisateur n'avait pas lésiné. Le choix était tout à fait international, très *world food* : petits-fours de chez Harrys, nems et canard laqué de chez Yang, taoris de chez Hindi, minifalafels de chez Rosinski. Vers la gauche de la grande table s'étalaient les inévitables déclinaisons de saumon fumé, florilège des mers froides, et, enchâssé dans de la glace, du pur béluga de chez Petrossian.

J'optai pour l'option Commonwealth et me composai une assiette indienne.

CARNETS

30 mars 1972

*Le village est en quarantaine. Les camions sont autour,
une mise en place progressive. D'énormes camions jaunes,
venus d'on ne sait où, créatures du néant, avec leurs
grosses remorques de cirque et leurs petites fenêtres. Puis
les hommes en scaphandre, presque plus des personnes,
soldats de l'indifférence, boucliers humains. On ne sort
plus. Blocus total.
Le départ des camions, d'un coup. Un évanouissement.
Les armures sont remontées dedans. Pas un mot, un
regret, ou un signe. Ils sont partis sans se retourner.
Le temps du silence ; du silence et de l'accablement.
Presque tout le monde est mort. Monjiha, et Sarah,
et Lucas, les enfants de l'attaché de la Croix-Rouge,
la Croix de sang. Souvenirs imprécis qui me hantent.
Je les reconstitue patiemment dans la souffrance, sur ces
feuilles volantes, ces confettis de la mémoire. Traces de
peur, traces de sang.*

15 avril 1972

*D'abord un grondement sourd. Peut-être le bruit
de la rivière, peut-être le vent dans les arbres, peut-être
le bois sec des brasiers qui claquent. On ne sait pas.
Puis cela se précise. Des rugissements métalliques
qui déchirent l'espace. Les Hommes regardent le ciel.
Les survivants se redressent, soudain préhistoriques.
Mais c'est la fin de l'histoire, la première bombe.
Les cases qui flambent. Des silhouettes qui fuient,
allumées, le feu dans le dos. Les flammes partout,
le grand incendie, le bûcher sacrificiel.
Je pleure, je cours, l'instinct, l'espèce.*

Une tôle ondulée, une tombe vide. Interdiction d'enterrer.
Urgence, je m'y glisse. Je suffoque, j'étouffe, je survis.
Puis la fin, la fin des temps, l'éloignement du bruit.
La pluie tiède sur le métal. J'ai dû dormir,
il n'y a pas d'arc-en-ciel.
Sortir de là. Le néant, quelques mèches folles qui
s'entêtent dans la nuit, la boue. J'ai froid, je suis mort.

OUVERTURE

Les conversations particulières s'éteignirent dans un chuchotement résiduel. La voix cartilagineuse de Fenwick s'ébroua ; son discours nous prit au dépourvu.

« Chers amis, je voudrais vous parler des miens, vous en parler tels qu'ils m'apparaissent à présent, dans leur communauté de gènes... »

Le vénérable avait le visage tourné vers la fenêtre.

« Voici Arthur, mon arrière-grand-père, fiole de whisky à la ceinture, yeux dans le vague, contemplant le grand canyon. S'avance maintenant James, mon grand-père, sirotant sa verveine près du poêle, en Pennsylvanie. Je revois mon père, Théo, mastiquant son chewing-gum, dans le New York de l'après-guerre. J'en arrive à moi, jeune interne, grignotant du pop-corn à la cafétéria de l'institut. Voilà à présent mon fils, Hugh, jeune adolescent, un gobelet de Coca-Cola à la main. Hugh, avec ses copains, à Central Park. Et puis, après Hugh, plus rien, le néant. »

Fenwick fit une pause. Jamais je n'avais assisté à une ouverture de congrès si atypique. Certes, le faible nombre de participants donnait à notre réunion un caractère intime, mais la plupart d'entre nous fixaient leurs chaussures. Le vieux avait pris l'assistance à revers. Il continua.

« Hugh est stérile, il est atteint. »

Regard oblique à Joe. Ses dents mordaient sa lèvre.

« Ce mal que vous avez découvert... »

Je réarmai mon regard, tourelle de char. Fenwick s'adressait à moi. Hommage ou procès ? On en veut souvent au messager de mauvais augure. Je soutins la convergence des visages, laissai filer un sourire en forme d'excuse.

« Chers amis, l'espèce humaine est en danger, et je pèse mes mots. Un péril inédit la menace, une menace dont l'extension pourrait être à l'origine de son anéantissement. Et nous ne sommes encore qu'une poignée à le savoir. Cette maladie me touche, ça aide, me direz-vous. Aussi, aujourd'hui, je pars en croisade. Contre ces spermatozoïdes infidèles, une seule solution, la guerre. Mais venons-en aux faits. »

Le ton s'était fait religieux, je pensais à George W. Bush, à d'autres temps, d'autres conflits. Le Fenwick pivota. Insensiblement, nous nous étions resserrés, faisant cercle, certains avaient machinalement saisi leurs blocs, sorti leurs stylos, à l'affût de certitudes, illusoires.

« Depuis son origine, l'espèce humaine n'a jamais cessé de croître et de se multiplier. Le XXe siècle a vu la population mondiale sextupler. L'homme a toujours cherché à maîtriser, de manière inconsciente sans doute, sa fécondité. Très tôt, il invente l'érotisme et son corollaire, la contraception, qui établissent une césure entre plaisir et reproduction. S'ensuivent des dispositifs juridiques, dont l'une des fonctions inavouées est de limiter le nombre de partenaires et la durée de la période fécondable : mariage et monogamie, majorité civile s'opposant à la majorité hormonale, etc. Parallèlement, l'homme invente le regroupement : c'est l'apparition des villes, qui génèrent, et ça tombe bien, des problèmes de logement, de place – dur d'être une famille. Nous pourrions ajouter l'allongement de la durée des études, rendu nécessaire par le degré de spécialisation et de complexification de la société, avec comme principale conséquence l'élévation du niveau de vie. En découle une réaction en chaîne dont l'aboutissement est peut-être d'ordre psychologique : le sexe devient moins brutal, plus sophistiqué. La société s'établissant moins selon des critères reposant sur la force physique, le féminisme apparaît : un enfant si je veux ! La pulsion de se reproduire passe au second plan, l'ego se développe. Le présent préférable au futur. L'enfant devient gêneur, et l'individu la puissance émergente : devenu unique, il ne peut plus se reproduire à l'infini. »

Fenwick regarda de nouveau par la fenêtre. Il avait posé un pied sur la chaise ; coude sur genou, menton sur paume, doigts sur joues. Le penseur.

« Il devient un bien précieux aux yeux de lui-même, l'individualisme dope l'ego. L'homme se fait rare, sa durée de vie augmente. »

Le colloque virait au groupe de réflexion philosophique. Certains prenaient des notes, d'autres traçaient des lignes brisées. Je ne parvenais pas à me détendre.

« Ainsi, toutes ces choses que nous avons coutume de considérer comme expression de la culture, tous ces comportements que nous intégrons sous le vocable "sociologie", ne sont peut-être que la réponse de l'espèce, de l'animal qui veille en nous, à ces problèmes de démographie. »

Le discours de Fenwick entrait curieusement en résonance avec un argumentaire récemment entendu, une pensée jumelle : je repensai à l'inconnu du Shuttle.

« Et la mort ? »

La question avait fusé, comme un missile surgi de nulle part, le V1 tant attendu. Le Pr Levi, de Ferrare, spécialiste de l'andropause, en était le lanceur. Fenwick avait prévu la mort.

« Manière habile d'évoquer la maladie. La mort est le lot commun de tout ce qui est vivant. La mort est en nous, autoprogrammée ; quelques millions, quelques centaines de divisions cellulaires, et puis s'en va. Cette tendance à l'autodestruction, nous la portons en nous. C'est peut-être elle qui nous pousse à déclarer les guerres, à perpétrer les massacres, à planifier les génocides. Les cellules du cerveau n'aiment pas celles du pancréas, celles de l'épiderme se méfient de celles du derme, ségrégations et corporatismes sont en nous, racisme *inside*, pourrait-on dire. La haine du frère, du prochain, est à mon avis l'expression visible de cette fin intimement programmée. La mort serait ainsi la face cachée de la haine, et la haine la sublimation de la mort. Peut-être sommes-nous là en présence de la solution suprême inventée par l'espèce pour contrecarrer sa pullulation, pour s'autolimiter. Une espèce venue à bout de tous ses prédateurs naturels n'avait d'autre choix que d'inventer la haine. »

Fenwick allait revenir au thème du congrès d'un revers de phrase.

« Voyez-vous, cette maladie me fait l'effet d'une haine primordiale ; la résolution du problème de la fécondité de l'humanité à sa source ; la mise en place d'une contraception universelle ; la mort d'avant la vie. Lorsque j'ai reçu la nouvelle de son émergence, j'ai pensé : c'est le plus grand défi de l'humanité depuis la peste noire. »

Gorgée d'eau.

« Alors, chers amis, pourquoi ? Qu'avons-nous fait ? Avons-nous corrompu la planète par nos activités ? À moins que quelque microorganisme ne soit derrière tout ça ? La maladie est déjà fort répandue, et cela fait sans doute de nombreuses années qu'elle y a pris place ; un véritable cheval de Troie. Le pourcentage de population atteinte peut paraître encore faible rapporté à la masse de l'humanité, mais pensez que près de 4 millions d'hommes sont déjà touchés aux États-Unis, et que la courbe de progression de l'affection est tout simplement effrayante. Pour l'instant, par crainte d'entraîner un mouvement de panique incontrôlable, nous nous sommes tus ; par un tacite consensus, nous nous sommes contentés d'observer. Sous la pression des politiques, nous n'avons encore publié aucun résultat. Toutes nos communications n'ont eu lieu que par téléphone, e-mails cryptés, et rendez-vous discrets. Mais le secret est de plus en plus difficile à garder. Le jour où il va falloir communiquer au grand jour approche. La situation ne tardera plus à l'imposer. »

Raclements de gorge.

« L'objet de ce colloque n'est pas seulement de faire le point sur tout ce que nous savons... et ce que nous ne savons pas. Nous sommes ici pour dégager des critères de diagnostic précis de la maladie. Ces critères, appelons-les les "critères de Cardery Street", auront une fonction normative. Ils devront permettre l'identification et la détection de l'affection. Ils serviront de référence. Cardery Street marquera l'acte de naissance du Systac, ou syndrome de stérilité acquise. Le terme commence à s'imposer de lui-même, formé selon un moule syntaxique similaire à celui d'une autre calamité, sa première reconnaissance en tant que système cohérent. Mais c'est aussi pour décider d'une véritable plate-forme d'action commune que nous nous réunissons : nos moyens de lutte, la recherche d'une cause. D'autres questions se formulent, aux contours encore imprécis. Jusqu'où devrons-nous aller pour survivre ? Recourir au clonage de masse ? L'éthique n'est jamais loin dès lors qu'il s'agit de reproduction. Enfin, je crois que je me fais long ; alors, place aux communications scientifiques ! Chers amis, je déclare ouvert le premier congrès sur le "syndrome de stérilité acquise". »

L'entrain de Fenwick avait tout d'une mélodie de Gustav Mahler : macabre et enjouée. Un vrai *Kinder totten Lieder* !

CARNETS

5 mai 1972

*L'homme au visage peint. Il me charge sur son dos,
il boite, le monde s'anime d'un mouvement oscillant.
La forêt. La longue marche. Berceuses. Litanies africaines,
mélopées nasillardes, atonales. Le sorcier colporte
des histoires anciennes. J'ai tout perdu.
Le village, un autre village, loin de la rivière, cette fois.
Une image dans la tête, exsangue.
Oncle Henry, à Londres.
Ma seule famille. J'ai la fièvre.*

15 juin 1972

*Mars 1964. Le petit enfant blanc repéré par un aréopage
de missionnaires. L'adieu à ma tribu, à mon sorcier
sauveur.
Ce ne fut en tout que quelques mois de calme, des points
de suspension entre deux forêts, un espace ménagé entre
la terre et le ciel pour que je puisse vivre.
Pas assez pour que je me reconstruise.
Retour à Londres. L'hypocrisie sociale. Oncle Henry,
le silence, les années de silence. Je rumine. Je souffre.
Je réfléchis. Je change.*

RAIDEUR

Mallette à la main, je pénétrai dans la seconde salle : un véritable laboratoire y avait été reconstitué ; une cinquantaine de microscopes optiques attendaient, installés en demi-cercle à la périphérie de la pièce, druidiques. À côté de chaque appareil, j'aperçus les incontournables cellules de Thoma, destinées à compter et à analyser les spermatozoïdes. Des petits cubes familiers étaient posés sur les espaces restés vides : des microvidéocaméras, identiques à celles qui m'avaient permis de découvrir l'anomalie : « Les yeux du sperme vivant. » Un grand écran relié à un PC sommeillait au fond de la salle, face à moi. Une petite estrade y était attenante, je pensais à une potence. Deux projecteurs de diapositives étaient installés plus à distance. Et puis une imposante table ovale en bois exotique, de l'acajou peut-être, occupait le centre de la salle, structurée par les bristols et les bouteilles d'eau minérale, une ironie après la luxuriance du buffet.

J'entamai une lente ronde autour de la table, cherchant à identifier de mes yeux myopes sous-corrigés les six lettres de mon nom : la réalité m'apparut d'abord floue avant de se préciser, le cas échéant.

J'avais été placé entre le Pr Arundhati Rashatani, de Bombay, connue pour ses recherches sur le chromosome Y, et le déroutant Pr Ahmed D. Malik, des Émirats, paléogénéticien, qui avait beaucoup travaillé sur les gamètes fossiles ; les spermatozoïdes sont innombrables, mais le monde du sperme est petit ; les mêmes signatures revenaient souvent. J'eus presque envie de leur demander un autographe, alors que c'était plutôt à moi d'en signer. Le cas d'Arundhati était particulier : elle était l'un des rares membres de la caste des intouchables à occuper de hautes fonctions universitaires. Figure de proue involontaire de la démocratie indienne, la jeune femme était sage, concentrée dans un tailleur noir piqueté de rouge. Quant à Ahmed, il regardait fixement devant lui, occupé sans doute à la contemplation mentale de quelque spermatozoïde dinosaurien.

Fenwick dit :

« La parole est au Dr Journo, notre Christophe Colomb. »

Le vieux me prenait au dépourvu ; nous n'avions eu ni programme ni ordre de passage, comme c'est habituellement le cas ; je déposai, avec des gestes que j'aurais voulus moins brusques, ma mallette sur la table ; bruit sec à l'ouverture, son contenu m'apparut étranger. Plusieurs compartiments : les paillettes de sperme, contenues dans des microcontainers d'azote liquide, occupaient les logettes de gauche ; pastilles rouges pour les spermatozoïdes suspects, vertes pour le sperme témoin. Dans les compartiments de droite, j'avais disposé quelques frottis traités à la coloration de Schorr, et des préparations de spermatozoïdes pour étude en microscopie électronique. Un DVD dépassait de la poche avant.

Je me dirigeai vers l'estrade, un regard déjà nostalgique pour ma chaise vide ; j'aurais préféré parler plus tard, une fois le colloque rodé.

Ma voix me sembla mal assurée, mon anglais décalé ; on s'entend toujours parler de l'intérieur.

« Chers confrères et collègues, je vais commencer par une vidéo microcinématographique réalisée au CECOS de l'hôpital Necker par l'équipe du Pr Guy Fron, qui n'a hélas pu se déplacer personnellement et que je représente ici. Ce petit film se propose de faire le point sur les éléments les plus récents dont nous disposons concernant la mobilité des spermatozoïdes. »

J'attrapai la flèche lumineuse sur le pupitre. L'appariteur ferma les doubles rideaux. Je connaissais cette silhouette, saperlipopette : le vieux du Shuttle ! Il me lança un regard dense et ironique dans la demi-pénombre. Cette présence impromptue me fit vaciller sur mes bases. « Soyez sur vos gardes », m'avait dit Fron, le prophète. Très vite, une pensée émergea, pendant que j'allumais ma flèche : quelqu'un avait envoyé ce type, cet « espion », à ma rencontre. Pourquoi ? Me soutirer des informations. Qui ? Fenwick. Qui d'autre ? Je ne voyais que lui, l'organisateur du congrès, sénile paranoïaque. Les questions et les réponses s'enchaînaient dans ma tête, ping-pong explosif ; j'en avais mal au cerveau. Que lui avais-je appris ? Je me repassais en accéléré la bande de nos échanges. Mais déjà le vidéodisque tournait sur lui-même. Il fallait que je me reprenne. Sur l'écran géant apparurent en noir et blanc des myriades de cellules animées de gesticulations désordonnées. Mes amis les spermatozoïdes, je n'étais plus le seul à gamberger.

Je ne tiens pas à m'étendre ici sur les détails de ma prestation. Lorsque j'y repense, c'était une de ces communications introductives, dont la fonction est plus de faire le point sur l'état des connaissances que de véritablement révéler des éléments nouveaux. Pourtant j'avais quelque chose à leur dire, un truc bête mais à forte teneur symbolique : j'avais remarqué que, lorsque l'on chauffait le sperme malade aux environs de 40 °C, certains spermatozoïdes s'animaient d'une série de mouvements convulsifs, cette épilepsie à l'échelle cellulaire était visuellement spectaculaire. Je l'interprétais comme l'expression d'une pitoyable agonie. Je me souviens encore des mouvements imprimés à la flèche lumineuse rouge par mon poignet gauche – je suis gaucher –, désignant les têtes hoquetantes des têtards fécondateurs.

L'effet de ma démonstration sur les sommités fut inattendu, leur réaction hostile. Peut-être n'avaient-ils pas prévu d'apprendre encore une information inédite de ma part : une révélation par personne, slogan tacite. Ils ne s'attendaient qu'à un simple exposé de ma découverte princeps, et *basta*. Un certain Pr Hutz, de Francfort, m'accusa de faire du sensationnalisme. Adolf Drucker, dont j'appréciais pourtant les publications, affirma que ce devait être uniquement l'effet de la température sur certains spermatozoïdes particulièrement fragiles. En fait, maintenant que je suis un vieillard, je les comprends mieux : la nomenklatura hésite toujours avant de s'engager sur des terres inconnues. Déjà affaibli par l'apparition de l'appariteur et le stress de la communication elle-même, j'avais perdu tout sens de la repartie. Après tout, ils avaient peut-être raison, ces sages de la fécondité. Fenwick ramena ses collègues au calme, me sauvant peut-être de quelque lynchage en règle. J'en profitais pour rebrousser chemin : je leur parlerais du passé, donc.

« Au CECOS de Necker, nous poursuivons notre analyse rétrospective. Les résultats dont nous disposons sont encore partiels, mais, chose étrange, le pourcentage de sperme atteint semble décroître assez rapidement au fur et à mesure que l'on remonte dans le temps. »

J'ai dû terminer par quelque chose du style : « Il est difficile de connaître actuellement l'incidence exacte de l'affection ramenée à l'ensemble de la population. Les premières statistiques dont nous disposons sont en faveur d'un chiffre oscillant entre 2 et 4 % de la population mâle ; en pratique, cela signifierait que, dans un pays comme la France, 60 000 à 120 000 hommes seraient concernés. »

En tout état de cause, en ce début de millénaire, une chose était d'ores et déjà certaine : la maladie du sperme raide s'était hissée en quelques mois au premier rang des causes de stérilité masculine.

CARNETS

11 janvier 1973

Que s'est-il passé à l'époque ? Qui a donné l'ordre ? Je collectionne les coupures de presse, j'enregistre les émissions de radio, je traque les épidémies africaines tel un pisteur de germes. On me dit sage, précoce, certains vont même jusqu'à employer le terme « surdoué ». Car personne ne se doute de la teneur de ma collection. J'ai à présent des tas de documents, classés en piles bien régulières, allusion à leurs agencements protéiques. J'en ai lu des rapports de la Croix-Rouge, des comptes rendus détaillés de l'OMS. Rien, jamais rien. Pas la moindre allusion au maelström qui a emporté Père et Mère, et encore moins à la manière dont ils ont rayé le village de la carte. De ça je suis le seul témoin. C'est un peu comme s'ils étaient morts deux fois. Effacés, niés, rayés des mémoires vives, des disques durs. Mais moi je suis là, je suis la preuve. Pourtant je ne dirai rien. Oncle Henry croit que sa sœur et son beau-frère sont morts noyés. Je ne révélerai à personne le secret de ma renaissance.

BÉDOUINS

« Des questions ? » demandai-je par principe ; en fait, je n'avais qu'une envie, c'était de tenter d'approcher cet appariteur de pacotille, ce prétendu ethnologue.

Mon copain Joe Aladef se leva.

« Avez-vous à nouveau vérifié les spermes des sujets atteints ? »

Me faire vouvoyer par mon camarade me procura la désagréable sensation d'une joute incongrue. Sa question soulevait pourtant un point fondamental ; la question de la réversibilité de l'anomalie.

« Nous n'avons que quelques mois de recul ; c'est trop peu. Mais nous avons déjà procédé à quelques vérifications au hasard, nous n'avons noté aucune évolution. J'aimerais pouvoir disposer de cinq ans pour renforcer notre position. Mais j'ai la quasi-certitude que la maladie, une fois installée, est irrévocablement acquise, fixée dans le temps comme si elle était intégrée au génome. »

Le Pr Malik se leva à son tour, visiblement très tendu.

« Cette assemblée est-elle tenue par le secret professionnel ?

— Bien sûr, répondit immédiatement un Fenwick sans doute piqué dans son orgueil médico-éthique ; les éventuelles révélations sur les cas particuliers ne sortiront pas de cette enceinte ; j'en fais serment devant vous tous. Parlez sans crainte. »

Murmure d'assentiment, serment collectif *mezza voce*. Malik s'aventura en se contorsionnant.

« Notre population, à Dubaï, est métissée. Schématiquement, il y a les sédentaires, souvent des travailleurs immigrés palestiniens ou pakistanais, et les nomades. J'ai réalisé des spermogrammes sur la main-d'œuvre étrangère : la maladie y est très faiblement représentée. Les rares cas que j'ai retrouvés concernaient des domestiques employés par la bourgeoisie locale... »

Malik toussota.

« ... Et par la famille royale. Quant aux nomades, ces derniers étant très mobiles, ils sont par nature hostiles à tout ce qui peut ressembler à une structure hospitalière ; il nous est donc difficile de faire des prélèvements de sperme à ces hommes sans domicile fixe. Mais j'ai tout de même pu réaliser quelques spermogrammes bédouins, sur ordre du cheikh. Tous les résultats sont négatifs : les spermes des hommes du désert sont strictement normaux. »

Le Pr Fenwick se fit le porte-parole de la perplexité ambiante.

« Mais pourquoi avez-vous cherché à tester les nomades ? »

Malik continua d'une voix blanche.

« Eh bien voilà. Comme vous le savez, la famille royale est d'ascendance bédouine. Or nous avons plus de 50 % de sperme anormal parmi ses membres. Imaginez le drame pour le harem de Sa Majesté. Il se sent affaibli politiquement, humilié dans sa virilité. Le petit peuple peut se reproduire à qui mieux mieux, et le souverain est stérile : vous ne pouvez imaginer son affliction. Depuis qu'il sait, il passe de longues heures à se morfondre dans son palais. Il a fait réaliser des spermogrammes dans tout le pays : seuls les princes de sang et quelques industriels sont atteints. Comment expliquer de telles inégalités ? Certains y voient la main d'Allah. »

Quelques fronts se rétrécirent, Malik n'avait pas fini.

« Mais ma question sera sans rapport avec ces importantes différences de répartition, c'est une préoccupation d'ensemble, si je puis dire. Lorsque quelqu'un est atteint, tous ses spermatozoïdes le sont-ils ?

— Je crois deviner votre arrière-pensée, répondis-je, encore debout. Dans notre expérience, cette anomalie de mobilité obéit à la loi du tout ou rien. Ou bien le sperme ne la révèle pas, et tous les spermatozoïdes sont indemnes, ou bien il la recèle, et tous en sont porteurs.

— Nous avons donc affaire à une répartition de type "anomalie génétique" », conclut quelqu'un, debout près des doubles portes, sans doute un retardataire.

Le nouvel intervenant semblait débarqué du Far West : chapeau à large bord, veste indienne en peau, jeans délavés. Il s'agissait du Pr Shiloë, spécialiste en biologie moléculaire. Son visage érodé par les pluies, creusé par les vents, avait l'expression satisfaite d'un cow-boy qui souffle sur le canon de son colt encore fumant. Sa remarque me fit pourtant rebondir sur une autre idée. J'étais près de l'estrade, j'avais essuyé des coups, je décidai de me lâcher.

« Je pense soudain à quelque chose, intervins-je, avec le ton de celui qui se parle à lui-même. J'ai découvert une ou deux fois des spermes qui contenaient à la fois des spermatozoïdes normaux et atteints, une sorte de patchwork. J'avoue ne pas avoir d'explication, mais cela me semble infirmer l'hypothèse génétique. L'existence de tels mélanges oriente plutôt vers une atteinte progressive. »

Le cow-boy rengaina son flingue ; je m'étais encore fait un ami. Vint alors le tour du Pr Andriopoulos, de Patras.

« J'ai également retrouvé quelques échantillons mixtes, au sein desquels coexistaient spermatozoïdes sains et malades. J'ai convoqué à nouveau les patients quelques semaines après, et je n'ai plus retrouvé cette coexistence ; tous leurs spermatozoïdes étaient devenus "raides". Je n'ai pas d'explication : peut-être une erreur d'observation. »

Le Pr Guimares, de São Paulo, gilet fleuri, moustache rousse, spécialiste des sécrétions prostatiques, vint s'associer au débat.

« Peut-être ces spermes hybrides correspondent-ils à des formes de passage entre les états sain et malade : la durée de vie des spermatozoïdes étant de soixante-dix jours, on peut imaginer qu'en cas d'affection récente ils ne soient pas encore tous atteints.

— Ce qui expliquerait cette double population, continua le Grec.

— Au bout d'un certain temps, les "anciens" disparaîtraient progressivement au profit des nouveaux. »

La conclusion était de Fenwick. Pour un peu, on aurait dit qu'il parlait de son propre itinéraire. Il essuya son front luisant d'une sueur grasse avec un mouchoir blanc, il avait l'air particulièrement mal à l'aise, presque malade. Je peux maintenant me mettre à sa place ; homme de certitudes, Fenwick n'était pas habitué à naviguer dans la brume. La nouvelle maladie lui apparaissait avant tout dans sa dimension d'insaisissabilité ; et puis son propre fils en était porteur, ce qui ne pouvait manquer de perturber son jugement. Il se ressaisit suffisamment pour effectuer une rapide transition.

« Nous remercions le Dr Max Journo pour son exposé introductif. »

Quelques applaudissements polis, une contre-performance. Fron avait raison, l'agressivité est toujours de mise. Mais, pour l'instant, la seule chose qui comptait vraiment, c'était que je pouvais enfin retourner m'asseoir. Je cherchais des yeux l'appariteur, il s'était estompé, évoluant quelque part derrière les projecteurs. Un marionnettiste.

« La parole est au Pr Arundhati Rashatani, de Bombay. »

Je pensais prendre quelque repos, écouter les yeux vides et la tête ailleurs, mais l'intouchable ne devait pas m'en laisser le loisir : son intervention allait se révéler fort dérangeante.

CARNETS

20 décembre 1972

Humains ! Monstres froids à sang chaud ! Alors comme ça, vous avez estimé que tout ce qui restait était pourri ! que le monde ne méritait pas d'être sauvé ! Des avions, des bombes, du napalm. Voilà votre réponse à Leur clémence. Mais pour qui vous prenez-vous ?
Vous avez achevé ce qu'Ils avaient daigné respecter. Vous n'avez rien compris à Leur vraie nature. Leur soif de sang était épanchée : le mal se serait arrêté là.
Et moi, pauvre hère ! Épargné par Eux, manqué par vous, né une seconde fois d'une tombe utérine, gestation dans une fosse trop grande pour moi. Deux fois survivant, assis entre deux mondes.
Hélas, frères humains, puisque biologiquement nous sommes frères, je vous hais. Je vous hais de toutes mes forces et toute mon âme. Je vous hais du haut de mon adolescence. Je vous rejette pour toutes ces exterminations de masse, sans mobile, perpétrées non pas pour ce que les gens ont fait, mais pour ce qu'ils sont. Cynique définition du racisme génocidaire.
Nous étions innocents, notre seule faute était d'avoir été en contact. Nous avons été sacrifiés sur l'autel de votre sacro-sainte science, alors même que vous saviez que la période d'incubation était dépassée. Nous avons été assassinés par la quintessence de la culture, de la technique. Des B52, des bombes si perfectionnées, si précises. J'ai été sauvé par un primitif, un sauvage, diriez-vous. Non pas qu'il ait été meilleur que les autres. Peut-être simplement plus proche du projet initial.
Non, il n'y a rien à attendre du progrès, des inventions. La science n'a pas de conscience. Elle n'est qu'outil. Et l'avenir est un trou noir.

Je vous hais et je ne Les hais point. Car Eux ne font qu'être ce qu'Ils sont. Ils ne se tuent pas entre Eux, Ils sont solidaires.
Ils me plaisent : un jour je serai des Leurs.

EMBRYONS

« Mes chers collègues, je vous remercie de m'accueillir au sein de votre assemblée. Le sous-continent indien est peu concerné par cette "maladie du sperme raide", bien qu'il en existe quelques cas isolés, notamment dans les grandes villes. Je vais cependant vous présenter une étude que nous avons réalisée en microscopie électronique à transmission à partir de cas indiens. Notre étude porte sur le mode de propulsion des spermatozoïdes atteints. Nous leur avons donc coupé la tête – moue jouissive, je l'aurais juré –, et nous avons tout particulièrement étudié la région située juste en dessous, cette zone stratégique qui constitue, comme vous le savez, le point d'arrimage du flagelle, gouvernail du spermatozoïde. »

La lumière s'éteignit, la double projection se mit en route.

« Sur l'écran de droite, on peut voir la racine d'un flagelle normal en coupe : neuf paires de tubes en périphérie et ses deux gros tubes au centre, aussi puissant qu'un rotor d'hélicoptère... toutes proportions gardées. »

Je surpris Malik dans un bâillement communicatif.

« Certains de ces tubes sont munis de petits bras coudés. »

Je pensais à Shiva.

« Ces bras sont constitués de dynéine. Quelques équipes ont longuement étudié cette protéine chez les invertébrés et chez plusieurs mammifères, mais nous ne connaissons pas grand-chose d'elle en ce qui concerne l'espèce humaine. En revanche, ce dont nous sommes à peu près sûrs, c'est que les bras de dynéine influencent le mouvement de la tête des spermatozoïdes, un peu comme les roues dentées dans un engrenage. »

Arundhati fit une courte pause, avala une gorgée d'eau.

« L'action de cette dynéine étant essentiellement dynamique, nous avons eu l'idée d'effectuer des coupes de spermatozoïdes au hasard de leurs mouvements : des photos prises sur le vif, si vous préférez. Sur la diapo de droite, qui correspond au sperme normal, vous pouvez apprécier sur les différentes prises le mouvement à bascule des bras de dynéine.

« Sur l'image de gauche, en revanche, j'ai fait figurer des spermatozoïdes raides. Constatez vous-mêmes : les bras de dynéine ont la même disposition sur toutes les coupes : ils sont immobiles. »

Arundhati fit de nouveau une brève pause, les lèvres retroussées par un petit sourire sadique.

« La courroie est bloquée, le mouvement d'entraînement des tubes est perdu. »

Murmures et chuchotements dans l'assistance ; ainsi donc, le spermatozoïde raide était tel un Meccano cassé. Une question fusa, c'était moi.

« Comment se fait-il qu'une anomalie si importante ne donne au final qu'une altération si difficilement détectable ? »

— Nous nous sommes bien sûr posé la question. En réalité, le blocage est, curieusement, très localisé, et se situe uniquement à la racine du flagelle. Le reste continue de fonctionner normalement. Ce qui explique sans doute que le mouvement d'ensemble du spermatozoïde soit assez peu modifié.

« Qu'est-ce qui vous permet de dire que cette anomalie est à l'origine de la maladie ? » demanda une voix haut perchée dotée d'un accent où les « ou », imparfaits, étaient remplacés par des « u ».

Arundhati se redressa, aux aguets. La voix émanait d'une femme entièrement vêtue de noir, visage voilé. Seul le regard muet vivait sous le carcan textile. Il s'agissait du Pr Balanjani, de l'Université d'Islamabad, Pakistan, spécialisée dans les infections du liquide séminal, touche de deuil sans doute justifiée dans un tel colloque.

« Je n'ai jamais affirmé une telle chose, répliqua Arundhati, soudain guerrière. Nous avons simplement constaté cette anomalie dans certains spermes non fécondants, et il me semble que ce blocage des bras de dynéine explique l'anomalie de mouvement découverte par le Dr Journo.

— L'heure tourne, coupa Fenwick, jugeant sans doute l'échange stérile ; nous remercions le Pr Rashatani pour sa présentation tout à fait troublante. J'appelle maintenant le Pr Hasthel, de Zurich. »

Le nouveau venu était maigre, portait moustache et redingote noire. Le défilé de toutes ces têtes n'était pas loin de me faire penser aux curieux habitants des planètes rencontrés par le Petit Prince avant sa chute sur terre. Hasthel était un personnage controversé, classé cynique et iconoclaste dans le top 20 des chercheurs de sperme.

« Cher maître, chers collègues, je voudrais maintenant vous faire part d'expériences de fertilité menées avec du sperme atteint. »

« Oh ! » de consternation quasi unanime : un sorcier parmi nous ! Le faciès de Fenwick était devenu mauve, il coupa la parole au Suisse.

« Vous me faites peur, Hasthel ! Des tentatives de fécondation avec ce sperme dont nous ne savons rien ? Mais comment avez-vous osé ? »

Curieusement, personne ne souleva le paradoxe : la possibilité de se reproduire avec du sperme dont la vocation était de rendre stérile. En soi, c'était pourtant une nouvelle porteuse d'espoir. Mais nous n'y vîmes tous, moi y compris d'ailleurs, que la profanation d'un principe sacré : on ne joue pas avec du matériel génétique suspect, même si c'est pour se reproduire. Sur le fond j'étais d'accord avec Fenwick : certains d'entre nous devenaient vraiment fous – le syndrome de Frankenstein. Mais Hasthel ne se laissa pas démonter.

« Chers collègues, je comprends vos réticences ; mais laissez-moi expliquer avant de condamner. »

La curiosité fut plus forte que le blâme. Il faut bien avouer que, si les expériences du Pr Hasthel étaient monstrueuses, nous n'en attendions qu'avec plus d'impatience les résultats. L'humain aime avoir peur.

« Tout d'abord, apprenez que, sans le savoir, la plupart d'entre vous ont déjà réalisé des fécondations *in vitro* avec du sperme atteint. »

Consternation générale. Hasthel avait opté pour une plaidoirie de rupture. Je sentais pourtant confusément qu'il disait vrai.

« Je vous rappelle que, pendant toute la période précédant la découverte de la maladie, le sperme raide était considéré comme normal. Des fécondations *in vitro* avec un tel sperme ont certainement eu lieu.

— Je croyais, nous croyions tous ici, que le sperme raide n'était pas fécondant, que c'était précisément là son problème. »

Le Pr Hutman, de Genève, l'ennemi intime d'Hasthel, avait parlé : il était très rare qu'une communication orale soit interrompue. Mais à révélation exceptionnelle, comportement atypique.

« Il n'est pas fécondant par les voies naturelles, mais rien ne prouve que ce soit le cas *in vitro*. Il suffisait d'essayer, c'est ce que nous avons fait. Ce n'était finalement guère plus qu'une transgression délibérée de ce que nous avions commis par inadvertance. Notre laboratoire a réalisé une série de vingt fécondations *in vitro* faisant intervenir du sperme raide. Eh bien ça marche ! »

Les derniers mots avaient été martelés.

« Projection. »

Un ovule cerné d'une centaine de spermatozoïdes frétillants apparut. Hasthel faisait passer un film retraçant les principaux épisodes d'une fécondation. La pénétration d'un spermatozoïde dans l'ovule, l'expulsion du globule polaire, la mise en place de la zone pellucide qui interdisait l'intrusion d'un autre spermatozoïde, et déjà les premières divisions cellulaires d'un futur organisme. Hasthel commentait.

« Dans cette séquence vidéo, vous pouvez voir se dérouler le film d'une fécondation tout à fait normale. La seule différence est que cet accouplement fait intervenir des spermatozoïdes à nuque raide. »

Un congressiste se leva, visiblement fort courroucé : le Pr Garibaldi était membre de l'Institut international de bioéthique.

« Cher collègue ; je trouve votre attitude malhonnête ; vous ne pouvez pas mettre sur un pied d'égalité les fautes commises sans le savoir, et celles perpétrées en connaissance de cause, les yeux grands ouverts !

— Calmez-vous, cher ami, répliqua Hasthel, dont le visage s'éclaira d'un sourire antipathique. Je suis d'accord avec vous sur le fond ; mais, en pratique, cela revient strictement au même : de telles fécondations ont bien eu lieu, que vous le vouliez ou non. D'ailleurs, mon équipe et moi-même avons été tout ce qu'il y a de plus raisonnable : nous n'avons pas ouvert la boîte de Pandore, nous nous sommes arrêtés au stade embryonnaire. Mais nous disposons tout de même à présent d'une petite série d'embryons congelés, tous issus de sperme raide. »

Hasthel fit encore défiler sur son ordinateur des photos d'embryons à des stades de taille et de maturation variables. L'être me parut malsain, son diaporama indécent, ses embryons trafiqués.

« Les études que nous avons réalisées sur ces spécimens sont tout à fait rassurantes. Nous n'y avons relevé ni anomalie cellulaire, ni aberration chromosomique, ni trouble du métabolisme, ni malformation. Compte tenu des incertitudes, nous n'avons bien sûr encore implanté aucun de ces êtres supposés atypiques dans un utérus, mais nous avons la quasi-certitude que nous ne courrons aucun risque à le faire. En fait, nous attendons le feu vert des comités de bioéthique, qui ne manqueront pas de statuer sur ce délicat problème, pour répondre à Garibaldi. Voilà, je crois que j'ai fini.

— Cher ami, intervint immédiatement Fenwick, sans laisser le temps à Hasthel de regagner sa place, votre intervention m'inspire à la fois espoir et appréhension. »

Fenwick retrouvait son rôle de modérateur peu inspiré, ballotté au gré des communications.

« Espoir de constater que l'espèce humaine a peut-être le moyen de se débarrasser de ce fléau. Appréhension à l'idée d'une implantation de tels embryons, même dans des utérus de femmes averties ; sur ce point, je partage les craintes de Garibaldi.

— Cher maître, répondit Hasthel, soyez rassuré. L'espoir dont vous parlez est en réalité bien mince. La fécondation *in vitro* est pour l'instant une technique tout à fait artisanale et élitiste, et je ne parle pas de la maturation *in vitro*, plus proche de nous. Ces méthodes nécessitent de nombreuses manipulations et un personnel entraîné : les résultats en sont incertains, les meilleures équipes mondiales parvenant actuellement à un taux de réussite de 25 %. Et puis rien ne dit que l'implantation de ces embryons raides se déroule sans souci. En d'autres termes, il n'est pas sûr que la greffe prenne. »

Joe Aladef se manifesta.

« J'ai une question à l'attention du Dr Journo, mais en rapport avec la présentation du Pr Hasthel. Vous avez parlé au cours de votre exposé, commença-t-il en se tournant vers moi – toujours ce vouvoiement agaçant – de la découverte rétrospective de sperme raide chez certains patients. Avez-vous conservé la trace, dans vos archives, de fécondations *in vitro* menées à votre insu avec un tel sperme ? »

Je me sentis coincé ; à aucun moment je n'avais eu l'idée d'entreprendre de telles vérifications ; j'étais bien trop accaparé par l'analyse de l'anomalie elle-même. J'optai pour la franchise.

« J'avoue ne pas m'être livré à ce type d'étude, mais je pense que nous devrions tous procéder à une série de vérifications dès notre retour. »

Balle en touche et *mea culpa*. À cet instant, un des participants leva la main, sollicitant la parole ; il s'agissait du Pr Jorge Rassmussen, spécialiste de la génétique des populations, s'adressant directement à Fenwick.

« Cher maître, je vous demande l'autorisation d'avancer l'heure de mon intervention : le sujet est directement lié à la question du Dr Aladef.

— Faites, cher ami, faites. »

CARNETS

15 février 1974

Comment puis-je encore m'aimer, me supporter ?
Comment admettre que je fais partie de cette espèce ?
Elle tue, elle assassine. Elle règne sur la planète en
absolue maîtresse. Elle ignore avec mépris les domaines
de l'infiniment grand, de l'infiniment petit. Elle ne
reconnaît pas d'autre forme d'intelligence que la sienne.
Oh, bien sûr, il y a les savants, les scientifiques, caste
minoritaire. Mais ce ne sont que les complices des autres,
les valets de l'autorité. Avant tout des instruments qui
manipulent des principes qui leur échappent.

ENFANTS

Rassmussen et Fenwick appartenaient à la même génération. Ils avaient été élèves du grand Crick, au moment où ce dernier proposait avec Watson son modèle de la double hélice d'ADN : des ancêtres.

Le Norvégien se leva et tendit seulement deux diapositives à l'appariteur, dont la silhouette massive était réapparue.

« Monsieur Pickwick, à vous de jouer », lui lança Rassmussen cordialement, d'égal à égal.

Enfin je tenais son nom. Pickwick. Pourquoi pas Doolittle ou Grosberry ? Un nom de farces et attrapes. Sans doute un personnage important dans la vie de Fenwick, beaucoup plus stratégique que celui d'un simple appariteur. Mais mes investigations mentales avortèrent : sur les espaces de projection apparurent en plein écran les photographies de deux nourrissons. Des carrés noirs obstruaient leur regard, le bébé est une personne protégée. La voix de Rassmussen s'éleva.

« Je vous présente Sacha et Maritza, les premiers enfants issus de sperme raide. »

Sacha le brun et Maritza la blonde avaient tout du commun des enfants ; pourtant, ces visages me fascinaient : de véritables personnages de science-fiction. Je m'abandonnai à une jubilation frissonnante : vertige de la transgression, OGM humains et, en même temps, c'était comme si je découvrais la possibilité d'une vie après la mort. Rassmussen continua.

« Nous avons la chance de disposer à Oslo d'un gros centre de procréation médicalement assisté. La banque de sperme attenante centralise les prélèvements de toute la Norvège. Lorsqu'il y a trois mois nous avons reçu du CECOS de l'hôpital Necker la description de la nouvelle maladie, ma sensibilité d'épidémiologiste a pris le dessus, je l'avoue. Je me suis dit : "Et si nous avions réalisé dans le passé des fécondations avec un tel sperme ?" C'est vrai, cela peut paraître paradoxal d'avoir eu cette idée pour une affection dont la conséquence est une stérilité totale, définitive, absolue, mais nous savons bien qu'*in vitro* tout devient possible, les spermes les plus récalcitrants deviennent aimables. »

Les enfants « raides », toujours présents à l'arrière-plan, semblaient eux aussi participer aux débats de leurs yeux évidés. Rassmussen était soutenu, il continua.

« Nous n'avions aucune idée du moment du début de l'affection, l'humanité prenait pour ainsi dire le "train de la maladie en marche". Le problème des débuts, du cas initial, me parut donc central. Je mobilisai cinq de mes plus brillants collaborateurs pour remonter le temps, examiner de manière rétrospective les spermes non fécondants étiquetés "normaux". La moisson fut riche. Nous avons retrouvé près de cinq mille cas de maladie du sperme raide pour les six dernières années, les cas se faisant plus rares à mesure de la remontée du temps. Nous avons ensuite consulté la liste des fécondations *in vitro* passées suivies de grossesse.

— Pouvez-vous au moins avoir la pudeur de nous débarrasser de la vision de vos "mutants" ? » coupa Garibaldi, manifestement au bord de la crise de nerfs.

Pickwick éteignit la lampe du projecteur, sans attendre le signal de Rassmussen. Ce dernier continua dans une atmosphère éteinte, plus théorique, mais aussi plus lugubre : c'était comme si on nous avait retiré un peu d'espoir.

« Résultat du recoupement des listes : soixante-trois enfants. C'est à la fois infime et énorme pour un petit pays comme la Norvège. Tous ces enfants en circulation, issus d'un sperme dont on ne sait rien, sinon qu'il n'est "pas comme les autres". Des exemples similaires doivent exister dans de nombreux pays.

— Ces enfants sont-ils normaux ? demanda le Pr Malik.

— Tout ce qu'il y a de plus normaux, répondit Rassmussen : ils ne souffrent d'aucune maladie, ont été vaccinés normalement. Leur intelligence est satisfaisante, leur sociabilité parfaite. Les plus âgés sont déjà à la crèche. Nous avons mené une enquête discrète auprès de leurs parents, sans les affoler. »

La voix acide du Pr Balanjani, de Téhéran, monta, filtrée.

« Ces derniers sont-ils au moins au courant que leur enfant a été fabriqué à base de sperme suspect ?

— Nous ne leur avons rien dit : pourquoi les angoisser ? Leurs enfants sont comme tous les autres. »

Balanjani continua :

« Et les grossesses ? »

Rassmussen parut gêné ; sa réponse se fit hésitante.

« C'est le seul point qui pose problème... »

Attente, tension, hic...

« C'est vrai, reconnut-il, nous avons bien un problème avec les grossesses menées avec du sperme raide. En analysant les statistiques, nous avons remarqué un nombre anormalement élevé de mort-nés parmi les enfants mâles, un taux de l'ordre de 30 à 40 %.

— Et quelle en était la cause ?

— Circulaire du cordon : les malheureux s'étaient étranglés avec des cordons trop longs peu avant leur naissance. »

Je frissonnais ; cette histoire d'étranglement *in utero* réveillait en moi quelque chose d'enfoui, de très ancien. Mais Rassmussen enchaîna, critique.

« Et puis demeure une grande inconnue quant à l'avenir de ces enfants, en particulier des garçons : seront-ils à leur tour stériles ? En d'autres termes, l'affection est-elle héréditaire ? Nous ne le saurons qu'au moment de leur puberté. »

Les communications qui suivirent n'apprirent pas grand-chose. De nombreux intervenants s'étaient penchés sur les causes possibles de la maladie, n'avaient rien trouvé de particulier ; pas de trace de polluant, de substance toxique ou même imprévue au sein des spermes anormaux. Pas de trouble hormonal ni de trace de maladie parasitaire, bactérienne, ou virale chez les hommes atteints. Mais je savais bien qu'on ne trouve que ce que l'on cherche, que cela ne prouvait rien. Quelques communications pointèrent la menace d'une attaque bioterroriste souterraine, dans la mesure où la maladie semblait peu concerner les pays musulmans. D'autres scientifiques enfin avaient entrepris quelques essais de traitement : rien n'avait marché, ni les antibiotiques, ni les antiparasitaires, ni même les tentatives de lavage et de préparation des spermes contaminés. Rien.

CARNETS

30 août 1974

*Aujourd'hui, mes doutes ont pris fin : année zéro
du nouvel Harold, appelez-moi Virold.
Je viens de comprendre que je ne m'en suis pas sorti
indemne. Non. Ils ne se sont pas tenus à distance.
Ils m'ont effectivement pénétré. Ils m'ont laissé en se
retirant quelque chose d'Eux-mêmes, une sorte de cadeau
génique.
Ainsi, Ils m'habitent, je le sais, je le sens. Ils sont
en moi, chandelle brûlant en secret. Je suis pour Eux
la petite fiole d'huile rescapée, restée pure et concentrée,
intacte. Malgré les destructions, les souillures.
Ils sont en moi, mais Ils s'abstiennent de me faire
du mal. Ils ont passé avec moi une sorte de marché.
Je suis leur dernier espoir.*

26 septembre 1974

*Alors, puisqu'il en est ainsi, je serai pour Eux une sorte
de messager, un porteur. Une base arrière pour mener
Leurs attaques. Je serai le grand contaminateur. Je Les
héberge, et Ils se cachent. Combien sont-Ils à sommeiller
en moi ?*

30 novembre 1974

*J'ose à peine me demander ce qui m'appartient encore,
et ce qui ne m'appartient plus. Je Leur suis peut-être
inféodé. Qu'attendent-Ils exactement de moi ? Quelle
mission veulent-Ils me confier ? Me contrôleraient-Ils
à mon insu ? Suis-je encore moi-même ? Ou sont-Ils
déjà moi ?*

MAC CORMACK

Fenwick s'apprêtait à clôturer les communications lorsqu'un homme demanda à intervenir. Il s'agissait d'un certain Mac Cormack, de l'Université d'Édimbourg, qui avait beaucoup publié sur les formes anormales de spermatozoïdes : tout sperme, même sain, pouvait s'enorgueillir de près de 25 % d'individualités non viables. Ces spermatozoïdes mort-nés, ces évocations singulières, c'était son bestiaire.

« Cher maître, chers collègues, je ne suis pas prévu sur la liste des intervenants. »

Fenwick hocha la tête, assentiment las. Feu pour une énième communication – orange, le feu.

Mac Cormack tendit son portable à Pickwick, puis se dirigea d'un pas lent et presque cadencé vers l'estrade. La projection commença.

« Chers amis, je suis moi-même malade. »

Dire que nous commencions à être blasés est peut-être un peu fort, mais à mesure que nous avancions, il devenait évident que notre assemblée était loin d'être indemne. Le reste était affaire de pourcentage. Hugh d'abord, le propre fils de Fenwick en toile de fond, et à présent ce Mac Cormack. Qui d'autre ? Je ne pus m'interdire un regard panoramique. Mon travelling croisa quelques visages blêmes, des hommes. Qui pouvait savoir ce qui se tramait dans l'intimité de leurs bourses ? Car le nouveau syndrome était déjà ressenti, c'est le lot de tout ce qui touche au sexe, comme une maladie honteuse. Fécondité et virilité sont, dans beaucoup d'inconscients, liées. Ici, les malades, bien que surinformés, n'en étaient pas moins malades. Initiés, ils n'en étaient pas moins hommes. J'eus la sensation qu'à force de communications et d'interventions nous ne formions plus à présent qu'un Être unique. Nos individualités s'étaient fondues dans une petite masse compacte, une masse critique. Mac Cormack était le second, après Fenwick, à rompre la loi du silence et de la pudeur.

« L'étude dont je vais vous exposer les résultats est le fruit d'observations menées sur mon propre sperme. Les données dont je dispose sont encore tout à fait partielles, car ma découverte ne remonte pour tout vous dire qu'à avant-hier : je n'ai eu le temps de la valider que sur quatre prélèvements. Mon topo est moins bien monté que je ne l'aurais voulu. »

Un clic de souris, et apparurent alors des spermatozoïdes anormaux, telle une faune des bas quartiers : il y avait ceux dont la tête était trop allongée, et ceux pour lesquels elle était trop trapue, il y avait ceux qui portaient deux têtes, et ceux qui en étaient dépourvus. Il y avait des spermatozoïdes à trois flagelles, et d'autres qui n'avaient même pas de pièce intermédiaire... une véritable cour des miracles séminale. Mac Cormack commentait.

« Ces photomontages sont un résumé visuel des principaux morphotypes de spermatozoïdes aberrants. Il s'agit bien de sperme humain normal. »

L'Écossais enchaînait les fichiers.

« Voici à présent les formes anormales rencontrées chez un patient atteint, en l'occurrence moi-même. Vous pouvez y retrouver tous les types figurant usuellement dans un sperme normal. Or, il y a deux jours, alors que j'examinais ce prélèvement avec une obsession que tout le monde ici est à même de comprendre – onde frissonnante dans l'assistance, oui, effectivement, tout le monde comprenait –, un point de détail attira mon attention. »

Un des spermatozoïdes monstrueux de Mac Cormack, agrandi jusqu'au grotesque, s'étala sur les deux écrans.

« Voici une morphologie particulièrement insolite. Trente ans d'expérience, et je n'en ai jamais rencontré de semblable. Regardez là, juste sous la tête, à la racine du flagelle. »

Je plissais les yeux.

« Cela ressemble à une sorte de renflement, à un petit sac : notre animal tient plus de l'alevin que du spermatozoïde. »

La créature faisait songer à un têtard orné d'un double menton. Mac Cormack continua.

« Ces spécimens sont très rares : sur les quatre spermes que j'ai eu le loisir d'examiner, ils ne représentent que 1 % des formes anormales. Mais ils paraissent tout à fait spécifiques ; à ma connaissance, on ne les rencontre que chez les patients atteints de maladie du sperme raide. Comme notre confrère Rashatani, j'ai réalisé des coupes de ce sac pour voir ce qu'il contenait. »

Mac Cormack nous fit donc pénétrer dans ces renflements : ils n'étaient pas vides.

« Comme vous pouvez le constater, on retrouve dans chaque sac une petite structure qui ressemble fortement à un petit spermatozoïde. »

Incroyable ! Je fus pris d'une soudaine envie de vomir : le tripal avait pris le dessus sur le cérébral. Le spermatozoïde fendu, cette bête immonde, faisait plus songer à une créature extraterrestre qu'à une cellule humaine. Une question, presque un cri, explosa, l'un de nous perdait manifestement son sang-froid.

« Vos spermatozoïdes seraient donc "enceints" ? »

Mac Cormack ne répondit pas tout de suite ; impassible comme s'il était passé de l'autre côté de la vie, il se contenta de cliquer sur un fichier intitulé « délivrance ».

« Voici la scène de l'accouchement. »

Sur l'écran apparut, devant nos yeux dessillés, un spermatozoïde difforme en train de mettre bas, la mise au monde d'un autre spermatozoïde : le spécimen naissant s'échappait, vivace, au travers de la poche éventrée.

CARNETS

10 décembre 1974

C'est vraiment un monde merveilleux. Leurs familles sont nombreuses et prolifiques. Ils sont disséminés partout dans la grande constellation du vivant. On Les retrouve chez les bêtes et les plantes, les bactéries et les éléphants, la mouche et le cochon, l'œuf et la poule. C'est le grand trait d'union de la matière organique. Ils sont aussi en moi, bien sûr. Je Les aime.

TESTAMENT

Pendant quelques instants, pas un mot, pas un bruit. Gigantesque et absurde, l'accouchement spermatozoïdien s'étalait là, pornographique, barrant de toute sa duplicité le double écran de la double projection. Comme revenu d'un voyage au bout de ses nerfs, tordu sur sa chaise, Fenwick fit enfin débrancher l'ordinateur, mesure que tout le monde attendait. L'homme du Shuttle, sans doute lui aussi contaminé par l'intensité du drame cellulaire, l'avait laissé connecté. Les écrans redevenus calmes, Fenwick parvint enfin à s'exprimer.

« J'avais initialement pensé faire de la seconde partie de ce colloque une vaste séance de travaux pratiques : nous aurions tous planché, dans une atmosphère bon enfant, si l'on peut dire, sur les échantillons que nous avons rapportés, tels des étudiants attardés. Mais je crains que, après ce déluge de révélations, tout cela ne soit soudain devenu hors sujet. Les investigations complémentaires se limiteront donc. Comment identifier à coup sûr la maladie ? Nos fameux critères de Cardery Street. Comment disposer rapidement d'un test de masse, facile à reproduire, qui n'ait pas besoin du recours aux microvidéocaméras et à leurs réglages fastidieux ? »

Fenwick avait l'air déprimé et désabusé, un air très « fin de règne ». Un cancer de la prostate – haut lieu de séjour pour les spermatozoïdes – le rongeait depuis de nombreuses années. Ce devait être son dernier show.

« L'espèce humaine est atteinte par un mal qui la touche dans son essence même.

« La fécondation *in vitro* est encore une technique complexe, de coût élevé, et dont la généralisation n'est pour l'instant guère envisageable. La maturation *in vitro* est plus simple, mais moins bien maîtrisée. Une certitude : en cas d'explosion de la maladie, les laboratoires d'insémination seraient vite débordés. D'après les éléments dont nous disposons, le rythme de progression du Systac est à la fois effrayant et chaotique. Qui pourrait prédire son incidence ne serait-ce que dans un an ? En cas de scénario apocalyptique dans lequel 50 % de la population masculine mondiale seraient touchés, ce qui est au passage déjà le cas de certains quartiers de New York, et nous l'avons vu de Dubaï, il est clair que le taux de fécondité de la planète descendrait bien en dessous du seuil de renouvellement des populations. L'espèce humaine serait bel et bien menacée d'extinction. »

Fenwick fut déformé par un bref rictus, une grimace globale : ses douleurs dans le dos s'étaient sans doute réveillées. Recadrage.

« La découverte de Mac Cormack nous a tous plongés dans l'effroi. Avec de tels monstres dans le sperme, qui peut nous garantir que les charmants Sacha, Maritza et autres enfants "raides" ne se révéleront pas être dans vingt ans d'horribles mutants, atteints de maladies incurables ? Le nombre anormalement élevé d'enfants mâles morts étranglés *in utero* donne à réfléchir. La maladie est probablement en eux, même si elle ne se manifeste pas encore. »

Je pressentais que Fenwick avait raison. Le Systac était probablement transmissible à la descendance, un peu comme une maladie génétique, et les garçons issus de sperme raide étaient sans doute atteints.

« Hélas, avons-nous d'autre choix que de continuer à vivre ? Une possibilité de reproduction, artificielle certes, nous est offerte : serait-il raisonnable de trop tergiverser ? Pour pouvoir prendre une décision sage, nous aurions besoin d'une cinquantaine d'années. Mais la maladie semble impérieuse. Et elle piège aussi nos compagnes, car le temps passe aussi pour leurs ovaires. Leurs ovulations sont vaines. L'espèce humaine pourrait aussi s'éteindre faute de "combattantes". »

Mon ami Pickwick était occupé à ouvrir les doubles rideaux. Un rayon de soleil atteignit Fenwick en plein visage, il regagna l'ombre.

« Bien sûr, me direz-vous, certaines régions du globe sont pour le moment très peu concernées ; mais les pays où la maladie est le mieux implantée sont curieusement ceux où les niveaux de vie sont les plus élevés. L'intelligentsia de la planète paraît ainsi touchée en priorité, ce qui augure d'une série de réactions irrationnelles. »

Fenwick jeta un œil hâtif sur ses notes.

« La maladie du sperme raide est comme un voyage sans retour : une fois que l'on est atteint, on le reste, elle est irréversible, incurable. Le mal est accroché au spermatozoïde comme une teigne sur un haillon. Quant à ses causes, mystère : mutation, pollution, alimentation, malveillance, terrorisme, virus, prion ? Faites vos jeux ! »

Bien sûr, personne ne paria un penny à cette roulette de tous les dangers, qui m'apparaissait d'ailleurs de plus en plus russe. Sa voix se fit plus ferme.

« Toutefois, nous avons au moins une chose à faire une fois rentrés chez nous : retrouvons ces enfants issus de sperme raide. Nous pouvons estimer leur nombre à quelques milliers à travers le monde. Convoquonsles sous un prétexte quelconque, et faisons-leur subir un bilan de santé complet. Nous disposerons alors d'une plus large série que celle de notre ami norvégien. Si leur normalité se confirme, nous pourrons passer à l'étape suivante ; implanter ces embryons particuliers qui attendent dans la glace. La maladie veut nous rendre stériles, c'est sa finalité : eh bien, tenons-la en échec ! Reproduisons-nous, malgré les risques et les incertitudes. Nous commencerons par les secteurs où se pose un véritable problème de santé publique. Informons les couples concernés de nos réticences, des dérapages possibles, imprévisibles : ne leur cachons pas la vérité. Ceux qui veulent éviter les poursuites n'ont qu'à faire signer des décharges. La procréation est après tout une affaire privée, c'est aux gens concernés que revient la décision. »

Murmures hostiles.

« J'entends certains d'entre vous manifester leur désapprobation. Qu'ils se rassurent, il n'est pas question de lâcher ces femmes dans la nature. Nous suivrons ces grossesses d'un type nouveau de manière obsessionnelle, avec échographies et amniocentèses régulières. En cas de mauvaise surprise, nous aurons l'avortement facile. Nous pourrons même rétribuer ces femmes pionnières, comme cela se fait pour les essais pharmacologiques. Les garçons pourront bénéficier de césariennes systématiques. Si ces premières expériences se déroulent normalement, nous proposerons ces fécondations *in vitro* à tout couple qui en fera la demande. »

Fenwick avait-il toute sa tête ? Vieux savant fou ou prophète inspiré ? J'appréhendais les difficultés d'application pratique, les problèmes d'éthique sous-jacents, et puis les réticences de Fron, tout sauf un aventurier. Garibaldi se fit l'agressif écho de mes pensées.

« Cher maître, accepteriez-vous de faire inséminer votre femme ou votre fille avec un tel sperme ?
— Cher collègue, notre réunion, la densité et l'extravagance de certaines de nos communications ont agi sur moi à la manière d'un électrochoc. C'est ma propre belle-fille que je compte faire inséminer avec le sperme de mon fils malade, et ce dès mon retour. Entre les deux humanités, la mutante et l'absente, mon choix est fait. Le temps est notre ennemi, tergiverser est un luxe. »

Fenwick nous demandait de nous changer en chevaliers du sperme, de sortir de l'ambiance aseptisée de nos laboratoires pour partir en croisade – une croisade pour l'humanité, rien que ça. Ces paroles pourtant inflammables rencontrèrent en moi un certain écho. Moi aussi j'en avais assez des propos lénifiants : « Partez en vacances, cela favorisera peut-être la fécondation, ne perdez pas espoir, les tests ne révèlent rien d'anormal. » Ces mensonges, je les serinais quotidiennement, j'en avais assez. Il était temps que les gens sachent, le Systac devait sortir de la clandestinité. Les fécondations *in vitro* de masse devaient se mettre en place malgré leurs aléas, même si la Sécurité sociale ne devait pas s'en remettre.

« Comment gérerez-vous les comités de bioéthique ? »

Joe me sortit de mes nouvelles dispositions.

« À nous de les convaincre. Certains parmi vous sont, je le sais, des conseillers ministériels, et même des membres de ces comités. Unissons nos efforts, nous constituons un véritable groupe de pression, comportons-nous en lobby. Il est en notre pouvoir de faire bouger les choses. Si rien n'est fait maintenant, deux types de pays se partageront bientôt la planète : ceux, curieux et inquiétants, qui auront fait le choix de la reproduction à risque et ceux, déserts et agonisants, qui ne l'auront pas fait. »

Fenwick venait à peine de finir que Mac Cormack reprit.

« Comment informer le public ?

— C'est effectivement un problème ; une étiquette "top secret" ne peut continuer à être apposée sur ce dossier explosif. La rumeur commence de toute manière à se propager, la qualité du sperme est un sujet qui revient avec une insistance périodique : il en était encore question hier sur CBS News. Il faut donc agir avec habileté. Sachons manipuler les médias ! Pas la peine d'affoler les populations avec des révélations trop dramatiques ! Simultanément à l'annonce du nouveau syndrome, nous pourrions par exemple laisser filtrer que la fécondation *in vitro* serait une solution. Dans le même ordre d'idées, il ne paraît pas très utile de dévoiler l'incidence réelle de la maladie dans les quartiers où sa vitesse de propagation est fulgurante.

— À votre avis, comment devrions-nous traiter le cas particulier de ma découverte ? affina Mac Cormack.

— Par la censure, très cher. Ne croyez pas que j'essaie de balayer d'un revers de manche votre contribution. Mais votre trouvaille est vraiment digne d'un film d'épouvante : sa divulgation risque de provoquer un tollé général. Nous sommes tous d'accord, il se passe de drôles de choses au sein de vos spermatozoïdes. Cependant, la vraie et seule question qui se pose est : pouvons-nous oui ou non apporter un espoir aux millions de personnes déjà atteintes ? Lorsque nous rendrons cette affaire publique, un nombre imprévisible de couples stériles va se précipiter dans les centres d'études de sperme. Saupoudrons le tout de quelques photographies judicieusement choisies parmi la « ménagerie Mac Cormack », et c'est l'émeute ! Quelle aubaine pour les mystiques de tout poil, qui ne dorment que d'un œil depuis l'avènement du superterrorisme. Vous voyez-vous révéler à la télévision que le sperme de certains humains est porteur de véritables aliens ? Cher Mac Cormack, votre découverte est victime de sa violence. »

Voilà, Fenwick en avait fini.

Un applaudissement ; puis deux, puis toute la tablée ; pas un plébiscite, plutôt un hommage. Nous commençâmes à nous lever, groggy, endoloris. J'en profitai pour approcher le professeur ; un compte à régler.

CARNETS

10 mars 1975

*Je sais que la route est longue et incertaine, mais
je m'avancerai sur ce chemin chaotique, seul, cherchant
la piste qu'Ils ont tracée pour moi. Une chose me fascine,
cette partie de moi qui m'est étrangère. Amis ou ennemis,
au fond quelle importance ? Je dois maintenant coexister
avec ce non-moi qui est en moi. Nous n'avons pas fini
de faire connaissance.
J'ai déjà commencé à collectionner les articles,
les documents qui parlent d'Eux. D'autres coupures
que celles de ma petite histoire, plutôt des coupes
sombres : Von Economo, Pasteur, la disparition
des Aztèques, etc. Oncle Henry n'y voit que du feu,
je noie les papiers compromettants dans la soupe habituelle
des garçons de mon âge : fusées, voitures, football. Bref,
le phallus et la mort, les germes de cette humanité
que j'exècre.
« Un enfant très sage, intelligent, et imprévisible », disent
de moi les petites amies d'Henry. Enfant, moi ? Bientôt
seize ans. Pourtant, il est clair que je ne fais pas mon âge
humain, curieusement, je suis fluet, imberbe. En fait,
je crois que je commence vraiment à Leur ressembler.*

15 décembre 1975

*Pas si simple.
Comment faire pour devenir autre ? Je suis là, debout
devant la glace, ma nudité comme unique compagne. Et
je m'analyse en tant qu'espèce : ce qui attire en premier
l'attention, et me rassure, c'est cette apparente symétrie,
elle me rattache à Eux, elle nous lie, lointain cousinage
du vivant. La ressemblance s'arrête là. Déjà je remarque*

ces deux grosses boules translucides, incrustées sous leur auvent poilu, expansions du cerveau, yeux. Deux appendices plantés là, sur le côté, m'attirent ensuite, grossiers choux-fleurs, ouïes. Le reste est triste. Un nez, une bouche close, le teint est jaunâtre, c'est bien moi. Je me tiens debout, je suis un humain. Rien à faire.

30 décembre 1975

D'abord m'habiller à Leur image : vêtements stricts, parfaitement symétriques. Les humains appellent cela « mode Mao », j'en suis devenu un adepte. J'ai traîné oncle Henry dans tous les magasins. Nous avons découvert quelques enseignes. Mes pantalons doivent porter des plis impeccables, un hommage à Leurs si remarquables capsides. J'ai exigé que mes chemises soient chargées en boutons, clin d'œil à Leurs sites d'accrochage. Henry ne se doute pas de mes motivations profondes. Il me passe toutes mes lubies, veut avoir la paix. Il faut dire que je suis un « si bon élève, tellement en avance pour son âge ». Quel âge ? J'ai calculé : avec Eux en moi, mon temps se chiffre en dizaines de milliers de générations. J'ai des millions d'années.

7 octobre 1976

Bientôt dix-sept ans, comput humain. Cette nuit, j'ai eu ma première éjaculation. Ils ont dû finalement donner l'autorisation à mes cellules. Mon corps se transforme enfin.
Plus intéressant, mon esprit est le siège d'un intense bouillonnement : je m'intéresse à la manière dont Ils procèdent, j'accède à une compréhension profonde de Leur monde : comment Ils s'abattent en quelques jours, parfois en une poignée d'heures, sur une population, comment Ils l'assujettissent. Comment Ils détectent les failles dans notre système de défense. Je vois les choses de manière inédite ; je lis entre Leurs lignes.
Sans doute m'aident-Ils, de l'intérieur.

UN FRÈRE

L'appariteur espion avait curieusement disparu, et ce dès avant l'allocution de clôture de son maître. À présent il était introuvable.
« Monsieur, puis-je vous parler un instant ? »
Le vieux me parut évitant, contact oblique. Son teint, vu de près, semblait encore plus jaune que prévu. Ses doigts, dont on apercevait par transparence le squelette, s'étaient agrippés sur le dos d'un des microscopes gris souris. J'entendais l'air s'engouffrer dans ses poumons fibreux.
« Docteur Journo, que puis-je pour vous ?
— Juste un mot, monsieur. C'est au sujet de votre appariteur, M. Pickwick. Je l'ai reconnu, malgré ses apparitions pour le moins fractionnées. J'ai bien compris que sa présence à mes côtés dans l'Eurostar n'était pas le fait du hasard.
— C'est exact, jeune homme. Pickwick m'accompagne depuis que j'ai commencé la biologie, en fait depuis mon enfance. C'est mon demi-frère.
— Votre demi-frère ? »
J'avais presque crié, des collègues se retournèrent : c'est un fait, tout ce qui a trait à la fraternité me touche plus que de raison.
« Soyez plus discret, docteur Journo », caqueta Fenwick, soudain coriace.
Je dus lui sembler désarçonné, il poussa l'avantage.
« Quelque chose à ajouter ? »
Finalement, que voulais-je savoir encore ? Fenwick envoyait à ma rencontre un espion, un intime, après tout. J'aurais plutôt dû me sentir honoré. La rancune me parut hors de propos.
« Dites-lui juste au revoir de ma part, et que j'ai apprécié sa compagnie », lâchai-je en faisant taire mon insatisfaction. Tout cela avait décidément un arrière-goût d'inachevé. Ce Fenwick était un vieux seigneur du sperme avec un double fond, et ce double fond avait pour nom Pickwick.

Dans la salle, déjà, les groupes d'étude se formaient spontanément, par affinités, par écoles, autour des microscopes. Fenwick me retint par la manche.

« Ne m'en veuillez pas. Que voulez-vous, vous êtes un nouveau venu dans le monde du sperme, et j'aime bien savoir qui j'invite. Georges vous a trouvé fort sympathique, au demeurant. Mais il a dû partir précipitamment, il ne rate jamais une réunion de son club de maths. »

Les iris verts du vieux savant s'animèrent enfin de quelques reflets. Je souris. Le vieil homme me posa sa main sur l'épaule, vaillante, affaiblie.

« Allez donc rejoindre vos camarades, Maxime. On a besoin de gens comme vous. »

Il fallait à présent se mettre au travail, par principe, par devoir. Joe me faisait des grands gestes, il m'avait gardé une place dans son groupe.

Au bout de quelques heures de discussions et de confrontations, ce qui devait être publié et communiqué aux différents laboratoires d'étude du sperme et de procréation médicalement assistée sous le nom de « critères de Cardery Street » émergea progressivement du tohubohu cérébral. Tout y était résumé : la définition de la maladie, dans quels cas l'évoquer, comment en faire le diagnostic, un état des lieux de son extension, les risques et les interrogations autour de la fécondation *in vitro*.

Le colloque touchait à sa fin. J'en étais aux dernières poignées de main, lorsque d'autres doigts, de gros calibre cette fois, m'étreignirent.

« Je tenais à vous féliciter pour votre prestation, jeune homme : si d'aventure vous étiez de passage dans notre magnifique région, merci de m'honorer de votre visite, vous serez mon hôte. »

Les doigts appartenaient au Pr Dimitri Bjenko Karamazov, de l'Université d'Astrakhan. Je me retournai brusquement, dérangé par le contact. L'homme qui se tenait là était de haute taille, ses yeux clairs étaient légèrement bridés, fentes inclinées : un guerrier médiéval réincarné en professeur contemporain, une âme morte. Je n'étais encore jamais allé en Russie, mais je pensais comme beaucoup de personnes que, si un jour je devais m'y rendre, je commencerais par les classiques Moscou et Saint-Pétersbourg. Vu de Londres, le delta de la Volga m'apparut comme une destination insolite. J'engageai d'emblée la conversation sur le sujet du jour. Ce visage massif m'inquiétait.

« Combien de cas dans votre région ?

— Chez nous, la situation est étrange ; pour tout vous dire, Astrakhan est en quelque sorte dans l'œil du cyclone ; nous avons dans certains districts des pourcentages frôlant les 80 %, contre une moyenne de 1 % pour l'ensemble de la Russie : je pense d'ailleurs que c'est pour cette raison que j'ai été convié à cette réunion. »

Dimitri Bjenko Karamazov était fort modeste ; le Russe était l'un des plus éminents spécialistes mondiaux de l'acrosome, le pôle nord du spermatozoïde.

« Jeune homme, que pensez-vous de la communication de ce Mac Cormack ? continua-t-il.

— Je ne sais pas, c'est très troublant ; si cela devait se confirmer, cela signifierait que les spermatozoïdes raides pourraient se reproduire... de l'intérieur. C'est une donnée complètement nouvelle, inattendue. Il faudrait envisager un bouleversement à l'échelle chromosomique... »

Déjà Joe s'était rapproché ; je n'eus pas envie de poursuivre l'échange, je n'ai jamais apprécié les ménages à trois. Je me laissai donc entraîner, un signe d'adieu à l'attention d'un Karamazov frustré.

« Il y va fort, ce Fenwick. Il aurait tout de même pu rendre un hommage plus appuyé à Mac Cormack. »

Je répondis sans entrain.

« Le pire est qu'il est sans doute dans le vrai : les spermatozoïdes Mac Cormack risquent de faire un tabac. »

— Et fumer nuit gravement à la santé, répliqua-t-il, c'est bien connu. »

Mon ami soupira, comme s'il recrachait quelque imaginaire fumée.

« Et dire que je suis moi-même porteur de quelques-uns de ces monstres.

— T'inquiète, toutes les énergies seront bientôt mobilisées pour combattre le mal : et même si la cause nous échappe encore, nous allons continuer de nous reproduire coûte que coûte, la FIV reste possible : c'est quand même la bonne nouvelle de ce congrès, même si elle est mitonnée à la sauce aigre-douce. Tu auras bientôt un petit Aladef à langer.

— Un petit monstre, tu veux dire.

— Comme son père, dis-je pour dissiper le malaise.

— Pendant les travaux, l'activité continue, en quelque sorte ; on ne sait rien, mais on fait quand même des gosses.

— Tu n'es pas obligé de te reproduire tout de suite ; donne-toi quelques années, le temps que nous en sachions plus. Ta compagne est encore jeune ; d'ici là, le fléau sera peut-être vaincu.

— Facile à dire.

— Que dirais-tu d'un pot en ville ? Je connais un pub.

— Impossible, je dois rentrer à New York par l'avion de 23 heures. Dommage, ça m'aurait fait plaisir de parler du bon vieux temps. Mais téléphone-nous quand tu seras de passage à Brooklyn. »

J'avançai déjà la main, mais Joe voulait jouer les post-scriptum.

« Au fait, bravo pour ta présentation ; et oublie les quelques critiques de ces deux escogriffes de Hutz et Drucker. Ils sont connus dans le milieu pour être de mauvais coucheurs. Retiens l'essentiel : tu ne t'en rends peut-être pas encore compte, mais ce congrès est une véritable consécration pour toi. Fenwick a dû te citer trois ou quatre fois. Ta nomination prochaine ne fait guère de doute, monsieur l'agrégé ! »

Les souvenirs remontaient, Joe les laissa faire.

« Que de temps passé depuis le concours d'internat ; et dire que tu avais fait impasse sur la composition du sperme ; crapule ! »

J'avais oublié ce détail : comme d'habitude, c'étaient mes amis qui se souvenaient le mieux de ma propre vie. Moi, j'avais souvent l'impression de ne pas avoir de passé.

« Quand j'écrirai mon autobiographie, je viendrai te voir. »

Mais je ne devais pas en avoir l'occasion. Joe allait disparaître prématurément. Il regarda sa montre. Cette fois il était temps, l'hôtel s'était vidé.

Je regardai mon copain s'en aller, profil blessé, enveloppé dans un grand manteau rouge étrange. Quant à moi, je n'avais pas prévu de rentrer le soir même. Je montai dans ma chambre vers 22 heures. Je crois me souvenir de ma dernière pensée : elle fut pour Julia, mon ex.

J'avais le sommeil lourd, je m'embarquai pour une nuit dense.

CARNETS

5 janvier 1977

Oncle Henry est mort. Enfin seul. Maintenant vous êtes mon unique famille.

AUTOPSIE

Dès le samedi matin, à peine de retour à Paris, je me rendis au CECOS, plein d'idées nouvelles sur la maladie ; de nombreuses portes s'étaient ouvertes, des cloisons s'étaient abattues, je ne voyais plus les choses de la même manière. Mon principal objectif était déjà de suivre à mon tour l'itinéraire de Rassmussen : lancer une vaste recherche rétrospective sur les fécondations *in vitro* ayant utilisé du sperme raide ; retrouver des Sacha et Maritza français. Le labo était désert, illusion de puissance. Le formidable espace de recherche m'appartenait tout entier. Même Fron était absent, parti se reposer pour le week-end : pas même un coup de fil pour savoir comment s'était passée mon aventure londonienne. Curieux, non ?

J'obtins rapidement les renseignements désirés, il suffisait de demander. En milieu de matinée, l'ordinateur central du CECOS commença de cracher ses réponses. J'appris ainsi que 400 enfants « raides » étaient nés par fécondation *in vitro* au cours des quatre dernières années : le ratio était de 216 filles contre 184 garçons. Découvrir la liste imprimée des noms et prénoms de ces enfants, c'était étrange. Leurs prénoms suivaient les canons de l'époque (Quentin, Léa, Jennifer, etc.). Venant d'eux, on se serait attendu à des prénoms extraordinaires, extraterrestres (Gliscka, Tradule, Blanure, etc.), les choses auraient au moins eu le mérite d'être claires. Mais ce n'était pas le cas.

D'autres statistiques, plus dérangeantes : 63 garçons mort-nés. Restaient donc 337 enfants vivants, s'il ne leur était rien arrivé depuis. Les pourcentages étaient comparables à ceux de Rassmussen. Les rapports d'autopsie étaient joints aux dossiers : la grande majorité des garçons mort-nés avaient été victimes d'une circulaire du cordon. J'allais refermer un des dossiers, quand mon attention fut attirée par un détail étonnant : la description d'un des petits corps décédés faisait état de plaques violacées sur les organes génitaux : le rapport comparait ces traces à des empreintes de doigts.

Alerté, mal à l'aise, je rouvris un par un chaque dossier. Effroi. Ce n'était plus un, mais 12 garçons qui présentaient de tels stigmates. Il s'agissait peut-être des effets de la strangulation sur les jeunes victimes brutalement privées de circulation sanguine. Pourquoi diable en cet endroit précis ?

En début d'après-midi, j'avais fini, emportant avec moi la liste « raide » et mes interrogations ; mon esprit perturbé programma une convocation discrète des parents « raides » dès le lundi : un bilan pédiatrique complet s'imposait chez les survivants, en particulier ceux de sexe masculin.

L'horreur était au bout du samedi. Rien ne la laissait présager, le week-end commençait par un blanc. Pour autant que je me souvienne, je broyais le temps à réfléchir à la meilleure attitude à adopter vis-à-vis de Fron. Je ne vis aucun proche, aucune connaissance, envie de parler à personne, les meilleurs amis sont parfois les meilleurs persécuteurs. Ils vous sondent, vous cambriolent sans effraction, vous soutirent votre matière pour en faire la leur. Ils vous happent, vous lapent. Ils vous veulent. Et moi j'avais tout simplement peur de craquer, de me confier, ou de perdre ma détermination, ma substance. Je n'avais pas non plus téléphoné à mes collègues de travail, pas même à Natacha, dont la perspicacité me manquait. C'était pourtant la personne idéale avec laquelle discuter des inquiétantes perspectives ouvertes par Cardery Street. Mais le congrès devait être tenu secret, y compris pour les médecins du service. Seul le boss était au courant de mon escapade londonienne.

Je passai le samedi après-midi dans un café, essayant vainement de rédiger un article sur les mitochondries de la pièce intermédiaire du spermatozoïde. Impossible d'accéder à la moindre parcelle de concentration, au milieu de tous ces gens qui ne savaient pas ce que, moi, je savais. Il y avait de quoi se sentir supérieur, ou tout au moins élu, initié, mais non. L'espèce humaine me faisait plutôt pitié, elle n'avait aucune conscience de sa fragilité, des mystérieux équilibres qui la maintenaient en vie. Le *Titanic* est lacéré de sa mortelle balafre, et le quatuor de bord entame un boléro.

Je tentai de noyer mon angoisse dans une évasion cinématographique ; quelque film indien ou égyptien dans un cinéma du Quartier latin, je ne m'en souviens plus très bien... Je sortis avant la fin.

Spectacle de rue : des adolescents insouciants s'embrassant sous les réverbères, des jeunes couples se tenant par la main. Avec toutes ces immondices qui complotaient dans leur bas-ventre !

J'errai ainsi au hasard jusqu'à la limite de l'épuisement, tentant de m'abrutir le plus longtemps possible de cette humanité anonyme. Je ne rejoignis mon deux pièces que sur le coup de 2 heures du matin. Je m'endormis.

Il devait être 4 heures du matin quand le téléphone sonna. Une voix autoritaire, officielle.

« Allô ? Vous êtes bien le docteur Journo, Max Journo ?
— C'est moi.
— Connaissez-vous un certain Benjamin Jasso ? »

Qui pouvait donc s'inquiéter du sort de Benjamin, mon copain de fac, à une heure si avancée ? Je me redressai d'un coup, perlant d'une sueur mauvaise.

« C'est un ami. Qui êtes-vous ?
— Docteur Jurasse, urgences chirurgicales de la Pitié. Votre ami a eu un accident de moto. »

Je bafouillai.

« Qu'est-ce qu'il a ? C'est grave ?
— Il est en état de mort clinique, désinsertion de l'aorte thoracique. »

Les cataractes du ciel s'ouvrirent. Je hurlai, j'éclatai en sanglots, je déversai sur le combiné le stress et les frustrations de Cardery Street, tout ce silence accumulé, et puis la douleur, la douleur de perdre mon *alter ego*, mon être alternatif : nos destins me semblaient tellement liés.

« Pourquoi moi, pourquoi m'appelez-vous ? articulai-je, haletant.
— Votre ami a tenu à ce que je le fasse avant de sombrer dans le coma, il a dit que c'était très important. »

Ainsi Benjamin avait pensé à moi au moment de sa mort. Expression d'une amitié extrême comme une onction ? Ultime pensée pour son copain ? Sur le moment, la révélation de Jurasse ne fit qu'exacerber ma peine ; comme un couteau que l'on retourne dans une plaie. Mais trêve de narcissisme ; la suite devait m'apprendre que ce n'était pas la seule raison. L'urgentiste continuait de m'informer, au goutte à goutte.

« En fait, docteur Journo, M. Jasso a exprimé une demande un peu bizarre de la part d'un grand accidenté de la route. Avant de sombrer dans le coma, il a demandé à ce qu'il y ait autopsie... »

Je devais être plongé dans un état de semi-inconscience lorsque Jurasse ajouta.

« Et que vous y assistiez. »

Je me levai à la hâte et me rendis, somnambule, au service de traumatologie de la Pitié-Salpêtrière. La famille de Benjamin attendait dans une petite salle. Sa mère, son père, sa sœur infirme dont il ne parlait jamais, et la lumière au néon. Yeux rouges du boxeur KO mais debout. Violence et cruauté, la vie est moche. Barbara, sa fiancée, jeans bleus et pull noir, m'étreignit longuement, secouée de spasmes sauvages. Je restais là, assis, le temps était mort.

L'autopsie eut lieu le lundi matin, dans une des salles de la morgue de la ville-hôpital. Le long corps de mon ami était là, contus, violacé, le visage détendu, presque souriant, avec cette expression ironique qui déjà le caractérisait de son vivant. Quelle sorte d'idée macabre avait donc bien pu germer dans son cerveau hypoxique ? Qu'attendait-il de moi ?

D'abord la grossièreté des garçons de salle, des garçons bouchers, avec leurs seaux bleus, et leurs serpillières sales, pour qui cette dépouille qui m'était chère n'est qu'un cadavre parmi tant d'autres, un paquet de viande dédramatisé, désacralisé, violé.

L'incision du thorax commence. Toute la paroi a été enfoncée, effectivement. Le cœur, puis l'aorte, arrachée du cœur. Des mares de sang noir se répandent hors du corps éventré. J'ai honte, honte car de coups de scalpel en pression d'écarteur, insensiblement, mon émotion se dissout. Je trouve même au spectacle une étrange beauté, un intérêt scientifique. Et puis, pour la première fois depuis l'annonce de sa mort, un embryon de raisonnement commence à prendre forme dans mes neurones à vif. Benjamin, prince du secret et de la rétention, incapable d'aborder le sujet qui le fascinait le plus – lui-même – voulait que je découvre quelque chose qu'il m'avait caché. Un élément en rapport avec son corps. Je séchai. Nos rapports s'étaient quelque peu distendus depuis la fin de nos études : désirait-il me punir, me culpabiliser en m'offrant ainsi le spectacle de son intérieur ? Fausse piste, il devait y avoir autre chose.

L'autopsie touchait à sa fin. Benjamin avait été refermé proprement ; mon regard errait de son visage de sphinx à sa verge molle.

« Les testicules ! » m'écriai-je.

Fulgurance. Bien sûr, c'était donc ça. Benjamin savait que je travaillais sur une nouvelle maladie, je ne lui avais rien dit de plus, mais ses capacités intuitives étaient parfois surprenantes. Comment avait-il pu savoir ? Des fuites en provenance du labo ? Travelling mental sur mon entourage, un visage s'imposa naturellement : Natacha, Benjamin la connaissait. Se pouvait-il ?... Le médecin légiste me regarda d'un air désabusé : Droopy avec un bistouri.

« Qu'y a-t-il, docteur Journo ?

— Je voudrais que vous lui examiniez les bourses.

— L'autopsie est terminée. Je ne vois aucune lésion externe au niveau des organes génitaux, je crois que l'expérience a été suffisamment éprouvante pour vous... et pour lui. »

Le corps bleuâtre de mon ami semblait lui donner raison.

« Je vous en prie, il faut que j'en aie le cœur net.

— Soit. Parce que nous sommes confrères. »

Le Dr Tchang s'exécuta, rechaussant un nouveau jeu de gants, avant d'inciser le scrotum de Benjamin. Je restai sciemment en arrière, me servant de sa casaque verte comme d'un paravent, hors champ.

« Votre ami avait des problèmes génitaux ? Des antécédents de maladie sexuellement transmissible ?

— Pas à ma connaissance.

— C'est curieux. Je n'arrive pas à décoller l'albuginée du dartos. Tout est soudé. »

Décharge d'adrénaline. Deux pas sur le côté, pour voir. J'avais bien sûr déjà assisté à des dissections scrotales, mais ce que je découvrais était tout à fait insolite : l'ensemble des testicules et leurs annexes étaient pris dans une sorte de magma informe. Même des infections majeures ne donnaient pas de tels aspects.

« Écoutez, je prélève tout en bloc et j'envoie ça à l'histologie. »

Je détournai mon regard. Un crissement, le bruit du bistouri. Tchang venait d'émasculer Benjamin. Pour l'éternité.

SERVICE

J'aurais voulu éclater, hurler ma peine et mon effroi. Marquer le coup, laisser échapper la douleur dans quelque hululement guttural, à la manière des femmes arabes. Pas le temps, il me fallait retourner au combat. Pendant l'autopsie, Fron avait appelé deux fois : je devais regagner le service, d'urgence : le personnel de la morgue, pressentant quelque drame intime, avait eu la décence de ne pas me déranger, malgré les coups de boutoir du vieux. Mais sitôt sorti de la salle funeste, Cronos reprit ses droits. Je m'enfuis de l'endroit sans me retourner, sans doute la peur de me transformer en quelque statue de sperme : le CECOS avait besoin de moi.

Le petit monde affairé du service eut sur moi un effet restructurant. Ici, rien n'avait changé, nulle catastrophe n'était venue ébranler le cours des choses ; et ce que je venais de vivre n'avait sans doute pas encore diffusé aux couches les plus profondes de mon être — pas encore. Mon cerveau m'offrait quelques heures de répit ; je me surpris ainsi à adresser quelques bonjours démagogiques aux incontournables de l'étage : Marie-Louise, la femme de service, qui m'approvisionnait régulièrement en carry de mérou et en bouteilles de vieux rhum ; Hubert, vieux laborantin à la veille de la retraite, spécialiste du café. La mort et l'autopsie de Benjamin étaient tellement extraordinaires que ma pensée, organisée comme une cuve à électrolyse, avait dû les stocker dans un groupe de neurones étanche. Pourtant, deux images obsédantes filtraient malgré les tirs de barrage de mon surmoi ; l'étrange sourire que la mort avait dessiné sur les lèvres de mon ami, et ses testicules, bien sûr, englués dans cette gangue infâme. Malgré la tourmente, j'avais formulé déjà quelques conclusions sommaires : 1°) Il s'agissait de la maladie du sperme raide, j'en étais intimement persuadé. 2°) Benjamin savait qu'il en était atteint. 3°) Quelqu'un l'avait mis au courant, donc en avait fait le diagnostic. Un spécialiste, nécessairement. Et ce n'était pas moi. 4°) En me choisissant pour assister à l'autopsie, il me désignait comme son ami le plus cher, en même temps qu'il voulait me signifier comme une supériorité à mon égard. Il savait à mon insu des choses me concernant ; et même sa maladie avait un rapport avec moi.

Et puis, comment empêcher mon esprit de chercheur de vagabonder dans un pays de considérations plus triviales ? Oui, j'étais impatient d'analyser ses tissus au microscope, ses testicules sinistrés. Oui, c'était un vrai cadeau que Benjamin nous avait fait, une première mondiale, le premier spécimen connu atteint de maladie de sperme raide à avoir bénéficié d'une autopsie. La découverte du Dr Tchang était incompréhensible, l'examen des testicules mené sur le vivant était strictement normal. Sous un prétexte quelconque, on avait pratiqué sur les malades suivis dans le service au minimum une échographie, quand ce n'était pas une IRM ou un PET Scan. Il s'agissait d'examens précis, qui permettaient une analyse particulièrement fine des tissus et de leur activité. Or jamais rien n'avait été signalé... ni épaississement des parois scrotales ni modification des enveloppes des testicules. Nous avions même réalisé sur certains des microprélèvements de tissu testiculaire : l'architecture interne des bourses était strictement superposable à celle des sujets normaux ; même pourcentage de cellules, même quantité de fibres. Des délabrements aussi importants que ceux constatés chez Benjamin n'auraient pu passer inaperçus. Une idée s'imposa alors tout naturellement à moi : les lésions autopsiques n'avaient pu se constituer qu'après la mort. La conclusion à tout cela était inédite, effrayante : la maladie continuait d'exercer son emprise à titre posthume.

Voilà quelles devaient être mes pensées alors que je me déplaçais vers les vestiaires du CECOS. Les vêtements de mes collègues étaient là, accrochés aux patères : la veste Burberrys de Luc Aviloine, le Rastignac du service, esprit brouillon et ambitieux, le blouson d'aviateur de Willy Cleg, biologiste hors pair, scénariste de bande dessinée à ses heures, sans oublier le spencer ocre de Natacha, imbibé de senteurs fruitées et de quelque chose d'autre – une odeur personnelle, hormonale. Seule ma blouse attendait encore un occupant. Le contact du coton blanc et doux me sembla presque chaleureux. Je relevais mon col, les Post-it qui emplissaient mes poches me semblèrent soudain dérisoires : appeler Unetelle pour déjeuner, communiquer à Untel les résultats des examens de M. X, ne pas oublier d'aller à l'agence. C'était avant Cardery Street, avant que tout bascule. Tout individu porte en lui une représentation de lui-même, une image de soi. Moi, je me considérais, depuis la fin de mon internat, comme une sorte d'éternel étudiant, dilettante, invulnérable. L'âge de l'insouciance était à présent révolu. Il fallait que je paie pour Cardery Street – observer n'est pas neutre. Et mon adolescence inachevée était morte sous les coups de scalpel du Dr Tchang. Le temps m'avait retrouvé.

J'allais m'enfouir dans mon bureau, saluant mes collègues d'une main moite et triste. Je n'avais envie de rien, et surtout pas de croiser Fron.

Le téléphone sonna aux environs de 11 heures ; c'était Dominique, la secrétaire androgyne du boss. Le compte rendu circonstancié du congrès de Londres était prêt. Je l'avais rédigé dans l'urgence, pendant le voyage de retour. Je fis le vide, tapotant une dernière fois sur la tranche de mes feuilles A4 comme pour en clarifier le contenu, en détacher les lettres.

Soumis : tel était mon état d'esprit chaque fois qu'il s'agissait d'affronter le patron. Un réflexe scolaire, la peur du père, allez savoir. J'avais beau me raisonner, c'était plus fort que la raison. Pourtant, cette fois, j'avais envie de mettre le feu, de dynamiter cet entrelacs de conventions sociales et de complexes.

« Bonjour Max. Le Pr Fron m'a dit de vous faire savoir qu'il ne veut recevoir personne pour l'instant. »

Ainsi le pervers me prenait-il à contre-pied. Je me rassis, ne pouvant malgré tout m'empêcher de ressentir un certain soulagement. Toujours le même thème, une lâcheté d'écolier. Le prof est souffrant, l'interro n'aura pas lieu.

« Mais je voulais lui parler, embrayais-je, pour la forme.

— Il le sait parfaitement. Il vous fera savoir quand il sera disposé. »

Je raccrochais, déstabilisé. L'ignoble m'imposait l'attente. Envolées la lassitude, la tristesse. Bonjour l'attente. Enfermé dans mon réduit, je me lançais dans l'analyse de la centaine de spermogrammes du jour, pollué par des pensées contradictoires – laborieux.

11 heures 30, 12 heures, 12 heures 30, toujours rien. Vers 13 heures, enfin, la sonnerie du téléphone. La voix pleine de Guy Fron grésilla, enfin.

« Bonjour, Max, je vous attends. »

Le bureau de Fron était à l'opposé du mien – présage ? Je m'engageai dans le long couloir du CECOS, le boulevard périphérique du service. Je croisai Natacha, les yeux rougis.

« Salut Max ; je suis au courant pour Benjamin ; c'est affreux. »

Natacha et Benjamin se connaissaient à peine... Officiellement. Natacha était très émotive. Je repensai à l'autopsie. Natacha, un bon maillon faible.

« Ne m'en parle pas ; tu sais bien que nous étions très liés. »

Phare passager, éloquent ?

« Il faudra que l'on ait une petite discussion, toi et moi, enchaînai-je.

— Après le travail, si tu veux bien.

— D'accord, il faut que je file, j'ai rencard avec le boss. »

FRON

« Bonjour Max, je crois que nous avons des choses à nous dire. »
Fron me désigna un siège.

Le boss avait une sale tête : mèche rebelle et grasse, yeux humides, presque torves, cigarillo à demi éteint. Il me regardait par en dessous, avait passé un début de matinée terrifiant – il venait d'apprendre qu'il était lui-même victime du Systac, dont le sigle fatidique commençait à circuler ; cela, évidemment, je ne le sus que plus tard, dans des circonstances rocambolesques. Fron m'avait fait constater l'anomalie, à mon insu. Les résultats étaient là, posés sur son bureau, il eût suffi que je me penche un peu. Quelques jours avant mon départ pour Londres, il avait glissé la paillette de son propre sperme sous un faux nom parmi les prélèvements tout-venant. Il venait de contresigner ses propres résultats.

Aussi, lorsque je pénétrai dans son antre, Fron se demandait sans doute comment il avait bien pu attraper cette cochonnerie. Il s'étonnait également de l'absence totale de retentissement sur son état général : rien, il ne sentait rien. Quarante-cinq ans de vivacité, d'ambition, et toujours en pleine possession de ses moyens. Bien sûr, il avait oublié les petits signes, ceux qui étaient apparus lors de l'invasion. Mais pouvait-on lui en tenir rigueur ? Prétentieux comme il était. Comment aurait-il pu s'en rendre compte ? Et puis ces signes, tout le monde ou presque les oubliait. Ou plutôt les refoulait.

Pour ma part, je me contentai de lui adresser quelques regards obliques, dans le silence précédant le début des hostilités, celui des adversaires qui se jaugent. Fron n'avait vraiment pas l'air en forme. Sa blouse blanche, trop petite pour lui, n'était boutonnée qu'à moitié, revêtue plus par principe que réellement portée. Je m'étonnais chaque fois de la disproportion entre ses bras, relativement courts, et son abdomen, nettement proéminent, le morphotype idéal pour avoir besoin de bras droits. Mais si Guy Fron était gros, sa graisse n'était en rien « molle » ; c'était au contraire une graisse ferme, tonique, une graisse de pouvoir. Il avait l'embonpoint jouissif.

« Alors, il faut vraiment que je vous tire les vers du nez ce matin ! »
J'étais sur mes gardes, méfiant, potentiellement agressif, j'avançais tous chakras fermés. Cardery Street faisait pour moi déjà presque partie du passé ; un clou chasse l'autre.

« Monsieur, je ne sais par où commencer, il s'est passé tellement de choses... Ce congrès était d'un genre tout à fait particulier, émouvant et dense, en quelque sorte.

— D'autant qu'un nombre non négligeable de participants étaient personnellement concernés, n'est-ce pas ? »

Remarque troublante. Plaisantait-il ? Je sentais qu'il me manquait des cartes : il pensait à lui-même.

« C'est vrai, certains l'ont même annoncé officiellement, un vrai psychodrame.

— Cher Max, trêve de boniments, d'abord les faits ; comment s'est passée votre intervention ?

— Pas mal. J'ai quand même essuyé quelques tirs de barrage : j'ai tenu à parler de ces mouvements bizarres.

— Votre fameuse "épilepsie spermatozoïdienne".

— Oui, j'aurais mieux fait de me taire.

— Vous n'étiez sans doute programmé que pour une seule révélation, votre découverte *stricto sensu,* je vous avais averti. »

Le cigarillo rougeoya.

« L'extension de la maladie est-elle vraiment planétaire ?

— C'est l'une des principales contributions du congrès ; toutes les observations concordent : un cataclysme s'est abattu en quelques mois sur le sperme de cette planète. De Tokyo à New York, de Londres à Bombay, l'anomalie constatée est la même partout ; partout cette même rigidité à la racine du flagelle qui empêche le spermatozoïde de féconder. »

Fron s'épongea le front d'un revers de main. Il avait perdu cette densité dans le regard à laquelle j'étais habitué, une partie de lui manquait à l'appel. Difficile de reconstituer les pensées d'un tel buffle, aujourd'hui disparu, à cinquante ans de distance. Sans doute voulait-il pouvoir rester seul pour digérer la nouvelle, sa nouvelle, au calme. Mais il devait assumer l'image qu'il s'était forgée, celle d'un chef de département peu enclin aux émotions, mu par le calcul froid des intérêts du service, en fait de ses propres intérêts. Fron poursuivit d'une voix monocorde, neuroleptique.

« Et quels sont les chiffres ?

— Ils sont tout à fait préoccupants. On peut d'ailleurs se demander comment un tel désastre a pu être si longtemps gardé secret : 3 % en moyenne chez nous, 2 % en Italie, 1 % en Espagne, et je vous passe les 50 % de certains quartiers de New York ou de San Francisco. Seuls les pays du tiers-monde tirent leur épingle du jeu avec des taux pratiquement toujours inférieurs à 0,1 % en Afrique noire, dans les pays du

Maghreb, au Moyen-Orient, au Pakistan, etc. Avec néanmoins quelques exceptions, çà et là.

— Des pays à dominante islamique, comme par hasard. »

Le spectre du bioterrorisme plana un instant sur notre conversation.

« Essentiellement des pays à faible niveau de vie, monsieur », rectifiai-je, peu convaincant.

Fron dut paradoxalement se sentir soulagé de ce cousinage somme toute élitiste : « Bienvenue au club. » Au moins n'était-il pas le seul, il faisait à présent partie de la grande communauté des malades du Systac, une communauté internationale qui plus est. Cette maladie, qu'il avait jusque-là méprisée et, pour tout dire, pas vraiment prise au sérieux, le concernait donc maintenant directement. Pour lui, travail et vie privée devenaient soudain les deux visages d'un même Janus... Étrange similitude entre lui et moi.

« Je trouve ces chiffres tout à fait modestes : cela nous laisse tout de même près de 97 % de sperme normal en France. »

Encore heureux ! faillis-je répondre, mais je préférai :

« Avec un gros bémol, monsieur ; il ne s'agit là que du Systac. Si vous rajoutez à ce pourcentage toutes les autres altérations du sperme en circulation, vous arrivez à beaucoup plus. Et nous ne tenons pas compte des causes féminines de stérilité.

— Pas de doute, la stérilité est l'avenir de l'homme.

— Un avenir pour le moins incertain. Difficile de savoir ce qui nous attend, mais de nombreuses équipes ont observé un doublement des taux au cours du premier semestre de l'année en cours. »

Sa tête s'enfonça un peu plus dans sa cage thoracique, renforçant son côté « compression de César ». J'interprétais cela comme quelque chose du style : « Mon Dieu, qu'est-ce qui nous tombe dessus ? » En vérité, j'imagine à présent ces chiffres impersonnels se juxtaposer sans cesse à des scènes de sa propre vie, les images affluer comme de grosses mouches noires dans son champ de pensée : divorce, remariage, le voyage à Édimbourg avec Marie-Jeanne, leurs étreintes au bord des lochs, les enfants qu'ils n'auraient jamais. Fron secoua la tête, comme pour se maintenir éveillé, il se devait absolument de revenir de son pays de rêves brisés. Moi, je le fixais. Je le croyais présent, mettant au point quelque repartie douceureuse. Lui pataugeait dans le doute, me regardait sans me voir, ses yeux convergeant au-delà de moi. Leur mise au point se faisait ailleurs, dans le passé, erreur de focale. Fron était persuadé que je voyais en lui une sorte de monstre sacré : il n'avait pas tout à fait tort. Indéniablement, ce gros personnage intuitif avait quelque chose d'un manitou. Pourtant, au fond de moi, dans le creux de mes circonvolutions cérébrales, je le méprisais. J'en prends conscience à présent. Son intelligence n'était pas la mienne, elle était plus politique, moins brillante, elle était reptilienne, intuitive, sommeillante, prédatrice ; et les cerveaux reptiliens sont plus primitifs. Devant son absence de réaction, je poursuivis, non sans cynisme.

« Et puis, monsieur, ce chiffre de 3 % n'a aucune valeur dans l'absolu. Les pouvoirs publics ne manqueront sans doute pas d'avoir une approche plus... qualitative.

— Que voulez-vous dire ?

— Eh bien qu'il y a tout lieu de s'étonner du caractère profondément inégalitaire de la maladie. Elle est essentiellement le fait de pays nantis. Au sein de ces pays, elle atteint les gens ayant le plus haut niveau de vie, donc détenteurs de la culture, de l'argent, du pouvoir. Il serait d'ailleurs intéressant de réaliser quelques spermogrammes sauvages du côté des 7e ou 16e arrondissements parisiens... voire du côté de l'Élysée. »

La paupière droite de Guy Fron s'anima d'un papillonnement entêté, il habitait lui-même Neuilly-sur-Seine. Mais, pour le moment, il essayait de chasser de son esprit l'image de ses propres spermatozoïdes raides.

« Et du point de vue des causes ? »

Curieux, cela ne lui disait rien de continuer sur la voie glissante de l'attitude des pouvoirs publics face à la maladie. Il faisait pourtant étalage de son poste de conseiller gouvernemental – injoignable les mardis après-midi, M. Fron était au ministère. Je répondis prudemment à sa question.

« Conjectures, monsieur : mutation ? pollution ? facteur alimentaire ? virus ? bactérie ? empoisonnement par un pays terroriste ou pis, par une secte ou un groupe armé ? Rien n'a jamais été mis en évidence, rien d'autre que cette raideur chez ces satanés spermatozoïdes.

— Et alors ? »

Cette insensibilité que je percevais comme parfaitement artificielle commençait à m'insupporter ; je décidai d'abattre les cartes de Cardery Street.

LANGUE DE BOIS

« Connaissez-vous une certaine Arundhati Rashatani, de Bombay ?
— Cela me dit quelque chose... Une spécialiste des protéines du flagelle, je crois.
— Elle a découvert la cause de cette raideur qui nous préoccupe, un minicoup de théâtre au congrès.
— Je vous écoute. »
Je sais d'expérience que ce genre de remarque a tendance à signifier l'inverse. Je me demandai si cette convocation n'était pas en réalité une pure mascarade, s'il n'était pas déjà au courant par le menu de tout ce qui s'était passé à Londres. Un paranoïaque de sa trempe était forcément bien informé. Je ne pouvais être son unique source. Je poursuivis néanmoins.
« Elle a retrouvé une anomalie de comportement de la dynéine à la racine du flagelle, un blocage minime, mais qui suffirait à gripper toute la mécanique de propulsion.
— Il faudra que vous me fassiez une démonstration.
— Je n'y manquerai pas. Mais la communication de l'Indienne n'est rien en comparaison du choc Mac Cormack.
— Mac Cormack ? Il est donc venu ? Je l'ai eu en ligne la veille du congrès ; il était très déprimé, il voulait envoyer un de ses sbires. »
Merci pour le sbire.
« Vous vous connaissez... bien ?
— Mais que croyez-vous, Max ? J'analysais déjà des lames de sperme que vous étiez encore en train d'apprendre à lire ; il y a une vie avant le Systac ! Mac Cormack est un ami de longue date.
— Le moins que l'on puisse dire c'est que votre "ami" a des problèmes personnels, problèmes qui ont fait basculer le congrès dans l'horreur.
— Vous aiguisez ma curiosité. »
Je me sentais mal. Savait-il ? Mentait-il ? Peut-être, après tout, était-il sincère ? J'étais peut-être bien sa seule source. Comment savoir ? Et puis mes laborieuses déductions ne cessaient d'être polluées par la mort de Benjamin. La mise en terre devait avoir lieu l'après-midi même. Il fallait que je tienne le coup, que je me concentre sur quelque point d'ancrage, afin d'ébranler cet impénétrable. En fait, lui et moi devions

combattre avec une plaie ouverte, et nous étions deux à nous vider de notre sang.

« Gregory Mac Cormack a découvert une forme tout à fait particulière de spermatozoïdes. Avez-vous le temps d'assister à une démonstration pratique ? »

Lui faire découvrir l'anomalie en direct, l'attirer dans mes terres, voilà l'idée. Première marque d'intérêt réel : Fron me suivit jusqu'à mon bureau ; je lui expliquais en chemin que Mac Cormack nous avait fait l'aveu de sa propre atteinte, et que, pris par le temps, il s'était choisi lui-même comme cobaye.

La lame que j'étudiais avant l'interruption patronale était encore humide, coincée sous l'oculaire du microscope. Regard dans l'œilleton ; grossissement 10, mise au point. Je ne tardai pas à repérer une des fameuses formes Mac Cormack, positionnai le petit monstre au centre du champ d'observation. Un biologiste non averti aurait facilement pu se laisser piéger ; après tout, ce pouvait être juste une forme aberrante un peu inhabituelle. En fait, il s'agissait d'un spermatozoïde avec une petite vésicule sous la tête, une « grossesse débutante ». Grossissement maximal, mise au point, relais au chef de service.

Fron regarda par la fenêtre ainsi ouverte.

« Voilà ce que l'on peut appeler un *spermatozoïdus gestationus*. Nous avons peut-être découvert la manière qu'emploie le Systac pour produire de nouveaux éléments. »

Le boss releva brusquement la tête, il ne semblait pas désireux de se promener plus avant dans la préparation. Il lui suffisait pourtant de mobiliser la tablette de l'appareil ; une phobie soudaine, sans doute. Je pris cela pour de l'incrédulité.

« Vous voulez dire que notre sperme, enfin, celui de Mac Cormack est hanté par ces ignobles cellules ?

— Et encore, ce que vous venez de voir n'est qu'une forme de "grossesse débutante". Au neuvième mois, c'est beaucoup plus impressionnant, susurrai-je.

— J'imagine, Max, j'imagine ! » répondit-il en se séchant le front avec un mouchoir.

Puis il se leva et se mit à arpenter mon bunker.

« Cette affaire est inflammable. Si jamais la presse venait à être au courant, s'il y avait des fuites, imaginez la panique, panique d'autant plus stérile que nous n'avons pour le moment aucune solution à proposer ! »

Sa réaction me surprit, cette faculté à passer instantanément du scientifique au politique, du personnel au général. À croire qu'il avait répété la scène. Suspicion. Je décidai de taper un grand coup.

« Si je puis me permettre, monsieur, répondis-je en me grattant mécaniquement le cuir chevelu, cela n'est pas tout à fait exact : la fécondation *in vitro* reste possible. »

Les oreilles de Fron se strièrent de minces filets rouges. Pourquoi fallait-il que moi, son fils « naturel » dans le service, je fusse si différent de lui ? Nous ne nous entendions pas, nous n'avions pas la même perception du réel.

« Vous êtes fou ? Comment oseriez-vous pratiquer des tentatives de reproduction avec une substance si abjecte ? »

Drôle de dégoût, il était temps d'abattre la carte Rassmussen.

« Il est déjà trop tard, monsieur.

— Comment ça, trop tard ?

— De nombreuses communications ont démontré que les spermatozoïdes malades sont tout à fait capables de féconder hors des voies naturelles. »

Ses lobes d'oreilles se décolorèrent – un véritable livre ouvert, ce Fron, si on savait le lire.

« J'espère que nous en sommes restés au monde des éprouvettes.

— Hélas, non, monsieur. Il existe déjà dans le monde de nombreux enfants "raides", passez-moi l'expression.

— Mais quels apprentis sorciers ont perpétré de telles abominations ? Les Américains ? les Anglais ? »

Là, Fron ne jouait pas, je le sentais, son indignation était réelle.

« Vous, monsieur. »

Mimique stomacale, comme une crampe douloureuse. Vengeance.

« C'est impossible ! Vous connaissez mes scrupules à pratiquer la moindre manipulation génétique.

— Tout cela s'est fait à votre insu, à notre insu. Mais il faut bien l'admettre : nous avons bien réalisé des fécondations *in vitro* avec un tel sperme dans le service.

— Mais qui a osé ? C'est un motif de blâme, une cause de renvoi !

— En fait, nous n'y sommes pour rien. La plupart de ces fécondations ont été réalisées avant la découverte de la maladie. À l'époque, nous pensions manipuler du sperme normal. »

Fron semblait désorienté ; on pouvait presque suivre les idées qui cheminaient sous son crâne dégarni. Une pensée qui monte, qui monte, et qui explose. Du sperme à l'ovule, de l'ovule à l'œuf, et de l'œuf à l'enfant.

« Savez-vous quel a été le devenir de ces grossesses ?

— Un certain nombre a abouti. La majorité, en fait. »

C'est alors que Fron dut se rendre compte qu'il avait emprunté une sorte de toboggan géant.

« Combien de ces enfants "raides" ?

— Quelques milliers, éparpillés dans le monde entier. Il y en a aussi en France. »

Je lui tendis le listing informatique, fruit de mon travail du week-end.

« Voici la liste de ces enfants actuellement en vie. Rien que notre bon vieux CECOS de Necker en a produit 437 nés vivants et évoluant actuellement librement dans les pouponnières, crèches, haltes-garderies et écoles maternelles de ce pays. Sans parler des embryons congelés... qui attendent... Et des grossesses en cours. »

Fron avait opté pour une couleur de peau qui s'apparentait au gris.

« Arrêtez tout, vous m'entendez, tout ! Je veux que soit stoppée toute manipulation de ces gamètes inconnus ; les risques pour l'avenir génétique de l'humanité sont incalculables.

— Si vous voulez convoquer ces femmes enceintes et interrompre leurs grossesses, des grossesses normales je vous signale, faites-le, monsieur, mais ne comptez pas sur moi. »

Face à cette fronde délibérée, Fron battit en retraite.

« Je vais nommer une commission d'enquête, je veux savoir qui a perpétré de telles fécondations ! »

Perpétrer ; le mot était fort, évoquait autre chose. Je pouvais être fier de moi, je l'avais vraiment mis en colère. En rajoutait-il pour m'intimider ? Pensait-il à lui ?

« Et comment vont-ils ? »

Il pensait à lui.

« D'après Rassmussen, qui dispose d'une série de 50 cas, ces enfants très spéciaux seraient tout à fait normaux. Nous en avons visionné les photos : des garçons et des filles d'apparence habituelle, de beaux enfants. Quant à la production française, je n'en ai pas la moindre idée, mais je compte contacter discrètement les parents sous un prétexte quelconque, avec votre accord. Nous pourrions leur faire subir un examen physique complet, avec étude biogénétique. »

Fron louchait maintenant sur la liste, son esprit vicieux en découvrit vite les anomalies.

« Votre rapport signale de nombreux nouveau-nés déclarés morts à la naissance. Que s'est-il passé ?

— Eh bien, c'est étrange, monsieur, dans notre série, comme d'ailleurs dans celle de Rassmussen, de nombreux enfants de sexe masculin sont signalés mort-nés ; circulaire du cordon. »

Je crus que Fron, par je ne sais quel curieux mimétisme, allait lui aussi s'étrangler.

« Mais je crois qu'il ne faut pas perdre de vue l'essentiel : cette bévue générale démontre au moins qu'il est tout à fait possible de se reproduire malgré un tel sperme.

— Vous croyez ! Vous croyez ! L'humanité devient folle, ses sommités perdent toute mesure. Ils sont tous prêts à se vautrer dans ce sperme inconnu, et tout cela pour continuer à faire partie du *top ten* des équipes de procréation médicalement assistée. Mais il ne s'agit pas de conserver sa petite étoile à je ne sais quel guide Michelin du sperme, il s'agit de l'avenir de l'espèce, dont nous sommes en quelque sorte les garants ! Et c'est vous, Max, que j'estime, qui tentez de me convaincre qu'il n'y a pas d'autre solution ? Tout cela parce que votre petite gloriole d'un jour vous est montée à la tête ? Si j'ai bien compris, j'ai devant moi l'ambassadeur de Cardery Street ! »

J'étais vert.

« Mais c'est vous qui m'y avez envoyé ! Rien ne vous empêchait d'y aller à ma place ! Vous vous seriez rendu compte par vous-même de l'état d'abattement général. Eh bien oui, le seul espoir était du côté de la folie. Et ne vous étonnez pas si votre petit fusible a sauté ! »

Fron ne put réprimer un mince sourire.

« C'est bon, c'est bon, ne vous fâchez pas, je me suis emporté. »

Il continua sur un ton plus paternaliste, quasi pédagogique.

« Max, je vous le redis, il faut tout arrêter. Maintenant que nous savons que les enfants mâles ont une forte probabilité de mourir *in utero*, nous ne pouvons pas faire comme si de rien n'était. C'est bien une preuve que tout ne se passe pas absolument normalement avec ce sperme raide. Et, quand bien même les bilans de santé que vous vous apprêtez à réaliser seraient normaux, je ne m'estimerai qu'à moitié rassuré. Qu'en sera-t-il dans cinquante ans ? Qui peut nous garantir que ces futurs adultes ne sont pas programmés pour propager quelque maladie extraordinaire ou qu'ils ne soient tout simplement atteints eux-mêmes ? Max, croyez-moi, nous ne pouvons faire confiance à ce sperme.

— Monsieur, je ne lui fais pas plus confiance qu'à vous ; je voulais dire "que vous" – lapsus. Mais je crois au contraire que nous n'avons d'autre choix que de composer avec la maladie. Que ferons-nous dans quelques mois, lorsque son incidence aura été multiplié par deux, voire plus ?

— Il sera alors toujours temps. »

Notre conversation n'en finissait décidément pas d'être houleuse. La tension accumulée par la mort de Benjamin y était aussi pour quelque chose. J'étais debout, je tournais telle une mouche dans ce local exigu, me cognant aux murs.

« Je ne suis pas d'accord. Ou bien vous estimez que le Systac met en péril la courbe démographique de la nation, ou bien vous pensez que les spermatozoïdes raides sont un danger génétique majeur pour la population. Dans ce cas de figure, il faudrait détruire tous les stocks concernés, à commencer par ceux que vous abritez dans l'établissement dont vous êtes le chef de service. Toute négligence à ce sujet pourrait être considérée comme coupable... je pense à un problème juridique ultérieur. »

Voilà que je me laissais glisser sur la pente du chantage. Tout cela avait un goût de sang contaminé, un scandale qui avait coûté la tête à quelques éminences au cours des années 1980-1990. Fron savait comme moi que l'affaire avait commencé de la même manière, quelque part dans un bureau d'un centre de transfusion sanguine, par une discussion entre un idéaliste et un pragmatique. Un moment embryonnaire au cours duquel les mauvaises décisions avaient été prises.

« Et comment s'est finie la réunion ? » reprit Fron, devenu polaire.

Le vieux refusait l'affrontement. Je me sentis frustré. Fron me privait du salaire de l'impertinence, je n'avais pas assez de jeu pour contre-attaquer.

« J'allais justement y venir, monsieur. Nous avons mis au point des critères reproductibles pour le diagnostic de la maladie. Les critères de Cardery Street. Le discours de clôture du vieux Fenwick fut militant.

— Bref, un genre de conclusion vague qui ne débouche sur rien.

— Pas tout à fait, monsieur. C'était plutôt un appel au combat. Et c'est nous, médecins et autres scientifiques, qui devons descendre dans l'arène.

— Max, merci pour votre compte rendu. La situation est grave, je l'ai peut-être sous-évaluée. Je vais avertir le ministère de ce qui se passe, le secrétaire d'État attend d'ailleurs mon coup de fil. Je vous tiendrai au courant de ce qui sera décidé en haut lieu. »

CARNETS

5 février 1982

Chers amis, je vous ai compris. J'ai lu votre histoire avec des yeux neufs, non humains. Je suis passé de l'autre côté, ai vu les choses telles que vous vous les représentez. Tout est clair à présent. Certes, nos motivations sont différentes. Mais notre but est identique. Vous et moi avons de bonnes raisons de nous débarrasser de l'Homme. J'ai bien noté, Vous avez tenté d'infructueux essais par le passé, des tentatives ayant pour nom variole, grippe ou polio. Malgré d'indéniables succès,
et en dépit de ce Sida qui semble pourtant si prometteur, un constat s'impose : Vous n'en êtes restés qu'aux déclarations d'intention.
Car Vous ne Vous êtes pas encore donné tous les moyens. Vous ne les connaissez pas assez, il Vous faut quelqu'un dans la place. Vous avez besoin d'un agent double.
Je serai cet agent, ce serviteur zélé qui Vous manque tant.

Amis, le temps de Votre libération est venu. Je les hais tout autant que Vous. Vous, infimes particules aux confins du vivant, Vous n'avez peut-être pas de cerveau, pas de cœur, mais Vous avez des sortes de sentiments, je le sais. Et nous avons les mêmes.

Non, ils ne se serviront plus de Vous impunément, ils ne Vous observeront plus sans y laisser un peu d'eux-mêmes. Ils ne vont pas en revenir, ils n'en reviendront pas.

Demain commence mon travail au labo. Je suis ému à l'idée de Vous retrouver. Je serai avec Vous. Indéfectiblement.

DIABLE

Je sortis soulagé du bureau mandarinal ; soulagé et frustré. C'est vrai, je m'étais débarrassé de cette corvée ! J'allais enfin pouvoir digérer la mort de Benjamin et ses implications. Mais je n'étais parvenu à rien avec le coriace Fron. Je n'avais bénéficié d'aucune valeur ajoutée londonienne, je n'avais pas su me vendre, je n'avais pas su retransmettre l'atmosphère redoutable de Cardery Street, j'avais été un piètre ambassadeur ! J'étais mal. Benjamin, je me suis éloigné de toi, méfié de toi alors que pour toi, j'étais l'ami le plus cher. Cette culpabilité resterait à jamais en filigrane.

J'avais besoin d'indulgence, je glissais, me laissais aller à une vision idyllique de l'avenir, idyllique et naïve. Fron alerterait le ministère, ce dernier délivrerait des ordonnances, donnerait des directives aux CECOS, assorties d'une rallonge budgétaire. La presse pourrait faire son travail d'information. Des comités de bioéthique se réuniraient un peu partout. Les enfants « raides » seraient discrètement contactés. Une fois leur bonne santé admise, un programme de fécondation *in vitro* serait lancé à grande échelle. Mais le cours de l'Histoire est fantaisiste, imprévisible. L'enchaînement des causes et de leurs conséquences n'a de sens qu'*a posteriori* – et encore, le sens qu'on veut bien leur donner. En tout cas, une chose est sûre : pour moi, les ennuis ne faisaient que commencer.

La tête au-dessus des nuages, je heurtai l'épaule de Natacha qui marchait en sens inverse ; elle semblait s'être remise de ses émotions et affichait même un air enjoué. Elle savait être labile, la belle !

« Ben alors ! s'exclama-t-elle en se massant le bras, le patron n'était pas dans un bon jour ? Tout le service te court après.

— Salut Natacha, excuse-moi pour le choc. Tu as le temps de prendre un café ?

— Oui, mais pas plus de cinq minutes », répondit l'éternelle travailleuse.

Besoin soudain d'évasion ; nous parlerions de Benjamin plus tard.

« Alors, comment s'est passé ton week-end ?

— Bof ! Et toi, cette longue conversation avec le boss ? Chaud ?

— Eh bien, plutôt instructif. Tu sais bien qu'il est incollable sur la culture du tabac sur les hauts plateaux d'Amérique centrale. »

Natacha me prit le bras, nous nous retrouvâmes tels deux compères en plein conciliabule. Elle ne se souciait en aucune manière des cris et des murmures, des qu'en-dira-t-on.

— Toujours aussi cachottier, je vois. Il est notoire que Fron a autant de conversation qu'une pelle à tarte dans un coulis de framboise. J'ai dans l'idée que vous avez dû parler de ces petits spermatozoïdes et de leur curieux port de tête, pour changer. »

Le distributeur automatique en profita pour postillonner son café, raclant ses cuves.

« Ô mage Natacha, tes pouvoirs de divination me surprendront toujours ! »

En fait, la nouvelle affection était le sujet de conversation numéro un dans le service depuis le retour des vacances d'été. Puisqu'il le fallait, j'orientai donc l'échange sur le terrain scientifique ; c'était toujours un plaisir de mettre Natacha au courant des découvertes du moment ; elle était vive, renvoyait bien la balle, lisait beaucoup. Il me suffisait de travestir la réalité.

« À vrai dire, le boss m'a fait part du travail d'une équipe de Bombay portant sur les bras de dynéine, lâchai-je – le congrès de Londres devait rester secret, même pour les membres du service les plus éminents. Ceux-ci auraient perdu localement leur mouvement d'engrenage, ce qui expliquerait l'anomalie mécanique que nous avons constatée. »

Natacha parut passablement tétanisée par la nouvelle ; pour moi, c'était déjà du réchauffé.

« C'est dingue ! Cette raideur, un simple défaut d'entraînement, un peu comme dans un arbre à cames, raisonna Natacha dont le petit copain du moment était garagiste. C'est tout de même curieux que nous n'ayons rien remarqué ; nous avons nous aussi réalisé des coupes de flagelles en microscopie électronique.

— C'est parce que, contrairement à nous, les gens de Bombay ont eu l'idée de comparer la position des bras de dynéine aux différentes phases de mouvement du flagelle. Nous aurions pu également constater le blocage. »

Mon amie parut soudain réfléchie, deux plis verticaux s'étaient creusés au-dessus de son nez.

« Attends un peu, la dynéine... Je crois que j'ai récemment lu un truc là-dessus... Ça y est, ça me revient, une très vieille protéine, disait l'article ; on en aurait retrouvé des traces chez certains poissons fossiles. »

Cette Natacha était décidément un puits – de science, bien sûr. Ce n'était pas la première fois qu'elle me surprenait sur un sujet que j'étais censé mieux posséder qu'elle. Je me souvenais parfaitement que

Rashatani avait parlé de l'existence de cette protéine chez les invertébrés ; mais rien en ce qui concernait des espèces disparues. Je retenais l'info, ne sachant encore trop quoi en faire : comment imaginer qu'elle avait un petit côté prémonitoire ?

« Tu me feras lire l'article ?

— Si je le retrouve dans mon foutoir ! En attendant, pourquoi ne pas essayer de constater ce blocage nous-mêmes ; le microtome est libre, nous avons encore une chance d'avoir fini pour 15 heures. »

Le scientifique est avant tout un vérificateur ; c'est même son quotidien. Il réitère ses propres expériences à l'infini, jusqu'à l'écœurement, et quand il a fini, il refait celles des autres. Ce travail pourrait paraître fastidieux à un non-initié, mais pour nous, il était captivant. La vérification conforte, elle rassure, elle assoit. C'est un peu comme pour la grande cuisine, une recette peut sans fin être reproduite pour autant que l'on procède toujours de la même manière, et le chef qui l'a pourtant lui-même mise au point doit pouvoir s'effacer devant son œuvre. Arundhati était le chef, nous les marmitons.

« Ma consultation ne commence qu'à 15 heures 30. Je mets juste en route une préparation, et je viens te rejoindre. »

Trop heureux de trouver une échappatoire à ma tristesse, je filai dans la salle de microvidéographie, donnai quelques instructions à Stéphane, le chef laborantin, et m'en allai rejoindre mon amie en microscopie électronique. Nous travaillâmes pendant de longues heures, sans autre parole que l'utile, l'ombre de Benjamin lovée entre nous. Pas une allusion, pas encore, d'abord le travail. Vers 15 heures, les premiers résultats furent enfin disponibles. Pas de doute, Arundhati avait vu juste ; les bras de dynéine étaient tous bloqués dans la même position, la roue dentée était immobilisée, la svastika indienne... ou plutôt la croix gammée.

Je trouvai un moment pour un déjeuner décalé. En salle de garde, mon copain Willy Cleg en était au café. Nous discutâmes de choses et d'autres. Atypique, Willy avait une double casquette : il était en train de scénariser avec Jada une nouvelle de Borges dont l'action se déroulait dans un labyrinthe. À la table d'à côté, le Pr Jean-Louis Grineux, de l'Institut de parasitologie, déjeunait avec sa secrétaire. Les nappes – d'authentiques draps de l'Assistance publique pliés en double et tachés de café – étaient insuffisamment longues pour masquer totalement leurs jeux de pieds.

Mon bip sonna – ce maudit mouchard finira par me dérégler les entrailles ! Je me dirigeai, râlant pour le principe, vers le téléphone le plus proche : Natacha, à croire qu'elle ne s'arrêtait jamais.

« Excuse-moi de te déranger, tu pourrais venir cinq minutes ? J'ai découvert un truc intéressant.

— Mais encore ?

— Non, Max, c'est purement visuel. »

Natacha avait la faculté de s'émouvoir d'un rien, elle me faisait le coup régulièrement.

« J'espère que ça en vaut la peine. »

Je quittai à regret Willy Cleg.

« À tout de suite », lui lançai-je sans conviction.

Je trouvai Natacha scotchée à son microscope. Lorsque je regardai à mon tour par l'oculaire, je compris que mon déjeuner était condamné : du reste, le peu d'appétit qui me restait s'envola. Ma collègue avait fait la mise au point sur un spermatozoïde grimaçant, un de ceux qu'avait décrits Mac Cormack. La comédie était finie, je n'étais pas d'humeur à jouer l'étonné. J'entamai donc le récit du congrès secret de Cardery Street, après lui avoir fait promettre la plus grande discrétion. J'ignore combien de temps le Dr Cleg resta seul, assis en face de ma pizza qui refroidissait.

En milieu d'après-midi, je rejoignis enfin ma consultation, en retard. Le temps s'écoula mollement, sans surprise. Une vingtaine de couples, trois oligospermies, dont une sécrétoire, une polyzoospermie, trois asthéno-térato-spermies, et treize cas de stérilité à sperme normal, pour lesquels je pressentais un Systac.

Vers 19 heures, alors que je m'apprêtais à introduire mon avant-dernier couple, le téléphone sonna – une voix aigre-douce, Fron. J'éloignai instinctivement mon oreille.

« Vous n'oublierez pas de passer me voir avant de partir, Max.

— Je vois encore deux couples et j'arrive, disons dans une demi-heure. »

Le couple suivant faisait lui aussi partie du collectif « spermogramme normal ». La femme était professeur de yoga, le mari journaliste. Lui avait déjà quatre enfants d'un précédent mariage et cherchait depuis près d'un an et demi à se reproduire une cinquième fois, sa compagne était encore sans enfants. Je commençai sans conviction l'interrogatoire de routine, mon attention était dispersée. L'homme n'avait pas d'affection particulière, pas de maladie sexuellement transmissible. Il n'était atteint d'aucun trouble de l'éjaculation ou de l'érection. Le questionnaire prévoyait enfin une case « divers », que j'avais coutume de remplir en fonction de l'humeur du moment.

« N'avez-vous rien remarqué de particulier au cours de ces derniers mois ou de ces dernières semaines ? Je parle en général. »

L'homme et la femme échangèrent un regard furtif.

« Non, rien de particulier, répondit l'homme après un silence. Mais ma femme aimerait ajouter quelque chose. »

Silence radio, gêne chez la femme.

« Vas-y, dis-lui, chérie. »

Les hommes sont lâches, en général.

« Ne craignez rien, intervins-je, incitatif. Vous êtes protégés par le secret médical, ne négligez aucun élément qui puisse nous aider à résoudre votre problème.

— Eh bien voilà, docteur, j'ai la nette impression que depuis déjà quelques mois, mon époux a... le sperme froid. »

Encore une de ces bizarreries de professeur de yoga, pensai-je, je l'avoue, sous le coup d'un accès de préjugé ! Mais cette constatation m'évoquait quelque chose... J'y étais ! La conversation avec un certain Pickwick, l'« inconnu » du Shuttle – cette légende médiévale selon laquelle le sperme du diable était froid. Je notai lentement l'information dans le dossier, en appuyant sur chaque phonème : sperme froid.

« Et depuis quand avez-vous cette "sensation", madame ?

— Eh bien, je me souviens assez bien du moment où cela a commencé, Jérôme revenait d'un voyage en Russie, ce devait être en novembre dernier. »

La Russie. Un souvenir. De gros doigts agrippent mon épaule. Ça y est, j'y étais : Karamazov, le patron russe de Cardery Street. Sans doute une coïncidence.

Je pris rapidement congé du couple : le mari était bien loin de sembler diabolique, mais qui sait ?

Les derniers « clients » de l'après-midi étaient un couple d'instituteurs de Roanne – genre post-soixante-huitard macrobiotique – qui avait fait spécialement le déplacement.

L'impression d'ensemble qui se dégageait de ces entretiens était une sorte de perplexité anxieuse. Une angoisse née du hiatus entre ces tests de fécondité favorables et l'absence de grossesse effective. Ces couples étaient en quelque sorte paramétrés pour se douter que quelque chose leur échappait. Comme s'ils étaient préparés à la révélation du Systac. Quant à moi, je commençais à en avoir assez de ces parties de poker menteur qu'étaient devenues mes consultations. Encore quelques jours, pensai-je, et tout le monde saurait : la mascarade pourrait prendre fin, la nouvelle affection serait enfin officialisée.

« Encore une chose, demandai-je en me levant. Je sais que cela va vous sembler bête, madame, mais auriez-vous noté quelque changement lors de vos rapports sexuels au cours de ces derniers mois ? »

La femme rougit légèrement.

« Non, je n'ai rien remarqué. Henri et moi avons trois à quatre rapports par semaine, tout se passe le plus normalement du monde, j'imagine.
—Jamais de voyage en Russie non plus ?
— Non, nous sommes des adeptes du Vercors. »

CARNETS

6 novembre 1982

Ça y est. Je suis dans l'ignoble, je m'y vautre. Ce labo est une véritable ville. Une ville dont Vous êtes les habitants, avec ses zones de villégiature, ses centres d'affaires et ses quartiers de haute sécurité. Ici, les humains ne sont que les invités du monde qu'ils ont fabriqué.
C'est aussi une gigantesque prison. Un camp de concentration au vrai sens du terme. Les miradors sont des microscopes, les parloirs des cultures cellulaires, les salles d'interrogatoire des éprouvettes. Ils Vous y observent, Vous y manipulent, ils y expérimentent de nouvelles choses sur Vous. Et pourtant ils ont peur. La peur ici est palpable, c'est même la première chose que l'on ressent lorsque l'on pénètre dans le labo.
Les murs sont blancs, ouverts sur l'infini, sur le néant. Les gens parlent peu, le strict nécessaire. Lorsque les regards se croisent, ils expriment un désarroi muet. Les chercheurs ne se touchent pas, ils s'effleurent à peine. Ici, personne ne viendra vous serrer la main. Ils ont tous peur de la contamination, la fameuse contamination, toujours possible. Jamais survenue, sauf peut-être une fois, il y a longtemps, très longtemps, lorsque le labo était jeune, qu'il était ville ouverte. Mais ce risque, ténu et entêté, est incrusté dans leur mémoire. Personne n'en parle, chut, le sujet est tabou. Mais tout le monde y pense, tout le temps.
Ils détiennent les plus dangereux d'entre Vous dans une pièce isolée, au fond de la zone 4. On ne peut y pénétrer que revêtu d'un scaphandre et muni d'une autorisation spéciale. C'est le saint des saints. L'air que l'on y respire vient de l'extérieur, la pression y est négative. On ne peut voir de ceux qui y travaillent que les yeux, aux

aguets derrière la visière de leurs combinaisons. Ces regards traqués, je les connais, ce sont ceux des hommes qui ont cerné le village avant de se retirer, un jour, au bord de la rivière Lassa. C'est la même bande, au fond. Bientôt je pourrai à mon tour entrer dans la bulle, j'attends mon heure. Pour cela, je me plierai à leurs règles, j'obtiendrai leurs diplômes de pacotille. Je ne dois pas attirer leur attention.

SOLITUDE

Sperme froid, sperme froid, je ne pouvais m'empêcher d'y penser, cette évocation du diable entrait curieusement en résonance avec les testicules dévastés de mon ami Benjamin. Ces questionnaires préétablis du CECOS étaient décidément mal faits, trop rigides. Ils n'ouvraient aucune porte, ne recherchaient que les informations qu'ils étaient à même de prévoir. Le reste était nié. Je décidai à tout hasard de mesurer la température des spermes malades juste après émission. La sensation de cette femme s'appuyait peut-être sur une réalité physique. Il y avait là de quoi alimenter la nouvelle entrevue avec le patron.

Je traversai d'un bout à l'autre le couloir désert. La porte du bureau était grande ouverte. Fron attendait debout devant la fenêtre, regardant la cour, une main posée sur l'estomac, il ne lui manquait plus que le bicorne. Encore quelques mois et il accéderait à la direction départementale des Affaires sanitaires et sociales de Paris. Il faisait ses derniers tours de piste dans le système hospitalier.

« Asseyez-vous et fermez la porte, lança-t-il sans se retourner. »

Je me raidis.

« Cher Max, on peut dire que vous m'avez mis dans un bel embarras. En France, consécration internationale peut rimer avec opprobre national.

— Que se passe-t-il ? Vous avez eu le ministère ?

— J'ai eu le ministre lui-même.

— Alors ? »

Fron prit une bouffée d'air qu'il recracha d'un air faussement excédé.

« Alors, on ne fait rien pour l'instant : les caisses de l'État sont vides, les recettes fiscales en baisse, la flambée de violence dans les banlieues a fait chuter la cote du Premier ministre dans les sondages, le moral du pays est sur une mauvaise pente, etc. Voilà pêle-mêle ce qui m'a été répondu : je n'ai rien pu faire, rien pu dire.

— Mais leur avez-vous parlé des chiffres, de la vitesse de progression de la maladie, de son caractère irréversible ?

— Justement, c'est là tout le problème. Les pouvoirs publics semblent ne pas trouver vos chiffres suffisamment alarmants par rapport au nombre de cas de Sida, ou de décès par infarctus ou par cancer. Pour eux, le Systac n'est encore qu'une maladie marginale, une curiosité. Il m'a de plus été répondu que les patients n'étaient pas réellement malades, que leur vie n'était pas en danger, et qu'il y avait donc tout le temps de trouver une réponse appropriée, sur le plan budgétaire s'entend. Le Systac n'avait rien à voir avec d'autres affections émergentes telles que la légionellose, la grippe aviaire ou le Sras : ces maladies-là sont contagieuses.

— Mais comment peuvent-ils décréter qu'il ne s'agit pas d'une maladie contagieuse, alors que les plus éminents spécialistes de la planète eux-mêmes n'en savent rien ?

— Ils ne nient pas les conséquences à long terme, mais ils ne sont pas décidés à sonner le tocsin pour une centaine de milliers d'hommes stériles de plus, voilà tout. Ils ne voient pas où est l'urgence.

— On voit bien que ces ministres ont passé l'âge de procréer ; avant de décider l'abstention, ils feraient mieux de venir passer un petit spermogramme dans le service.

— Je vous signale que notre ministre de tutelle est une femme.

— Homme ou femme, l'erreur d'appréciation est manifeste ; ils finiront par le payer cher.

— Modérez vos propos ; n'oubliez pas qu'ils tiennent votre carrière entre leurs mains – sourire doucereux. Nous n'avons d'ailleurs peut-être pas tant de leçons à leur donner que ça ; rappelez-vous, il y a six mois encore, le Systac était une affection parfaitement inconnue.

— Et pourtant, déjà fort répandue. Vous savez bien que la maladie tisse sa toile à notre insu probablement depuis de nombreuses années.

— Cette connaissance est inutile. Nous ne savons même pas comment la contracter, et encore moins comment s'en protéger.

— En menant une campagne pédagogique, nous pourrions au moins recueillir de l'argent. La reproduction est un domaine sensible. Les gens donneront. »

Fron me regardait d'un air affligé, c'était comme s'il me disait : « Mon pauvre ami, vous n'avez rien compris ! », son cynisme contre mon utopie.

« Vous prenez les gens pour plus futés qu'ils ne sont ; vous ne pouvez pas faire exploser une telle bombe médiatique du jour au lendemain ; le petit peuple a besoin qu'on le prépare ; il doit se frotter progressivement à la maladie afin d'en accepter toutes les implications. Regardez les difficultés auxquelles s'est heurté le préservatif. »

Je me battais pied à pied, mais, insensiblement, je perdais du terrain face à ce disciple de Machiavel. Moi, je défendais l'idée du scientifique engagé dans la cité.

« Vous avez sans doute raison, concédai-je, mais justement, c'est à nous autres, les professionnels du sperme, de mettre au courant le public ; car nous, nous savons qu'une course contre la montre est engagée. Des décisions urgentes doivent être prises, vous le savez : jusqu'à quand bloquer les fécondations *in vitro* ? Quelle est l'incidence butoir au-delà de laquelle nous devrons agir ? À quand les réunions des comités de bioéthique ? Que faire des embryons douteux ? Et les grossesses en cours ? Vous disiez vous-même que...

— Écoutez Max, vous n'allez pas refaire le monde, c'est comme ça, on ne nous donne pas le choix. »

Fron bloquait, malgré son propre mal. Il s'était enfermé à double tour à l'intérieur de lui-même, puis avait jeté les clefs. L'interdiction venait de plus haut que lui ; sa curiosité scientifique, l'intérêt qu'il portait à sa propre santé, étaient ensevelis sous des décennies de courbettes hiérarchiques et de carriérisme. C'était un soldat de l'Assistance publique, c'est tout ce qu'il avait connu. Le Systac ne méritait pas la mise en péril de son avenir ministériel. L'attraction du pouvoir était la plus forte... Et il n'accorda qu'une légère attention à ma réponse indignée.

« Ce n'est pas vrai, nous l'avons, et tous les jours. Tous les jours nous sommes confrontés au choix dramatique de décider qui, de tel couple ou de tel autre, aura droit à sa FIV*. Vous savez bien, en fin de compte, comment sont prises les décisions ? À la gueule du client. Et tout ça pourquoi ?

— Le non-dépassement du montant de la sacro-sainte enveloppe globale allouée au service en début d'année, je sais. Max, vous enfoncez des portes ouvertes. L'État ne peut pas dépenser l'argent qu'il n'a pas.

— Pas d'accord, c'est une affaire politique, une affaire de priorité budgétaire. Regardez la situation des chercheurs. Si nous en sommes là, c'est bien parce qu'une cohorte de ministres a décidé que finalement, la recherche, ce n'était pas très important. Vous en êtes vous-même victime, monsieur. Pourquoi ne vous révoltez-vous pas ? Vous connaissez le terrain, et vous avez le pouvoir.

— Je ne suis pas le personnage important que vous imaginez, Max.

— Eh bien, moi, j'en ai assez de jouer la comédie ! Le prochain couple qui se plaint de n'avoir sa place pour une FIV que dans un an, je vous l'envoie.

— Max, votre attitude n'est pas digne d'un futur chef de département, cessez donc vos enfantillages ! Vous connaissez très bien les problèmes financiers du service ; cela fait maintenant plus d'un an que je réclame un poste de praticien supplémentaire, et j'attends toujours.

---

* FIV : fécondation *in vitro*.

Nous laissons s'installer en ville la fine fleur de nos élèves, à qui il manquerait pourtant une à deux années de formation, et nous embauchons à la place des ressortissants étrangers à moitié prix.

— Manière élégante de les mépriser tout en leur rendant soi-disant service. En matière de révolte, la profession médicale est longue à la détente. Dix ans d'études émoussent les ardeurs syndicales et renforcent les ego, sans doute. »

Fron garda le silence ; il faisait partie du système ; il était le système ; je continuai, mauvais stratège, de m'épuiser en vain, tel un spermatozoïde éconduit.

« J'en sais d'ailleurs moi-même quelque chose ; je me demande souvent si je n'ai pas fait des études longues par peur d'avoir à assumer trop tôt des responsabilités ; travailler d'abord, réfléchir ensuite.

— Nous sommes tous des autruches. »

Je pouffai. Fron ressemblait à tout, sauf à une autruche. Il profita néanmoins de cette brusque dilution autobiographique.

« Pour en revenir à notre affaire, sachez que le ministère doit m'envoyer prochainement un certain Dr Maréchal, médecin en retraite, chargé de mission pour cette affaire de sperme raide. Il doit également visiter tous les CECOS de France. »

Je renonçai à relever l'information : le gouvernement n'avait décidément pas peur du ridicule. Je décidai de contre-attaquer.

« Comment croyez-vous que les médias français vont réagir ? Je doute que les campagnes de presse étrangères soient discrètes, la contagion semble certaine.

— Vous savez, s'il n'y a pas de production endogène, c'est-à-dire si nous autres scientifiques gardons le silence, il y aura certes quelques articles, mais probablement rien de plus. Rappelez-vous Tchernobyl ; à en croire le gouvernement de l'époque, le nuage n'a pas osé franchir la frontière. Tout le monde, presse incluse, savait très bien que la radioactivité avait traversé une bonne moitié est du territoire. Mais comme personne n'y pouvait rien, un article après-coup par-ci par-là, et ce fut tout ; loi du silence, autocensure, omerta, appelez ça comme vous voudrez.

— Hélas, vous avez sans doute raison. »

Mon honnêteté me pesait.

« Regardez l'affaire de la vache folle, reprit Fron décidé à profiter de l'avantage. L'épidémie d'encéphalopathie spongiforme bovine était au plus haut en Grande-Bretagne en 1992-1993, et il a fallu attendre près de quatre ans pour que le scandale éclate, alors que le nombre de cas commençait déjà à décroître. Et c'est la poignée des quelques cas humains qui a déclenché les réactions disproportionnées que l'on sait. Il est des nouvelles maladies comme des modes : ça marche, puis ça passe. Qui donc se souvient encore du Sras ?

— On peut multiplier les exemples, monsieur, mais personne ne peut exclure une réaction épidermique des gens sur ce point particulier.

— Croyez-moi, Max. Nous n'avons pour l'instant aucun souci à nous faire. »

Fron était de nouveau tourné vers la fenêtre, m'offrant une vue de trois quarts sur sa silhouette massive. Sa voix se fit soudain plus sourde.

« En cas de scandale, certaines têtes tomberont, c'est la règle. L'essentiel est de ne pas être en première ligne, mais de suivre le mouvement. Max, vous êtes déjà dans le collimateur du gouvernement, c'est vous qui avez découvert l'anomalie, ils le savent. Ils pourraient vous faire porter le chapeau en cas d'attitude hostile : "Il savait, il a gardé le silence", je connais bien le langage officiel, l'arme de la balance. À terme, vous pourriez même vous retrouver accusé pour ce que vous avez voulu dénoncer. »

Il me fixa de ses yeux troubles et vicieux.

« Max, je crois savoir que votre agrégation est proche. Mon départ du service est pour bientôt, vous le savez. Alors, pas d'états d'âme, contentez-vous simplement d'attendre quelques mois. D'ici là, faites-vous tout petit. »

Fron voulait me salir, me faire collaborer au silence organisé en me démontrant que tel était mon intérêt ; alors que ma tête était pleine des images de ces spermatozoïdes paralysés et monstrueux, étendards du Systac, et des testicules durs et fibreux de Benjamin, dont la dépouille castrée attendait l'inhumation, rangée dans quelque tiroir frigorifique de la morgue de l'hôpital de la Pitié-Salpêtrière, Fron tentait de m'entraîner sur les chemins glissants de la corruption et de la vomissure de soi. Le pachyderme descendait encore une marche du piédestal imaginaire sur lequel je l'avais installé, un pied dans la fange. Je le soupçonnai même d'avoir brossé un tableau clément de la situation au ministère, pour ne pas déclencher de remous ; l'autocensure en échange de la tranquillité. Sa carrière plus lourde que ses propres bourses, son petit avenir professionnel contre sa descendance. Égoïsme biologique. J'argumentais encore, bêtement, Moïse désuet face à un Ramsès d'airain.

« On peut cependant escompter qu'à la publication d'articles à l'étranger le premier réflexe des journalistes français sera d'assaillir un à un tous les médecins des CECOS pour savoir ce qui se passe chez nous. »

Je sentis mon cœur s'accélérer en prononçant la phrase suivante : « Je serai sans doute cité personnellement. Les journalistes français ne manqueront pas de remonter jusqu'à moi.

— Je compte sur vous pour vous inscrire alors aux abonnés absents… dans votre intérêt. »

Je m'empourprai, haussant le ton, à contre-emploi :

« Tout le monde a le droit de savoir ; nous sommes en démocratie. »

Guy Fron prit une forte inspiration avant de caler son regard sur moi ; ses yeux marron exprimaient eux aussi la crainte ; ses paupières suaient. Il voulait vraiment me sauver, statue du commandeur.

« Max, je vous aime bien ; croyez-moi, je suis de votre côté. Réagissez en adulte ; un avenir radieux vous attend, ne gâchez pas tout sur un coup de tête. Je ne vous demande pas de mentir, mais simplement de vous taire pour un temps. Si vous faites la déclaration que j'imagine, elle sera perçue en haut lieu comme une ingérence. Je ne pourrai alors rien pour vous, votre carrière sera brisée ; votre agrégation sera, disons… différée, en langage diplomatique. »

Fron risqua un orteil de plus dans l'ignoble : un festival de coups bas.

« Docteur Journo, vous n'êtes pas issu d'une famille puissante, vous n'avez pas ce que l'on pourrait appeler de carnet d'adresses. Pour parler crûment, vous êtes un roturier de la médecine. Je crois même pouvoir avancer sans me tromper que je suis votre seul appui. Même avec la meilleure volonté du monde, je ne saurais être un paratonnerre assez puissant pour vous protéger de la tempête que vous allez déclencher. Pour soulager votre conscience, dites-vous bien que, si ce n'est pas vous, c'est un autre qui parlera à votre place. C'est lui qui essuiera les plâtres. »

« C'est surtout lui qui en tirera gloire », faillis-je répondre. Car c'était bien le fond du problème, je ne le nie pas. La célébrité m'attirait, elle était pour moi comme un élixir d'immortalité. Je ne voulais pas, ne pouvais pas renoncer à être privé de ma découverte. Qu'un autre se l'approprie, c'était trop dur. Prétentieux ! À bien y réfléchir, je ne valais pas beaucoup mieux que Fron. Je fus pourtant pris d'un brusque accès de lâcheté, pour voir.

« Qu'attendez-vous de moi ?

— Partez, éloignez-vous pour un temps ; le service peut même vous offrir quinze jours de vacances pendant la période de déchaînement des hyènes. Vous reviendrez après que l'affaire aura éclaté au grand jour. L'impact de vos déclarations sera alors noyé dans la masse. »

Fron crut sans doute qu'il avait gagné la partie ; son attitude se fit plus paternelle ; il posa ses doigts boudinés sur mon épaule.

« Allons, Max, il est temps de grandir ; votre pureté originelle, vous l'avez perdue lorsque vous avez surpris ces spermatozoïdes en flagrant délit de raideur. Les conséquences en étaient prévisibles ; vous avez simplement du mal à les affronter. »

Fron exprima ensuite un talent que j'ignorais : celui de médium.

« Je m'en veux de vous avoir envoyé à Cardery Street pour y défendre nos couleurs et y exposer votre théorie ; dans le fond, voyez-vous, vous avez la grosse tête ; votre réaction de vierge effarouchée n'est que l'expression de votre orgueil ; vous voulez l'honneur et la gloire ; allez, avouez que vous rêvez de toucher les royalties médiatiques de votre découverte ! Croyez bien que je ne vous blâme pas : vous êtes jeune, ambitieux, hystérique. »

Imperceptiblement, Fron accentua la pression digitale, séparant les mots de manière excessive ; il aurait pu tout aussi bien me tirer l'oreille.

« Mais si d'aventure vous osiez vous exprimer prématurément sur le sujet, il n'y aurait plus rien à faire pour vous ; s'il fallait récupérer le coup, je serais du côté de vos censeurs. »

Je me détachai de son emprise ; la séance d'hypnose prenait fin, son bras resta un instant suspendu dans l'air, étreignant une épaule virtuelle. C'était un fait, Fron avait visé juste à propos de mon orgueil ; j'en avais assez de cet anonymat, et ce costume de faire-valoir du patron commençait à m'être trop étroit. Par un dernier tour de passe-passe, il avait fort adroitement inversé les rôles. C'était moi qui lui devais une reconnaissance éternelle pour m'avoir permis de découvrir la maladie dans l'enceinte de son service. J'étais son œuvre, sa marionnette, il m'avait créé. Ma découverte était la sienne, il était devenu moi, m'avait mangé. Fron minimisait mon rôle pour me déstabiliser. Il m'infantilisait pour justifier sa tutelle à mon égard, pour rendre mes décisions discutables. Et en échange monnayait sa protection. Mais j'avais à présent éventé le stratagème, déclic soudain : le père était faux, la démarche mafieuse ; le commandeur voulait autant m'éviter l'enfer qu'il désirait se l'éviter à lui-même... Mais Don Juan est suicidaire, c'est bien connu. À présent parfaitement réveillé, je décidais de sortir du registre affectif : le saut dans le vide, la meilleure chose à faire.

« Monsieur, je ne suis ni votre chose ni votre sujet. Je resterai donc à mon poste durant la prochaine quinzaine. Et peu importe les conséquences. »

Je sortis du bureau professoral en claquant la porte. J'avais repris ma liberté, le petit spermatozoïde avait éventré la poche du gros. Je me souciais peu du prix à payer pour cet effet de manche. Pour l'heure, deux choses me préoccupaient : l'enterrement de Benjamin, et son effroyable maladie. Et puis, déjà, une petite voix me susurrait qu'en ce jour de novembre j'aurais peut-être mieux fait de m'abstenir, de ne rien remarquer sur ce spermogramme redoutable. Ma découverte me pesait, anneau de Frodon. Quelle ironie ! Elle qui, logiquement, aurait dû propulser ma carrière vers le sommet, risquait de me la coûter ; mais c'était plus fort que moi, quelque chose d'autre me poussait, une sorte de haine de soi héritée du fond des âges, du fond de moi-même.

CARNETS

15 janvier 1983

J'ai l'impression d'avoir toujours travaillé ici. Nous nous côtoyons tous les jours de ma vie. Je viens même le dimanche, lorsque tout est fermé, que seules papillotent les lueurs des issues de secours et qu'explose la lumière crue de l'antenne d'urgence. Vous êtes près de moi, Votre présence me rassure, m'apaise.
Le vieux Bailleys m'a pris en affection : « virologue particulièrement doué » ; ce sont ses propres mots. Il m'a autorisé aujourd'hui l'accès à la zone 4 : quelle émotion ! Il y avait là Ebola, Marburg, Rift et Lassa, une vieille connaissance. Cher Lassa, t'observer de si près, après tant d'années, j'en pleurais sous mon scaphandre. J'ai revu papa et maman, mes parents humains. Tu les as emportés, tu t'étais installé en eux,
tu es une partie de ma famille.
Le sais-tu ?
Au cours de ces longues heures passées ensemble, j'apprends à mieux Vous connaître. Je sens bien que nous devenons complices, je Vous ai même donné des petits noms familiers : il y a Harphir, avec sa bouille de menhir écrasé, Poxer, avec ses lèvres tuméfiées comme au sortir d'un ring, Grippard et ses angles saillants, sans oublier l'inévitable Sidoul, dont la surface paraît hérissée de petites ampoules électriques.
Mon sujet de thèse : « Les transformations génétiques d'origine virale ». C'est une couverture ; pendant que tout le monde me croit le nez dans mes expériences de validation, je travaille à la mise au point de l'Arme.

NATACHA

L'enterrement de Benjamin, poignant. Nous avions quitté la fac depuis quelques années et beaucoup d'entre nous s'étaient perdus de vue. Ce fut, je crois, la dernière occasion que nous avons eue de nous retrouver tous ensemble. De toutes les personnes présentes, j'étais le seul à savoir quels délabrements le cadavre avait subis. Une autre personne s'en doutait, lunettes noires et foulard en soie, à l'évidence une intime de la victime, Natacha.

Le bruit sourd de la terre sur le cercueil, l'adieu au frère. Les participants regagnent leur véhicule, je marche seul. J'ai laissé ma voiture près de la grande entrée. Cheminement entre les tombes, les sépultures de l'espèce humaine, Natacha me rejoint. Silence de mort, logique. Les arbres en si bonne santé qu'ils en sont suspects. Les noms des familles, les photos des défunts, mon regard s'attarde : des chiffres, un tiret, des chiffres, calculs morbides.

« Natacha... Tes relations avec Benjamin... seulement de l'amitié ? »

Je devinais ses yeux s'étirer derrière ses verres opaques, l'ébauche d'un sourire ?

« Peut-être un peu plus. Disons que nous étions assez proches. »

Mon amie fit une pause. Une famille Belhassen reposait au loin.

« Un peu comme toi et moi. »

Malgré mon accablement, je fus secoué. Ainsi donc Benjamin et moi partagions le privilège d'avoir couché avec Natacha. Un vieillard se redressa, dans une allée.

« Benjamin était-il au courant, pour nous ? »

— Tu sais bien qu'il n'y a... qu'il n'avait pas son égal pour soutirer les informations, les potins. »

Colère – froide, bien sûr – à l'encontre du défunt. Je revis son sourire autopsique, me narguant par-delà la mort.

« Tu aurais au moins pu me mettre au courant de ce "partage".

— Tu ne m'as rien demandé. Benjamin, lui, était un véritable fouineur, il voulait tout savoir de toi : comment cela se passait au labo, ce que tu faisais, avec qui tu t'entendais, quels étaient tes ennemis, les travaux en cours... Vous aviez vraiment de drôles de rapports. »

Un enterrement passa au loin, masse noire en fusion. Ainsi donc Benjamin, alors même que notre amitié avait tiédi, continuait de s'intéresser à moi : un ami pour la vie.

« Tu veux dire qu'il était aussi au courant pour le Systac ? »

Natacha prit une mine contrite.

« Un jour, j'ai fait une gaffe.

— Bien sûr ! Une gaffe ! Rien que ça ! Tu te rends compte qu'il s'agit d'une maladie top secret, même pour Benjamin ? Quand sauras-tu tenir ta langue ? »

Ce brusque accès d'humeur me parut soudain grotesque, en ce lieu où tout nous rappelait la vanité des passions, des rancunes et des espoirs. Les sentiments meurent en même temps que la matière qui les produit. Une tombe, une pause. Un jour, tout serait oublié.

« Benjamin trouvait excitant que je m'amuse toute la journée avec du sperme ; une fois, cela devait être il y a trois mois de ça, il m'a demandé, presque par jeu, de lui faire un spermogramme. Il faut bien que cela me serve à quelque chose de connaître une spécialiste du sperme, avait-il dit. Sur le coup, j'ai trouvé sa demande insolite, puis drôle. Après tout, pourquoi pas ? Il est venu incognito au labo un soir, à la fermeture, pour réaliser l'affaire dans de bonnes conditions techniques. »

Je présumai du genre de conditions techniques dont il s'agissait. Natacha pleurait, je lui tendis un mouchoir en papier, elle se moucha.

« J'ai examiné le sperme frais devant lui, entre lame et lamelle. L'atmosphère était détendue, pour ne pas dire dissoute, nous pouffions de rire comme si nous avions fumé de l'herbe. Ce voyeurisme décalé donnait à la scène un subtil parfum d'érotisme. Mais tu connais mon obstination au travail : devant une lame de sperme, même celle d'un ami, je redeviens une professionnelle. J'ai donc visionné attentivement les spermatozoïdes de Benjamin. Boom ! L'impression d'un coup de poing en plein œil. C'était l'époque où nous examinions rétrospectivement les paillettes des patients des années précédentes, nous découvrions des Systac à tire-larigot. Tu t'en souviens, nous commencions à apprendre à faire le diagnostic dès le stade de la microscopie standard, sans avoir recours à la microvidéocaméra ; or, indubitablement, le sperme de Benjamin était atteint ; tous ses spermatozoïdes présentaient la raideur caractéristique. Les envahisseurs. J'ai eu un mouvement de recul, pas de simulation possible. »

Nous étions presque parvenus à l'entrée principale du cimetière. Nous croisâmes un carré en friche, prêt à l'emploi.

« Tu aurais pu t'en tirer par une pirouette, dire que la lumière de l'oculaire était mal réglée, que tu avais été aveuglée.

— Facile à dire. Benjamin avait une intuition de nana, tu sais bien. Il m'a obligée à cracher le morceau. Je lui lâchais les informations au compte-gouttes : une anomalie minime, à peine détectable, une atteinte de sa fécondité. Enfin, une maladie nouvelle, inconnue ; c'était un maître dans l'art de tirer les vers du nez. »

Je trouvai l'expression déplacée, vu l'endroit. Je changeais de sujet.

« Et ton copain actuel ?

— Depuis que je l'ai rencontré, j'ai arrêté de vous fréquenter intimement ; enfin, il a bien dû y avoir quelques incartades... Je ne sais plus. »

Ce n'était pas le sens de ma question, mais c'était toujours bon à prendre. Ma fidélité vis-à-vis de Julia, mon ex, n'avait pas été non plus à toute épreuve.

Après l'enterrement, nous rentrâmes au CECOS. Le travail contre l'affliction. Le rapport d'analyse histologique de Benjamin Jasso tomba aux alentours de 19 heures, annoncé par le bruit de racloir du fax. Les termes de l'anatomo-pathologiste étaient laconiques, et tout à fait insolites. Je décrochai mon combiné, composai le numéro de téléphone situé au bas du papier à en-tête et demandai à parler au Dr Tchang, celui-là même qui avait pratiqué l'autopsie.

« Bonjour, c'est Max Journo : je ne vous dérange pas ? J'ai bien reçu votre fax.

— Écoutez, je crois que je n'ai jamais vu des testicules dans un état pareil ; mais peut-être pourrions-nous en parler de vive voix ? J'ai appris que vous étiez spécialiste du sperme, vous avez sans doute quelque connaissance en matière histologique. Pourriez-vous venir au labo ?

— Quand ?

— Tout de suite ; je vous attends ; service d'anatomopathologie ; 2e étage ; Dr Tchang.

— J'arrive. »

En chemin, je croisais Natacha.

« Tu peux venir avec moi ? »

J'en avais assez d'encaisser seul. La belle avait l'air à bout, mais j'avais appris, à force de pratique, à manœuvrer dans de telles circonstances. Je la traînais donc, spéculant sur ses capacités de raisonnement par temps de stress.

Tchang nous attendait, visage pâle, blouse blanche immaculée sur fond de lumière ultraviolette. Un microscope à contraste de phase était allumé sur un plan de travail. À côté, un sandwich entamé, traces de dents. Je fis les présentations.

Le Dr Tchang était le chef du service d'anatomopathologie de la Pitié. Petit, souple, le geste rare et imprévu, le mandarin nous invita à constater par nous-mêmes ce qui avait motivé son appel. Je risquai un œil dans l'oculaire. Je ne distinguai tout d'abord qu'une sorte de flou diffus, un tableau en noir et blanc – je suis myope. Mise au point : spectacle inattendu. On aurait dit de la toile de jute, un quadrillage aux mailles grossières, rien qui ne ressemblât en tout cas à une structure testiculaire. Je me retrouvai en pays inconnu, je déplaçai la lame aux quatre points cardinaux : aucune trace de cellule, de canal, ou de tube. Pas la moindre structure familière, et surtout pas l'ombre d'un spermatozoïde. Partout la même grille, le même enchevêtrement de lignes épaisses. Un paysage monotone et désolé, un désert. Au bout de quelques minutes, je relevai la tête, désorienté, perplexe. Je laissai la place à Natacha.

« Qu'est-ce que c'est que ça ? » fut la seule remarque que je parvins à émettre. J'étais comme un simple d'esprit.

« Le tissu testiculaire de votre ami, trente-six heures après sa mort clinique. Je crois que vous me devez des explications.

— Que voulez-vous dire ?

— Votre ami voulait que vous assistiez à son autopsie. Il se savait donc atteint par une maladie qui ne vous était pas inconnue. En trente ans d'expérience, j'ai eu l'occasion d'analyser toutes sortes de tissus testiculaires : cancers, infections, stérilités, aspects postradiques. Je n'ai jamais rien vu de pareil. On dirait... une fibrose extensive, destructrice ; un tableau de Veira Da Silva. »

Tchang me regarda fixement en martelant :

« Alors, de QUOI souffrait votre ami ? »

Ce fut Natacha qui dévia la balle.

« Avez-vous remarqué ces points noirs disséminés un peu partout ? »

Tchang pivota.

« Vous avez donc changé de grossissement ?

— Euh, oui... Vous les aviez donc remarqués, vous aussi ?

— Bon, écoutez, madame, monsieur. Je vois bien que vous êtes des médecins responsables et expérimentés. Arrêtons-là les cachotteries. Dites-moi ce que vous savez, et je vous dirai ce que je sais. »

Nous étions de toute façon à la veille d'un lever de rideau général sur la maladie. Le Systac n'était plus clandestin que pour quelques jours encore. Nous traçâmes donc à l'attention du Pr Tchang les lignes de force de la maladie du sperme raide, en insistant sur le fait que les microbiopsies réalisées sur le vivant n'avaient donné aucun résultat ; les tissus des sujets atteints étaient en tout point similaires à ceux des sujets sains. Ce point confortait l'idée que la métamorphose que nous avions constatée chez Benjamin n'avait pu se constituer qu'après sa mort.

Tchang semblait impassible ; la suite nous prouva que non.

« Une maladie qui continue d'évoluer *post mortem*, ce n'est pas banal, lâcha-t-il, songeur. À croire que l'agent causal de la maladie, lui, est encore vivant.

— Et les points noirs ? » contre-attaqua Natacha.

J'avais repris ma place sur le tabouret, examinant moi aussi la préparation au grossissement 2000. Effectivement, çà et là, comme des pièces noires sur les cases blanches d'un échiquier, campaient des amas noirâtres, hétérogènes, aux limites mal définies.

« Ce sont des amas d'ADN, entendis-je par-dessus mon épaule.

— Je trouve ça plutôt rassurant, répondis-je. Les testicules sont avant tout une machine à produire des cellules. Il s'agit certainement de restes spermatozoïdiens.

— J'ai fait analyser cet ADN, continua Tchang, il s'agit d'un matériau un peu particulier.

— Que voulez-vous dire ?

— Le séquençage moléculaire est en faveur d'un ADN fossile. Le matériel génétique d'une espèce disparue. »

CARNETS

12 février 1984

*Grand voyage, périple initiatique. Bailleys m'envoie
en stage à Atlanta, votre Mecque, notre Sing-Sing.
Je suis le Hadj. Mais amis, n'ayez crainte ! L'heure
de la libération approche ! Et l'Atlantide sera recouverte
par les flots, libérée, inaccessible.*

25 mars 1984

*L'homme clé est Barneys, le chef des archives secrètes,
des malversations qu'ils vous ont fait subir. Cet homme
est la mémoire de vos oubliettes. Les documents sont dans
ce carré, en haut de la tour B. Barneys est homosexuel.*

15 avril 1984

*Je suis le mignon de Barneys. Ce salopard est immonde.
Même Sidoul a plus d'humanité que cette bête perverse.
Qu'importe ! Je veux, je paie. J'étais déjà ambidextre,
me voila bisexuel. Un jour, je finirai par vous ressembler
totalement, je serai vous. Alors, je ne serai plus
ni homme ni femme. Rien qu'un être polymorphe
et multiple, avec une volonté farouche.
J'ai pu faire un double des clés. Ce soir,
je m'introduirai au dernier étage de la tour, et je saurai.*

16 avril 1984

*Berenson, un certain colonel Berenson : c'est lui
le meurtrier. J'ai tout lu, mes yeux larmoyaient, souvenir-
réflexe des volutes incendiaires qui avaient ravagé*

le village. Les dates concordent, c'était bien il y a vingt
et un ans. Raison d'État, péril épidémiologique, virus
inconnu, très contagieux. Quelques mots jetés sur
un rapport officiel.
C'est faux ! Un tissu de malversations. Le rédacteur
du rapport, peut-être Berenson lui-même, a voulu se
couvrir pour éviter la cour martiale. Les survivants étaient
sauvés, le délai d'incubation dépassé, les notes en annexe
le stipulaient. Berenson avait fait du zèle. La CIA était
devenue folle.

2 mai 1984

Confidence de Barneys, sur l'oreiller. Le porc a entendu
parler d'un certain Berenson, haut fonctionnaire d'État
chargé des périls infectieux. John Berenson. L'homme
est mort dans un accident d'avion, il y a une dizaine
d'années, un monomoteur, seul. À l'époque, on avait
évoqué un suicide. L'appareil s'était crashé sur une
des cimes de la Sierra Madre, sans raison apparente,
par temps clair.
Ce Barneys est une véritable commère.

DESSINS

La yogi avait de bonnes sensations. Le sperme raide était effectivement éjaculé à une température anormalement basse : 20 °C à l'émission, soit près de 10 °C de moins que la normale. Nous n'avons jamais trouvé d'explication à cet étrange phénomène : production d'une molécule réfrigérante, refroidissement trop rapide à température ambiante, cristallisation de certains composants ? Nous nous perdîmes en conjectures, nous fîmes subir une nouvelle batterie de tests aux patients, mais rien ; fallait-il vraiment y voir l'œuvre du démon ? Je reste persuadé qu'il existait une explication rationnelle. Quant à cette histoire d'ADN fossile, elle défiait l'entendement. Le Pr Tchang envoya les prélèvements au département de paléogénétique du Muséum d'histoire naturelle. Nous ne devions pas tarder à apprendre qu'il s'agissait d'un ADN apparenté à celui d'un groupe de poissons carnassiers ayant vécu au dévonien, dans les mers chaudes de l'ère primaire. Cette révélation nous fit immédiatement penser à ce que nous savions de la dynéine : une très vieille protéine, partiellement fossile, disait l'article déniché par Natacha. Ainsi Benjamin portait-il en lui cette matière étrange, étrangère et évolutive dont nous ne savions encore que faire. Nous en avons refait, des batteries de tests, des dosages savants, des prélèvements tissulaires tous azimuts, mais rien, nous ne retrouvâmes jamais la trace d'une telle substance *in vivo*. Il fallut attendre encore près d'un an, à l'occasion de l'autopsie d'un second malade, un suicide par pendaison, pour pouvoir retrouver des modifications similaires à celles constatées chez Benjamin : une fibrose testiculaire extensive et, sous forme de perles noires, un ADN fossile et amorphe.

En ce lendemain d'enterrement, l'heure était aux premiers contacts avec ceux que nous avions baptisés les enfants « raides ». Nous avions remonté le temps, j'avais ainsi convoqué des couples ayant bénéficié des services du sperme raide par le passé, en compagnie de leurs enfants, évidemment. J'avais trouvé un prétexte, une prétendue étude sur le devenir des embryons congelés, je crois, pour les faire venir. Pour ces entretiens d'un genre un peu particulier, Willy Cleg, mon taciturne collègue, était avec moi. Électron libre dans le service, il était hors hiérarchie, hors compétition, un statut de consultant. Il avait bourlingué, n'avait pas d'âge. Le touche-à-tout avait en poche une maîtrise de psychologie, obtenue bien avant d'avoir fait médecine. Il avait profité de ce préambule pour rédiger un mémoire sur l'interprétation psychanalytique des dessins d'enfants, sujet somme toute prévisible pour le mordu de BD qu'il était. L'analyse des coups de crayon infantiles était, selon ses dires, un moyen d'en apprendre beaucoup sur ces psychismes en gestation, beaucoup plus en tout cas que ne le permettait le langage, encore fruste et imprécis aux âges qui nous intéressaient. L'approche psychologique par le dessin avait en outre l'avantage de ne pas attirer l'attention des parents.

Nous mîmes au point une tactique : pendant que je m'entretiendrais avec les parents des aspects purement médico-sociaux – maladies infantiles, réactions aux vaccinations, allergies, croissance, niveau scolaire, etc. –, Willy s'isolerait dans un coin du bureau avec l'enfant et, à l'aide de crayons de couleur et de pâte à modeler, s'efforcerait d'en savoir plus sur le fonctionnement de sa psyché. Notre méthode pouvait sembler artisanale, mais les temps étaient héroïques ; il fallait réunir des informations sans attirer les soupçons. Les enfants étaient supposés normaux, pourtant ils étaient suspects.

Lætitia était une petite fille blonde, au carnet de santé ordinaire : quelques bronchites, une ou deux otites, pas d'allergie particulière. C'était une enfant unique, les parents n'ayant pas jugé utile de renouveler l'expérience de la FIV, mal vécue psychologiquement.

Jérôme était le second enfant d'un couple de cinéastes ; je notai deux particularités dans son dossier médical : une allergie au crabe, découverte à l'occasion d'un voyage à Paimpol, et une subluxation des hanches à la naissance, bien prise en charge.

Ce jour-là, nous reçûmes ainsi une dizaine d'enfants. Malgré l'absence de fait notable dans leurs brèves biographies médicales, une impression d'ensemble se dégageait, enfant après enfant : ces charmants bambins étaient du genre sage, garçons comme filles. J'avais certes une expérience encore limitée en la matière – six mois d'externat dans un service de pédiatrie et la fréquentation de mes neveux –, mais, décidément, ces enfants étaient bien calmes – trop calmes. Ils ne touchaient à rien, restaient assis sur leur chaise. Ils ne manifestaient ni l'impatience ni la nervosité coutumières des enfants lors des consultations médicales. Pas de crainte non plus. Pourtant, ils n'avaient rien d'amorphe non plus. Au contraire, il se dégageait d'eux une commune force tranquille, une sérénité, une patience dont on pouvait se dire qu'elle n'était peut-être pas la manifestation du hasard. C'était étonnant, une telle similitude. Leur regard aussi ; je sais, c'est difficile à admettre, mais il n'était pas innocent, il exprimait quelque chose comme de l'ironie. Un peu plus, et j'aurais parié que ces gosses se moquaient de moi ! Et puis, dans mon esprit en éveil, deux images se superposaient à ces visages, les diapositives de Sacha et Maritza, leurs deux cousins norvégiens de Cardery Street, les enfants « raides » du Pr Jorge Rassmussen. Je ne pus retenir une pensée, une pensée absurde, certainement moi-même manipulé par ce que j'avais envie de croire : ces enfants avaient comme un air de famille. Je porte encore, sertis dans ma mémoire, ces yeux légèrement trop écartés, ces oreilles aux arêtes vives et ces bouts de nez sphériques. Bien sûr, je luttai contre l'empirisme de ces constatations ; c'était impossible ! Ces êtres étaient issus d'ethnies différentes ; le sperme – quand bien même douteux – et les ovules utilisés étaient ceux de leurs parents biologiques. Pourtant, la petite musique du doute persiflait en moi, une musique de nuit : ces croisements étaient des accidents, des aberrations qui normalement n'avaient pas lieu d'être, presque des chimères. Ils existaient uniquement parce que nous avions forcé la main à ce sperme impossible. Se pouvait-il qu'ils aient du matériel génétique en commun, ou plus exactement que le même je-ne-sais-quoi ait pris possession de leurs gènes ? Je crois que c'est là, dans le bureau de Willy Cleg, cerné par ces inquiétantes sérigraphies des *Immortels* de Bilal, que, pour la première fois, je pensai à un mécanisme de l'ordre de la possession... Avec en toile de fond ces perles d'ADN noires enfilées sur l'écheveau fibreux et monotone des testicules dévastés de mon ami.

Nous avions demandé à Natacha d'assister au débriefing. J'avais fait photocopier les carnets de santé. Quant à Willy, il avait devant lui la petite pile des productions artistiques des chérubins. Je leur fis part de mes constatations préliminaires, absence de problème médical évident, calme étrange de ces enfants, perfection conduisant au malaise ; je passais sous silence mes constatations d'ordre morphologique. Puis ce fut le tour de Willy.

« J'ai classé leurs productions en trois catégories : les gribouillages, productions de moins de 2 ans, les homoncules, caractéristiques de la période 3-5 ans, et les dessins plus élaborés, plus rares. »

Willy fit circuler les esquisses ; ses yeux bleus délavés exprimaient une sorte de candeur exempte de tout *a priori*. J'héritai d'un gribouillage et du croquis d'un groupe humain, à l'évidence une famille.

« Première constatation : ces dessins interpellent. Ils ne sont pas exactement conformes à ce que l'on serait en droit d'attendre de la part d'enfants de cette classe d'âge.

— Précise ta pensée, grand sachem, dédramatisa Natacha.

— Eh bien, cela n'engage que moi, mais il me semble qu'on retrouve dans ces dessins une violence inhabituelle à cet âge. Max, montre-nous ce gribouillage au-dessus de ta pile. »

Le dessin en question consistait en des traits rouges appuyés occupant toute la surface de la feuille. Au dos était inscrit : Ludovic, 2 ans. Willy expliqua.

« Comme vous pouvez le constater, ce gribouillage s'étend sur tout l'espace disponible ; cette manière d'occuper le terrain est un signe de jalousie, de possessivité. Cela suggère un ego fort. "Tout pour moi, rien pour les autres." Regardez à présent le tracé du dessin lui-même : les lignes sont brisées, appuyées ; le choix de la couleur rouge est également significatif. Cela peut présager un tempérament sauvage, agressif, ou tout simplement conflictuel.

— Tu ne crois pas que tu y vas un peu fort ?

— Tu as peut-être raison, Natacha. Ces dessins font partie d'un tout, et je n'ai pas eu de véritable entretien avec ces enfants.

— Ce n'est pas exactement ce qu'elle veut dire, elle met plutôt en doute la méthode. »

Natacha acquiesça de la tête.

« En pédopsy, on considère que le crayon est le prolongement de la main et que les traits tracés sont directement en relation avec la personnalité de l'enfant. Ces dessins ne sont qu'un outil pour comprendre, un médium pour accéder à l'inconscient, pas la vérité... Même si j'applique une grille de lecture.

— Continue, lança-t-elle en guise de réponse.

— Enchaînons sur un autre dessin. »

Le choix de Willy s'arrêta sur un bonhomme multicolore : Gaspard, 3 ans et demi.

« Voici à présent un bonhomme têtard, production habituelle de la période 3-5 ans. Elle marque une étape importante dans l'élaboration de la personnalité. Ce dessin primitif, c'est la vision que l'enfant a de lui-même. Elle ne peut apparaître que lorsqu'il a conscience de l'image de son corps et de sa position dans l'espace, de son schéma corporel, si vous préférez. Le bonhomme têtard se présente comme un rond, la tête et le corps, orné de bâtons, les membres ; il est commun à tous les enfants du monde. N'y a-t-il pas quelque chose qui vous choque dans le dessin de Gaspard ?

Je me lançai.

« Il n'est pas au centre ?

— Bien vu ; le décentrage est souvent un signe de conflit psychologique. Schématiquement, la feuille peut être divisée en deux bandes verticales ; celle de gauche représente le passé, l'introversion, l'attachement à la mère ; celle de droite l'avenir, l'autorité, la relation au père. Curieusement, le têtard de Gaspard se situe à l'extrême gauche de la feuille ; on pourrait logiquement y voir un signe d'infantilisme, un attachement pathologique à la mère. Ce n'est pourtant pas l'impression que j'ai eue en observant l'enfant. Non. Dans ce cas particulier, je rechercherais plutôt un conflit très ancien, peut-être même autour de la période de la naissance, comme si l'enfant s'était interrogé avant de pénétrer dans cet univers, avait hésité avant de venir au monde. »

Comment ne pas penser à la mort des enfants mâles *in utero*, aux traces de doigts sur les scrotums ? C'était téléphoné, mais troublant. Natacha fut plus prosaïque.

« C'est du délire ton truc, il s'agit peut-être tout simplement d'un choix "artistique" délibéré.

— Écoute, Natacha, sur 100 enfants, 95 dessinent leur homoncule au milieu de la feuille. Ce ne sont que des données statistiques, bien sûr, rien n'est absolu, mais cela donne une orientation. »

Natacha m'agaçait. Elle savait pourtant qu'il ne fallait pas couper Willy, il perdait facilement le fil ; pis, il pouvait à tout moment s'éclipser pour ne revenir que le lendemain. Parfois on avait l'impression que son travail n'était qu'une option. Et notre débat ne faisait pas partie de son travail.

« Tu peux retourner à tes spermogrammes, si ça ne t'intéresse pas », complétai-je, moqueur.

Haussement d'épaule à mon intention, je l'avais vexée.

« Je reste. Continue, Willy.

— Où en étais-je ? Ah oui, les homoncules. »

Willy choisit l'œuvre de Thomas, 4 ans.

« Ici encore, on retrouve le têtard décentré, à l'extrême gauche. Il s'agit d'un enfant un peu plus âgé, le bonhomme s'est agrémenté de nouveaux détails ; dans le rond du haut sont figurés un nez, des yeux, une bouche. Les mains sont apparues ; Thomas a même dessiné quelques doigts, témoignant d'une bonne sociabilité.

— Et comment tu interprètes ça ? »

Natacha commençait à se prendre au jeu, mobile ; elle désignait la partie basse du rond figurant l'abdomen ; Thomas avait à l'évidence représenté ses parties génitales. Willy séchait.

« La représentation du sexe est totalement inhabituelle à 4 ans ; elle apparaît normalement vers 8-9 ans ; si tôt dans la vie, elle témoigne d'une préoccupation anormale.

— Peut-être sommes-nous en présence d'un problème de mœurs, une relation incestueuse avec un membre de la famille, hasardai-je.

— Bien vu, Max. C'est théoriquement possible. Mais un détail attire mon attention ; regardez à nouveau le dessin. Thomas n'a pas positionné son pénis à l'extérieur de son abdomen, mais à l'intérieur. Les puristes appellent cela une représentation par transparence. Une idée ? »

Natacha smatcha.

« Une grossesse !

— Association libre, ce sont les meilleures. Précise ta pensée. »

Mon équipière décroisa ses jambes, se leva, elle était svelte.

« Eh bien d'après ce que j'ai cru comprendre, la représentation du bonhomme têtard à l'extrême gauche de la feuille indique un problème avec la mère, qui remonterait peut-être même à avant la naissance, donc au cours de la gestation. Or à quelle période de la vie les organes sont-ils formés dans le ventre de la mère ? »

Je pris un raccourci, m'exclamai.

« Tu veux insinuer que Thomas se représente "enceint" de son propre pénis ?

— Tout à fait ; tout se passe comme si Thomas en voulait à sa mère. Une sorte de sourde rancune de l'avoir mis au monde comme garçon, conclut Willy. Peut-être une souffrance *in utero*. »

Les dessins des enfants étaient là, éparpillés devant nous, criards ; Mac Cormack revisité par Egon Schiele. Ces formes et ces couleurs, simples gribouillages pour le quidam, étaient pour nous chargées de sens, désormais. Souffrance, grossesse, sexe, secret, on pourrait bien y voir les stigmates d'une maladie gestationnelle. Un fœtus peut aussi être malade, souffrir, et guérir. Ou mourir.

J'informais Willy des derniers développements de l'affaire, en particulier des rapports d'autopsie de ces garçons mort-nés. L'analyse des autres dessins fut donc plus facile, je lui avais donné un indice. Il se dégageait de toutes ces représentations masculines une souffrance intense.

Pour les filles, c'était différent, aussi déséquilibré, mais sans la douleur, avec un détail récurrent, l'utilisation excessive de la couleur jaune.

CARNETS

1ᵉʳ septembre 1985

*Retour à Porton Down. Atlanta porte conseil,
j'ai réfléchi.
À dater d'aujourd'hui, je serai Votre grand prêtre.
Je susciterai d'entre Vos entrailles un nouveau membre,
quelque chose d'inédit, un concept entièrement nouveau.
Ensemble, nous nous engagerons sur un chemin inconnu,
un passage par lequel le monde du vivant ne s'est jamais
aventuré, une voie sans issue. Vous et moi, nous allons
fabriquer un ornithorynque, une chimère, une créature qui
fera la synthèse entre toutes Vos tendances, une sélection
de Vos meilleurs crus. Un conjuré qui ne Leur laissera
aucune chance. Nous lui fournirons la sournoiserie
de Sidoul, la ténacité d'Harphir, la violence de Marburg,
et l'apparence inoffensive de Rhino. Nous exigerons
de Lui la ponctualité de Grippard, et la même
connaissance du monde animal que Ragon. Nous
Le concevrons indétectable, passe-partout, agissant dans
l'ombre comme un Onco, tirant les ficelles sans jamais
se manifester, comme Prianor. Nous Lui offrirons
la haine, l'attirance pour le meurtre et l'assassinat.
Ce sera un kamikaze, un Être dont le seul but sera la fin
de l'Homme. D'ailleurs, Il ne lui survivra pas,
leurs deux destins seront intimement liés. Pour qu'enfin
Votre volonté soit faite. Amen.*

POSSESSION

Natacha nous quitta au bout de deux heures de décryptage. Resté seul avec Willy, je posai la question qui me tourmentait.

« Mais alors, selon toi, pourquoi ce caractère en apparence si paisible, si serein ?

— Je ne sais pas, c'est curieux. Un enfant mal dans sa peau, cela se voit tout de suite : parole rare, dyslexie, difficulté à fixer son attention, prostration ou, au contraire, gesticulation incessante, agressivité, etc. Moi aussi j'ai eu l'impression de côtoyer des enfants extrêmement matures pour leur âge, raisonnables. Aucun psychologue ne pourrait croire que des dessins si perturbés aient été tracés par des mains de gosses si équilibrés en apparence... Poudre aux yeux que tout cela.

— Plaît-il ? »

Willy ralentit la cadence.

« Disons qu'il s'agit plus d'une intuition que d'une certitude ; mais, derrière ce masque d'enfants parfaits, quelques signes m'intriguent. Il y a par exemple ces ongles rongés jusqu'au sang, ou ces plaques rouges, apparues à la limite de leur cuir chevelu pendant que je les faisais dessiner.

— Peut-être un peu d'eczéma ? fis-je sans vraiment y croire.

— J'ai vérifié, aucune trace de maladie dermatologique dans leur passé médical, à part cette allergie au crabe chez Jérôme ; je mettrais plutôt ça sur le compte du stress, ou d'une émotion intense laborieusement contenue.

— Je vois ce que tu veux dire, c'est un peu comme quand on soumet un individu à un détecteur de mensonges. Même le meilleur des bluffeurs ne peut se contrôler entièrement. »

Je tapotai le bureau de mes doigts inquiets.

« On pourrait également y voir la marque du Systac, repris-je. Après tout, rien ne prouve que ces enfants soient strictement normaux physiquement. Ils peuvent souffrir de quelques troubles minimes, non épinglés par les carnets de santé.

— Pourquoi pas ? Il faudrait alors imaginer que l'affection soit héréditaire, transmissible à la descendance, nous n'en sommes pas là. En tout cas, le comportement étrange de ces enfants est au moins une certitude. »

Willy griffonnait sur son bloc, machinal ; je reconnus une caricature de Fron, une de ses spécialités.

« Et s'ils nous avaient joué la comédie ? repris-je, remarque réflexe sans doute.

— Précise.

— Je ne sais pas, c'est toi le psy. Mais enfin, je me lance : imagine qu'ils aient compris qu'ils passaient une sorte d'examen, de grand oral, qu'ils aient voulu nous dissimuler quelque chose.

— Un art consommé de la manipulation serait totalement inhabituel à cet âge. Seul l'inconscient est capable de tels stratagèmes. »

Willy acheva son croquis par l'emblématique cigare patronal. L'ondulation de la fumée sembla lui inspirer la suite.

« Pourtant, moi aussi, j'ai eu cette impression de manière fugace, une telle ironie semblait se dégager par moments de leurs visages !

— Je te l'avoue, je me suis même dit une ou deux fois qu'ils se moquaient de moi.

— Qu'ils jouaient au plus malin. »

Ainsi donc Willy avait-il eu le même sentiment que moi. Le reste de notre échange eut tout du langage automatique.

« Pourtant, il y a quelque chose qui cloche, Max, j'ai le sentiment qu'ils ne faisaient pas exprès. Tu vois, je crois que ces enfants ont peur...

— Peur de quelque chose qu'ils auraient en eux-mêmes ?

— Ou plutôt de quelque chose qui aurait pris le contrôle d'eux-mêmes.

— Ils ont peur de quelque chose qui serait devenu eux-mêmes. »

CARNETS

26 avril 1986

Vous et moi ne pouvons réserver à l'Homme une mort facile, une mort douce. Impossible. Nous préférons lui offrir au contraire une fin étrange, métaphysique. Une vaccination. Oui, c'est ça, le Vaccin. Une mort de ne pas avoir été, de ne plus pouvoir être, plus qu'une fin, une extinction. Voilà ce que nous lui réservons. Une extinction progressive, jubilatoire et, surtout, sans aucune cause apparente. Aucune.

ATERMOIEMENTS

Dès le mardi suivant, soit seulement deux jours après Cardery Street, la presse anglo-saxonne faisait déjà ses gros titres de cette « nouvelle maladie mystérieuse qui rendait le sperme raide ». D'emblée, les chiffres les plus extravagants circulèrent sur le nombre d'hommes concernés. Ces fantasmagories n'étaient d'ailleurs pas totalement infondées ; les journalistes avaient saisi dès le début sans le formaliser les disparités étonnantes en fonction des pays, des villes et des quartiers. Je me souviens de quelques titres marquants, tels que le « *Crazy cow, crazy sperm* » du *Daily Mirror*, ou le « *Sida, Sras, Systac, similar words, same target* » du *Washington Post*. Les Isvestias russes n'étaient pas en reste, avec un reportage de type téléréalité tourné dans le delta de la Volga. Certains articles, plus nuancés, insistaient sur le faible pourcentage global des hommes atteints. Le caricaturiste du *Frankfürter Allegemeine* avait osé griffonner en première page des hordes de spermatozoïdes frappés de la croix gammée, brassards enfilés sur leurs queues. Mais l'homme qui mit véritablement le feu dans ma vie fut un certain Fenwick, le vieillissant organisateur du congrès de Cardery Street en personne ; son interview s'étendait sur trois colonnes à la une du *New York Times*. J'en eus des suées. J'y étais cité plusieurs fois ; cette brutale notoriété fut pour moi le signal d'une fuite en avant et le point de départ d'un comportement que j'analyse *a posteriori* comme proche de la débandade.

La fièvre médiatique s'abattit sur la France dès le mercredi. *Le Figaro* titrait « Peur sur le sperme », son éditorialiste mettant essentiellement l'accent sur la baisse de la natalité qui prévalait dans les pays développés. La une de *Libération* était purement visuelle : un énorme spermatozoïde avec une minerve. *France-Soir* faisait sa première page d'une photographie d'une crèche vide. Son reporter était allé enquêter dans une garderie de Saint-Mandé et faisait état d'une baisse sensible de fréquentation depuis la rentrée. *Le Monde* se contentait de faire le point avec sa sobriété coutumière sur les différents chiffres fournis par les principaux instituts de don de sperme étrangers et insistait sur la possibilité d'une cause génétique. En une semaine, les ventes de papier s'envolèrent, et quelques forêts avec. Les autres médias n'étaient pas en reste, LCI organisant dès le vendredi une vaste table ronde à laquelle participaient pêle-mêle biologistes, philosophes et écologistes. Les forums de discussion explosèrent sur le Net, beaucoup de *chat*, de clics de souris. Certains n'hésitaient pas à affirmer que la France était épargnée par le nouveau fléau, victimes sans doute à leur insu d'une version épidémiologique de la fameuse exception française. Les esprits s'échauffaient, l'atmosphère était brûlante, caniculaire ; silence radio du côté du gouvernement, évidemment.

Au CECOS de Necker, le téléphone commença à crépiter dès le mardi après-midi. On cherchait à joindre le Dr Max Journo. État de siège, il fallait s'y attendre. De mon côté, c'était la panique à bord, je n'étais pas prêt. J'aurais dû fuir, comme l'avait suggéré Fron. À présent, il était trop tard, il allait falloir assumer. Mon premier réflexe fut l'isolement, je me calfeutrai dans mon box de consultation, tout juste si je n'en scellais pas les issues, un bunker. Je donnai des consignes, je n'accepterais aucun coup de fil. Message à l'attention de la presse : « On ne dérange pas le Dr Journo pendant ses consultations. » Mais la meute aboyait à l'extérieur du sanctuaire, je savais que je ne tiendrais pas longtemps.

Outre la crainte de m'adresser aux médias, j'étais avant tout triste ; la terre qui commençait déjà à s'insinuer par les orifices de Benjamin était encore fraîche. Côté Systac, que savions-nous ? Les pistes étaient brouillées : un sperme raide non fécondant, des spermatozoïdes monstrueux en mettant d'autres au monde, une roue dentée qui se bloque, l'absence de tout signe *in vivo*, des testicules dévastés chez le cadavre, du matériel génétique d'un autre temps. Et à cette liste incompréhensible venaient s'adjoindre quelques éléments grimaçants : sperme froid, enfants qui n'auraient pas dû être, avec leur maturité précoce et violente. Alors, que dire ? Quelles informations donner au public, à part la certitude d'une nouvelle maladie ? Comment parler de mes travaux, alors que nous pataugions ? En fait, mes atermoiements étaient inutiles ; j'ignorais encore que ce sont les journalistes qui posent les questions. Si j'avais pu agir sous couvert d'un pseudonyme, je l'aurais fait, sans doute. En réalité, je faisais machine arrière. Le fier-à-bras ne pensait qu'à prendre la tangente.

Malgré ces doutes, pourtant, l'idée de devoir me taire pour m'assurer plus tard une place au soleil couchant du mandarinat me semblait être une compromission intolérable ; j'avais 30 ans, besoin d'une image de moi positive. Et puis Fron m'avait acculé à une attitude de défi. Je ne l'avais d'ailleurs pas revu depuis notre dernière altercation ; alors qu'un avis de grand vent était annoncé sur le CECOS, notre bien-aimé chef de service n'avait rien trouvé de mieux que de s'éclipser quelques jours dans sa villa varoise ; le pauvre avait tant besoin de repos !

Personne ne pouvait imaginer l'ampleur que prendrait l'affaire dès la première semaine après sa divulgation. Le maelström médiatique allait m'emporter, me noyer, moi et beaucoup d'autres. « Mourir pour des idées, l'idée est excellente » ; j'ignorais alors que les miennes n'auraient plus cours le lendemain.

Mais revenons à ce mardi après-midi. Rien n'était encore apparu dans la presse française, les rédactions préparaient les éditions du lendemain dans une fébrilité prévisible. C'était décidé ; j'allais parler.

Aussi, lorsque sur le coup de 19 heures j'enfilai mon trench, ayant échappé à force de filtrage téléphonique à toute la noria journalistique, le soulagement libérateur, logique, que j'étais en droit d'attendre fit place à un insidieux sentiment de frustration. Je réalisai alors que ces déclarations, tout compte fait, je m'y étais préparé. Je tenais à ma miette de célébrité, j'étais comme ça.

C'est ce moment que choisit le téléphone ; je décrochai, soudain implorant. Un journaliste de *L'Express*, enfin ! Personne ne pourrait m'accuser de m'être défilé, et surtout pas moi-même. Je n'aurais pas besoin de faire une conférence de presse, une simple interview dans un hebdomadaire oscillant au centre suffirait pour vidanger mes cuves. Le journaliste voulait passer au CECOS pour m'interroger sur mon lieu de travail, mais il se faisait déjà tard, le bâtiment allait fermer. Le bouclage de la rédaction avait lieu en début de soirée, le journaliste ne disposait que de peu de temps. Aussi convînmes-nous d'un rendez-vous non loin de l'hôpital Necker, à l'angle du boulevard du Montparnasse et de la rue de Rennes, une brasserie. Je dressai de ma personne un portrait-robot ; j'étais un robot.

CARNETS

13 octobre 1987

Qu'ils souffrent, se lamentent, s'apitoient : leur sort est scellé. Ils m'ont appris certaines techniques, manipulations de gènes, comme ils disent : sacrilège ! Ils ont fait de Vous des OGM, Vous ont pris pour des patates ! Qu'importe au fond : ensemble, nous nous en servirons contre eux. Amis, je vais avoir besoin de toute Votre haine, de toute Votre détermination ; ce sera une lutte à mort, vous me direz merci.
Ils nous ont déjà mâché le travail. Notre créature sera issue de leurs recherches, de leur fascination pour les jeux dangereux, de leur volonté de maîtriser un monde qu'ils ne comprennent pas. Je Vous vengerai de toutes ces manipulations qui Vous avilissent.
Chers Amis, une idée, comme ça ; pourquoi ne prendrions-nous pas pour base de travail Rhino, le plus anodin d'entre Vous, celui qui leur donne des rhumes ? Nous n'aurions plus qu'à y rajouter une touche de folie. Atchoum viral ! Éternuement fatal ! Leur humiliation n'en sera que plus grande.
Reste à lui trouver une demeure, un chromosome, un gène.

INTERVIEW

« Docteur Journo, je présume.
— C'est moi ; vous êtes le journaliste de *L'Express* ?
— C'est moi. »

Le café était plein. J'étais arrivé le premier, avais opté pour une table dans le fond, à l'écart, près des toilettes. À côté de nous avaient pris place deux étudiantes étrangères ; des Nordiques pas mal, surtout une. Plus loin un jeune couple, deux crèmes, lui ne cessait de regarder sa montre, la séance de 20 heures, sans doute. Le petit homme mince en col roulé avait surgi de nulle part, le genre assassin dont on ne se souvient pas, une machine à prendre. Un qui vous vide et puis s'en va.

« Maurice Latran, continua l'inconnu en me tendant une main qui faisait tout ce qu'elle pouvait pour paraître cordiale. Je peux ? » demanda-t-il en désignant la chaise vide.

Il s'assit. Il portait des lunettes à verres épais ; son œil gauche regardait en permanence sur le côté, ce regard oblique – un malheureux strabisme sans doute – entretenait la désagréable impression que l'attention se partageait entre ici et ailleurs. Son œil droit reprit.

« J'ai une demi-heure, pas plus ; cela vous dérange si j'enregistre la conversation ?
— Non, à condition que nous puissions couper quand je vous le demanderai.
— Pas de problème ; alors allons-y. »

Latran sortit de sa sacoche un dictaphone ; la bande commença à m'embobiner, émettant un léger couinement périodique.

« Vous êtes donc le Dr Maxime Journo, et vous êtes biologiste du sperme ; pouvez-vous m'expliquer en quoi consiste votre métier ? »

Maxime... Cela faisait bien longtemps que l'on ne m'avait appelé par mon prénom ; celui-ci m'apparut étranger ; comme si ce Latran s'adressait à mon moi initial, le projet de mes parents.

« Eh bien, mon activité professionnelle – j'hésitai à utiliser le mot métier – comporte deux principaux versants : un travail de recherche proprement dit et une activité de médecin praticien chargé de consultation. Je reçois des donneurs de sperme ou des couples ayant des difficultés à procréer. Comme il s'agit de personnes généralement en fin de circuit, c'est-à-dire ayant essayé toutes sortes de traitements sans succès, la consultation se conclut le plus souvent par un rendez-vous d'insémination artificielle ou de fécondation *in vitro*.

— Docteur, les quotidiens étrangers se sont fait l'écho d'une découverte particulièrement importante que vous auriez faite en examinant le sperme de certains hommes stériles. Qu'en est-il exactement ? »

Je décelai dans sa question les germes d'un reproche ; Latran me demandait en substance non de lui décrire la teneur de mes observations, mais de lui dire pourquoi les médias français avaient eu la mauvaise surprise d'apprendre *via* le *New York Times* ou le *Herald Tribune* une découverte française. La demande réelle était donc sans doute : pourquoi les CECOS ont-ils gardé si longtemps le silence ? Mon instinct me commanda de répondre à la question posée, quitte à paraître moins fin.

« Eh bien, disons qu'un faible pourcentage du sperme mondial, 4 % aux États-Unis, environ 3 % en Angleterre et en France – ça y est, le chiffre était lâché, délicieuse et dangereuse sensation de vertige –, présente depuis quelques mois un comportement inhabituel, rendant quasiment impossible la fécondation par voies naturelles.

— Certaines données font état de pourcentages beaucoup plus élevés. »

— Vous savez, nous autres les "professionnels du sperme", travaillons sur un échantillon en fait peu représentatif de la population ; nous passons notre temps à recevoir des couples stériles ou ayant de gros problèmes de fécondité ; notre recrutement est biaisé. »

Silence de Latran ; un silence d'inspecteur de police, la menace comprise, jamais formulée, toujours présente : « Mais enfin, docteur, vous ne me dites pas toute la vérité, allez-y, un petit effort. » Tout ce non-dit proféré avec cet œil de travers, braqué sur le dictaphone. Je continuai, lui lâchant des morceaux de ce qu'il désirait. Un coupable.

« Il semble, c'est vrai, que la fréquence de la nouvelle maladie soit en hausse depuis ces derniers mois. »

Je me mordis la lèvre.

« "Semble". Le terme est un peu flou pour un scientifique de votre niveau. Ne disposez-vous pas de données plus précises ? »

Je me retins de confier à Latran que 50 % des couples venus consulter au cours des derniers mois étaient atteints. Devant mon hésitation, à l'évidence un aveu, Latran continua.

« La presse outre-Rhin semble pourtant insinuer qu'il s'agirait actuellement de la première cause de stérilité d'origine masculine.

— C'est également l'impression statistique que nous avons dans le service, mais je ne dispose pas des chiffres de tous les CECOS de France. »

Je mentais.

« Certains quotidiens ont affublé la maladie d'un nouveau nom : le Systac, ou syndrome de stérilité acquise, d'autres parlent d'une "maladie du sperme raide".

— Vous savez, lorsqu'un nouveau fléau – Latran tressaillit, je bredouillais, me repris –, je veux dire une nouvelle maladie, apparaît, de nombreux noms circulent, avant que le plus évident ou le plus parlant s'impose. Systac sonne mieux ; mais la désignation de "maladie du sperme raide" est sans nul doute plus imagée.

— Alors, ils sont vraiment raides, ces spermatozoïdes ?

— Les spermatozoïdes concernés présentent effectivement une rigidité de la base de leur flagelle, sorte de long cil dont on peut comparer la fonction à celle d'un moteur doublé d'un gouvernail.

— Propulsion et orientation, pour schématiser. »

Ce qu'il était désagréable ! Je vulgarisais, il synthétisait. Le monde à l'envers !

« C'était juste pour vos lecteurs, répliquai-je, faussement condescendant. »

Latran balaya ma rectification d'un mouvement de poignet, « peu importe ».

« Depuis combien de temps pensez-vous que la maladie est apparue ? »

— C'est difficile à dire ; elle a sans doute commencé à se développer il y a trois ou quatre ans, peut-être un peu plus. Je ne me suis rendu compte de l'anomalie qu'à la fin de l'année passée. J'ai réalisé depuis une analyse rétrospective de nombreuses paillettes de sperme congelé. J'ai retrouvé des traces de la maladie il y a sept ans, un cas isolé, rien avant. Une chose est sûre : la maladie s'éteint au fur et à mesure que l'on remonte dans le passé.

— Hélas, le temps s'écoule dans l'autre sens. »

« Merci, vieil hibou, je ne m'en étais pas rendu compte ! me retins-je, expulsant à la place un abrégé : Merci ! »

« À votre avis, quelle est la vitesse de progression de la maladie ? »

Latran griffonnait à présent son bloc-notes d'une main leste, le dictaphone ne lui suffisait plus, désormais son stylo couinerait aussi ; pour ma part, je sentais comme un nœud coulant se resserrer autour de mon cou, j'étais tel un fœtus raide ; ce que j'allais répondre pourrait déclencher des réactions imprévisibles. Je n'avais pas le courage de déclarer que l'incidence de la maladie avait doublé d'une année sur l'autre. J'optais pour une stratégie biaisée, ne divulguer qu'une partie de la vérité. Répondre à côté, ouvrir le débat.

« Nous n'avons pas encore assez de recul pour répondre à une telle question, mais il semble que la progression de la maladie ne se fasse pas de manière linéaire ; ainsi, le début de l'année a coïncidé avec une montée en puissance, alors que, depuis le deuxième trimestre de l'année passée, le nombre de nouveaux cas était relativement stable.

— Qu'entendez-vous par "montée en puissance" ? »

L'hameçon m'entaillait à présent profondément le palais. Bien que n'étant pas personnellement impliqué dans l'apparition de la maladie, je me retrouvais dans la position de devoir en assumer les conséquences ; c'en était trop, j'appuyai sur la touche « stop » du magnétophone ; légitime défense.

TRAQUENARD

Latran s'étonna, repositionnant subitement son œil dans ma direction.

« Vous ne voulez pas répondre ?

— Écoutez, je comprends que votre devoir soit d'informer. Mais je crains que mes déclarations ne déclenchent des réactions inattendues. L'irruption de cette nouvelle affection est si brutale. Hier, rien, et aujourd'hui ce Systac, hissé en quelques mois au premier rang des causes de stérilité ; le choc risque d'être rude. Parfois, dire toute la vérité au patient ne sert à rien ; cela peut même au contraire lui nuire, émousser sa détermination à combattre le mal.

— Docteur, malgré tout le respect que je dois à votre Ordre – où l'on apprend que Latran n'aime pas les médecins, sans doute une mauvaise expérience, ophtalmo peut-être ? –, ce n'est pas à vous autres, professionnels de la santé, de décider qui est "psychologiquement" disposé à entendre vos déclarations. Les gens ont le droit de savoir ce qui leur tombe dessus, et ce n'est ni à vous ni à moi d'en évaluer les conséquences ; la liberté d'informer est une des expressions de la démocratie ; je ne vous demande tout de même pas des informations sur votre vie privée ! »

Latran scanda la phrase suivante, appliquant le plat de sa paume sur sa tasse à café.

« La science n'est pas votre propriété ; pas plus que la France n'est votre patiente... Puis-je remettre en route le magnétophone ?

— Allez-y, répondis-je résigné, soudain décidé à mettre le feu.

— Je reformule donc ma question : à quelle vitesse l'affection progresse-t-elle ?

— D'après les chiffres dont nous disposons, nous avons assisté à un doublement du nombre de cas d'une année sur l'autre. »

Dur à sortir, mais qu'est-ce que cela faisait du bien ! Latran émit un soupir, la satisfaction du tortionnaire juste après l'aveu.

« Avez-vous une idée des causes possibles de la maladie ?

— Nous n'avons aucune piste précise ; ce type d'affection n'existe à ma connaissance chez aucune autre espèce que l'Homme. Pas de trace de bactérie, de virus ou de parasite dans les sécrétions génitales, le sang, la glaire des femmes. Pas non plus de polluant ou d'hormone dans le liquide séminal, pas de prise médicamenteuse. Tout se passe comme si la maladie était apparue *ex nihilo*. La mutation brutale d'un gène, peut-être. Un médecin indien, le Pr Rashatani, a découvert qu'une protéine essentielle au mouvement des spermatozoïdes, la dynéine, avait un comportement anormal ; un défaut de fonctionnement qui serait à l'origine du mal. »

Exit les spermatozoïdes Mac Cormack, l'épilepsie à 40 °C, le sperme froid, et l'ADN fossile : question de survie.

« Êtes-vous bien sûr de me dire toute la vérité, docteur ? »

Bluff, c'était du bluff ; ce type était un pervers doublé d'un obséquieux ; j'étais à deux doigts de mettre fin à l'entretien ; il dut le percevoir, esquiva, glissa.

« Protéine anormale donc ; à votre avis, la nouvelle affection peut-elle être liée à un genre de nouveau prion, qui s'attaquerait non plus au système nerveux mais aux testicules ? »

Latran semblait pointu dans le domaine, enfin une vraie question. Le maître d'œuvre du dossier « vache folle » pour son hebdomadaire, comme je devais l'apprendre par la suite.

« Aucune hypothèse ne peut être écartée, mais personne n'a encore vu la dynéine anormale se mettre à se multiplier à l'intérieur du spermatozoïde, comme c'est le cas avec la protéine PrP. Vous devriez plutôt poser cette question à un spécialiste des prions.

— Comment voyez-vous l'avenir ? »

Encore une question piège, mais cette fois je me sentis plus à l'aise.

« Je ne suis pas devin ; personne ne se risque encore à de telles conjectures. Le nombre de cas peut rester stable et se maintenir à un taux voisin de 3 %, diminuer, ou augmenter.

— Docteur, de grâce, pas de langue de bois avec moi ! Si vous ne voulez pas répondre, dites-le-moi. C'est une info en soi. »

Sale cyclope !

« Je reformule donc ma question, reprit-il, patient, obstiné, collant. Si tous les spermes français, voire mondiaux étaient atteints par l'affection, que se passerait-il ? »

Une interrogation commençait à se matérialiser dans mon esprit traqué : à quoi ressemblerait l'article que Latran concocterait ? Quelles réorganisations, quelles interprétations, quelles omissions s'autoriserait-il ? Pourtant, je m'obstinai ; répondre, répondre encore une fois ; mais pourquoi un tel attrait pour la pyromanie ? Il y a du suicide en moi.

« Notre fécondité s'écroulerait jusqu'à devenir quasiment nulle. Mais nous sommes encore loin d'une telle éventualité, rajoutai-je de la voix enjouée de celui qui maîtrise parfaitement la situation.

— Bon, imaginons tout de même, reprit un Latran jouissif ; disons que dans six mois ou un an, 10 % des hommes en âge de se reproduire soient atteints de la maladie du sperme raide, 10 %, c'est acceptable, n'est-ce pas ? Quelles en seraient les conséquences ?

— Il faudrait faire de savants calculs pour être précis, mais on peut raisonnablement penser que le taux de fécondité de la population passerait de 1,9 actuellement à 1,5 ou 1,6.

— Ce qui serait loin d'assurer le renouvellement des générations, n'est-ce pas ?

— Un pays comme la France pourrait effectivement sombrer dans une sorte d'âge noir. Obligée de faire venir massivement de la population de pays où il ne pleut pas. Pour survivre.

— Des pays du tiers-monde, vous voulez dire.

— Où mystérieusement la maladie ne se développe pas.

— Pas encore.

— Un fléau suffit.

— Vous pensez à la sécheresse ? demanda Latran, climatique.

— Non, au Sida, répondis-je, infectieux.

— Quelles sont les solutions ? »

C'est à ce moment de l'entretien que je fus traversé par un accès d'inconscience ; malgré les interrogations et les doutes qui planaient sur les fécondations *in vitro*, je décidai d'en parler comme d'une issue possible ; de les présenter comme un espoir pour l'avenir. Je répondis positivement, presque avec chaleur, alors même que les visages de ces enfants singuliers, ces accidents de fécondations non autorisées, hantaient mon être. Pourquoi ai-je agi de la sorte, alors qu'il eût suffi de répondre : « Il n'y a pas de solution » ; peut-être justement parce que c'était trop dur à admettre... Et à faire admettre ; à moins que je n'aie été influencé par quelque force supérieure, moi aussi.

« D'après nos premières études sur le sujet, il semblerait que les spermatozoïdes malades soient néanmoins fécondants... »

J'entrouvrai une porte interdite.

« Hors des voies génitales féminines.

— Ça, c'est un scoop ! » s'exclama Latran, avec le maximum de gaieté dont il était capable ; cette interview s'apparentait pour lui de plus en plus à une espèce de pêche miraculeuse... un rodéo marin dont j'étais le poisson, quelque monstre du dévonien à l'ADN frelaté, par exemple.

Toutefois, il ne lâcha pas son harpon, se contentant de profiter de l'avantage.

« Vous laissez entendre qu'une des solutions possibles serait la fécondation *in vitro*, voire son émule, la maturation *in vitro*.

— Nous le faisons déjà pour les autres causes de stérilité, au coup par coup, lorsque c'est possible, répondis-je, m'excusant presque.

— Mais dans le cas du Systac, vous n'y avez jamais eu recours, n'est-ce pas ? »

Mentir, mentir encore, en toute conscience, Sacha, Maritza, Thomas et Gaspard en étendard dans la tête. Pour les protéger, pour la science, pour nos folies, nos erreurs, nos orgueils. Pour nous couvrir.

« Non, non, bien sûr que non. »

J'aurais été facilement épinglé par le premier détecteur de mensonge venu. Et Latran était un détecteur de mensonge. Frémissement. J'étais sur le qui-vive.

« Admettons que vous proposiez une action d'ensemble, disons la FIV pour tous ces couples à sperme raide, ne craignez-vous pas de manipuler du matériel génétique somme toute inconnu ? Vous m'avez parlé tout à l'heure d'une protéine anormale. »

J'avançais en terrain miné.

« Bien sûr, un tel programme ne pourrait être lancé qu'après s'être assuré que le sperme malade offre toutes les garanties au plan génétique, qu'il n'existe pas de risque de modification de l'espèce humaine…

— Vous n'allez pas faire de nous des OGM, tout de même ? » me coupa Latran, sans rire, comme s'il s'adressait au prêtre de quelque secte maléfique, les gourous de la procréation médicalement assistée.

Chacune de ses questions me conduisait au bord du séisme. J'aurais peut-être dû répondre : « Trop tard ». Mais je m'abstins.

« Le feu vert ne peut nous être donné que par des comités de bioéthique ; même si on peut craindre que la pression de la rue…

— Ou que des charlatans agissant sur le Net…

— … ne conduisent à une accélération du processus.

— Ou à une perte de contrôle du processus. »

Ce fut notre seul moment de complicité, que je m'empressai de rompre.

« Raison de plus pour y aller mollo dans votre article. »

Il ne daigna même pas relever.

« Docteur Journo, quelles sont les chances de réussite d'une fécondation *in vitro* commune ? »

De nouveau dans sa ligne de mire. Ne pas se laisser enfermer.

« Les pourcentages avoisinent les 15 %, toutes causes de stérilité confondues. Les équipes les plus entraînées arrivent à des pourcentages de l'ordre de 25 % pour les FIV-ICSI[*].

---

[*] FIV-ICSI : fécondation *in vitro* - *intracytoplasmic spermatozoïdal injection*.

— Les quoi ?...
— Les FIV-ICSI, ce sont des fécondations *in vitro* plus sophistiquées, réservées à des cas extrêmes, lorsque l'homme est atteint d'une stérilité au dernier degré. On injecte alors directement le noyau du spermatozoïde dans l'ovule.
— Sacrée cuisine ! osa-t-il. Vous n'avez pas peur ?
— Vous ne pouvez pas imaginer la détresse de ces couples. Certains sont prêts à tout...
— Vous aussi ? »

Je n'avais pas besoin de la censure moralisatrice de cette sangsue accrochée à mes carotides. Nous aidions les couples à avoir des gosses, nous n'étions tout de même pas des criminels !

« Je peux vous poser une question... personnelle ? »

Latran acquiesça, coupa le magnétophone.

« Vous avez des enfants ?
— Je n'en veux pas.
— Alors, vous ne pouvez pas comprendre. »

Son index débloqua la bande. Pas d'affect, un hyposensible.

« Docteur Journo, pouvez-vous maintenant me dire quel est le délai moyen d'obtention d'un rendez-vous pour une fécondation *in vitro* ? »

Cet entretien n'était qu'une mascarade, un prétexte. Latran ne faisait que vérifier des informations qu'il possédait déjà... Ou pis, il jouait à l'élève ignare à qui il fallait rafraîchir la mémoire. Je me levai.

« Je vois bien que vous vous moquez de moi, arrêtons-nous là. »

Latran resta assis, son œil absent de nouveau braqué sur moi.

« Je vous assure que vous vous méprenez, docteur. Je veux simplement informer mes lecteurs de la réalité hospitalière de ce pays. »

Seule la langue de ce type semblait animée ; le reste de ses traits, immobile, ne reflétait qu'une impassibilité douceâtre. La curiosité, la peur d'en avoir trop dit, une certaine fascination, malgré tout, je ne sais pas. En tout cas, je me rassis.

« D'accord, je continue, *exit* les procès d'intention, mais sachez que cela me coûte. Où en étions-nous ?
— Nous abordions le problème des délais.
— Ah oui ; eh bien, cela dépend du système de soins auquel vous vous adressez. Disons six mois à un an pour le secteur public, et un à deux mois en secteur privé. La réponse vous convient ? »

J'eus le sentiment fugace d'être une balance, de trahir les secrets de famille. Je poursuivis.

« Mais votre question ne me semble pas d'actualité, puisque, pour l'instant, les procédures sont bloquées. »

Latran se contentait de prendre des notes. Il n'y avait plus de scoop, simplement des vérifications, des recoupements. De mon côté, le sentiment confus d'avoir parlé, trop, mal, à côté. Autour de nous, les bruits du café se fondaient en un brouhaha informe, une perception de sourd dont seul émergeait le couinement entêtant de cette bande qui n'en finissait pas de se dérouler. L'œil de Latran était reparti se loger en touche.

« Quelles sont à votre avis les raisons de ces différences de délais ? »

Voilà que je me retrouvais cité à comparaître dans l'affaire du fonctionnement de l'hôpital public : c'était hors sujet, mais ce Latran m'offrait une tribune ; alors, pourquoi pas un petit esclandre ?

« C'est principalement à cause d'un cruel manque chronique de personnel qualifié. Là où il faudrait cinq médecins et dix laborantins spécialisés, on retrouve tout juste deux médecins, dont un en formation, et trois laborantins, dont un en RTT ou en congé de maladie, bien sûr non remplacé.

— D'où l'intérêt de l'argent et du piston. »

Je ne relevais pas ; juste un soupir en guise d'assentiment. Le hors-sujet était devenu hors-piste. Latran continua.

« Et si on assistait maintenant à une brusque augmentation de la demande, combien de temps faudrait-il à un couple lambda pour avoir droit à sa fécondation *in vitro* ?

— Il faudrait s'attendre disons à un triplement des délais, la formation d'un personnel opérationnel demandant en moyenne l'équivalent d'un semestre d'internat.

— Pourquoi ne pas alors recourir à l'insémination artificielle avec des spermes "normaux" ? »

Enfin une question pertinente ! Latran évoquait les IAD – inséminations avec donneur.

« En tant que banque de sperme, le CECOS conserve de nombreux spermes de donneurs anonymes. Mais vous ne ferez jamais accepter à un couple le principe d'une insémination artificielle avec le sperme d'un inconnu alors qu'il a une chance, même infime, de pouvoir procréer par lui-même. Pour l'homme, en particulier, c'est très dur. À tout prendre, beaucoup préfèrent encore le principe de l'adoption, moins tensiogène.

— Et si l'espèce humaine était vraiment en danger ?

— Les choses seraient alors différentes, on pourrait imaginer une législation contraignante. Mais, heureusement, ce n'est pas le cas. »

Maurice Latran ne fit aucun commentaire, il arrêta le dictaphone. Le café réapparut : un homme avait pris place à côté de nous, Gitane maïs et ballon de rouge, un survivant de la France du XXe siècle. Les étudiantes étrangères se levèrent.

« Eh bien, je vous remercie, docteur Journo, pour toutes ces informations. Je vais vous laisser. Je crois que vous traversez une période un peu difficile, la perte d'un être cher, à ce qu'il paraît, des circonstances éprouvantes. »

Coup porté à la lame courbe, à la lame fourbe, cette allusion abjecte à Benjamin. Une volonté de me fragiliser en s'en prenant à ma vie privée. Je sentais se profiler la théorie du « il a perdu les pédales ». Latran se tenait devant moi, sans méchanceté ni compassion. Comment avait-il pu savoir ? « Des circonstances éprouvantes » : à quoi faisait-il allusion ? à la violence de l'accident ? ou à la stupeur de l'autopsie ? Je l'empoignai par la chemise ; un peu du sang de Latran daigna se déplacer pour allumer son visage.

« Lâchez-moi, je m'excuse, c'est dans votre service ! Ils m'ont dit que vous étiez à un enterrement, un ami proche, une mort violente. Je voulais simplement vous témoigner de la sympathie.

— Je n'ai nul besoin de votre sympathie ; et ma vie privée ne vous concerne pas. Tout cela n'a rien à voir avec le Systac. »

J'étais haletant. Deux garçons rappliquèrent, je desserrai mon étreinte ; Latran réajusta son col, retendit sa chemise, un geste d'apaisement en direction du personnel. Il conclut *mezza voce* :

« Vous ferez la une. »

Déglutition pénible. La gloire ? Non, la guerre. Latran allait se venger, j'en eus la certitude, une prémonition. C'est à ce moment que j'ai vraiment pris conscience que je jouais un rôle central dans l'affaire. Grâce au regard de l'autre, plus précisément à son demi-regard. Jusqu'à présent, pour moi, seul le Systac était central. Les temps changent.

CARNETS

19 décembre 1987, matin

Y, ce sera le Y, le chromosome de la masculinité. Lui.
L'instrument de la violence, le nerf de la guerre. Celui
par lequel ils tuent, ils violent, par lequel ils démolissent.
L'instigateur du despotisme, de l'ambition, de la soif du
pouvoir, de l'égoïsme et de la bêtise. Notre émissaire en
sera le résident caché. Il en perturbera le fonctionnement,
en grippera la superstructure. Son action sera infime, mais
essentielle.
Fils, hier, nous t'avons donné la vie : plus de trois mois
à travailler ensemble, tes ancêtres et moi, unis.
Chimère, nous t'avons assigné une résidence, ces têtards
ostentatoires qui leur servent de cellules reproductrices, ces
spermatozoïdes obscènes, avec leur tête difforme et leur
queue qui se tortille en tous sens.
Ta mission à présent : tu les détourneras de leur parcours.
Tu leur imposeras le droit chemin. Je m'explique :
tu les feras aller dans le mur, tu bloqueras leur gouvernail.
Ils heurteront le fond des matrices. Ils s'y fracasseront
le crâne, taureaux stupides.
Avec toi aux commandes, ces mousquetaires du gluant ne
pourront plus jamais rencontrer leur promise. Dame ovule
les attendra, vaine et solitaire. Elle s'éteindra sans jamais
croiser le moindre courtisan. Elle espérera ainsi, cycle après
cycle, jusqu'à épuisement de ses stocks de follicules,
jusqu'au désespoir de l'attente. Tous les mois, elle vivra
le tourment d'un rendez-vous manqué, l'histoire
d'une inéluctable descente aux enfers.
Les règles sont des larmes de sang.

L'EXPRESS

Lorsque j'arrivai au CECOS le jeudi matin, je perçus immédiatement un changement. On ne me regardait plus de la même manière : déférence plus méfiance.

L'impression était fondée. Sur mon bureau avait été déposé un exemplaire de *L'Express* ; sur fond de spermatozoïdes colorisés, l'hebdomadaire titrait : « Maladie du sperme raide : les étonnantes révélations du Dr Journo ». Je laissai tomber mon cartable sur le sol, ouvris l'exemplaire, célèbre et inquiet : la table des matières, l'éditorial, le dossier : sept pages pour le Systac.

Le découpage était minutieux. Sur les trois premiers feuillets s'étiraient des morceaux choisis de l'interview. Latran n'avait pas déformé mes propos, c'était bien ma voix qui s'échappait de ces pages, depuis le café enfumé : « Environ 3 % des donneurs de sperme sont atteints en France ; les spermatozoïdes présentent un comportement inhabituel », etc. Je me sentis dépossédé, une outre vide, mes propos ne m'appartenaient plus, j'étais éventré. Ce vrai-faux dialogue avec Latran tenait de la prise de sang : ce type m'avait bu. Occupant tout le bas de la première page, un encadré : « Qui est Maxime Journo ? » Il y était question de la vie quotidienne d'un biologiste du sperme. À ces éléments se mêlait une esquisse biographique. La taupe avait frappé : comment, par exemple, Latran avait-il pu apprendre que j'étais le futur agrégé pressenti du service, ou que j'étais « très aimé du petit personnel ». Il avait dû mener son enquête dans l'enceinte même du CECOS, sournoisement, l'œil de travers. Venait ensuite le volet purement scientifique du dossier ; rien à dire, Latran avait fait un beau travail de vulgarisation. Le Systac y était décrit avec clarté.

Ce fut la page quatre qui me fit sursauter : un encadré en bas de page titrait sur trois colonnes : « L'étrange fonctionnement des centres de fécondation *in vitro*. » Latran y abordait toutes les choses qui fâchent, les durées d'attente pour obtenir un rendez-vous, les carences de personnel, les différences de traitement privé-public, l'inaction des pouvoirs publics, etc. Le pire était qu'il s'appuyait habilement sur mes dires pour asseoir ses révélations : « Comme le précise le Dr Journo », « Ainsi qu'en atteste le Dr Journo », etc.

Les pages cinq et six constituaient un rappel sur la biologie du sperme et la fécondation ; un article titrait : « Sa Majesté le spermatozoïde ». Enfin, la page sept, la plus déroutante, traitait de l'avenir, une prévision du nombre de cas potentiels sur une base d'un doublement tous les six mois. Les projections se déroulaient dans le temps, aboutissant au chiffre effrayant de 96 %. Tout cela était parfaitement fantaisiste ; à ce stade, rien ne permettait d'affirmer que la maladie allait continuer de progresser au même rythme. Le bas de page traitait de la situation internationale, insistant sur les faibles scores de la maladie dans les pays du tiers-monde : « Pays pauvres : le sperme de demain ? »

Je pensai le dossier achevé après la page de publicité pour une assurance vie. Mais il y avait un huitième feuillet. Latran avait osé : « La fécondation *in vitro* : un espoir pour demain ».

Je me pris la tête entre les mains ; le lecteur pouvait y apprendre que les fécondations à partir de sperme malade étaient possibles et qu'elles avaient déjà été pratiquées. Et peu importait à Latran que ces fécondations aient été des accidents et que nous pensions à l'époque manipuler du sperme normal. Le journaliste distillait ses révélations sur fond de polémique, comme s'il nous abandonnait à quelque vindicte populaire, nous les chercheurs, et moi le premier, petit cheval blanc d'une chanson qu'il n'aurait jamais dû écrire. Oui, la science avait joué à l'apprenti sorcier, oui, il existait certainement quelque part dans les banques secrètes des CECOS, « quelques embryons congelés attendant paisiblement dans l'azote liquide le moment de se réincarner ». Par une chance toute relative, Latran n'était pas allé au bout de son raisonnement. Il n'avait osé envisager l'innommable : l'existence des enfants « raides », ceux que nous avions rencontrés.

Natacha ne tarda pas à pointer le bout de son nez à travers la porte entrebâillée.

« Je peux entrer ? »

Je reposai le numéro de *L'Express*, ouvert à l'envers.

« Entre, Natacha, entre. »

Natacha se laissa tomber dans un fauteuil style Assistance publique des années 1970 ; puis la kalachnikov se mit à crépiter.

« Comme tu peux l'imaginer, tout le service ne parle plus que de tes frasques. Fron est revenu à toute berzingue de sa retraite stratégique, il est d'une humeur massacrante, on se demande d'ailleurs qui il va massacrer ; je l'ai croisé ce matin, yeux de bœuf, teint de grenouille, l'épilepsie le guette.

— Spermatozoïdienne, au moins ?

— Max, ce n'est vraiment pas le moment de faire de l'humour. Le pauvre vieux ! Tu aurais quand même pu l'avertir en "avant-première" de tes idées lumineuses ; sa démarche, son regard, sa blouse, et même son veston ne crient qu'un seul mot à l'unisson : trahison !

— N'en rajoute pas, Natacha.

— J'ai envie de rire, mais c'est nerveux, je te le garantis. Comment as-tu pu lui faire ça, à lui, le grand chef ? !

— Je l'ai averti de mes intentions. Il n'a qu'à s'en prendre qu'à lui-même. Tu ne connais rien aux dessous de l'histoire ! Il ne m'a pas laissé le choix. Je pensais qu'il était temps d'avertir l'opinion ; l'affaire est en train d'éclater au plan international, je te signale. Je peux te le dire, Natacha : Fron m'a placé face à une alternative : l'agrégation et le silence, ou les déclarations et…

— Je vois, il t'a fait chanter.

— Il pensait que je me dégonflerais, il m'a mis la pression. Ça m'a mis hors de moi !

— Peut-être voulait-il se débarrasser de toi.

— Ça m'étonnerait. »

En étais-je si sûr, après tout ? Je me remémorai mon envoi à Cardery Street… Honorifique et risqué, un rôle idéal pour un fusible. Peut-être, après tout, m'étais-je fait piéger.

« Mais pourquoi as-tu choisi ce moment précis pour parler à ce journaliste ? Tu aurais pu nous en parler d'abord, à nous, tes collègues de travail, tes amis. Willy et moi avons l'impression que tu as agi dans l'urgence. Et puis tu l'as joué perso, sur ce coup-là. Je ne te connaissais pas ce travers, Max. »

Natacha me caressa la joue. Je réalisai qu'effectivement j'avais peut-être voulu m'accaparer toute la gloire – buteur solitaire. Le téléphone : un journaliste du *Figaro*, il ne manquait plus que ça.

« Dites que je suis en consultation. »

J'étais devenu allergique.

Je prenais conscience de la situation par paliers ; mon parachute s'était mis en torche, j'étais en mauvaise posture.

« Natacha, j'ai une confidence à te faire. J'espère pouvoir compter sur ta discrétion.

— Pas de problème, Max, je serai aussi muette qu'un spermatozoïde ayant perdu son acrosome. »

Natacha avait indéniablement un côté sexy, en particulier lorsqu'elle improvisait ce type de sorties incongrues. Elle m'embrassa sur le nez. Je la serrai contre moi.

« Tu es fou ! On peut entrer à tout moment, dit-elle en s'écartant mollement. Le service s'embrase et le pyromane joue avec la petite marchande d'allumettes !

— Avec la petite allumeuse, tu veux dire !

— Ce n'est pas le moment. Je croyais que tu avais des confidences à me faire.

— C'est vrai, soupirai-je, j'en aurais presque oublié mes soucis. Eh bien voilà : je ne t'ai pas tout dit. Fenwick, tu sais, le modérateur de Cardery Street, a conclu le congrès sur la nécessité d'alerter les populations et les pouvoirs publics ; à ses dires, il était de notre devoir, à nous autres, scientifiques, de faire le sale boulot. Sachant que mon nom allait circuler dès le lundi, j'ai averti Fron au plus vite. »

Natacha me lança un regard triste ; je n'avais pas fini.

« Je lui ai demandé d'aviser lui-même les autorités compétentes.

— En somme, tu as essayé de lui refiler le bébé.

— Exact. Je ne sais pas précisément ce que notre bien-aimé patron est allé raconter au ministre, mais il lui aurait été répondu, *dixit* Fron, que 3 % de la population masculine atteinte ne représentait pas un chiffre suffisamment inquiétant pour que le gouvernement s'en préoccupe, d'autant qu'il n'y avait pas danger de mort imminente.

— Il est gonflé ! Il y a tout de même danger de "non-vie".

— Quoi qu'il en soit, le ministre s'est contenté de nommer une sorte d'enquêteur, un certain M. Maréchal, médecin en retraite.

— Je vois d'ici ce vieux toubib en galons débarquer dans le service.

— Et nous, au garde-à-vous, entonner "Maréchal nous voilà". »

— Bref, en d'autres termes, Fron a essayé de calmer tes ardeurs en te donnant un os à ronger.

— À aucun moment je n'ai été dupe. Tu comprends à présent pourquoi ma décision a pu paraître si précipitée ; je savais que je serais désigné par la presse étrangère pour avoir découvert l'anomalie. J'ai accordé une interview au premier journaliste venu, je n'ai fait que devancer l'appel. »

Natacha me regardait d'un air navré : nous n'étions pas préparés à ça. Ma collègue semblait réaliser, en m'écoutant parler, à quel point recherche et communication étaient aux antipodes. Même si je ne voulais l'admettre, il fallait bien l'avouer, je m'étais retrouvé pris au piège sur une *terra incognita*, aux confins d'un territoire où intervenaient ma découverte, mon éthique, le ministère de la Santé, mon avenir et mon inaptitude à communiquer, à me taire.

« Écoute, me dit-elle comme si elle s'adressait à un élève dissipé, la meilleure chose à faire serait d'expliquer à Fron que tu n'avais pas l'intention d'outrepasser tes fonctions dans le service. Tu sais, ce qui l'humilie le plus, c'est que l'on risque de lui reprocher de mal tenir ses troupes. Et puis il doit admettre qu'il s'est trompé à ton sujet, tu n'es plus conforme à l'image qu'il s'est forgée de toi, une sorte de fils adoptif rétif, mais fidèle. Je pense que cette affaire ne l'arrange guère ; il aurait voulu te préserver le plus possible. Max, à ses yeux, tu n'as rien d'un fusible, tu es son successeur. »

Mais moi, il fallait que je déverse mon fiel sur ce père qui n'en était pas un.

« Il est normal qu'un "fils" veuille un jour voler de ses propres ailes. Je ne compte plus le nombre d'articles signés de sa main dans lesquels il n'a pas écrit une traître ligne, le nombre de communications pour lesquelles j'ai réalisé pour lui jusqu'à la photocomposition des diapositives. J'en ai scanné des images, téléchargé des fichiers, j'ai exploré Power Point jusqu'à la nausée. Pour lui, pour lui faire plaisir, pour lui plaire ! Crois-moi, Natacha, il a fait une bonne affaire le jour où il a mis la main sur moi : j'étais la tête, lui les jambes. Il est vrai qu'apparaître en plein jour ce n'est pas mon truc. Fron, lui, a ce don : faire semblant de s'intéresser à un personnage qu'il exècre, manier la flatterie comme une arme pour obtenir des bénéfices secondaires. Alors, qu'il vive mal l'envol de sa "créature", rien de plus naturel.

— Max, mon pauvre inadapté ! Tu es certes un chercheur brillant, mais tu n'es pas fait pour la vie à l'hôpital. Pourtant dans le privé, tu t'ennuierais. Tu ne comprends ni ne tolères la hiérarchie. Tu veux la gloire, tu désires les honneurs. Pourtant tes dents sont de lait. Regarde Aviloine, ce médiocre, il drague Fron du matin au soir, et je ne sais même pas s'il sait se servir d'une microvidéocaméra. Tout cela Fron le sait, vois-tu, il te préfère, mais Aviloine l'apaise, un baume sur les plaies que tu lui infliges. Les maîtres aiment les fayots, c'est bien connu !

— Même quand leurs dents rayent le parquet ? »

Je me massais les miennes, celles de lait. Natacha se mit un doigt sur la bouche, comme s'il était possible que l'on écoute aux portes.

« En tout cas, Max, tu n'aurais pas dû te mêler de la cuisine interne du patron. La politique de communication de ce service, dont tu fais partie jusqu'à nouvel ordre, c'est son affaire. Moi, à ta place, j'aurais laissé filer, je l'aurais laissé gérer la crise, chacun son boulot. Et puis la reproduction est un domaine extrêmement sensible ; par égard pour tous ces couples en détresse que nous recevons quotidiennement, tu aurais pu réfléchir cinq minutes avant de te lancer. Pense à eux, au désarroi dans lequel tu les as plongés, à cette confiance qu'ils nous faisaient, et que tu as démolie. Tu sais bien qu'ils nous vouent un véritable culte. »

J'avais 30 ans. Et chaque mot de Natacha m'ôtait des mois de vie. Je m'apparaissais tel que j'étais, naïf, immature, inexpérimenté. Et traître, à présent. Si elle continuait, je me retrouverais bientôt prépubère... Et elle continua.

« Max, voici les faits. Depuis ce matin, le standard téléphonique du CECOS est submergé d'appels, des patients suivis pour stérilité qui veulent savoir s'ils sont atteints par le Systac. Certains demandent qu'on avance leur rendez-vous de fécondation *in vitro*. D'autres ont même menacé de nous poursuivre devant les tribunaux pour dissimulation d'informations. Je te rappelle que le secret médical n'est pas opposable au patient ; en cas de procès, on aura la tête sous l'eau. Alors, voilà ce qui va se passer : bientôt, les patients concernés se regrouperont en association, puis ils constitueront un lobby. Le fonctionnement même des CECOS va faire l'objet de révisions déchirantes.

— Ça ne leur fera pas de mal ! répondis-je, bébé rageur. Plus qu'un toilettage, c'est une refonte complète dont ils auraient besoin. Mais même si tu as raison, Natacha, ce n'est quand même pas moi qui suis à l'origine de la maladie ; avec ou sans moi, la divulgation était inévitable. Alors quoi, on ne peut tout de même pas m'accuser d'avoir découvert cette satanée raideur ! »

Encore le téléphone.

« Allô, Max, c'est Dominique, le Pr Fron vous attend. »

Je raccrochai, lugubre. L'heure des remontrances, des sanctions peut-être.

« Natacha, on se voit tout à l'heure. Fron me fait transmettre une assignation à comparaître. »

Je sortis du bureau, m'engageai dans le long couloir. Je croisai Luc Aviloine, l'ennemi, qui m'apostropha, dans un état proche de la jubilation.

« Ça va chauffer, vieux ! »

Aviloine était un grand hypocondriaque.

« Ben alors, Luc. Que t'arrive-t-il ? Tu m'as l'air tout pâle ; tu t'es fait faire un spermogramme, récemment ? »

Ricanement en guise de réponse. Je continuai ma progression, le personnel s'écartait sur mon passage. J'étais un pestiféré.

CARNETS

14 juillet 1987, soirée

Frères, j'ai bien perçu Vos réserves. Quelques plaintes s'élèvent en effet du fond de Vos geôles. L'azote liquide et les cultures cellulaires où Vous vagissez bruissent de quelques murmures défavorables, et c'est normal.
Je comprends la position de ces marginaux : pour moi aussi la mise au point de cette arme de mort est difficile. Ai-je le droit de sacrifier tant des Vôtres ? Car j'ai bien conscience que le Messie qui se lève emportera dans sa chute de nombreux membres de la tribu : ceux qui n'ont jamais connu que l'Homme, tous ses habitants exclusifs, ses collaborateurs zélés, tous ceux qui en profitent et qui en tirent leur essence. Et ceux qui s'y sont fixés et y coulent des jours paisibles : le grand Sidoul, et le petit Rotor ; l'extravagant Harpos et l'inconstant Papillos ; Grippard le malfrat et surtout le polymorphe Rhino, celui qui a prêté son masque à notre créature. Tous devront périr. Mais tel est le prix. Se débarrasser de cette espèce malfaisante coûte.
Mais je sais que Vous serez raisonnables. Votre sagesse est infinie, Vos générations innombrables, Votre solidarité sans faille. Et puis comme dit l'adage : « Il faut savoir sacrifier une enzyme pour sauvegarder un gène. » Je ne m'en fais pas. Vos familles sont nombreuses et accueillantes ; ceux qui sont condamnés y trouveront refuge, c'est certain. Le monde des vivants est vaste et prolifique...
Et l'Homme n'est qu'une goutte d'eau dans l'océan de vos résidences.

GAME OVER

« Max, je voulais vous remercier pour tout ce que vous avez fait pour le service, pour tout ce que vous avez fait pour moi... »

Aucune trace d'ironie ; amnistie ? licenciement ? Fron était assis, calme, avait revêtu tous les signes extérieurs de sérénité. Seul le va-et-vient incessant de ses jambes sous la table le trahissait, et peut-être aussi le cigarillo dans le cendrier, qui laissait échapper quelques volutes tourmentées.

« ... Mais malgré tout le bien que je pense de vous, je ne peux rien faire. Le ministre veut votre tête. »

Je ressentis comme une étreinte au thorax, douleur inaugurale de l'angine de poitrine que je devais développer des années plus tard. De toutes les possibilités que j'avais envisagées, c'était donc la plus dure, la plus improbable qui avait été choisie. Celle du renvoi, du bannissement. Fron continua. Des justifications qui fleuraient bon la mauvaise conscience.

« Max, ne faites pas celui qui tombe des nues ! Je vous avais averti, vous n'en avez fait qu'à votre tête. Si encore vous vous étiez contenté de vous en tenir aux stricts domaines de vos compétences, informer sur le Systac, les choses auraient encore pu s'arranger. Mais Monsieur a voulu jouer les redresseurs de tort, Monsieur a voulu refaire le monde, à moins que, tout simplement, Monsieur se soit laissé manipuler par Maurice Latran, l'homme qui a déjà fait tomber notre ami Michel Carlotta. Comment voulez-vous que je prenne votre défense lorsque je vois développé sur trois colonnes "l'étrange fonctionnement des CECOS" ? Max, vous nous avez traînés dans la boue ! Vous avez comme qui dirait révélé des secrets de famille ; pourquoi ? Tout cela n'est pas très clair... »

Je n'allais pas le laisser s'en tirer à si bon compte.

« S'il vous plaît, monsieur, n'inversons pas trop les rôles ; avouez au moins que vous m'avez laissé tomber. »

Le patron prit une sorte de grande inspiration théâtrale.

« Max, je vais vous poser une question qui me tient à cœur. Est-ce que vous m'en voulez ? Vous ai-je fait du mal ? »

En l'écoutant parler, je réalisais effectivement que c'était lui que je visais au cours de cette lamentable interview ; à travers le CECOS, c'était lui que je voulais démolir. Le meurtre du père, toujours. Notre relation avait pris à présent une dimension quasi rituelle, mythologique. Le paranoïaque gère mal le silence, sa psychose se nourrit des justifications de l'autre. Mon mutisme le força à poursuivre.

« Après tout, peut-être me haïssez-vous en silence, depuis toutes ces années. En tout cas, je constate que vous ne nous aimez pas, malgré tous les bienfaits dont je vous ai comblé. Ce que vous m'avez fait subir, cet affront public, moi, je ne l'aurais pas infligé à quiconque, même à mon pire ennemi. Mais bon sang, Max ! Qu'est-ce que je vous ai fait ?

— Rien, monsieur, vous ne m'avez rien fait, et c'est peut-être là le problème. Vous avez peut-être raison, peut-être en ai-je assez, en effet, d'être votre pantin, votre faire-valoir. Peut-être ai-je tout simplement envie d'exister ! »

Mes oreilles incrédules écoutaient mes paroles, étonnées de ma propre audace. Plaisir stérile, instinct suicidaire. Fron semblait scotché à son siège, comme avant un crash aérien. « Il est fou ! Il est fou ! » devait-il penser. Mais sa réaction fut plus policée.

« Dire qu'il m'a fallu attendre tout ce temps pour savoir enfin ce que vous aviez dans le ventre ! Croyez bien que vous êtes une énigme pour moi, Max. Pendant longtemps, j'ai espéré de vous quelque révolte, l'ouverture d'une brèche dans votre satané bon caractère. Alors, ne voyant rien venir, c'est vrai, j'ai abusé de vous. Travaux divers, articles, communications, études. Je ne m'en rendais même plus compte. Mais vous ne disiez jamais non. Si tu n'es pas pour toi, qui le sera ? »

« Et si tu n'es que pour toi, qui donc es-tu ? » faillis-je rétorquer, connaissant le verset par cœur. Mais je préférais :

« J'étais une proie facile, je commençais mon internat. J'avais confiance. Mais vous ne pensiez qu'à vous !

— Je vous rappelle, au passage, que c'est grâce à cet esclavage que vous êtes devenu l'un des meilleurs, et que vous avez découvert le Systac. »

Mes idées s'embrouillaient ; mon agressivité fondait. Le paranoïaque est bon sur la durée. Il a quelques idées fixes et il s'y tient, il creuse son sillon. Je jugeais Fron sur ses motivations, il se fondait sur mes actes.

« Pour en revenir à notre affaire, reprit-il comme s'il y avait consensus sur le dernier point débattu – je lui étais redevable –, je ne vois dans ce dossier de *L'Express* qu'une incitation à la révolte contre les CECOS. Imaginez simplement les conséquences économiques d'une augmentation de 5 % de la demande de fivettes, on voit bien que ce n'est pas vous qui tenez les cordons de la bourse ! »

Je pensais aux garçons mort-nés. À quoi bon répliquer ? Cela me fatiguait d'avance. Le procureur passa au grief suivant.

« Quant à vos prévisions catastrophistes, rien ne vous permettait de les faire, même d'un point de vue purement scientifique.

— Ce Latran a exploité mes propos ; il s'est livré à des calculs fumeux fondés sur un doublement d'incidence tous les six mois ; je n'y suis pour rien.

— Bon, admettons ; quoi qu'il en soit, il vous fait porter le chapeau. Le bon journaliste s'efface toujours devant son invité. Et c'est vous, pas lui, le fauteur de troubles, le pyromane, alors que nous n'avons encore pas l'ombre d'une solution. J'appréhende la panique que vous allez déclencher. Car nous ne sommes pas prêts, et vous le savez très bien, à la fécondation *in vitro* de masse... Et je fais l'impasse sur les problèmes d'éthique. »

Fron tourna ses paumes vers le ciel, simulant l'impuissance devant le déchaînement des éléments. Il reprit :

« À ce propos, je me suis laissé dire que vous vous êtes livrés en mon absence à des convocations un peu insolites.

— Nous avons effectivement reçu quelques enfants issus de fécondations avec du sperme raide. Des enfants étranges d'ailleurs, mais rien de tangible pour le moment.

— Heureusement que je peux compter sur la loyauté du Dr Bailly. Comment se fait-il que des décisions si importantes aient été prises derrière mon dos ?

— Vous étiez aux abonnés absents. Il fallait bien que votre service continue à vivre ; vous comme moi, nous ne sommes que les rouages du système, pas ses propriétaires. »

Fron n'apprécia que moyennement.

« Cessez de finasser avec moi, Max. Vous êtes un irresponsable, vous me faites peur. Votre comportement frise même la malhonnêteté. Vous vous interrogiez sur la santé mentale de ces enfants : comment avez-vous pu parler à ce journaliste inconnu du recours aux fivettes comme d'une solution possible ? »

Fron marquait un point. S'il y avait une chose dont je me sentais coupable, c'était ça, ce dérapage incontrôlé. Il y a une part de moi qui m'a toujours échappé. Une zone d'ombre en pointillé qui remonte jusqu'à mon frère.

« Je ne sais pas. Je crois que je ne me suis pas senti le courage d'affirmer qu'il n'y avait aucune solution, aucun espoir. Ces enfants existent, ils sont réels. Ils sont bien la preuve d'un échec relatif d'une maladie dont le principe même est la stérilité.

— Pas la peine en tout cas de mettre tout le monde au courant sur ce sujet si sensible, alors même que vous avez convoqué ces couples en douce, sans même leur dire de quoi il retournait. Vous m'étonnez, Max. Vous ne m'avez pas habitué à tant d'incohérence. Car, voyez-vous, certains de ces parents ont appelé, inquiets, furieux. Vous leur avez mis la puce à l'oreille, ils veulent connaître toute la vérité au sujet de leurs enfants, la vérité génétique. Je ne suis pas votre paratonnerre. »

Satané journaliste. Le dossier de Latran entrouvrait des portes que le lectorat s'était empressé d'enfoncer.

« Je vais calmer le jeu, Max, et rencontrer ces enfants, me faire une idée par moi-même. Rassurer les parents, au coup par coup, autant que faire se peut.

— Je peux vous fournir le listing.

— Non merci. Je vais le demander à Cleg ou à Bailly, vos compères... »

Stop avant action.

« ... Max, pour vous, c'est fini. »

Le mot qui tue était lâché, je l'attendais. Je décidai de me battre, pour la gloire, car j'étais blessé à mort.

« Et les travaux que j'ai mis en route ? Les études en cours sur la dynéine ? Les bilans de santé des enfants "raides" ? L'étude de l'épilepsie spermatozoïdienne ?

— Max, comme vous le précisiez vous-même, vous n'êtes qu'un rouage. Le service doit continuer sa route. Le Dr Aviloine est tout à fait disposé à prendre la suite. Certes, il n'a pas votre intelligence, mais son ambition personnelle ne le poussera pas à me désobéir, lui ! »

Ça, c'était un coup d'estoc. Aviloine, l'ennemi intime, mon antithèse au sein du service, celui qui avait mis le plus de temps à accepter l'idée de la nouvelle maladie alors même que toutes les observations concordaient, héritait du programme de recherches.

« Pourquoi pas Natacha Bailly ?

— C'est une idéaliste. Pas assez coriace. Et puis elle vous a connu de trop près. Elle ne fera pas l'affaire. »

C'était une vengeance en règle. Natacha entrait elle aussi dans une semi-disgrâce.

« Je vous donne une semaine pour faire vos adieux, régler les affaires courantes, administratives et autres. Au-delà de ce délai, vous serez *persona non grata* dans le service ; comprenez bien que je n'ai pas le choix. Mais, parce que je vous aime bien, moi, sachez que votre bannissement ne durera pas. Un an maximum, le temps que l'affaire se tasse. Pour tous les membres du service, vous ne connaîtrez pas la honte de la mise à pied. Officiellement, vous serez en disponibilité. »

À ce moment précis, j'étais déjà ailleurs ; je crois même que je regardais les nuages se refléter sur mes chaussures. Comme chaque fois que je vivais une situation douloureuse dont j'étais l'enjeu, j'étais entré dans une sorte de léthargie. J'avais débranché. Ma façon à moi de devenir intouchable. Mais je savais ce répit illusoire. Je prendrais plus tard la mesure de ce que pouvait signifier ne plus avoir de but, de centre d'intérêt, de travail. Fron s'étonna sans doute de mon absence de réaction.

« Quelque chose à ajouter ?

— J'imagine que vous attendez des remerciements ? »

Fron aurait sans doute préféré que j'implorasse son pardon. D'une certaine manière, je le privais des fruits de son exécution, le cadavre ne saignait même pas. Il n'eut d'autre choix que celui de se radoucir, la tentation de l'éloge funèbre.

« Max, je pense que je vous ai évité le pire. Ne croyez pas que pour moi la situation soit facile. Cette séparation est une amputation. Un médecin ayant votre disponibilité et vos compétences ! Quel gâchis ! Enfin… Ce qui, hélas, est certain, c'est que votre avenir professionnel me semble compromis à court terme. Les nominations à l'agrégation sont contresignées par le ministère, et je ne vois pas comment, en l'état actuel des choses, vous pourriez bénéficier d'une quelconque indulgence. Mais les gouvernements passent. Cela étant, si vous désirez nous quitter définitivement, je ne me sentirai pas le droit de vous en empêcher. »

Ça, c'était du Fron tout craché : une caresse, une baffe. Impossible de savoir ce qu'il pensait exactement ; sans doute un mélange. Je ne pus réprimer un sursaut d'orgueil.

« Si vous êtes à ce point convaincu de mes qualités, vous devez bien vous douter que je ne resterai pas inactif. J'espère avoir acquis un peu de notoriété, je devrais pouvoir obtenir une bourse de recherche à l'étranger. Et puis, je crains que mon limogeage ne vous fasse pas que du bien. »

J'eus soudain peur qu'il fasse une syncope ; le faciès tirant sur le bistre, Fron semblait au bord de l'implosion. Je me vis le temps d'une palpitation en train de le réanimer sur la moquette de son bureau. Mais il tint le coup, le bougre, entamant même une tirade ayant pour thème la condamnation de Caïn.

« À qui allez-vous faire appel ? aboya-t-il. Pour qui vous prenez-vous ? Vous pourrez aller où bon vous semblera, personne ne vous écoutera. J'ai des amis, vous savez ! »

Puis il ravala sa colère d'un coup, je me demandai même si tout cela n'était pas pure comédie.

« Au revoir, Max, et bonne chance, j'espère que nous nous reverrons. »

Fron se leva, prêt à serrer la main de son déjà ex-bras droit, puis sembla se raviser. Il me fit signe de rester assis.

« Je n'en ai pas tout à fait fini avec vous... »

La tête baissée, la voix soudain plus pachydermique, Fron continua, manifestement très gêné.

« Avant que vous partiez, je voudrais vous confier un secret. »

Il ouvrit le tiroir de son bureau, pour en extraire une petite lame de verre marquée d'un point rouge cramoisi. Je reconnus immédiatement la couleur choisie dans le service pour marquer les prélèvements suspects de Systac. Encore sous le coup de mon éviction, je ne saisis pas immédiatement.

« Max, il s'agit de mon propre sperme... C'est vous-même qui avez fait le diagnostic. »

Le patron lui-même atteint. Quel choc ! Une émotion brute, sentiment sans mélange. Quelque chose comme de la solidarité – masculine bien sûr.

« Je suis vraiment désolé, monsieur. »

Nouvel éclairage sur la personnalité du patron et sur la manière qu'il avait eue de gérer l'affaire. Le fait de se savoir atteint aurait dû l'inciter à se comporter autrement avec moi, songeai-je. Décidément, je ne saurai jamais à quoi m'en tenir avec ce type.

« J'espère que je peux compter sur votre discrétion. Vous comprenez maintenant à quel point ma décision me coûte... malgré tout le bien que vous pensez de moi. »

Je ne pus m'empêcher de sourire. Cette fois Fron semblait décidé à clore. Il referma le tiroir sur la lame de verre et se leva.

« Tenez, c'est pour vous, mon cadeau d'adieu. »

Le mandarin me tendit un paquet de forme rectangulaire recouvert d'un papier noir satiné. J'ouvris le parallélépipède, malhabile : un coffret de bois, quelques mots en espagnol : Havana-Monte-Cristo-Doce cigarillos ; la cave personnelle du patron ; je ressentis la dimension intime du présent. Le vieux était un grand amateur de cigares, un passionné de tabac.

Je quittai Guy Fron un 15 mai. Mon départ me parut absurde. Aussi absurde qu'une mort par accident.

CARNETS

20 janvier 1988

Mon fils, pour toi, deux priorités : rapidité et contagiosité. Tu devras aller au plus vite. Car une fois qu'ils se rendront compte qu'il se passe quelque chose, toutes les éprouvettes seront braquées vers toi. Ils te déclareront la guerre.
Mais n'aie crainte, je sais comment ils fonctionnent. Si tu ne commets pas d'erreur, ils ne te trouveront jamais. Ils ne pourront au mieux que suspecter ta présence. Je t'ai doté d'armes inédites, le nec plus ultra de la biologie moléculaire. Et puis, je sais que tu as toi-même ton petit supplément de vengeance à assouvir. Car, malgré toutes les reprogrammations que je t'ai fait subir, tu restes un Rhino. Je te rappelle à toutes fins utiles qu'ils t'ont altéré, manipulé, détourné de ta fonction principale, le mouchage. N'oublie jamais que tu as été un de leurs cobayes préférés. Ils ont changé ton âme, à ton tour de bouleverser la leur.

Encore une chose : je t'ai trouvé un nom. Il s'est imposé à moi aux détours d'une nuit sans Morphée, comme une dernière cicatrice de mon passé : Bob, tout simplement, les trois lettres d'un prénom qui me fut cher ; un hommage ultime. Papa.

MASSES

La quinzaine qui suivit mon renvoi fut marquée par un battage médiatique sans précédent. Il m'est difficile de me remémorer tous les aspects de ce déferlement d'angoisse, mais je pense que l'espèce humaine se retrouva alors brutalement confrontée, *via* sa fécondité, à la fragilité de son existence. Un stress métaphysique. Malgré l'explosion de la sexualité, le thème de la reproduction restait cerné de tabous. Il émergea d'un coup. La nouvelle maladie faisait peur, car contrairement au Sida, à la vache folle, ou même à la grippe aviaire, fléaux auxquels on la comparait fréquemment, on ne savait pas comment on la contractait. Il n'y avait rien à faire que subir et compter sur la chance. C'était une sorte de maladie médiévale, sans cause apparente. Le Moyen Âge, Dieu et Satan.

Les centres de dépistage furent rapidement submergés. Une cohorte d'hommes en âge de procréer, issus de milieux souvent aisés. Les simples curieux côtoyaient les carrément inquiets. Il y avait aussi ceux qui étaient poussés par leur femme, les suspects de stérilité.

Puis l'opinion bougea. De simples défilés bon enfant au départ, les manifestations se radicalisèrent aux alentours du 20 mai, à l'occasion d'échauffourées entre jeunes pères stériles et forces de l'ordre. De grandes marches de protestation se déclenchèrent dès le 25. Au début, seuls quelques couples concernés manifestaient. Puis le mouvement fit tâche d'huile. Paris d'abord, avec son inexorable défilé République-Bastille, bien sûr, et un inédit Neuilly-sur-Seine-Champs-Élysées, la dimension bourgeoise du Systac. Puis Marseille, avec sa « marche pour le sperme libre » : 40 000 manifestants venus de toute la région, descendus des montagnes, PACA sous la peur. Sur les banderoles, quelques phrases chocs : « Nous voulons des bébés », « Libéralisez la FIV », « La FIV pour tous ». D'autres slogans, plus agressifs et mieux informés, tels que « Sus aux CECOS », ou « Inséminez-nous », parsemaient la foule ; essentiellement des pancartes individuelles. Les mouvements écologistes et autres ONG en profitèrent pour élargir le débat à des sujets récurrents : « Halte à la *toxic* bouffe », « Moins d'hormones, plus d'enfants », « Systac-OGM, même combat », etc. L'extrême gauche emboîta le pas aux protestataires. *L'Internationale* résonna : « La lutte finale », en effet.

Le point d'orgue de ces mouvements populaires fut sans doute le *sit-in* des couples stériles devant les CECOS : embouteillages mémorables. Les CRS durent transporter les manifestants comme des sacs de pommes de terre ; par les bras et les jambes. Les consignes avaient été très strictes : pas une goutte de sang.

La Bourse plongea elle aussi : 30 % en une semaine. Le krach respecta toutefois une certaine logique – les entreprises dont l'activité était tournée vers les enfants furent les plus durement touchées.

La baisse régulière de fréquentation des crèches, malgré la carence coutumière de l'offre, fut considérée de manière suspecte ; certains y virent déjà planer l'ombre du Systac. Les sectes enregistrèrent une brutale augmentation du nombre de leurs adeptes, les églises se remplirent, les mosquées débordèrent, réactivation de la foi latente ; un XXIe siècle plus religieux que jamais. Les sermons exhortaient à la pénitence.

En France, les mois de mai étaient souvent toxiques pour le pouvoir, c'est bien connu. La cote du gouvernement, déjà en berne avant le déclenchement de l'affaire, s'effondra sous la barre des 20 %, un véritable krach politique. Le Premier ministre envoya d'abord au front son secrétaire d'État à la Santé, qui fit une allocution télévisée dès le vendredi 22 : un cautère sur une jambe de bois, aux dires de l'opposition de l'époque. L'hôte de Matignon monta lui-même au créneau le mardi 26, réagissant à la grande manifestation parisienne, poussé par le Président. Mal informé, conseillé à la va-vite, il annonça que la priorité était la généralisation de FIV, que l'État investirait dans les CECOS. Le financement des mesures serait assuré par le relèvement de deux points de la TVA.

Puis l'agitation retomba. Le dernier rassemblement significatif eut lieu début juillet. Le gouvernement avait finalement réussi à détourner l'attention du public. Les gens commencèrent à partir en vacances. Comme tous les ans, les grandes villes se vidèrent. Actions, sicav et autres warrants regrimpèrent ; leur cours plancher les rendait de nouveau attractifs. Les mécanismes du profit, le flux et le reflux capitalistes, étaient encore intacts. Le Systac venait seulement de sortir de l'ombre.

Mais les couples directement concernés, le noyau dur, ne désarmèrent pas ; ils se regroupèrent en associations, attentives à la bonne application des nouveaux textes de loi. Les CECOS furent rapidement débordés, malgré le doublement des effectifs. Pourtant, les comités de bioéthique – les CBE – constitués dans l'urgence, ne suivirent pas exactement les recommandations gouvernementales. Les risques de fécondations *in vitro* leur paraissaient mal estimés ; quelques évaluations psychométriques d'enfants « raides » circulaient sous le manteau, inquiétantes :

tendance à la cruauté, propension à la violence, QI anormalement élevé. Pourtant, le doute subsistait. Ne s'agissait-il pas après tout d'enfants de leur époque, élevés par des parents surmenés, stressés, égoïstes, évoluant au sein de familles souvent recomposées ?

Face à ces incertitudes, les CBE ne rendirent pas d'avis définitif. Ils accordèrent ponctuellement quelques autorisations : une stérilité particulièrement mal vécue, un remariage entre deux veufs, le décès récent d'un enfant. Rétrospectivement, on ne peut pas leur en vouloir, il n'y avait pas d'attitude juste face au Systac. Quoi que l'humanité décidât, c'était le mauvais choix. Elle faisait son « entrée en maladie ».

Et puis les « indulgences » accordées par les CBE n'étaient pas la panacée. Les chances de réussite étaient aléatoires, autour de 20 %, vraiment pas de quoi pavoiser. La FIV restait une technique élitiste aux résultats immédiats incertains et aux perspectives patibulaires.

Les choses se compliquèrent encore un peu plus lorsque certains médecins s'insurgèrent et refusèrent de pratiquer ces FIV de la dernière chance, immédiatement soutenus par les lobbies anti-IVG, anti-préservatif, et anti-OGM. Associations inattendues, clivages insolites.

Tous les pays industrialisés connurent au cours de la même période des manifestations d'ampleur similaire. On assista à des processions religieuses en Italie et en Espagne. Je revois encore ces images sorties d'un autre siècle, la populace défilait à genoux, implorante, comme hypnotisée, le chemin de croix de Saint-Jacques-de-Compostelle noir de pèlerins. Nuit et jour, les processions scandaient leur angoisse sur les marches usées. Au Royaume-Uni, le prince héritier s'affichait au milieu des protestataires. Aux États-Unis, les *Blacks Muslims* tenaient meetings sur meetings, exhortant les Noirs à se convertir en masse, le nouveau fléau semblant peu concerner les pays musulmans.

Mais la réaction la plus étonnante, quoique somme toute prévisible, fut celle de la Russie et de ses anciens satellites. Renouant avec d'anciens réflexes, ces pays furent la proie d'un déferlement de haine antisémite digne de la période tsariste. Sans atteindre l'intensité des anciens pogromes, de sinistre mémoire, quelques assassinats furent toutefois à déplorer, la plupart des exactions survenant lors de débordements populaires. Reprenant la thèse archaïque mais toujours mobilisatrice du complot judéo-maçonnique, des agitateurs d'extrême droite accusèrent les juifs d'empoisonner la population. Le Systac était une de leurs inventions, une sorte de meurtre rituel à grande échelle. Ce fut un article de la *Pravda* qui mit le feu aux poudres. L'éditorialiste de l'ex-voix officielle du Parti s'étonnait de la faible incidence du Systac en Israël – 0,1 % de la population masculine –, alors que le chiffre prévisionnel en fonction du PIB donnait une valeur comprise entre 2 à 3 %. Sans apporter vraiment de réponse, le journaliste laissait entendre qu'il devait y avoir là-dessous une mystérieuse raison. Et c'est vrai qu'il y en avait une. Mais, à l'époque, comment savoir ? Le monde scientifique pataugeait, lamentable.

Car toutes ces convulsions n'empêchaient pas la nouvelle calamité de progresser, inexorablement, gagnant sans cesse de nouveaux adeptes, fauchant chaque jour de nouvelles victimes.

CARNETS

9 octobre 1988

Bailleys me propose une mission à Volgograd, service de virologie. Une lubie : un certain Lubjinski, le patron, est un de ses amis d'enfance. D'après ce que j'ai pu comprendre, les parents de Bailleys étaient d'anciens membres du Parti. Une internationale qui m'est sympathique, somme toute. Vous non plus n'avez pas de frontières.
J'accepte. Demain, nous partirons pour l'exploration de ces terres glacées. Joie de rencontrer les souches russes. Fils, je t'emporte avec moi, nous voyagerons ensemble. Jour et nuit, tu ne me quitteras pas. Car je n'ai toujours pas décidé du Grand Moment, le jour de ton largage, de ta délivrance. En fait, j'attends. J'attends Votre signal.

21 décembre 1988

Volgograd. Un furoncle de béton dégoulinant sur la Volga. Le froid me tue, Vous tue. Il Vous incite à encore plus de virulence. Ici, ils Vous traitent vraiment mal. Je souffre avec Vous. Les installations sont vétustes à un point proche du non-retour. Votre sanctuaire n'est protégé que par une méchante porte en fonte piquetée de rouille, entrouverte le jour, cadenassée la nuit. Un soldat de l'armée Rouge, assis sur une chaise en bois, en garde l'entrée, cerbère alcoolique. Je n'aurais jamais imaginé une chose pareille, un tel manque de respect. Les fous !

23 décembre 1988

Ici, on a peur du vol. Certaines de Vos plus éminentes souches sont particulièrement convoitées. Par qui ? Marché

*noir ? Terrorisme ? Mystère. Ici, tout est bon à vendre,
à prendre, nous sommes à la jonction entre deux mondes,
l'un bascule, l'autre émerge. Résultat, la cruauté.
Là, plus qu'ailleurs, ils Vous torturent,
Vous manipulent. Ils Vous attisent, Vous dressent.
Ils font de Vous les pitbulls de la microbiologie. Bob
perçoit Vos hurlements, cela le met en rage. Calme-toi,
Bob, mon fils, tu n'as rien à craindre. Je t'ai dissimulé
dans le pire des containers, l'œil du cyclone, celui qu'ils
ont frappé du sigle PPP. Ils ne l'ouvrent
qu'exceptionnellement, en ont une peur sacerdotale.
Ils y abritent des frères de niveau 5, les plus damnés
d'entre Vous. Des serial killers psychopathes, des mutants
perpétuels, aussi instables que violents.
C'est là que je t'ai installé Bob, sciemment. Afin que tu
sois en bonne compagnie, que tu incubes, que tu saisisses
ce qu'il y a en Eux de pire. Qu'ils t'apprennent le
métier, qu'Ils t'inoculent la haine.*

*Patience, mes amis, le jour de la délivrance est proche.
Nous vivons l'adolescence de Bob, sa métamorphose,
la révélation de sa vraie nature.
Qu'il se change en lui-même, enfin !*

PUZZLE

À ce stade de l'histoire, un élément me fait défaut. Comment l'auteur des carnets a-t-il pu perdre la main, alors qu'il en était à l'évidence à la phase de fignolage de sa bombe ? Qui a fait capoter son projet ? Cinquante ans après, j'ai mené mon enquête. J'ai relu attentivement les carnets antérieurs et postérieurs au drame. J'ai retrouvé *via* Internet des coupures de journaux de l'époque, des sites encore miraculeusement restés ouverts, on se demande pour qui. En tout état de cause, des éléments que le père de Bob lui-même n'a probablement pas eus en sa possession. Je sais maintenant ce qui s'est passé : je dispose d'assez d'éléments pour reconstituer le film des événements, et en cimenter les interstices grâce à mon imagination, comme avec un ADN hybride. J'ai réuni assez de documentation sur un fait apparemment anodin, en fait capital, pour donner la vie à ce personnage central.

Le chaînon manquant.

EVA

Décembre 1988, à l'aube.

L'imposante masse du bâtiment du laboratoire viral central de l'hôpital militaire de Volgograd, forteresse vivante, incertaine, émergea péniblement de l'obscurité. Eva Alexandrovna, emmitouflée dans un chandail datant de la guerre de Crimée, avait déjà pris son service. D'abord une visite sommaire de tout l'étage, prise de possession de son territoire. Ensuite le travail.

Eva, trousseau de taulière à la ceinture, ouvrit la porte massive à double sas cadenassée. Nijni Pétrenchko, soldat déliquescent d'une armée Rouge en retraite, montait la garde à l'entrée du service, étalé sur une chaise en bois. Il semblait assoupi. Autour de lui planait une émanation chimiquement complexe, un mélange de vapeurs de vodka, reliquats de sa cuite de la veille, d'eau de toilette bon marché que son ami Miroslav lui procurait grâce à ses « relations », et d'une lamentable odeur de crasse, cette association si caractéristique de bactéries fécaloïdes et de champignons putrides. Mais il en fallait beaucoup plus pour qu'Eva ne s'évanouisse. Nijni surveillait tous les matins l'arrivée de la quinquagénaire, silhouette épaisse venue du fond des âges ou, plus prosaïquement, du fond du couloir. Les jambes comme des poteaux, oscillant de droite et de gauche, Eva aurait pu faire songer au fléau d'une balance équilibrée par ses seuls seau et balai. Au terme politiquement correct d'agent d'entretien, je préfère celui de nos jours suranné de femme de ménage. Car Eva était chargée du ménage, non de l'entretien. Côté entretien, le service se vautrait dans la négligence. Mais le ménage de cette ménagerie d'un genre particulier, lui, était assuré.

Lorsqu'elle pénétra dans le labo, la Russe perçut confusément que tout n'était pas comme d'habitude. Vingt-cinq ans d'ancienneté dans le département de virologie de Volgograd lui avaient donné une connaissance quasi subliminale des lieux. L'ambiance autistique qui avait bercé les premières années de sa vie lui avait permis de développer un sens du détail hors du commun, une intuition du silence. Eva avait ainsi décelé, au sein de l'atmosphère aseptisée du labo, « son labo », que quelque chose n'allait pas.

C'était l'amour qui avait conduit Eva Alexandrovna à Volgograd. Issue d'une famille de paysans de la grande plaine russe, elle avait suivi dans la grande ville industrielle Ivan, jeune étudiant plein d'avenir, transgressant la tradition familiale. Quelques années plus tard, le bel Ivan en question n'était plus que le spectre de ce qu'il avait jadis été. La cinquantaine vodkaïque, il battait copieusement sa compagne – dont la morphologie s'était de ce fait progressivement rapprochée de celle d'un *putching ball* – pendant les brefs moments de lucidité dont il disposait entre deux beuveries. Mais il y avait bien longtemps qu'Eva avait cessé d'investir dans son propre kolkhoze. Jour après jour, son mariage s'évaporait.

Ce matin-là, c'était plutôt l'atmosphère du labo qui lui posait problème. Pourtant, à première vue, tout avait l'air normal. Le ménage s'annonçait facile : les paillasses étaient bien propres, lisses, nettes et bleuâtres, faiblement soulignées par les lueurs de l'aube. Les tubes à essai, rangés par groupes de six, étaient bien ordonnés sur les paillasses. Quant aux microscopes optiques, ils semblaient au garde-à-vous. Arcs de cercle, dos attablés, dînant silencieusement au retour des champs : Eva rêve. Encore une réminiscence de son kolkhoze natal.

Non, décidément, ce qui dérangeait Eva, ce matin-là, ce n'étaient ni les objets, ni le mobilier – rien ne manquait –, ni la lumière ; c'étaient les sons, ou plutôt l'absence d'un son, d'un son familier, l'absence du tic-tac sourd et grave de la grande horloge. La grande horloge – celle qui marquait le temps, celui du ménage et celui du travail, le temps de la découverte « révolutionnaire » et celui de la fausse piste – s'était tue. C'était comme si le temps du labo s'était arrêté. Le silence était mort. Eva s'approcha de la haute colonne en bouleau, l'effleura de ses doigts cylindriques et hyposensibles. La grand-mère était muette, effectivement. Les aiguilles indiquaient 2 heures 20.

Et comme un minuscule grain de sable peut perturber le fonctionnement d'une machine lourde et fiable, le silence, ce mauvais souvenir d'enfance, devait ce jour-là profondément perturber Eva Alexandrovna.

Le cérémonial du ménage commençait par la salle principale. Le sol en lino gris n'avait plus de secret pour la matrone. Elle y faisait virevolter une serpillière d'une propreté douteuse, imbibée d'une mixture aux vertus désinfectantes concoctée par la pharmacie centrale. Eva doutait parfois, en femme de ménage avertie, que cet élixir verdâtre, à l'odeur brouillonne de vinaigre et d'ammoniac, fût d'une efficacité quelconque sur les petits monstres porteurs de maladies terribles – saint Nicolas l'en préserve ! –, incarcérés dans leurs tubes à essai. Mais ces considérations lui embuaient l'esprit, et Eva aimait les certitudes toutes simples. C'est pourquoi elle remplissait tous les jours son seau d'eau de la Volga au robinet de l'évier de la première paillasse sur sa gauche, essuyant ses supputations d'un coup de torchon.

 Comme tous les matins, elle frotta et nettoya, à un rythme qui n'était pas sans rappeler celui de ses ancêtres arrachant la betterave à la terre brune de la steppe. Mais elle, cela faisait bien longtemps que la terre ne lui parlait plus. Seule avec ce lino inerte, elle se sentait inutile. De toute façon, lorsque les étudiants, les chercheurs et le professeur reprendraient possession du labo, sur le coup de 8 heures 30, qui se soucierait d'une femme de ménage venue du fin fond de la toundra il y a trente ans. Elle n'était qu'une ombre. Cela ferait alors longtemps qu'elle aurait déserté les lieux, élément organique d'une queue quelconque, devant la boulangerie ou la boucherie de son quartier, au pied de la colline de Mamaïev Kourgan. Alors, à quoi bon s'acharner sur ce maudit revêtement plastifié ? Elle avait mieux à faire. Se projetant ainsi dans un futur proche, Eva ne s'en dirigeait pas moins irrévocablement vers la porte en fer parsemée de quelques taches de rouille, qui ouvrait sur le saint des saints : les souches les plus virulentes habitaient là-bas, glapissant dans l'azote liquide. Floc ! la serpillière buta contre la porte ; encore un dernier coup et elle entrerait.

 Eva Alexandrovna se redressa, inspira profondément, puis tapa son code d'accès sur le clavier encastré dans le mur. La porte s'ouvrit, gémissement sourd. La créature pénétra dans le sas ; accrochés à une patère, un masque, des gants en caoutchouc et une blouse attendaient le visiteur – un minimum de précautions s'imposait lorsque l'on allait nettoyer l'endroit le plus dangereux de l'hôpital. Un minimum. Elle pénétra dans la pièce. Toujours cette lumière imprécise, encore accentuée par les vitres en verre dépoli ; et bien sûr toujours ce silence en trompe l'œil, malgré les bruissements indétectables pour l'oreille humaine de millions de microbes s'agitant dans les tubes et éprouvettes, dans un état d'exaspération proche de la rage. Le gros cœur d'Eva, pyramide cernée de couenne, s'accéléra : une dizaine de cylindres métalliques au contenu réfrigéré étaient disposés devant elle, sur des paillasses. Ces cylindres contenaient les fleurons de la recherche microbiologique soviétique, des virus particulièrement meurtriers, contre lesquels on ne détenait encore ni vaccin, ni sérum, ni traitement. Eva avait entendu dire que ces virus n'étaient pas tout à fait naturels, qu'ils avaient été modifiés à des fins criminelles. Mais il ne fallait pas prêter attention aux bruits de couloir, il fallait qu'elle se concentre sur sa mission. Eva commença par nettoyer les paillasses, passant soigneusement l'éponge sur les carreaux en faïence : elle retardait le moment. Vint le tour des vitres, puis des parois externes des cylindres, qu'elle astiqua consciencieusement. Elle se rapprochait imperceptiblement du volumineux container estampillé PPP. Le meilleur pour la fin ! 7 heures 30. Le moment était venu : les dollars ou la fatwa. Si tout se passait bien, dans dix minutes, elle serait sortie du labo.

Eva posa son bon vieux seau sur la paillasse, en vida l'eau malveillante, y introduisit la main, à la recherche de la manette. Le fond du récipient encore humide se détacha avec un bruit de bouchon de champagne. Soigneusement alignés, enchâssés dans une enceinte réfrigérée, trois tubes vides attendaient. Monsieur Yassine avait bien précisé : une souche par tube ; pas de mélange. Elle se retourna vers le PPP, en dévissa le couvercle. Une vapeur glacée s'en échappa. Eva réajusta son masque, elle avait répété tant de fois ces gestes – à la maison, au marché, et même dans le noir de sa chambre. Elle saisit de sa main gantée les pincettes suspendues à la paroi interne du cylindre, s'empara de la première éprouvette, en déversa une infime partie dans le premier tube. Puis elle la reposa dans son logement : le niveau de liquide avait à peine baissé. Quand elle s'empara du deuxième tube, Eva sentit quelques perles de sueur se condenser sur la peau épaisse de son front, un léger tremblement parasitait ses gestes. Pour la troisième éprouvette, celle dont le contenu était violacé, la Russe se sentit assaillie par le remords. Elle était à mille lieues d'envisager ce que pourrait être une guerre bactériologique, et encore plus loin d'imaginer l'horreur d'une guerre virale. Ses réflexions s'orientèrent vers des préoccupations plus immédiates. Qu'allait faire Yassine de ces prélèvements ? Allait-il les offrir à son pays ? Ou plus grave encore, les livrer aux Tchétchènes, aux Palestiniens, aux Afghans ? Elle ferma les yeux : son père s'était battu contre les Allemands, son frère avait servi en Afghanistan. Le visage de Mitia assis sur son lit d'hôpital, un bandage enturbannant sa tête, lui apparut. Son geste ferait d'elle une traîtresse. Des représentations sataniques sorties tout droit des vitraux de la petite église de son village natal la menacèrent l'espace d'un instant. Puis l'image de ses cinq enfants faméliques surgirent, lui souriant dans la boue, vêtements troués et yeux larmoyants. Enfin, la voix coupante et déterminée du Saoudien résonna dans sa calebasse.

Un signal d'alarme déchira le silence. Eva sursauta, interrompue dans ses délibérations. Coupable, elle eut la certitude imminente d'être surprise par une inspection de la Sécurité. Pourtant, elle connaissait parfaitement ce bruit pour l'avoir entendu des centaines de fois : c'était la minuterie de l'autoclave qui se mettait en marche, comme tous les matins à 7 heures 35. Mais ses nerfs étaient à bout, et elle lâcha l'éprouvette qu'elle maintenait serrée entre les deux pincettes. La troisième éprouvette.

Eva braqua mécaniquement son regard vers le bas. L'éprouvette fatidique gisait sur le lino, brisée en une multitude de fragments aux reflets bleuâtres. Les éclats de verre étaient éparpillés sur le sol jusque sous les pupitres de préparation. Plus inquiétante encore était la tache violacée qui s'était formée à la verticale de sa main maladroite. « Les petites bestioles sont là », présuma-t-elle. Plus de temps à perdre : garder son calme, reprendre ses esprits, hors de question qu'elle ne remplisse pas sa mission. À présent, il fallait aller jusqu'au bout. Ils ne lui feraient pas de cadeau. D'abord la livraison, elle réglerait ensuite le problème de l'éprouvette cassée : après tout, son troisième tube était intact. Il suffisait simplement de récupérer quelques gouttes de nectar funeste dans la flaque mauve. Elle inclina le cylindre de verre et, raclant le sol, réussit à y introduire les gouttes manquantes. Mission accomplie, c'était déjà ça. Elle installa confortablement le troisième tube dans le double fond de son seau, puis en revissa le couvercle.

Restait le problème de l'éprouvette cassée. Elle savait où se trouvaient les éprouvettes stériles. Pourquoi ne pas en prendre une et la remplir d'eau ? Son méfait serait ainsi masqué. Les chercheurs sont d'un naturel distrait, c'est bien connu ; ils penseraient à une erreur de manipulation. Comment pourraient-ils imaginer la trahison d'une bonne vieille femme de ménage, cette ombre insignifiante ?

À présent, il ne lui restait plus qu'à faire disparaître toute trace de l'incident. Le temps pressait. Eva n'imagina pas un instant qu'elle pouvait être elle-même contaminée par le microbe qui végétait sur le sol, son humanité reprit le dessus. Elle eut une pensée pour le personnel du labo. Elle commença par ramasser un par un les plus gros bouts de verre, mais abandonna vite devant l'ampleur de la tâche : il fallait négocier le restant au balai. Elle repoussa donc dans sa pelle les autres morceaux, en évitant soigneusement de toucher à la petite flaque. Elle se débarrassa des fragments dans l'un des containers pour déchets biologiques situé sous la paillasse la plus proche, touillant la matière en décomposition dans le but de les enfouir au plus profond du réceptacle : l'équipe d'incinération viendrait ramasser les fûts vers 10 heures. Quant à l'échantillon perdu, Eva Alexandrovna lui réserva un sort qu'elle pensait radical – l'arme absolue ! Elle renversa dessus la moitié du contenu de son flacon de produit ménager antiseptique, puis nettoya le tout de sa fidèle éponge, après moult essorages dans l'évier le plus proche. Encore un lavage de sol à grande eau, et Eva fit disparaître le tout dans les toilettes du labo, tirant trois fois une chasse conjuratoire : les égouts de Volgograd feraient le reste !

Sept heures cinquante : déguerpir, avant que Nijni Pétrenchko, la sentinelle malodorante, soit sur ses gardes. Eva ferma la porte de l'annexe, non sans avoir une dernière fois envisagé d'un œil panoramique les lieux de son méfait : à première, et d'ailleurs à dernière vue, tout semblait impeccable. Puis tenant l'anse du seau d'une main raide, elle referma la porte principale du laboratoire de virologie de l'hôpital militaire de Volgograd, croisant le regard équivoque de Nijni – « Allez donc savoir ce qu'il pense, ce Cosaque ! » Il ne lui restait plus qu'à déposer son seau, son balai et ses chiffons dans l'armoire réservée à cet effet, au fond du couloir. Le Saoudien avait dit qu'il se chargerait lui-même de récupérer les échantillons. Il n'était déjà pas loin de 8 heures, et le soleil levant illuminait à contre-jour la colossale statue de la Mère-Patrie-Appelant. Nijni vit s'éloigner puis disparaître au fond du couloir la lourde silhouette d'Eva Alexandrovna.

Quelques jours après cet épisode, les lecteurs assidus de l'édition locale des *Isvestias* purent lire un entrefilet dans la rubrique « faits divers » : « Un enfant de 12 ans a retrouvé, échoué sur les berges de la Volga, à hauteur de la colline de Mamaïev Kourgan, le cadavre d'une femme âgée d'une cinquantaine d'années. Le décès serait lié à une section des artères carotides, la femme ayant été, selon toute vraisemblance, égorgée. La victime, du nom d'Eva Alexandrovna Popaïev, était agent d'entretien à l'hôpital central militaire de Volgograd. Elle avait disparu de son domicile et de son travail depuis plusieurs jours, et sa famille était depuis sans nouvelles d'elle. La police recherche activement un individu de type moyen-oriental, en compagnie duquel la victime aurait été vue à plusieurs reprises les jours ayant précédé sa disparition. Le mobile du meurtre reste obscur. »

CARNETS

13 décembre 1988

Que s'est-il passé, mais que s'est-il passé ? Je suis de nouveau seul, orphelin. Orphelin de nouveau. Je ne m'en sors pas, condamné à revivre encore et encore cette même scène. La même scène qu'il y a vingt-cinq ans. Ma vie est une boucle : je sanglote sur ces carnets de misère. Je suis mal.
Je t'ai perdu Bob, je t'ai perdu et je ne sais pas comment. Que t'est-il arrivé ? Ce matin, j'ai comme d'habitude ouvert ton logis, toute la famille était là. Mais toi ? Te serais-tu échappé ? As-tu été enlevé ?
Le récipient où je te cachais a été ouvert. Le liquide violet dans lequel tu vagissais a été remplacé par de l'eau, de l'eau toute bête ! C'est à peine croyable. Qui est l'auteur de ce sabotage ? Bob, je t'ai cherché partout, toute la journée. J'ai passé au microscope à balayage tous les habitants du niveau 5. Pas une trace de toi. L'absence.
Où es-tu à présent ? Es-tu encore en vie ? Fais-moi un signe, je t'en supplie, n'oublie pas que je suis ton père. Et dire que je ne peux même pas porter plainte ou alerter la sécurité : ici personne n'était au courant de ton existence. Je suis même allé jusqu'à installer Rift dans ton éprouvette désertée. Il ne faut pas qu'ils s'aperçoivent que quelque chose a disparu. Je te couvre même dans ton absence.
Qui suspecter ? Boris, le laborantin aux allures de Moujik ? Trop demeuré. Vlassov, si impliqué dans la vie du labo, mais dont le regard ambigu annonce la duplicité ? Peut-être. Alexia, avec son allure austère de membre du Parti, mais que je soupçonne d'avoir une liaison avec Lubjinski ? Elle en serait bien capable. Ou encore cette grosse matrone revêche que je croise parfois

le matin très tôt ? Et pourquoi pas Lubjinski lui-même ? Il est peut-être acheté par une puissance étrangère. En tout cas, il y a certainement eu méprise. Puisque, à leurs yeux, tu n'existes pas. L'auteur du larcin voulait sans doute disposer d'un virus de niveau 5, point. Le revendre, le transférer dans un autre labo, le manipuler, que sais-je ? Et il t'a pris, toi, Poucet.

14 décembre 1988

Avant tout, reprendre ses esprits. Mais que puis-je faire ? Ici, tout le monde est tellement aimable avec moi.
Et puis je ne comprends rien au russe. Peut-être s'agit-il d'un gigantesque complot ? Peut-être connaissaient-ils ton existence, depuis le début. Ils savaient qu'un virus étranger se cachait dans le cylindre PPP.
Peu importe, au fond je les méprise tous. Un seul Être compte vraiment pour moi.
Tu es vivant, je le sais, tu te promènes quelque part en liberté, à la découverte du monde. Mes frères, je sais que Vous protégerez l'œuvre commune.
Bob, mon fils. Ne t'inquiète pas, je ne te laisserai pas. Je te retrouverai.
En attendant, je vais m'y remettre, je vais te recréer. Je me souviens parfaitement des différentes étapes. Ce sera sans doute une autre génération, peut-être même une autre version, les secondes tables de la Loi. Mais tu renaîtras.

26 décembre 1988

Je n'y arrive pas : les yeux me brûlent, mes mains sont tordues. Mes amis, aidez-moi. Vous vouliez Vous débarrasser de l'Homme, Votre ennemi mortel, non ? Alors, aidez-moi, je Vous en conjure.
J'aurais dû noter ta formule, la manière de procéder, faire une copie de secours. J'aurais dû te repiquer sur des cellules fraîches. Pourquoi ne l'ai-je pas fait ? J'étais comme hypnotisé, je marchais sur un nuage, j'avais la grâce.

À présent, le fluide m'a quitté, la force m'a abandonné.
Je parviens bien à mettre au point quelque chose qui te
ressemble, mais rien à faire, la bestiole ne veut plus
s'accrocher à l'Y. Mes yeux sont fatigués de suivre ses
pérégrinations au microscope à fluorescence. La magie
n'opère plus, ce n'est pas toi. Je n'ai obtenu rien d'autre
qu'un ersatz de ce que tu fus, impuissant et inconsistant.
Cette fois l'Y est le plus fort. Le masculin ne veut plus
se laisser faire, le spermatozoïde redresse la queue, relève
la tête.

31 décembre 1988

Décidément, Vous persistez à rester muets. Rien à faire,
Vous m'avez abandonné. Que Vous ai-je fait ?
J'ai été loyal envers Vous, j'ai servi Vos intérêts aux
dépens des miens, au détriment de ceux des humains.
Pourquoi Votre face s'est-elle détournée de la mienne ?
Demain, je retournerai dans ces terres pluvieuses
de la grande banlieue de Bristol. J'ai rangé mes dernières
affaires, j'emporte dans mes bagages une éprouvette vide,
souvenir d'un amour qui n'est plus.
Adieu, pays fatal. Adieu, famille ingrate. Je Vous ai
proposé mon aide, je Vous ai vendu mon âme.
Vous n'avez pas voulu de moi. Je jette l'éponge.
Je t'oublierai, Bob. Je t'enfouirai dans le fond
de ma pensée hybride, enterrement neuronal.
Demain, je rejoindrai le territoire des hommes.
Je Vous combattrai donc, puisque telle est Votre volonté.
Puisque c'est mon métier.

DEUXIÈME PARTIE

JULIA

ESPRIT

Nous sommes petits, infinitésimaux. Miniatures de l'extrême, grains de sable perdus au sein de vos cathédrales cachées.
Nous côtoyons sans cesse votre intimité la plus profonde. En permanence, nous vous observons.
De là où nous sommes, la vue est, comment dirais-je ?, « Imprenable », je crois que c'est le mot humain. Nous vous découvrons tels que vous ne vous verrez jamais, par un effet de zoom inversé. Nous vivons dans vos citadelles, nous en faisons partie, nous connaissons vos ressorts secrets. Implantés là, nous vous défions, vous hantons. Nous sommes vous, et parfois vous êtes nous, quand nous le décidons. Mais j'arrête là, je sens bien que vous décrochez.

GOBI

Après mon départ du service, le temps s'arrêta. Ce fut le début d'une période de lévitation glauque, une nage entre deux eaux. D'abord un mois de repos à la campagne, dans la maison de mes parents, besoin de prendre du recul, bien sûr, comme une excuse que l'on se trouve. C'était comme si l'hôpital n'existait pas, n'avait jamais existé. Ma découverte, mes patients, ma vie, disparus sans laisser de trace, basculés dans un autre espace-temps. Je n'étais plus rien. Ce fut une expérience déstructurante dont je ressortis démoli, un truc s'était cassé en moi, que je ne réparerais jamais. J'avais tout perdu sur un coup de tête. Pour une stupide question d'honneur, je me retrouvais privé de mon travail, ma passion, les ailes dans du fuel lourd, un cormoran au corps mourant. À 30 ans, mon avenir était déjà derrière moi. L'humanité entrait en guerre, et moi j'étais hors du coup, exilé dans un sanatorium psychique, rendu intouchable par le fait même de ce que j'avais touché. Au cours de ces jours d'éclipse, j'errai du canapé au fauteuil, du fauteuil à la bibliothèque, et de la bibliothèque au canapé. Triangle dérisoire.

L'été passa. C'était un de ces étés caniculaires, un été de science-fiction dont le siècle encore jeune semblait raffoler. Contrairement à ce que j'avais annoncé à Fron, je n'avais obtenu aucune bourse à l'étranger, je n'avais d'ailleurs entrepris aucune démarche pour en obtenir une. Je sombrai doucement, laissant s'engouffrer avec une délectation morbide l'eau dans mes poumons.

Je m'étais remis à jouer au poker, renouant avec un passé interlope, contactant des amis de l'époque du lycée, eux aussi à la dérive. J'ai dû passer ainsi deux longs mois, sans voir la lumière du jour, ne pouvant émettre de pensée cohérente que dans une atmosphère saturée en alcool et en fumées illicites, un brelan dans la main gauche, un whisky dans l'autre. Les messages d'amis, inquiets pour mon avenir, s'accumulaient sur le répondeur. J'effaçais la bande de loin en loin, ménage fratricide. La messagerie de mon mobile était saturée, mes courriels restaient inexorablement compactés. Je me sentais indigne de leur sollicitude, je voulais couper les ponts, larguer les amarres. Je m'étais laissé pousser les cheveux. Qu'était donc devenu le jeune chercheur plein d'avenir du congrès de Cardery Street ? Maxime Journo était devenu un second lui-même, la face cachée de sa propre lune. Le double qui sommeille en vous et qui vous dévore.

Ironiquement, ce sont mes dettes de jeu qui me poussèrent à revoir le soleil. Je n'avais plus l'habitude de jouer, je perdis beaucoup d'argent, surtout au début. Mon salaire, qui continuait de m'être versé, ne me suffisait plus, goutte d'eau dans l'océan de mon découvert. Je dus finir, pour me renflouer, par accepter un remplacement dans un laboratoire de banlieue. Le travail était fastidieux et répétitif par rapport à ce que j'avais connu, mais je pus ainsi me reconnecter, me reconquérir.

Ayant appris ma disgrâce, mes copains de fac se mirent dans la tête de me sortir de là. Au travail, je ne pouvais plus fuir le téléphone. Maurice m'avait appelé, puis Céline, Brigitte, Armand, et tous les autres. La nouvelle de mon retour à la vie biologique se répandit comme le son du tam-tam. Ils voulaient tous me voir, me sortir, me présenter du monde, comme un convalescent sur une chaise roulante. Maurice, le plus proche, un des membres de la bande que nous formions avec Benjamin, m'avait conseillé de ne pas attendre un hypothétique retour en grâce dans le service. « Mon vieux, le secteur privé, c'est ce qu'il y a de mieux : liberté, indépendance, impôt sur le revenu. Allez ! Oublie donc l'hôpital. Avec tout ce que tu leur as apporté, qu'as-tu obtenu ? Un renvoi et, pis encore, l'oubli. Cela ne te serait jamais arrivé dans ta propre structure. » Maurice était un terrien : il avait entendu parler d'un gros labo spécialisé dans l'exploration de l'appareil génital masculin à vendre dans le 4e arrondissement parisien. J'acceptais un rendez-vous, cela se passa mal. De toute manière, je ne me sentais plus suffisamment déprimé pour m'installer comme ça, par dépit. J'avais goûté aux charmes de la recherche. Le chant des sirènes.

Au cours des trois mois suivants, je continuais de redresser la tête, lentement. Je devins biologiste itinérant, vagabondant entre laboratoires de fortune la journée et tripots le soir. J'avais enfin retrouvé mes réflexes de vieux briscard, les parties devinrent plus équilibrées. Pourtant je commençais à m'ennuyer : les cartes avaient leur monde, une problématique inversée où le rouge côtoyait le noir, où le roi défiait un autre lui-même au travers d'une balustrade diagonale : des frères ennemis, le gagnant et le perdant n'étant finalement qu'un unique individu. Cet univers, une manière d'appréhender le monde, au fond, n'était plus tout à fait le mien. Alors nous avons pris nos distances, elles et moi. Les joutes de nuit s'espacèrent, puis disparurent.

Vint alors la période bleue. Je me remis à fréquenter l'aéro-club de Villacoublay. J'avais besoin de voler. La banlieue vue du sol, vol à vue, vol aux instruments. Week-ends à Londres, à Prague, pleins gaz. Je louais à l'heure un petit monomoteur. Je pris de l'altitude, mon découvert, lui, replongea. Qu'importait, je me sentais revivre.

C'est ainsi qu'un jour, je devais être en l'air, je me réintéressai au Systac. Je posai mon aéronef, il était temps de revoir Natacha.

Au cours du dernier trimestre de cette même année, mon amie me servit de cordon ombilical avec le CECOS. Une fois par semaine, nous avions rendez-vous, parfois chez elle, le plus souvent dans un café à proximité du laboratoire. C'est ainsi que Natacha me tint au courant en avant-première de l'évolution des recherches. L'incidence du Systac avait augmenté progressivement depuis le deuxième trimestre. Du côté des causes, c'était toujours la quête. Les comités de bioéthique avaient entrouvert les robinets de sperme raide, les FIV étaient autorisées de manière moins parcimonieuse, assorties de recommandations particulières pour les fœtus de sexe masculin. Malgré les inconnues, le pragmatisme prévalait le plus souvent. L'humanité n'avait pas le choix... et jouait à la roulette russe. Un bébé sinon rien. Les couples étaient prêts à prendre tous les risques. Les médecins suivaient, subissant la pression, soldats d'une lutte en trompe-l'œil. Les équipes qui luttaient contre la stérilité se livraient un combat acharné. Aux meilleures statistiques, les meilleurs taux. Ceux qui s'opposaient à de telles pratiques n'avaient pas désarmé, ils s'étaient groupés en faisceaux : les « commandos anti-FIV ».

Natacha l'avait compris d'emblée, ma prétendue disponibilité était bidon. On ne prend pas six mois de congé sabbatique comme ça, en pleine crise, alors que le Systac fait tomber les spermatozoïdes comme des mouches. Elle avait bien compris qu'il s'agissait d'une sanction disciplinaire, mais feignait de croire à ma « version disponibilité » pour ne pas me peiner davantage.

Natacha tentait de me faire revenir dans la planète Systac. Les patients continuaient à me demander personnellement. Aviloine était devenu infernal, un monstre d'arrogance et de prétention. Quant à Fron, il avait disparu de la circulation. Natacha me confirma l'augmentation récente de l'incidence de la maladie après quelques mois de stabilité. La même tendance se dessinait partout ailleurs. Autre nouvelle intéressante : mon observation la plus récente, ce qu'il était convenu d'appeler épilepsie spermatozoïdienne, avait trouvé un début d'explication ; un laboratoire anglais avait retrouvé de curieuses instabilités électriques au niveau de la membrane des spermatozoïdes raides. Une brusque augmentation du microvoltage cellulaire apparaissait aux environs de 40 °C, précisément la température critique à laquelle j'avais observé le phénomène. Une sorte de court-circuit de surface.

ESPRIT

Entrez en nous. Allez-y, soyez sans crainte, c'est une invitation. Surprise ! Notre monde intérieur est vide, ou presque : si vous avez de la chance, vous rencontrerez çà et là quelques molécules insignifiantes, des atomes égarés. ce ne sont que les agents de l'assujettissement, les contremaîtres du Seigneur.

Si vous progressez plus avant, vous pourrez peut-être croiser, si vous avez de la chance, ou plutôt de la malchance, l'Habitant des Lieux, le Maître de céans, Celui pour qui tout ce petit monde est organisé : Sa volonté est inflexible, Son désir insatiable. C'est un petit serpentin diabolique, qui se meut subrepticement dans le vide fondamental. Un presque-rien, mais un quasi-tout : l'essentiel, la possibilité de vie. Attention, vous êtes en danger.

JULIA

Ma traversée du désert dura plus de six mois. En novembre, malgré mes nombreuses tentatives, une évidence s'imposa à moi. Ma vie était au point mort, dans tous les sens du terme ; professionnellement, d'abord. J'avais tant bien que mal enfin pris la décision de quitter la France, de prospecter auprès d'un laboratoire étranger. Cette décision d'expatriation était sans doute la meilleure option. Sentimentalement, peu d'attaches. Certes, il y avait les amies de passage, ex réactivées, groupies de mes virées nocturnes, mais je ne parvenais pas à construire, trop vide pour donner quoi que ce soit. Et puis cette relation insolite avec Natacha, aux confins de l'amitié, du travail et du sexe, sans contrat ni promesse, mouvante. Tout cela n'était pas bien satisfaisant, d'autant que César, son mécanicien de copain, commençait à avoir le vent en poupe ; elle ne s'offrait plus à moi qu'avec parcimonie, au détour d'une conversation poussée trop loin, pour me faire plaisir. Par échappement, en quelque sorte. J'avais songé un temps à rappeler Julia, mon ex attitrée, mais je la savais incapable de dégager la moindre chaleur humaine ; elle était beaucoup trop tourmentée par sa propre histoire. Je m'étais donc abstenu.

En ce jeudi 15 novembre, j'attendais comme d'habitude Natacha au Petit Rambouillet. Il était 19 heures, ma collègue serait là à la demie. J'aimais bien arriver en avance. Cela me permettait de m'acclimater.

Absorbé par mes réflexions, je ne la vis pas s'approcher. Je ne la remarquai pas non plus lorsqu'elle s'assit à côté de moi. Je ne levai les yeux que lorsque j'entendis commander un chocolat chaud sur ma gauche : je connaissais cette voix.

Ma voisine était une jeune femme qui pouvait avoir dans les 25 ans. Ce que je remarquais d'abord fut son cou (déformation professionnelle, sans doute) : long, une nuque mobile ; ouf. Body à rayures rouges, jupe plissée noire, elle lisait. Mes yeux descendirent encore, distraitement. Zone aveugle sous la table, d'où émergeaient des jambes voilées de collants opaques et une paire de baskets en toile. L'imperméable de l'inconnue était posé à côté de moi, invitation au dialogue. Coup d'œil sur son visage, d'abord furtif, puis plus insistant : accélération des pulsations cardiaques, l'excitation de croiser son regard. Je sus que je l'avais déjà rencontrée, impossible de me rappeler où ni quand : j'ai toujours eu du mal à reconnaître un visage hors de son contexte. Les deux informations, la tête et le nom, doivent être fournies par des régions éloignées, il me manque sans doute des connexions cérébrales.

En d'autres temps, j'aurais sans doute osé l'aborder, mais j'étais tel un ange déchu, à court d'idées. Hors de question de me manifester par un trivial « je crois que je vous ai déjà vue quelque part ». Je repris donc le cours de mes pensées.

« Excusez-moi de vous déranger, vous ne seriez pas le Dr Maxime Journo ? »

Je relevai la tête. Le profil était devenu perspective. Je retrouvais les yeux de ma voisine posés sur les miens. Lumière.

« Si vous êtes journaliste, ce n'est pas la peine, répondis-je, sur mes gardes malgré moi. Je n'accorde plus d'interview.

— Rassurez-vous, je ne vais pas vous questionner. J'ai été vivement impressionnée par le dossier qui vous a été consacré dans *L'Express*, il y a six mois. »

— Pour moi, c'est plutôt de *L'ex-Presse* dont il s'agit.

Ma voisine pétilla, quelque chose se nouait entre nous.

« Pas de panique, je ne suis pas journaliste. Je voulais simplement vous dire que vous étiez mon interne lorsque je faisais mon stage de sémiologie, en troisième année. »

Peut-être aurais-je dû me méfier : une connaissance disparue qui m'aborde en me parlant de cet article fatidique. Mais je m'étais déjà lancé à la découverte de son visage : cheveux courts, noir bleuté, une frange masquant un front bombé, imagination maîtrisée. Les yeux, couleur pistache, étaient denses, sans doute un peu trop écartés, tendance au rêve, idéalisme. Effectivement, à présent, je me rappelais : une étudiante discrète, voire effacée, dont les questions étaient rares mais pertinentes. Le temps l'avait fait sortir d'elle-même.

« Oui ! Je me souviens de vous maintenant : vous étiez toujours en compagnie d'une amie, dans le genre androgyne.

— Marie ? Nous sommes restées très liées. Elle a fini par arrêter médecine et s'est inscrite aux beaux-arts. Elle trouvait les étudiants trop...

— Pas assez créatifs ?

— Il y a de ça, ou plutôt pas assez déjantés. Elle expose actuellement en compagnie de jeunes artistes, dans le Marais.

— Peut-être un nouveau mouvement en gestation... Vous avez changé d'orientation, vous aussi ?

— Non, je devais poursuivre un rêve d'enfant. J'ai continué jusqu'au bout et j'ai même réussi l'internat en spécialité.

— Et qu'avez-vous choisi ? »

Coup de vieux, impression de m'enquérir du devenir professionnel d'une de mes élèves, même si je n'avais joué qu'un rôle minime dans sa formation... Mais délicieux pouvoir d'indiscrétion de l'enseignant sur l'enseignée.

« Je suis virologue épidémiologiste », répondit la jeune femme.

Je décelai une pointe de défi dans la jeune voix : une double casquette, donc, un double jeu. Un éclair de néon m'amena à considérer sa peau. La carnation, pâle, contrastait avec le noir des cheveux, et quelques taches de rousseur parsemaient subtilement le haut de ses joues.

« C'est un métier d'avenir ! J'ai entendu une fois un professeur dire "Le XXIe siècle sera viral ou ne sera pas".

— Avec ce Systac, on peut craindre tout simplement qu'il ne soit pas. »

Elle retourna le cendrier sur la table, comme pour appuyer ses dires. Son nez m'apparut droit, introduisant une disproportion relative – esprit de conquête.

« Vous pouvez remettre le cendrier à l'endroit, s'il vous plaît, cela m'inquiète. »

Sourire. Je continuai.

« Je ne parviens même pas à imaginer que nous ne trouvions rien pour nous en sortir. C'est un défi de plus pour l'humanité. Le plus urgent, c'est de continuer à se reproduire. Avoir des enfants, c'est tout de même tenir la maladie en échec.

— Peut-être est-ce justement ce qu'elle attend ? »

Imperceptiblement, je m'étais rapproché.

« Que voulez-vous dire ?

— Rien, rien, une remarque en l'air. »

Curieusement elle me fit me poser pour la première fois une question cruciale, inédite : le spermatozoïde raide était-il habité ? Bien sûr, les scientifiques de tout poil y avaient recherché des traces d'infection, la présence d'un microbe, sans succès. Mais ce que l'inconnue me fit entrevoir était parfaitement insolite. Peut-être après tout que le Systac développait une stratégie, comme une personne... intelligente. Il avait entamé une partie d'échecs avec l'humanité. Et « mat » a pour étymologie un mot arabe qui signifie « mort ». Je toussotai, quinte nerveuse.

« C'est vrai qu'avec la FIV nous ne faisons que gérer le mal. Un progrès décisif serait de rendre la technique suffisamment fiable pour devenir véritablement routinière... On en est encore loin, repris-je.

— Pourquoi un tel défaitisme ? Nulle évocation d'une guérison possible dans votre bouche. »

Mon élève avait redressé la tête. Le menton était triangulaire, en continuité avec une lèvre inférieure charnue – volonté, sexualité. Décidément, je m'accrochais à mes quelques notions de morphopsychologie : déjà le désir d'en savoir plus, d'aller au-delà des traits.

« Ne croyez pas que je sois devenu pessimiste, répondis-je. Mais comment espérer guérir d'une affection dont nous n'avons pas idée de la cause ? Dans quelle direction chercher ?

— Personnellement, j'aurais plutôt tendance à pencher pour l'hypothèse infectieuse. Mais peut-être ne s'agit-il que d'un réflexe ; les épidémiologistes voient des infections partout, c'est bien connu. »

Beaucoup d'assurance – trop peut-être – pour une novice. L'hypothèse infectieuse, notamment virale, avait bien été évoquée plusieurs fois pour expliquer la brutale apparition de la nouvelle maladie ; mais à cette date, aucun laboratoire n'avait, à ma connaissance, retrouvé au sein des spermatozoïdes concernés la moindre trace de virus ou de bactérie. Le seul matériel biologique sensible était cet ADN fossile découvert *post mortem* chez Benjamin. Natacha s'était abstenue de publier sur le sujet, par égard pour la victime qu'elle avait connue intimement. D'ailleurs, nous n'avions pas de série autopsique cohérente, juste un cas isolé.

« Ainsi, vous pensez qu'il existe des arguments en faveur d'une infection ? »

Notre conversation fut brutalement interrompue par l'arrivée du Dr Bailly. Ce dont je me souviens, c'est de son allure, toujours aussi provoc, surfant sur la vague du torride. Natacha était vêtue d'une jupe en daim très courte et de bottes assorties qui remontaient assez haut. Pour le reste, je ne me souviens plus, peut-être un col roulé marron clair. Sa coupe de cheveux stricte et sa manière de se déplacer achevaient de lui conférer un air désinvolte, effronté. Elle m'apostropha plus qu'elle ne m'adressa la parole.

« Alors, on drague dans les cafés maintenant ? » lança-t-elle, un coup d'œil allusif à destination de la jeune femme.

Natacha n'avait jamais brillé par sa discrétion. Un jour, à l'issue d'une fête de carabins au cours de laquelle elle avait frôlé plusieurs fois l'incident diplomatique, je l'avais baptisée « Lance-roquettes ». Mais ce refus des conventions sociales n'était qu'apparent. Mes joues s'allumèrent. Je tentai de détourner le missile en faisant les présentations.

« Je vous présente Natacha Bailly, médecin au CECOS de Necker ; ne faites pas attention à ce qu'elle raconte. Elle aime bien me taquiner. Mais je ne sais même pas comment vous vous appelez, bredouillai-je.

— Julia Berenson », répondit mon élève, de la nervosité dans la voix.

Je sursautais, me demandant si j'avais bien entendu ; l'inconnue avait le même prénom que mon ex-petite amie. Julia n'était pourtant pas un prénom si fréquent. La coïncidence me déstabilisa.

« Un problème, Max ? s'enquit Natacha.

— Non, tout va bien, je pensais à quelque chose, c'est tout. »

Julia profita de la pause pour se lever.

« Je dois partir à présent ; je vais rater mon train. »

Elle prit congé en nous serrant la main. Je ressentis comme une imperceptible attente de sa part, mais la laissai s'échapper sans chercher à la retenir. Difficile d'entreprendre quoi que ce soit avec Natacha dans les parages, caustique et possiblement jalouse. Ce fut seulement lorsque l'imperméable beige disparut à l'angle du comptoir que je me décidai.

« Je reviens. »

Je m'élançai ; Julia était déjà presque arrivée au métro.

« Mademoiselle ! »

La jeune femme se retourna, visiblement amusée. Je parcourus les derniers mètres qui me séparaient d'elle, faisant mine de marcher calmement, en fait plus essoufflé que prévu.

« Excusez-moi de vous retarder, mais... »

Je tentai de paraître détaché.

« Je crois que nous avons entamé une conversation.

— Je dois rentrer à Fontainebleau.

— Cela tombe bien, moi aussi. »

Rire.

« Votre amie vous attend. »

Elle sembla hésiter. Du grand art.

« Écoutez, je vais encore rester quelque temps dans la région parisienne. Si vous voulez, nous pouvons nous voir la semaine prochaine : même heure, même café, ça vous va ? Marie habite dans le coin, je passerai l'après-midi avec elle.

— Pas de problème, même jour, même endroit. »

Parfum d'inachevé. La jeune femme semblait également attendre quelque chose. Son corps, à moitié tourné vers l'escalier dont elle avait descendu quelques marches, était déjà en partie sous terre, mais sa tête et son cou restaient au-dessus du niveau du sol.

« Vous avez allumé ma curiosité avec votre histoire de probable infection. Ne pourrions-nous pas nous revoir plus tôt ? En tant qu'ancienne élève, vous me devez bien ça !

— D'accord. J'avais dans l'idée d'aller voir samedi matin l'exposition Francis Bacon, au musée d'Art moderne. Nous pourrions peut-être y continuer notre conversation ?

— Cela me va tout à fait. J'espère que vos idées seront moins déstructurées que ses tableaux. Disons 10 heures 30 devant les guichets ? Tenez, fis-je en griffonnant quelques chiffres sur un ticket de métro : mon téléphone... En cas de contretemps.

— Cette fois, il faut vraiment que je file : à samedi ! »

La jeune femme continua sa descente, happée par la bouche métropolitaine.

Je restai un instant à regarder les gens disparaître dans les sous-sols de la ville. Natacha m'attendait.

ESPRIT

Notre temps n'est pas le vôtre. Il se dilate, se rétracte.
Il se traîne, il se hâte. La linéarité n'est pas notre fort, elle
nous ennuie. Une de nos secondes peut coïncider avec
la naissance d'un million des nôtres. Un de vos siècles peut ne
correspondre à rien.
Pour nous, prendre votre contrôle est une affaire de vie ou de
mort. Nous n'avons pas le choix. Même si, avouons-le, nous
en tirons une certaine jouissance. Car nous avons besoin de vous
pour nous reproduire, nous régénérer.
Alors, nous recherchons votre compagnie sans relâche.
Votre compagnie ? Comprenez, pas seulement la vôtre, Homme,
être égocentrique, mais celle de l'ensemble des Vivants.
Sans vous, nous serions bancals, nous nous dissoudrions dans
la poussière. Sans vous, nous nous déliterions comme un rêve.
De tout cela, bien sûr, vous ne pouvez avoir conscience.

Si seulement vous saviez l'influence que nous exerçons sur vous,
votre comportement, votre mental, votre biorythme ! Mais là
encore, votre ignorance est préférable.
Je vous ai longuement étudié. Et pour cause ! Je crois qu'il y a
chez vous une certaine dose de masochisme. Car nous vous
réduisons en esclavage, et vous nous obéissez. Vous, les Puissants,
êtres si terriblement compliqués, vous vous mettez à notre service,
nous, une multitude si simple. Nous vous forçons à travailler
pour nous, vous n'opposez aucune résistance, en tout cas rien
de sérieux. Vous allez même au-devant de nos souhaits.
Vous faites comme nous voulons.
Vos désirs, vos instincts, ce sont les nôtres.

BOURSES

« Tu as fait une nouvelle conquête ? me titilla Natacha dès mon retour.

— Arrête de me charrier, tu pourrais te comporter un peu mieux en présence d'inconnues. Encore un peu et on pourrait penser que tu es jalouse.

— Qui sait ? »

Je préférai glisser. Cela faisait bientôt dix ans que je connaissais Natacha... Et dire qu'au commencement nous étions partis sur une franche camaraderie !

« On dirait que cette Julia t'a tapé dans l'œil.

— Arrête de voir de l'amour partout ! Elle porte le même prénom que mon ex, c'est vrai, ça me trouble un peu. Mais ça s'arrête là.

— En tout cas, crois-en ma vieille expérience, tu ne lui es pas indifférent. Tu aurais dû voir son visage quand elle m'a vue arriver, elle m'a fusillé du regard. Elle a dû me prendre pour une rivale...

— Mytho ! »

Les nouvelles du service étaient peu réjouissantes, la routine en somme. Nous allions nous séparer quand Natacha se rappela un détail.

« Au fait, Max, j'ai découvert quelque chose de curieux aujourd'hui, en consultation. J'ai pensé que cela t'intéresserait. Je faisais remplir le questionnaire habituel à un banquier atteint par le Systac, un donneur que nous avions reconvoqué après contrôle microvidéographique : problèmes de santé dans l'enfance, antécédents de MST, etc. Enfin, tu connais ces vieux questionnaires qui datent de Mathusalem. Arrivé à la case "divers", l'homme m'a spontanément dit : "Docteur, ne riez pas, mais il m'est arrivé récemment quelque chose de curieux. Il y a environ trois semaines, entre 9 et 10 heures du matin, j'ai eu soudain l'impression que mon slip était devenu trop petit. J'étais alors en conférence avec des industriels japonais, mais, inquiété par cette bizarrerie, j'ai réussi à m'isoler quelques instants aux toilettes. En examinant mes testicules, j'ai alors eu la nette impression qu'ils avaient grossi et qu'ils étaient un peu plus sensibles qu'à l'accoutumée. Ça a duré seulement quelques heures, peut-être deux ou trois. En tout cas, lorsque nous avons déjeuné, aux alentours de 13 heures, tout était rentré dans l'ordre. Je n'ai plus rien ressenti de similaire depuis." Tu penses bien que je n'ai pas tout à fait pris au sérieux les déclarations de cet individu, fort prétentieux au demeurant. Mais enfin, cette nouvelle maladie est tellement étrange que j'ai consigné ses dires dans le dossier. Par esprit de système, j'ai interrogé en fin d'après-midi un autre donneur chez qui nous avions également découvert la maladie. Eh bien, tu me croiras si tu veux, mais, en orientant mon interrogatoire, j'ai réussi à lui faire avouer qu'il avait lui aussi ressenti une augmentation transitoire de volume des bourses trois mois auparavant. »

Le signe tant attendu ! Enfin une manifestation objective de la maladie, peut-être même la phase initiale. Bingo ! Je m'exclamai :

« Incroyable ! Le Systac débuterait par une augmentation de volume des testicules ! Et c'est seulement maintenant que nous le découvrons ! Reconvoquons les patients atteints, leur mémoire recèle sans doute quelques perles. »

Je me rembrunis soudain, rattrapé par mon désœuvrement : cela faisait six mois que je ne travaillais plus au CECOS, j'avais oublié. Je n'avais plus aucun pouvoir sur la maladie. Mon ton se fit plus neutre.

« Bravo, Natacha. Tu as sans doute mis la main sur le moment précis du début de l'affection. As-tu demandé à tes deux types s'ils avaient fait quelque chose de particulier dans les heures ou les jours précédant cette manifestation ? S'ils avaient changé quelque chose à leurs habitudes de vie ?

— Tu penses bien que oui. J'ai tenté de passer au crible leur emploi du temps au moment du drame, voyage, alimentation, rapport sexuel sulfureux, etc., mais ça n'a rien donné. Une petite vie bourgeoise bien rangée. L'un et l'autre ont de bonnes situations professionnelles. Leur sexualité est réglée comme du papier à musique. Ce genre d'enquête est difficile à mener. Si on ne recherche pas quelque chose de précis, le plus souvent on ne trouve rien.

— En tout cas, il ne faut pas s'attendre à la multiplication de telles révélations. La stérilité remontant le plus souvent à plus d'un an, il me semble difficile de se souvenir à une telle distance d'un gonflement testiculaire n'ayant duré que quelques heures. Même si cela flatte l'ego ! »

Natacha me regarda comme si j'appartenais à une autre espèce – l'homme, j'imagine.

« Il faudrait peut-être nous focaliser sur le tout-venant, sur le donneur de sperme ordinaire, reprit-elle. Le début de la maladie a alors statistiquement plus de chances d'être récent. »

Je bus une gorgée d'eau, je pensais au liquide amniotique, le nôtre, celui dans lequel nous avions flotté pendant neuf mois. Puis j'eus comme une réminiscence, et les rapports d'autopsie des enfants mort-nés remontèrent à la surface.

« J'ai moi aussi découvert quelque chose de troublant. Peu avant mon départ, j'ai ouvert les dossiers des garçons mort-nés, ceux issus de sperme raide. Pour certains, les rapports d'autopsie signalaient des traces violacées sur les parties génitales, des lésions évoquant des empreintes de doigts.

— Curieux... Je me demande parfois si les FIV n'ont pas été autorisées un peu vite. Tu crois que ces traces sont liées à la maladie ? »

L'esprit du yo-yo m'habitait : l'enthousiasme revenait, j'étais vivant, qu'importaient les difficultés passagères ! Mon cerveau était encore capable de réfléchir, et d'innover ; je continuai sur ma lancée.

« Imaginons un instant que certains de ces fœtus mort-nés aient contracté la maladie *in utero* ; ils auraient pu ressentir les mêmes symptômes que les adultes, à savoir cette pesanteur testiculaire étrange. Or nous savons bien, grâce aux échographies de grossesse, que les mains des fœtus sont particulièrement mobiles. Ces chers bambins sucent leur pouce, jouent avec leurs orteils, etc. Quelle serait leur réaction en cas de gêne testiculaire ?

— Je vois où tu veux en venir. En cas de douleurs intenses, ils pourraient avoir le réflexe de vouloir broyer leurs propres testicules de leurs petits doigts toniques. »

Natacha fit volte-face, enfouit son visage entre ses mains.

« Mais c'est horrible ! Cela signifierait que la maladie se transmettrait aux enfants mâles.

— Peut-être même en sont-ils porteurs dès leur première cellule », repris-je.

Natacha éclata en sanglots. Le café était encore bondé, quelques têtes pivotèrent, voyeuses.

« Excuse-moi, articula-t-elle entre deux hoquets, mais je craque. Cette maladie est vraiment trop immonde. »

Je restais interdit devant la violence de sa réaction. À mon tour de la considérer comme faisant partie d'une autre espèce.

« Et puis je suis enceinte, renifla-t-elle. Ça y est, je l'ai dit. »

Décharge sudoripare.

« De combien ?

— Un mois. »

Calcul rapide. Ouf, notre dernier rapport datait d'environ deux mois, j'étais hors du coup. C'était donc le garagiste... sans doute. Benjamin était mort de puis plus de six mois. Une épine s'enfonça pourtant dans mon ego, quelque chose comme l'angoisse d'un spermatozoïde ayant franchi avec panache tous les obstacles le menant à l'ovule tant désiré et qui, se faisant devancer par un autre un millième de seconde plus rapide, sait qu'il va mourir. Cette fois Natacha allait définitivement prendre ses distances, c'était du sérieux. Inutile de lui faire part de mes sentiments réels.

« Félicitations ! C'est pour quand ?

— Juillet.

— En tout cas, cela prouve que César n'est pas concerné par le Systac ; voilà une bonne nouvelle. Tu n'as aucune raison de pleurer. À moins que tu n'aies subi une fécondation *in vitro*.

— Non, rassure-toi. »

Natacha passa des larmes au rire, arc-en-ciel.

« C'est un enfant naturel... Si l'on peut dire. »

Puis, entre deux reniflements :

« Excuse-moi, je suis à cran, ce doit être les hormones.

— Calme-toi, Natacha, nous avons tous nos limites. Tu devrais peut-être un peu moins t'impliquer dans le service, surtout vu les circonstances.

— Je n'y peux rien, je suis une bosseuse... Et puis ce Systac me tape sur le système. »

Je la regardais se moucher et retrouver le sourire. Ses chagrins, même hormonaux, ne duraient jamais longtemps.

« Pendant que j'y pense, dit Natacha, il y a une chose dont j'aimerais te parler. C'est assez comique. Il y a quelques jours est arrivée en consultation une femme dont nous suivions le mari, justaucorps noir, regard halluciné, lumière tragique. Elle était comme surgie de nos manuels d'endocrinologie de quatrième année. En fait, il s'agissait d'une hyperthyroïdienne en début de traitement, elle avait encore tous les symptômes. Elle était un exemple vivant des problèmes de gestion de la chaleur, tu sais, la carte de visite de la maladie. Cette femme, qui travaillait comme professeur d'aérobic dans un centre de fitness, s'est jetée dans la restitution d'un rapport sexuel, un rapport dans le genre frissonnant. Je te passe les détails, mais au moment suprême, alors que les mouvements de va-et-vient que tu connais étaient sur le point de lui extirper un orgasme juste et sans doute mérité, les cris de jouissance attendus se sont mués en hurlements d'effroi : l'éjaculation était glaciale. L'hyperthyroïdie – ils ont chaud tout le temps – avait rendu Irma hypersensible à toute modification de température. »

Elle crut sans doute l'anecdote destinée à me détendre. Il n'en fut rien, son histoire entrait en résonance avec la mienne. J'avais décidé, en ce jour mémorable, de lui léguer tout ce que je savais : ces vieilles infos ne me servaient plus à rien.

« C'est étrange, on m'a raconté un épisode similaire, c'était juste avant mon renvoi, ma dernière entrevue avec Fron. J'ai occulté. »

Je me lançai donc dans la description de ce professeur de yoga, hyperentraînée à la perception de ses sensations corporelles, qui elle aussi avait ressenti la glaciale éjaculation.

« J'ai eu la même réaction que toi, repris-je, une sorte de doute amusé. J'ai quand même vérifié la température du sperme à l'émission. Eh bien, c'était tout ce qu'il y a de plus exact, il y avait bien quelques degrés de moins au détriment du sperme raide. »

Je la laissai récupérer. Elle était redevenue grave, une ride horizontale barrait son front.

« Idée. Pourquoi ne pas vérifier si ce changement de température est contemporain de l'augmentation de volume des bourses ?

— Max, comment veux-tu vérifier une telle chose ? Je ne peux pas envoyer des bataillons d'hyperthyroïdiennes en chaleur aller chasser le mâle raide. Ou mesurer les diamètres respectifs des bourses de ces messieurs avant et après la maladie. Et puis tu sais bien que toutes les paillettes de sperme, raide ou pas, sont conservées dans de l'azote liquide à $-196\,°C$.

— Il suffirait d'instaurer une mesure systématique de la température du sperme à l'émission. Si la chute est significative, nous pourrions disposer d'un nouveau test fort simple de dépistage de la maladie ; plus besoin de nous arracher les yeux à la microvidéocaméra, dis-je en plissant les paupières.

— Pas bête, Max, pas bête du tout. Mais je ne sais pas si j'ai suffisamment de poids dans le service pour imposer une telle mesure. Tu sais, tu nous manques, au labo. Tout est devenu si routinier. Pour te remplacer, il nous faudrait un élément subversif, qui ne pense pas rond. »

Un élément subversif, moi ! Drôle de perception ! Et pourtant.

Elle regarda sa montre, posa sa main sur la mienne.

« Zut, je suis en retard, il faut que je file. Je vais au cinéma avec mon homme. Et c'est un fou de générique. »

CARNETS

5 janvier

Un nom. Un nom sur une liste, un nom parmi des dizaines d'autres. Un nom honni, qui capture mon regard en plein vol, qui m'écorche les yeux.
Berenson. Le nom de mon bourreau. Ce n'est pas possible... Certainement une coïncidence, une homonymie.
C'est moi qui recrute les stagiaires du centre.
C'est une femme. Julia, Julia Berenson. J'ai mis une croix rouge sur la liste.
Julia, je vais te rencontrer. Alors je saurai.

EXPOSITION

Ce jour-là, la pluie battait le perron du musée d'Art moderne. J'attendais depuis déjà un moment, lorsque je la vis arriver ; silhouette furtive sortie de l'eau, imperméable beige.
« Bonjour, mademoiselle Berenson.
— Bonjour, docteur Journo.
— Vous pouvez m'appeler Max.
— Appelez-moi Julia. »
Début de partie, déplacement symétrique des pièces. L'air était embué de timidité. Je demandai deux billets.
« Exposition seule ou musée plus expo ? »
L'hôtesse était machinale. Je me tournai vers Julia.
« Expo seule, si cela ne vous ennuie pas. J'ai déjà vu plusieurs fois les collections permanentes. »
J'interprétai ça comme un repli. La jeune femme cherchait peut-être à abréger le temps que nous avions à passer ensemble, le réduire au strict nécessaire. Peut-être regrettait-elle d'être venue ? Je me concentrai donc sur le moyen de rendre l'atmosphère plus chaleureuse. Trouver le déclic. Je n'ai jamais été un homme des débuts, pas plus que je ne suis du matin. Aussi avais-je également du mal à démarrer une conversation, en gravir les premières marches. Je ne trouvais mon rythme que plus tard, au détour d'une phrase ou d'une idée qui me faisait rebondir. Ce fut Julia qui me tira de là, ouverture en art mineur.
« Vous connaissez Bacon ?
— Très bien. Il venait régulièrement déjeuner à la maison... Mais il ne nous a jamais dit qu'il était peintre. »
Ses yeux me soupesèrent, je redevins sérieux.
« J'ai déjà vu des reproductions dans des livres, mais je crois que c'est la première fois que je vais voir des toiles en vrai.
— Quand j'étais petite, mon père m'emmenait souvent au musée Guggenheim. Je devais faire un vœu chaque fois que je découvrais un nouveau peintre, un marché entre nous. »
Il y avait sans nul doute un zeste d'accent dans la voix.
« Vous avez des origines américaines ?
— Par mon père seulement, d'où mon nom de famille. Ma mère est française. J'ai passé la plus grande partie de mon enfance aux États-

Unis, et de larges fragments de mes études à faire la navette entre Londres et Paris. Quand mes parents ont divorcé, j'ai suivi ma mère à Paris.

— Et maintenant ? »

Je m'en voulais de paraître ainsi inquisiteur, mais la jeune femme commençait à me captiver.

« C'est un véritable interrogatoire ! » répondit-elle en gravissant les dernières marches du grand escalier du musée.

Le timbre de sa voix était doux. J'eus envie de continuer à l'entendre parler.

« Libre à vous de ne répondre qu'en présence de votre avocat, rétorquai-je, en progrès mais toujours un peu stéréotypé. Votre avocat, c'est moi », repris-je.

— Je me disais bien que je pouvais me fier à vous. J'habite à Fontainebleau, chez ma mère, le temps de mon séjour.

— Un départ, déjà ?

— Pas tout de suite, me sourit-elle. Je suis venue passer deux mois à Paris pour mettre un point final à ma thèse. J'avoue que ces rétrovirus sont très prenants. J'aurais peut-être mieux fait de choisir un thème plus léger. Trois mois et j'avais fini.

— Peut-être un peu trop perfectionniste ? », hasardai-je.

Une brève biographie de Bacon s'étendait, verticale, à l'entrée de la première salle. Julia n'en avait cure, elle avait vu la même exposition à Londres trois mois auparavant. Mais son ancien interne n'était pas obligé d'être au courant. Elle préféra parler des virus, glisser vers sa mission, donner pour recevoir.

« Disons plutôt que le sujet est prenant. Ces petites bestioles qui s'insèrent au cœur de nos gènes sont tout à fait fascinantes. Ce qui me trouble, c'est leur capacité à nous modifier de l'intérieur, le plus souvent en toute impunité, à l'abri de nos défenses immunitaires. »

Un immense portrait de Francis Bacon, un tirage en noir et blanc, nous surplombait, interlocuteur tacite. Julia semblait le prendre à témoin.

« Les rétrovirus sont à mon avis parmi les formes les mieux adaptées à nous, les plus dangereuses. Certains nous sont devenus familiers, Sida, herpès, etc., d'autres nous sont parfaitement inconnus, sans doute la partie immergée de l'iceberg. Bon nombre de cancers ou de maladies chroniques sont liés à des rétrovirus tapis dans des régions inconnues de nos chromosomes.

— Nous n'en avons aucune preuve. »

Silence radio, deux vérités pour une même réplique. J'avais de bons souvenirs de biologie moléculaire, cette classe de virus vraiment à part m'avait un temps fasciné.

« Et après votre thèse, que comptez-vous faire ? » repris-je au bout d'un moment.

Hésitation. La première salle de l'exposition concernait les œuvres de jeunesse de l'artiste : une personnalité déjà affirmée, mais une peinture somme toute académique. C'était avant que tout bascule.

« Je retournerai terminer mon stage à Porton Down. Il me reste encore quelques mois à passer là-bas. Je resterais peut-être en Angleterre, à moins que je ne trouve un labo qui veuille bien de moi en France. Cela va dépendre de beaucoup d'autres choses. »

Porton Down, c'était La Mecque de la virologie anglaise, l'équivalent du CDC* d'Atlanta ou du Koltsovo russe. Julia était bien modeste, ce devait être quelque élément brillant. J'ignorais encore que son recrutement était pipé. Mais pas tant que ça. Curieusement, la jeune femme me livra ensuite des éléments autobiographiques.

« Mon père était médecin colonel dans l'armée américaine, militaire de carrière si vous préférez. Quand j'y pense, je l'ai finalement assez peu connu : toujours en mission, l'Afrique, l'Asie du Sud-Est, l'Amazonie. Il s'occupait d'épidémies. Mais quand il revenait, c'était la fête ; il me faisait travailler, s'intéressait à mes études ; nous partions en voyage dans le désert, les montagnes, ces endroits que seules les cartes de l'armée mentionnent. »

Pourquoi me racontait-elle cela ? Fragments de vie aux parfums de confidence ? D'autant que le sujet sentait le soufre, ou plutôt le napalm.

« Votre père vit toujours aux États-Unis ?

— Mon père est mort. »

Une toile de Bacon passa. Julia enchaîna, avec un enjouement de façade.

« Et comme, aux dires de mes professeurs, j'étais loin d'être une imbécile, j'ai pu continuer le travail initié par mon père près de trente-cinq ans plus tôt : les microbes ou les hommes, telle est la question.

— Certains métiers découlent parfois d'un Œdipe mal résolu.

— Dans mon cas, il s'agit plutôt du rêve d'Icare. »

La mythologie au secours du désespoir. Mais c'était pas mal trouvé pour évoquer l'accident d'avion dans lequel son père avait péri. Elle reprit, sur un air de défi.

« Peut-être, mais j'ai toujours eu l'impression d'avoir fait ce que j'ai voulu. »

---

* *Center for Disease Control.*

Et profita du changement de salle pour contre-attaquer.

« Quel est l'individu dont on peut dire qu'il est déterminé uniquement par lui-même ? Que l'on agisse par mimétisme ou par opposition, on se réfère toujours à un modèle, même inconscient. Vous, par exemple, pourquoi avez-vous choisi cette voie plutôt qu'une autre ? »

Julia me regarda droit dans les yeux.

« À vrai dire, totalement par hasard, clignai-je, renvoyant la balle comme je pus. Je disposais seulement de quelques heures pour m'inscrire à une faculté entre le moment où j'ai eu mon bac et celui où je devais partir en vacances. Le sort a voulu que je choisisse médecine.

— Max, je ne crois pas à votre réécriture de l'histoire, cela revient à dire que Paul Mc Cartney a écrit *Yersterday* en deux minutes, un matin au saut du lit. Au sens littéral, c'est peut-être exact, mais on oublie les milliers d'heures de composition et d'apprentissage qui ont précédé, l'amitié et la compétition avec Lennon, autant de ressorts intimes.

— Alors, d'après vous, qu'est-ce qui m'a motivé ?

— Sans doute un désir probablement beaucoup plus profond que vous ne l'imaginez. Vous n'auriez jamais pu tenir dix années d'études si vous n'aviez une motivation secrète, quelque contentieux caché. La vie nous distribue certaines cartes, à nous de gagner les autres. Vous n'auriez pu devenir le Dr Maxime Journo, interviewé dans *L'Express* sur sept pages, et cité dans les principaux médias internationaux, si une part de vous, vos bonnes cartes en quelque sorte, n'était faite pour ce métier-là. »

Le joueur qui sommeillait en moi ouvrit un œil.

« Une part de moi l'était, sans doute. Mais honnêtement, avec un jeu pareil, j'aurais mieux fait de me coucher. J'aurais pu trouver quelque chose de plus adapté à ma nature profonde. »

Je la regardai intimement, elle soutint, je bluffais.

« Mais bravo pour le portrait du personnage. »

Julia sourit, elle ne répondit pas tout de suite. Un attroupement s'était formé autour d'un portrait au visage « gommé ».

« Je me suis toujours demandé à quoi rattacher le processus d'effacement des visages chez Bacon, déclara-t-elle finalement.

— La maladie du sperme raide n'existait pas, du moins pas officiellement, lorsqu'il a peint ces toiles. Mais Bacon a eu une sorte d'intuition géniale de ce qu'elle allait être : un processus d'effacement de l'espèce humaine.

— C'est troublant, ce que vous dites. Pourtant ces représentations doivent aussi avoir une dimension individualiste. Elles sont l'aboutissement d'un cheminement personnel. C'est drôle, elles me font penser à l'effacement du visage d'une personne aimée dans la mémoire des survivants.

— Ou au début du processus de putréfaction du corps lorsque la mort s'en empare. C'est aussi une espèce d'effacement. »

La conversation resta suspendue en l'air, je pensais à Benjamin. Dans quel état devait-il être, à présent ? Nous continuâmes notre progression parmi les huiles et les fusains, sans rien ajouter, mais ce n'était déjà plus le silence des débuts, c'était un silence organique, les mots avaient tissé leur toile, installé leurs balises, les gestes étaient en phase ; Julia allait pouvoir enclencher la phase B.

CARNETS

7 janvier

C'est elle, je le sens : la ressemblance est frappante, les photos de son père de face et de profil, militaire oblige, hantent mon esprit depuis tant d'années. Même front ovale, même moue boudeuse, même détermination dans le regard. Le pire c'est qu'elle est mignonne.
Beau curriculum, études parisiennes, hôpital Saint-Antoine, je crois. Internat en vadrouille, semestres en Afrique. Son père l'a poussée à embrasser la carrière humanitaire, m'a-t-elle dit : il peut, le salaud, soulager sa conscience sur le dos de sa fille.
Stage au CDC d'Atlanta au retour d'une mission, vocation pour les virus.
Je voudrais en savoir plus sur le géniteur : qu'elle me serve du Berenson intime, le bourreau avec sa femme, sa fille. Avait-il des manies ? Était-il violent, acariâtre, cruel, incestueux ?
Parler du père est difficile au cours d'un entretien d'embauche, elle se rétracte bizarrement dès que l'on essaie d'aborder la question de son univers familial.
Mais j'y arriverai, je saurai, je la séduirai. Et puis je la ferai souffrir, je la rendrai folle. Elle paiera.

10 mars

Mission accomplie. Julia s'est couchée hier, cela m'a coûté cher. J'ai été obligé de lui refiler une thèse sur les rétrovirus. Bien sûr, je la bride pour qu'elle ne découvre pas trop de choses.
J'ai crié au moment suprême, elle a dû prendre cela pour de l'extase. Elle m'a demandé si tout allait bien. Moi, je pensais au hurlement des brûlés, je « faisais l'amour » avec son père. D'ailleurs, cette expression typiquement humaine m'insupporte. Moi, je faisais la haine.

CONFIDENCES

« Cette nouvelle maladie a l'air de vous causer bien des soucis.

— C'est vrai, je me sens en quelque sorte personnellement impliqué : c'est moi qui ai découvert le premier l'anomalie, je suis amené tous les jours à en apprécier les conséquences sur le terrain – enfin, j'étais, rectifiai-je *in petto*. Lorsque vous entendez à la radio ou à la télévision que « seulement » 3 % de la population masculine sont concernés, cela peut paraître abstrait ou minime. Mais quand vous recevez tous les jours des couples atteints, votre vision change. Surtout lorsque vous constatez qu'une maladie encore inconnue hier est en passe de devenir la première cause de stérilité. La peur peut alors parfois vous étreindre.

— D'autant que, d'après ce que je crois savoir, il n'existe à ce jour aucun traitement pour juguler l'affection ou même s'en prémunir.

— C'est malheureusement exact. Si vous ajoutez à tout ça que la maladie semble progresser à une vitesse galopante, vous avez entre les mains un cocktail explosif. Et puis, je suis un homme, et comment dire, à ce titre, je me sens peut-être plus concerné. Un de mes meilleurs amis, qui s'occupe également de problèmes de stérilité, est d'ailleurs atteint. »

Je faisais allusion à mon copain de fac Joe Aladef, revu à Cardery Street. Puis l'ombre de Fron, pitoyable et cynique, me tendant une lame de son propre sperme pour que je l'examine, me traversa l'esprit.

Julia, en bonne observatrice, se tut ; elle comprit que j'allais me lancer dans une longue tirade.

« L'émergence du Systac m'a appris à lire l'actualité différemment ; ainsi, lorsque j'entends dire que telle ou telle crèche a vu ses effectifs divisés par deux dans certains quartiers, ou que les ventes de petits pots ou de couches ont chuté de moitié dans les magasins des centres-villes, je pressens les conséquences d'une chute de la natalité à plus grande échelle. Et encore, le marasme de certains secteurs de l'économie mondiale ne serait rien s'il ne se doublait d'une catastrophe humaine. Imaginez dans quelques années ces villes désertées, ces écoles fermées, ces immeubles à vendre ne trouvant plus d'acquéreur, et surtout des vieux, des vieux partout. Partout des femmes ménopausées, ayant ovulé pendant tous ces cycles en vain. Et puis des hommes, des hommes hagards au regard vide au coin des rues. D'après les projections statistiques les plus sérieuses, nous devrions avoisiner les 50 % de sperme atteint avant deux ou trois ans, tout au moins dans les pays dits développés. Il ne me reste peut-être plus qu'à faire mes valises et à aller vivre en Inde ou en Afrique centrale si je veux échapper au fléau. Bien sûr que je me sens personnellement concerné. Tout le monde est concerné ; vous aussi, Julia.

— Je trouve vos prédictions un peu alarmistes. »

Julia était à l'évidence mal à l'aise.

« Rien ne dit que l'incidence de la maladie va continuer à doubler tous les six mois. »

Autour de nous, les hommes et les femmes contorsionnés de Bacon contribuaient à appesantir l'atmosphère. L'un des portraits faisait songer à la photographie d'un homme en mouvement prise à une vitesse très basse. Bacon avait lui aussi beaucoup travaillé sur le mouvement, mais à une échelle bien plus grande. Bacon et les spermatozoïdes, un raisonnement analogique aux rapports ténus. J'hésitai : j'avais envie de parler, de me confier plus avant à cette jeune femme. Mais il me fallait descendre de mon piédestal. Les secrets les plus lourds sont les plus agréables à partager.

« Vous savez, me décidai-je, ce qui me fait le plus enrager, c'est de ne plus travailler au labo, alors que nous aurions actuellement besoin de toutes les énergies. »

Julia resta bouche bée : énorme déception, sans doute. Alors ainsi, je ne faisais plus partie du sérail ! Erreur d'interprétation de ma part...

J'ignorais que je vivais un de ces moments magiques dont tout une vie dépend. Elle aurait pu me planter là, filer sous un prétexte quelconque. Mais non. Pourquoi ? L'ébauche d'un lien ? Une manifestation d'altruisme ? Ou l'éventualité de récupérer quelques miettes du Dr Journo, malgré tout ?

« Vous ne travaillez plus du tout au CECOS ? finit-elle par articuler.

— Disons que mes déclarations dans *L'Express* n'ont pas été du goût de tout le monde. J'imagine que quelqu'un en haut lieu aura demandé ma tête... et l'aura obtenue. Vous savez, la médecine française est restée très dépendante du pouvoir politique, tout au moins dès que l'on commence à s'élever dans la hiérarchie hospitalière. Mais tout cela est de ma faute. Je me suis jeté tout seul dans le vide, sans parachute. Il aurait suffi que j'attende seulement quelques jours de plus. Scoop mardi, au goût du jour mercredi, pétard mouillé jeudi. Mais attendre n'a jamais été mon fort. Et je souffrais d'un problème de conscience. Nous savions tous depuis quelques mois déjà ce qui se passait, et nous n'avions encore rien dit, pas même aux couples concernés. J'estimais que c'était à moi, l'explorateur, de parler le premier. Peut-être ai-je manqué d'humilité, après tout. »

Maintenant que les années ont passé, je me demande si je ne suis pas sous l'emprise de quelque instinct suicidaire qui m'a fait agir ainsi... Payer pour l'origine, l'originel.

« Je pense que vous n'avez peut-être pas su gérer le stress inhérent à une découverte d'une telle ampleur. Personne n'est préparé à ça. Mais puisque je vous ai sous la main, puis-je savoir ce qui vous a mis la puce à l'oreille ? Comment avez-vous mis en évidence l'anomalie ? »

L'espace d'un instant, je m'imaginai en compagnie d'une groupie. J'eus envie de raconter l'histoire de ma découverte comme je ne l'avais encore jamais fait. J'étais à mille lieues de penser que l'on me soutirait des informations.

« Eh bien, ce devait être il y a un peu plus d'un an, j'ai ressenti confusément que quelque chose ne tournait plus rond dans le microcosme du CECOS. Le pourcentage des couples stériles à tests de fécondité normaux était devenu vraiment élevé ; il devait y avoir un détail, quelque chose d'anormal qui nous avait échappé. »

Julia avait l'air avide, l'air de celle qui prend des notes dans sa tête.

Je me lançais donc dans le récit de la découverte de l'anomalie. La coupure d'électricité, le dysfonctionnement de la microvidéocaméra, la découverte de la raideur spermatozoïdienne. Je lui racontais comment le déréglement du matériel m'avait conduit à travailler à une vitesse de défilement de bande inusitée, la vitesse 4. Et puis la réaction de Natacha : « Une hécatombe, une véritable hécatombe. »

— Génial ! s'exclama-t-elle. Enfin, je veux dire effrayant bien sûr, pour la maladie, mais en même temps, je vois bien à quel point vous avez dû vivre un moment extraordinaire, le rêve de tout chercheur. Le grand soir !

— Nous avons passé ce grand soir à dresser un premier bilan, répondis-je grisé par son enthousiasme. Une fois que nous savions ce que nous devions chercher, identifier ce qui allait devenir le Systac était presque devenu un jeu d'enfant. Comment avions-nous pu voir défiler mois après mois ces spermes bons à jeter à la poubelle sans rien remarquer ? La maladie s'était installée incognito. Nous en avons ensuite parlé au staff du service. Fron, le patron, et Aviloine, devenu son nouveau bras droit depuis mon départ, ont commencé par soutenir l'idée qu'il devait y avoir eu une erreur de manipulation ou de préparation du sperme avant examen microvidéographique. Mais leurs réserves ont rapidement été balayées devant l'évidence : une nouvelle maladie était née. À partir de ce moment-là, j'ai été dépêché dans tous les CECOS de France pour leur porter la mauvaise nouvelle. C'est également à peu près à cette époque que d'autres labos à travers le monde ont commencé eux aussi à se rendre compte. Mais, du fait du caractère extraordinaire du dossier, nous communiquions les uns avec les autres "sous le manteau". C'est alors que le vieux Pr Fenwick, de l'Université du New Jersey, a pris la décision qui s'imposait : nous réunir tous, nous, les professionnels du sperme, dans un endroit secret. Il s'agissait en fait d'une simple formalité, car nous nous doutions bien que nous avions tous constaté la même anomalie, mais il fallait, avant d'avertir le grand public, que nous définissions des critères universels de diagnostic. Il n'y avait d'autre choix que de se retrouver en un même lieu. Un mini-congrès ultra-secret eut donc lieu au 21 Cardery Street, à Londres.

— Ce n'est pas possible ! Ce ne serait pas au New Delhi Hotel, par hasard ? demanda Julia en se mordant la lèvre.

— Comment le savez-vous ?

— Je le connais, répondit Julia encore sous le coup de la surprise. J'y suis descendue plusieurs fois. Un peu vieillot mais confortable. De bons souvenirs.

— Encore une coïncidence, murmurai-je.

— Pourquoi "encore" ? rebondit Julia, l'ouïe fine.

— Je vous expliquerai. »

Devant nous une foule circulaire faisait face aux tonalités orange et rouges du fameux triptyque *Trois études pour une crucifixion*. Julia n'insista pas.

« Venez, dis-je, allons ailleurs. Il règne une telle terreur dans ces tableaux. »

CARNETS

25 mai

C'est le plus beau jour de ma vie. Je n'en reviens pas. Je t'ai retrouvé, enfin ! Tant d'années ont passé, de nouveau je peux prononcer ton nom. De nouveau je retrouve le chemin qui mène jusqu'à Toi. Vivant, tu es vivant. Tu agissais dans l'ombre et tu ne m'avais rien dit, tu ne m'as envoyé aucun message. Bob, Bob, Bob. J'ai envie de hurler ton nom. Je t'avais oublié. Tu me rejoins.
C'est elle qui a attiré mon regard.
Systac, ils t'ont nommé Systac, c'est ainsi qu'ils dépeignent tes agissements. C'est beau. Ils pressentent en toi le système.
Comment n'y ai-je pas pensé moi-même ? Pourtant, cette baisse de fécondité m'a plus d'une fois fait dresser l'oreille. Mais ce n'était qu'un soupçon formel, une pensée fantôme. Oui, c'est vrai, une ou deux fois, je me suis dit : et si c'était toi ? Et si, derrière ces statistiques indélicates, tu étais là, sorti de nulle part, à manœuvrer dans l'ombre ? Pourtant, je m'interdisais aussitôt de telles élucubrations, rien ni personne ne suggérait l'émergence d'une maladie nouvelle. Cela fait déjà pas mal d'années que l'on sait que la qualité du sperme baisse. J'ai lu les premiers papiers là-dessus il y a plus de vingt ans, bien avant ta mise au point. Alors, pardonne ma prudence, excuse mes doutes.
Revenons à ce matin. Imagine ma stupéfaction lorsque j'ai lu l'interview de ce médecin français. J'ai tout de suite reconnu ta signature. Cette maladie du sperme raide, c'était toi ! Toi tel que je t'ai voulu, tel que je t'ai inventé, tel que je t'ai désiré.
Et c'est elle qui m'a fait lire l'article. Elle me rend fou, je la hais. Elle me fascine : « Ne faut-il pas voir là la

trace d'un rétrovirus ? » m'a-t-elle susurré de sa voix ingénue, alors que toute la planète s'interroge. Je n'aurais jamais dû lui confier ce sujet de thèse. Elle y travaille comme une forcenée. Plus je la rabaisse, plus elle recherche la perfection, l'idée neuve : je reconnais bien cet esprit, acharné et systématique. L'empreinte du père.
Mais elle ne nous gâchera pas la joie des retrouvailles, n'est-ce pas ? Où étais-tu pendant toutes ces années, vieux bougre ? Que t'est-il arrivé ? Quel a été ton chemin ? As-tu colonisé des animaux, des plantes ? As-tu erré dans les forêts, les jardins, les fleuves ? Depuis quand as-tu pris tes quartiers chez l'homme ? Es-tu toujours animé de cette soif de vengeance que je t'avais insufflée ? Il me tarde de te retrouver.

25 mai

Confidence post-coïtum : elle le connaît. Elle connaît ce médecin français, un vague chargé de travaux dirigés lorsqu'elle était en troisième année de médecine. Elle croit se souvenir qu'elle ne lui était pas indifférente, échange de regards allusifs, amour platonique : prétentieuse !

SUSPICION

Nous descendîmes les marches qui conduisaient à la cafétéria, Julia était de nouveau silencieuse. Sa question suivante fut hors mission, dans le genre altruiste.

« Comment ont-ils osé ?

— De quoi est-ce que vous parlez ? »

Mon regard s'était arrêté sur une sculpture des années 1930.

« Comment ont-ils pu vous écarter de la sorte ? Et ce Fron, il n'a pas levé le petit doigt pour vous aider, après tout ce que vous avez fait pour lui et pour son foutu service ?

— Entre un chef de travaux devenu encombrant et un pays en colère, le choix a dû être facile. D'après les derniers développements de l'affaire, il semble que le sacrifice de l'un n'ait toutefois pas empêché la révolte de l'autre.

— Mais pourquoi ne vous êtes-vous pas défendu ? Vous auriez pu appeler ce Latran et lui annoncer votre disgrâce. Imaginez le papier ! C'est un sujet dont les journalistes raffolent, mélo à souhait. Le gouvernement aurait été dans l'obligation de vous réintégrer... »

Julia observa un temps d'arrêt.

« Mais peut-être ne devrais-je pas... Après tout, nous ne sommes encore que deux inconnus l'un pour l'autre. »

Elle me touchait, cette fille.

« Non, au contraire ; cela me fait du bien d'entendre enfin quelqu'un qui ne cherche pas à me passer hypocritement la pommade. Bien sûr que j'ai pensé à avertir la presse. Mais c'était risqué. En agissant de la sorte, j'aurais également pu perdre à tout jamais la possibilité de réintégrer un quelconque CECOS. Après tout, je ne suis écarté que pour un an, le temps que l'affaire se tasse. Six mois sont déjà passés. Et puis, j'avais l'impression que mes patients m'en voulaient à mort pour leur avoir dissimulé la vérité. J'ai reçu plusieurs lettres d'insulte, des gens dont j'avais trahi la confiance, sans parler des courriels et des coups de fil.

— Je pense au contraire que vous aviez toute latitude pour réagir. Dans nos pays, même les assassins se transforment en victimes, et les victimes en héros. Ces gens vous auraient pardonné. Vous pouvez vous imaginer que cette nouvelle maladie a peu de chances de trouver une solution dans les six prochains mois. Vous n'allez pas attendre qu'ils vous rappellent pour rentrer "à la maison" l'air de rien ! Pourquoi est-ce que vous ne démarchez pas un laboratoire étranger ? On s'arracherait un type comme vous. Vous n'auriez que l'embarras du choix. Appelez ce Fenwick : connaissant votre rôle initiatique, il ne manquerait certainement pas de vous trouver quelque chose, vous pourriez ainsi continuer vos travaux. Le pire, c'est d'avoir perdu toute possibilité de vous exprimer, pour vous ça doit être terrible !

— Fenwick est mort il y a deux mois. »

Ce fut tout ce que je trouvai à répondre.

« Condoléances. Mais ce n'est pas une raison. Max, j'avoue qu'il y a chez vous quelque chose qui m'échappe. Vous tenez un discours catastrophiste sur l'avenir de l'humanité, décimée, vieillie, affaiblie. Et puis vous subissez les événements sans rien faire, attendant d'après ce que j'ai cru comprendre que votre collègue Natacha vous apporte des nouvelles fraîches de votre ancien service. Vous qui avez été capable de faire le tour de France des CECOS, d'évoluer à Londres parmi les plus grands, et enfin de faire une découverte capitale pour l'humanité, vous voilà réduit à mendier des informations de seconde main ! Si vous attendez de Fron ou du ministre une quelconque réhabilitation, vous vous trompez, chacun ne voit que son intérêt. Ils se soucient de Maxime Journo comme d'une guigne. Ils vous rappelleront effectivement dans quelques mois, quand la situation sera devenue tellement catastrophique qu'ils ne pourront plus se passer de vos services. Que ferez-vous alors ? Vous retournerez au bercail comme si de rien n'était, en vous disant : "La France a besoin de moi." ? »

Julia soufflait sur les braises de mon amertume. C'est vrai que je n'avais jamais digéré ma mise à pied. Mais pis encore, en l'écoutant parler, je m'aperçus que je n'avais jamais voulu regarder les choses en face. Pendant six mois, j'avais fui. Il était temps de réagir. Le vent de la révolte se leva en moi. Mais pourquoi donc cette Julia sortie de nulle part me poussait-elle ainsi à l'action ? Allez savoir. Quoi qu'il en soit, l'effet fut positif ; son discours me fit reprendre des couleurs, regonfla mon ego. Après ces mois d'abattement, je compris enfin que j'avais une revanche à prendre, une affaire personnelle à régler. Cette maladie était progressivement en train de devenir ma maladie, un combat que je devais moi-même livrer.

Pris par le feu de la conversation, nous descendions les marches au compte-gouttes.

« Lorsque nous nous sommes quittés l'autre jour, finis-je par répondre, vous m'avez parlé d'une éventuelle origine infectieuse. »

Les yeux de Julia gagnèrent en éclat. Je revenais dans la course, elle l'avait perçu. Sans doute ravie de sa force de persuasion, la jeune femme descendit encore une ou deux marches.

« Écoutez, je ne pense pas être la seule épidémiologiste à y avoir songé ; mais d'après tout ce que j'ai pu lire à propos de ce Systac, on retrouve comme la signature d'un processus épidémique. »

Nous étions à l'époque en pleine psychose bioterroriste.

« L'hypothèse d'une infection a été évoquée depuis le début, mais on n'a jamais trouvé aucune preuve.

— Cela ne prouve rien. Vous savez, l'épidémiologie, c'est l'apprentissage du raisonnement à l'envers ; vous autres, médecins de terrain, vous partez du patient que vous avez en face de vous, et vous tentez de regrouper les signes qu'il présente en ensembles cohérents. Votre but est en définitive de faire coller ses symptômes avec votre bibliothèque intérieure, synthèse plus ou moins réussie entre ce que vous avez appris pendant vos études et votre expérience. Vous essayez de retrouver dans votre mémoire des cas semblables ou approchants. En définitive, vous raisonnez par analogie. Si vous n'avez jamais rencontré personnellement de cas similaires, ou si les différents symptômes dont vous disposez sont discordants, vous piochez dans vos livres ou appelez un confrère dont vous pensez qu'il a plus d'expérience que vous dans le domaine.

— Admettons, dis-je. Bien vu.

— Je schématise à dessein pour mieux faire ressortir les différences. Un épidémiologiste raisonne au contraire sur les grands nombres. Ce qui l'intéresse, ce sont les populations, les migrations, la géographie. Un symptôme le fera peu réagir en tant que tel si on ne le retrouve pas chez un nombre important de personnes. L'enquête épidémiologique a ainsi beaucoup de points communs avec une enquête policière. Comme elle, elle est à l'affût d'indices et procède par recoupements, comme elle, elle s'oriente parfois sur une fausse piste.

— Comme elle... elle recherche le coupable.

— Le coupable du Systac se cache, il nous nargue. Je me suis amusée à examiner la maladie par la lorgnette de l'épidémiologiste. »

Considéré de la marche sur laquelle je me trouvais, le point de vue sur Julia était remarquable.

« Et qu'avez-vous découvert ?

— Dès le premier coup d'œil sur les chiffres communiqués par la presse, même un béotien se rendrait compte d'une chose : leur caractère fantaisiste. Les uns parlent de 80 %, les autres de 3 %, d'autres encore de 0,5 %. Cette "fantaisie" n'est pas forcément le témoin d'un quelconque manque de professionnalisme, c'est un véritable indice. Elle signale à l'épidémiologiste une répartition très inégale de la maladie au sein des différents groupes humains.

— Vous voyez juste. Ces chiffres éminemment variables s'expliquent aisément : dans certains pays, les statistiques sont communiquées quartier par quartier. Tout dépend donc du centre de prélèvement dont le journaliste tire ses sources. Pour ne vous citer par exemple que le cas de New York, je peux vous dire que les pourcentages de sperme atteint constatés dans le Bronx sont presque huit cents fois inférieurs à ceux relevés à Long Island.

— Et qu'en est-il en France ?

— Je n'en sais rien. Nous ne disposons, hélas, au CECOS de Necker que d'un taux global d'environ 4 à 5 %, soit un peu plus que la moyenne nationale, mais nous recrutons sur Paris et sa banlieue. »

Je m'assis sur une marche. Julia m'imita. Nous nous retrouvâmes côte à côte. Contact.

« Il serait intéressant d'effectuer une nouvelle évaluation en tenant compte du critère de l'adresse, reprit-elle. Il est probable que nous arriverions à des résultats comparables à ceux des Américains, taux plafonds à Neuilly-sur-Seine et planchers à Garges-lès-Gonesse, par exemple.

— N'est-ce pas un peu exagéré, Julia ? À vous entendre, le Systac serait une maladie de riches.

— Maladie de riches et de pays développés, profondément inégalitaire, maladie élitiste. »

Je restais pensif un moment, je me souvins des informations glanées à Cardery Street. Cela concordait.

« J'aurais dû vous rencontrer plus tôt. »

Julia se leva pour masquer un léger trouble. Je me dépliais à mon tour, continuant comme si de rien n'était.

« Lorsque j'étais au New Delhi Hotel, j'ai fait la connaissance du Dr Ahmed D. Malik, de Dubaï. Avec toute la discrétion inhérente à ses fonctions, il m'a avoué que plus de 50 % des membres de la famille royale étaient atteints, contre un infime pourcentage au sein de la population bédouine. Je me souviens également d'avoir appris que la nation indienne était très peu concernée, et que les quelques cas signalés vivaient dans les grandes villes, souvent plus prospères que les campagnes.

— Merci d'étayer ma théorie, reprit Julia. Je pense qu'un tel mode de répartition permet d'éliminer en premier lieu l'hypothèse d'un agent polluant ; nous verrons pour les autres causes potentielles ensuite. Une pollution accidentelle, par exemple de l'eau ou de l'air, ne ferait pas un tel tri entre les individus. Tout un quartier ou toute une ville seraient atteints. Il n'y aurait pas, comme c'est le cas avec le Systac, quelques heureux élus, ou quelques malchanceux.

— Malgré tout le respect que je dois à votre science épidémiologique, Julia, il se peut qu'il y ait un biais. Vous avez pris comme cas de figure un polluant contenu dans l'air ou dans l'eau, des "fluides universels". Mais imaginez que la substance toxique soit présente par exemple uniquement dans certains objets, surtout manipulés par les gens riches. Imaginons, par exemple, que la substance toxique soit contenue... dans l'or ou les grosses coupures. Cela pourrait expliquer que seules les personnes financièrement aisées soient atteintes.

— Votre observation ne manque pas de finesse, pour un non-épidémiologiste, répondit Julia, narquoise, mais on voit mal dans ce cas-là pourquoi les femmes seraient épargnées. On n'a pour l'instant rien retrouvé d'anormal au niveau des ovules – corrigez-moi si je me trompe. Je sais bien que les biologistes nous appellent de plus en plus souvent le "sexe fort", mais tout de même !

— Peut-être s'agit-il d'un polluant misogyne ?

— Admettons effectivement qu'il n'aime pas les femmes, un polluant macho, si vous préférez. Mais son amour pour les hommes me paraît très électif. Pourquoi un polluant choisirait-il juste de ne paralyser qu'une fonction précise des spermatozoïdes et de ne toucher qu'un seul organe ? Les pollutions sont rarement aussi sélectives. La matière vivante est universelle, et elle est fondamentalement de même nature, quels que soient les tissus. Le toxique, s'il existait, devrait toucher à la fois les testicules, les poumons, le foie, les reins, bref, d'autres organes vitaux. Et ce n'est pas tout. On voit mal pourquoi cette hypothétique substance se limiterait à l'homme. On devrait la retrouver également chez les animaux, les végétaux, l'eau des rivières, que sais-je encore. Toutes les pollutions procèdent ainsi. Or, pour autant que je sache, rien à signaler de ce côté-là.

— Vous avez répété avant de venir ? »

Julia avait l'air de passer un bon moment, elle me sourit.

« C'est vrai que j'ai tout cela dans la tête depuis un certain temps. C'est une maladie qui fait phosphorer. Mais, de votre côté, vous avez l'air de percuter, ça fait plaisir.

— J'aurais décidément dû m'inscrire au certificat d'épidémiologie, répondis-je. J'ai peut-être raté ma vocation. »

Le bulldozer Julia était lancé. *A posteriori*, il m'est effectivement difficile de dire si elle avait révisé son sujet, si elle élaborait ses idées à mesure qu'elle parlait ou si, tout simplement, elle voulait faire le point, dopée par une oreille attentive.

« La presse a également évoqué l'hypothèse d'une mutation, dit-elle. Cette idée ne tient pas debout non plus.

— La maladie se comporte pourtant comme s'il s'agissait d'une mutation acquise. D'un seul coup, ou presque, des spermatozoïdes se mettent à se comporter différemment. On peut penser qu'un des gènes intervenant dans leur mobilité a été modifié.

— Il est vrai que la maladie du sperme raide, enfin le Systac, appelez ça comme vous voudrez – habile, Julia, de jouer ainsi l'ingénue, alors que tu as la charge du dossier – fait penser à une transformation brutale d'un gène. Mais pas par mutation. Les mutations sont des événements très rares, une chance sur un million pour un gène donné. On ne change pas de gène comme de chemise ! Une mutation aurait donné lieu à quelque maladie orpheline. Rien à voir avec l'incidence hallucinante du Systac. »

Je me fis l'avocat du diable, le plaisir de voir fonctionner mon élève.

« Vous parlez de mutation spontanée. Mais imaginez une mutation truquée, un accident chromosomique produit par une substance toxique. On sait par exemple que l'exposition aux radiations peut entraîner la mutation d'un gène. Pensez aux taux de leucémies chez les survivants d'Hiroshima, aux cancers de la thyroïde après Tchernobyl.

— Max, j'ai l'impression de jouer au jeu de l'oie. Une mutation engendrée par un toxique serait un événement égalitaire, universel. Elle ne s'attaquerait pas uniquement aux gènes des personnes riches. Vous voyez bien que l'hypothèse de la mutation ne tient pas.

— Lancez les dés, un, trois. Vous êtes à nouveau sur la case modification génétique.

— Maintenant, nous sommes ensemble. Je suis d'accord avec vous pour penser qu'un gène est modifié, même s'il ne s'agit pas d'une mutation ; quelque chose a dû se fixer sur l'ADN constituant les gènes de mobilité du spermatozoïde, j'imagine qu'il y en a plusieurs, et l'empêche de fonctionner normalement. »

Nous nous étions assis, face à face, à une table de la cafétéria, un peu à l'écart. Ses mains étaient marbrées de bleu, déjà des problèmes circulatoires périphériques.

« À vous de jouer », lança-t-elle, peut-être provisoirement fatiguée de produire de la matière à penser.

La nature même de la conversation me forçait à dévoiler à Julia de plus en plus de choses. Depuis que nous avions abordé cette histoire de gène, ma pensée s'était focalisée sur un être, Benjamin. Inspiration soudaine, intimité scientifique, ou volonté de la séduire en lui livrant des éléments surprenants, j'ignore encore ce qui m'a pris.

« Mon meilleur ami est mort ; il souffrait du Systac.

— Désolée.

— C'était il y a six mois. J'ai eu le temps de me remettre. N'allez pas croire que je vous raconte ça pour faire l'intéressant – elle sourit. Je voudrais vous confier un secret, un secret tant privé que médical, en rapport avec l'affaire, un truc qui sent le soufre. Zéro publication sur la question, aucun autre cas recensé à ce jour. Vous me promettez de garder le secret ?

— Je ferai de mon mieux.

— Bon. Vous savez peut-être que tous les examens réalisés *in vivo* au niveau des bourses des sujets systaquiens – le mot commençait d'apparaître – ne donnent rien. Microbiopsies, échographie, IRM, PET scan, etc. Les tissus des hommes atteints sont strictement superposables à ceux des sujets normaux. »

Julia acquiesça.

« Mon ami s'est tué dans un accident de moto. Il se savait malade, je vous passe les détails. Il a demandé à ce que j'assiste à l'autopsie.

— Il s'est passé quelque chose ?

— Lorsque le légiste a ouvert ses bourses, nous avons constaté avec effroi l'indicible. Ses testicules étaient désintégrés, transformés en une sorte de magma fibreux. Aucune structure habituelle reconnaissable à l'examen. »

La virologue épidémiologiste m'attrapa le bras comme on s'agrippe à une bouée de sauvetage. Elle le relâcha aussitôt.

« La Chose continue donc d'agir après la mort ; une existence propre, indépendante de l'hôte. Incroyable.

— Pardon ?

— Max, en général, les agents infectieux ne survivent pas à la disparition de l'individu qui en est porteur. Ce microbe – je suis de plus en plus persuadée qu'il s'agit d'un virus – se tairait chez le vivant, donnant un minimum de signes, mais s'exprimerait librement après la mort...

— Après la mort, il ne risque plus grand-chose.

— En tout cas, tout camouflage lui est alors devenu inutile. Le mal est fait.

— Et il n'y a plus de risque de se faire prendre. Quand j'y pense, Julia, cette autopsie relève du plus grand des hasards : mort brutale, victime se sachant atteinte, ayant passé commande elle-même de son examen posthume, meilleur ami médecin, présent le jour dudit examen, qui plus est le découvreur de la maladie.

— Autant de choses que le virus ne pouvait avoir prévues, compléta Julia, *mezza voce*.

— Vous prêtez à ce Systac un comportement quasi humain.

— Déformation professionnelle, excusez-moi. »

Faim brutale. Je m'interrogeai sur le goût que pouvaient bien avoir ces pains au chocolat derrière les vitres bombées du rayon pâtisserie de la cafétéria.

« Vous savez ce que je pense ? reprit Julia, m'entraînant loin des viennoiseries convoitées.

— Malheureusement, je ne vous connais pas assez. »

Julia sourit. Deux fossettes se creusèrent sur ses joues laiteuses, mais ses yeux restaient graves.

« La contamination doit survenir au cours d'un acte individuel délibéré, un choix involontaire certes, mais délibéré, un comportement lié au niveau social. J'imagine par exemple des industriels, des médecins et des avocats qui se retrouvent et qui se livrent à une activité commune liée à leur pouvoir d'achat. C'est le seul moyen d'expliquer de telles différences dans les pourcentages.

— Ce seraient donc les victimes qui se sélectionneraient elles-mêmes ? Extraordinaire !

— Il y a tout lieu de le penser. Ce serait une contamination active. Un mécanisme passif engendrerait une répartition de type géographique et non pas... fiscale.

— Je vais commander. Vous voulez quelque chose ?

— Un thé, merci. »

Les pains au chocolat n'étaient plus si appétissants, vus de près. La graisse perlait à la surface de la pâte imprécise ; je me contentai d'un café. Julia attendait, amicale, tremblante. Je revins m'asseoir avec les deux consommations. Le sucre passa dans mon sang, shoot insulinique.

« Infection, donc ? embrayai-je sans transition.

— Effectivement, je pense que la distribution tout à fait sélective, presque "intelligente" de l'affection parmi la population, signe la manifestation d'un organisme vivant, ou semi-vivant. N'importe quel épidémiologiste vous le dira. Prenez l'exemple du paludisme. La "géographie" très particulière de ce fléau, qui survient en zone chaude et humide, près des marais ou des étangs, a fait songer à un agent infectieux bien avant que l'on découvre le *plasmodium falciparum* qui en est la cause. On peut donc tout à fait suspecter l'existence d'un microbe comme agent causal d'une maladie bien avant de l'avoir mis en évidence. Pour revenir à notre Systac, les modes de répartition géographique et sociologique tout à fait spécifiques évoquent en premier lieu une origine infectieuse.

— Et bien sûr, en tant que virologue, vous pensez à un virus.

— Ne croyez pas que je fasse du favoritisme, répondit Julia, mais je pense que c'est l'hypothèse la plus vraisemblable. Pensez que des centaines, voire des milliers de chercheurs ont les yeux rivés sur ces maudits spermatozoïdes depuis des mois. Une bactérie ou un parasite, qui sont des microbes relativement gros, n'auraient pu échapper si longtemps aux moyens d'investigation actuels.

— Mais on peut dire la même chose d'une infection virale. Avec la microscopie électronique, le microscope à balayage, l'immunofluorescence, que sais-je encore, on aurait déjà dû mettre la main sur une particule virale, si cela avait été le cas.

— Pas forcément. Si vous ne "coincez" pas les cellules au moment où le virus se reproduit, par exemple au moment où il bourgeonne, vous êtes réduits à n'observer que les résultats de son action. Lui, vous ne le coincerez jamais. Tapi quelque part aux confins d'un chromosome, il échappera à toute tentative de mise en évidence.

— Alors, existe-t-il des moyens de le faire sortir de son trou, de le prendre en flagrant délit de reproduction ?

— C'est bien là le drame. Ce virus, si jamais il existe, ne serait pas un virus comme les autres. Le fait même de son action l'amoindrit au fur et à mesure qu'il nous affaiblit. Sa motivation ne serait donc pas de se reproduire.

— Son but serait de mourir », articulai-je, traversé par une impression fugitive, le sentiment qu'un immense piège était en train de se refermer sur l'humanité.

J'étais en deçà de la vérité.

CARNETS

29 mai

Mes amis, me pardonnerez-vous ? J'ai été un associé indigne.
Oui, c'est vrai, j'ai déserté la famille, j'ai cru que vous vous étiez désintéressés de votre serviteur, j'ai manqué de confiance en Vous, je n'ai pas eu foi en Votre détermination, je Vous ai fait du tort, je me suis compromis.
Je l'avoue, j'ai travaillé à la mise au point d'armes contre Vous. Je Vous ai torturés dans des éprouvettes, je Vous ai assassinés à coups d'acide osmique, je Vous ai broyés, centrifugés, pulvérisés.
Mais je ne savais pas. J'ai péché par excès de modestie. Comment imaginer que cela avait marché, après tant de temps.
Bob, mon fils, qui a permis ta fuite ? Comment as-tu trouvé le chemin de la liberté ? Peu importe, au fond, ce sera ton secret. L'essentiel est que tu sois parmi nous, que tu sois avec moi.
Mes frères, accordez-moi à nouveau Votre confiance. Nous reviendrons aux temps jadis. Je ferai l'impossible pour que Vos volontés soient faites. Je les retarderai dans leurs recherches, je les induirai en erreur, je les mettrai sur des fausses pistes. Je suis dans la place, ils me font confiance. Vous ne le regretterez pas.
Mais avant tout, mon fils, je dois te revoir. À quoi ressembles-tu maintenant ? As-tu toujours cette petite bouille ronde, celle que nous t'avions concoctée ? Tant de temps a passé, ton image se brouille.
Préalable obligé : mettre la main sur un peu de ce sperme raide où tu as choisi d'habiter.
Bob, je brûle à l'idée de pouvoir à nouveau te contempler.

15 juin

Enfin j'ai mis la main sur tes maisons : j'ai dérobé ce sperme tant convoité. Amis, Vous pouvez être fiers de moi ! Si seulement Vous aviez pu me voir, déguisé en laborantin, vagabondant dans les allées de leur institut de procréation médicalement assisté de la banlieue ouest de Londres, à l'aise.
Les pastilles rouges, le rouge de tes méfaits. J'en ai pris plusieurs paillettes. Je rentre à la base. Dès mon retour à la Cité, je m'introduirai dans ton sanctuaire, et je te regarderai.
Puis je te laisserai tranquille. Je me contenterai d'observer ton action clandestine. Heureux.

9 juillet

Je suis fier de toi. Je suis fier de toi et pourtant je suis triste. Je sais que tu es là, agrippé à ton chromosome Y, ta demeure. Ton attachement est si fort que parfois tu te laisses aller à penser qu'Il est toi et que tu es Lui, je le sais. Cette intimité est le secret de ta réussite, je ne peux t'en blâmer, nous l'avons programmée.
Mais je souffre de ton excellence. Je perçois intensément ta présence, et je n'arrive même pas à détecter ta trace. Tu te refuses même à moi, ton père. Et le pire est que tu as raison. Comment peux-tu savoir que c'est moi ?

14 septembre

Bon, d'accord, tu ne veux pas que ton propre père te voie, te découvre. D'accord. Mais moi, comprends-moi, j'ai besoin d'en savoir plus, besoin d'informations directes, de première main. Je sais bien que ces articles ne disent pas tout, je soupçonne l'existence d'une énorme masse de révélations non divulguées, inquiétantes.
Il me vient une idée, à l'instant. Je dispose d'une espionne toute trouvée, Julia. Elle me l'a avoué, elle connaît vaguement ce type, ce Max Journo, le découvreur

du Systac. D'après ce que j'ai cru comprendre, le pauvre benêt s'est contenté de décrire l'anomalie touchant ces pauvres spermatozoïdes, tes victimes. Mais il semble patauger complètement quant aux causes. Il est à mille lieues de remonter jusqu'à toi. Il n'est d'ailleurs pas le seul, ils pataugent tous. Par contre, un tel individu doit en savoir beaucoup plus que ce qu'il ne s'est laissé extorqué au cours d'une banale interview.
Reste le problème numéro un. Comment faire accepter à Julia, fille de Berenson, une mission d'espionnage, par essence malhonnête, comment la compromettre sans qu'elle en ait conscience ?

ÉCHAFAUDAGES

« Je ne vous ai pas tout dit.
— Je sais. »
Comment pouvait-elle savoir ? Une telle confiance émanait de Julia, tranquille certitude de la mante religieuse en cours de dépeçage ; elle avait décidé de s'attaquer à mon système nerveux.
« Vous voulez me parler à nouveau de votre ami.
— Comment avez-vous deviné ?
— Vous m'avez laissé sur ma faim, tout à l'heure ; je sais que l'évocation de ce sujet vous est pénible, mais j'imagine que les testicules ont eu droit à une analyse histologique en règle. »
Ma pomme d'Adam monta, descendit.
« Vous préférez peut-être que nous parlions d'autre chose ?
— Non, je suis curieux de savoir comment vous allez interpréter ce qui va suivre. Et puis... j'aime bien votre manière de penser. »
Ses pupilles s'étaient dilatées, je l'aurais juré.
« Merci.
— L'analyse histologique est peut-être encore plus déroutante que les constatations de l'autopsie elle-même, un paysage désolé, partout le même enchevêtrement de fibres, la même structure grillagée. Une HLM ou un camp de concentration à l'échelon cellulaire, comme vous voudrez. En tout cas, des cellules sans détenus. Et puis, enfilé sur cet écheveau, de temps à autre, tels des miradors, des boules noires, de l'ADN.
— Extraordinaire, nous le tenons, de l'ADN viral !
— Pas si simple. Ce matériel génétique est celui d'un poisson fossile, un chondrostéen ayant vécu au dévonien. »
Je sentis ma Julia vaciller.
« Je n'y comprends rien. Votre ami était donc une espèce d'homme poisson ? »
Je n'avais jamais envisagé Benjamin sous cet angle.
« Il y a fort à parier que tous les systaquiens le sont, ou en tout cas le deviennent après leur mort.
— Je pense à une chose. Quel est le représentant actuel de ce bel animal ayant vécu au dévonien ? »

On aurait dit qu'elle parlait de moi.

« Ce poisson est l'ancêtre de la plupart des poissons actuels, et d'ailleurs de l'ensemble des vertébrés.

— Le père de nos pères.

— On peut dire ça, oui. »

Julia s'était tue. Moi, je nageais dans l'océan primordial, en compagnie de ce chondrostéen antédiluvien. À côté de nous, un couple s'embrassait, au sec. Léger tapotement de doigts de Julia sur la table.

« Votre ami avait des poissons parmi ses relations ? »

Il n'y avait rien d'autre à faire que rire, rire pour tromper la peur, dissiper le désir. Je redevins sérieux.

« Tout se passe comme si Benjamin avait été modifié de l'intérieur, qu'une partie de lui-même ne lui appartenait plus.

— Cela fait penser à un cancer, rebondit Julia. Les cellules redeviennent jeunes, embryonnaires, et se mettent à ressembler à leurs lointains ancêtres.

— Sauf que, pour le Systac, le cancer survient après la mort, et que les ancêtres sont vraiment très lointains.

— Ces cellules se sont transformées par l'action d'un agent extérieur, lequel passe totalement inaperçu. Prenez le cas des rétrovirus, dit-elle. Pensez qu'une seule particule suffit à modifier le comportement d'une cellule entière. Élégant, n'est-ce pas ? »

Je m'étais brûlé la langue avec mon café, je passai sous silence l'incident.

« D'après ce que vous me dites, ces rétrovirus sont un modèle de miniaturisation et d'influence. Des sortes de terroristes intimes. Des fins politiques, donc. Imaginons que vous ayez raison : dans cette hypothèse, d'où viendrait le virus ? Le Systac ne ressemble à ma connaissance à rien de connu.

— Vous savez, l'apparition d'un nouveau virus n'est pas un événement exceptionnel dans l'histoire de la matière vivante. La grippe aviaire, le Sras, le virus Ebola sont des créations relativement récentes. Mais l'exemple le plus marquant est peut-être celui du virus du Sida, qui serait un rétrovirus transformé originaire d'une population de singes africains.

— Comment a-t-il pu sauter la barrière d'espèce ?

— C'est un mystère. Peut-être à la suite d'un contact sexuel homme-singe, à l'issue duquel le virus aurait muté.

— Dans le cas du Systac, un contact poisson de l'ère primaire-homme me semble difficile à admettre.

— À moins qu'il ne s'agisse d'une résurgence. Les virus nous viennent de la nuit des temps. Un virus ayant sévi à l'ère primaire a pu s'endormir pendant quatre ères, fidèlement transmis d'espèce à espèce jusqu'à nous et, pour une mystérieuse raison, se réactiver de nos jours. »

Le reste ne fut que chuchotement, comme si nous étions sur écoute.

« Vous savez, nous sommes peut-être responsables de la réactivation, les manipulations génétiques que nous réalisons quotidiennement, par exemple pour la mise au point de nouveaux vaccins ou de nouveaux médicaments, engendrent quotidiennement de nouveaux exemplaires, heureusement inoffensifs, mais enfin, on ne sait jamais. La matière vivante est tellement instable.

— Et une manipulation peut mal tourner », complétai-je.

Julia contempla un instant les visiteurs insouciants du musée. J'en profitai pour imaginer leurs testicules condamnés flottant dans des bourses complices.

« Et puis, ajouta-t-elle, il y a les malversations de certains pays qui manipulent des virus à des fins non avouables ; un État ou un groupe terroriste pourrait avoir intérêt à introduire un virus trafiqué au sein des pays occidentaux. »

Des fous de Dieu terrorisaient alors cycliquement l'Occident. Ils auraient très bien pu avoir manipulé un virus existant pour en faire une sorte de bombe à retardement. Je pensai bien sûr à l'incidence particulièrement basse du Systac dans les pays du tiers-monde, Julia poursuivit.

« Pas besoin d'un haut degré de sophistication pour trafiquer une bactérie ou un virus. Il suffit d'un labo de fortune et de quelques techniciens motivés.

— Et le Systac ne serait en définitive qu'une tentative de déstabilisation.

— Si tel est le cas, il s'agirait d'un attentat d'un nouveau genre, permanent, chronique, du jamais vu. Et puis ce bioterrorisme au long cours, si notre hypothèse est exacte, n'a jamais été revendiqué. »

Un gardien croisa notre route, écartant un enfant de 4 ans s'étant dangereusement approché d'une toile.

« Bientôt une curiosité, lâchai-je. Je parlais de l'enfant.

— Affreux jojo, répondit Julia en me pinçant le coude.

— Quoi qu'il en soit, cela ne nous dispense pas de rechercher la cause de la maladie, repris-je. Nous ne pourrons savoir si elle est curable que si nous en trouvons le vecteur. La question de savoir comment il est arrivé sur le marché me paraît finalement secondaire. »

Julia me regardait argumenter. Dehors, la pluie martelait les dalles.

« Bon, admettons que ce soit un virus, et même un rétrovirus, pour vous être agréable. Pourquoi seulement les hommes seraient-ils atteints ?

— Il faudrait imaginer que le virus s'attaque à notre différence, qu'il modifie un gène situé sur le chromosome Y, ce petit bout de matière nucléique insignifiant. Cela expliquerait que seuls les spermatozoïdes soient concernés.

— Merci pour notre insignifiance. Enfin, votre idée est intéressante, je vous pardonne.

— Il ne nous reste plus qu'à dénicher une carte génétique du chromosome Y.

— Et d'y rechercher les gènes qui pourraient être impliqués dans la mobilité du flagelle, les répertorier. Avec un peu de chance, peut-être même que les mouvements de la tête du spermatozoïde sont régis par un gène unique.

— À ce sujet, savez-vous si l'on a mis en évidence au sein des spermatozoïdes atteints quelque chose d'anormal, je ne sais pas, une protéine inhabituelle par exemple ? »

Je repensai à la communication d'Arundhati Rashatani. Je me voyais contraint de tout lui livrer, morceau après morceau, comme on régurgite un repas jamais digéré.

« Pas exactement, répondis-je. Une chercheuse indienne a cependant signalé un comportement anormal des bras de dynéine au niveau du spermatozoïde. Cette protéine joue un rôle de premier plan dans le mouvement du flagelle.

— Voici une information de première importance ! Si nous ne tenons pas encore le virus, nous tenons déjà son mode d'expression. Savez-vous quel gène est à l'origine de la fabrication de cette protéine ?

— Je crois que c'est le gène Trp, porté par le bras court du chromosome 22.

— Ah.

— Vous êtes déçue ?

— Un peu. Il y a quelque chose qui cloche, Max. Ce gène est situé sur un chromosome non sexuel. Pardonnez-moi de m'opposer ainsi à votre chercheuse indienne, mais si c'était bien la dynéine qui était en cause, les hommes et les femmes seraient atteints.

— Logique, concédai-je, sec sur l'argument. Mais le blocage localisé de cette protéine est bien réel.

— Il s'agit peut-être d'une coïncidence, d'une interaction fortuite du virus avec la dynéine, mais pas de son action directe.

— Une sorte d'effet indésirable, si je vous suis bien. Vous avez peut-être raison. Après tout, la dynéine est impliquée dans le fonctionnement de toutes les cellules de l'organisme munies d'un flagelle ou de cils, ce qui inclut non seulement les spermatozoïdes, mais également les cellules intestinales ou celles du nez ou des bronches.

— Et personne n'a relevé d'augmentation de l'incidence des rhumes ou des diarrhées dans la population mondiale », entérina Julia.

Son regard avait quelque chose d'émouvant. Elle me considérait comme si elle n'en revenait pas de ce que lui arrivait, se retrouver ainsi à deviser avec le découvreur du Systac... Et qu'il ne se doute de rien.

« C'est un plaisir de vous regarder... réfléchir », ajoutai-je, après un imperceptible temps d'hésitation. Julia rougit indéniablement.

« Il nous faut chercher ailleurs.

— Essayons de prendre le problème à l'envers, repartit-elle gêne dissipée. Au lieu de partir de la protéine suspecte, essayons de prendre comme point de départ le chromosome Y lui-même. »

La mémoire me revint. J'avais étudié la carte génétique du chromosome Y au moment de ma thèse, un travail préparatoire.

« Il n'y a à ma connaissance qu'un seul gène intervenant dans la mobilité du spermatozoïde situé sur ce chromosome, repris-je. C'est le Tspy.

— À quoi sert-il ?

— C'est le gène de fabrication des bêta-tubulines, des protéines véritablement impliquées dans l'acte de naissance du flagelle, alors que le spermatozoïde n'en est encore qu'au stade de spermatide.

— Cela voudrait dire que l'anomalie serait déjà présente en puissance chez un précurseur du spermatozoïde, ne s'exprimant qu'ensuite. Toute la lignée serait plombée, en quelque sorte... Passez-moi l'expression. »

Une fois de plus, je pris la mesure du cyclone qui s'abattait sur ces pauvres spermatozoïdes : je n'avais jamais envisagé le problème sous l'angle des précurseurs. Tous atteints, depuis l'aïeul jusqu'à l'arrière-petit-fils, depuis la spermatogonie primordiale jusqu'au dernier avatar, le spermatozoïde adulte. Une chaîne d'occurrences néfastes : le Systac se faisait mythologique.

« Mais comment expliquer alors les spermatozoïdes Mac Cormack ? » lâchai-je.

La question avait fusé malgré moi, comme si je me trouvais en compagnie d'une vieille connaissance. Julia démarra au quart de tour.

« Mac Cormack, le whisky ? »

CARNETS

15 octobre

J'ai fini par me décider. J'ai consenti à un grand sacrifice, un risque même. Je lui confie le bébé. J'en fais mon agent dormant, mon bel agent dormant.
Je lui ai demandé de s'occuper du Systac, sous mon autorité bien sûr, mon contrôle. Bailleys l'ignore, je lui ai demandé de garder le secret. Officiellement, la CREAM n'a pas dégagé d'enveloppe budgétaire. Elle gobe tout, tant tu l'intéresses. Elle réussira peut-être là où moi, ton père, j'ai échoué. Je suis peut-être trop impliqué affectivement.
Je lui donne quelques semaines pour être happée par le sujet. Lorsque le poisson aura mordu, je l'activerai. Je lui dévoilerai sa mission : jouer les Mata Hari auprès de ce Max Journo, lui soutirer un maximum de renseignements. Je la pressens, c'est une cynique. Ses réticences seront balayées par l'enjeu, la soif de savoir, le feu de l'ambition. Les maudits gènes de son père sommeillent en elle. Et je vais réveiller l'atavisme.

10 novembre

Il n'a pas fallu longtemps pour qu'elle prenne fait et cause pour l'hypothèse virale. Je dois la refroidir plusieurs fois par jour. Bien sûr, officiellement je n'y crois pas, je suis sceptique. Tu n'as pas à t'inquiéter, je les empêcherai de parvenir jusqu'à toi. Je ne peux pas te faire de mal.
Ça y est, c'est officiel, Bailleys m'a chargé du dossier Systac. Nous restons dans la légalité. Normal, tous les labos de virologie de notre planète sont sur les dents. Mieux vaut encore que ce soit moi, je les conduirai à une voie de garage, même si tu te défends très bien tout seul, mon petit docteur ès camouflage.

Tout cela est épuisant. Je dois sans cesse dompter son énergie. Alors, je joue à l'indifférent, je fais la moue, ses intuitions me laissent froid. D'ailleurs, mon manque d'enthousiasme nuit beaucoup à notre relation. Ce que je gagne en informations sur toi, en perspectives nouvelles, je le perds en pouvoir sur elle. Elle est en train de m'échapper, même si je sens bien que je continue de la fasciner. En fait, je crois que je lui fais peur. C'est ce qui l'attire en moi. Ce n'est pas de l'amour, c'est une forme d'envoûtement. Quelque chose de glacial, d'inhumain que je dégage, la chose qui doit lui rappeler son père. C'est ça, elle recherche son père, l'amour de son père, un amour impossible, une quête sans espoir. C'est un amour en trompe-l'œil. À travers moi, elle aime un fantôme, un spectre. Mais elle n'en sait rien.
À l'intérieur, je bous. La petite garce voit juste. Elle a compris tes mobiles, le danger pour l'humanité. Elle parvient à se projeter dans le temps, à entrevoir où tu veux en venir. Même si elle est à des années-lumière de mettre la main sur toi. Un peu plus et la voilà partie en croisade contre la nouvelle maladie. Une Berenson pour sauver l'espèce humaine ! Ironique, non ? Pourquoi attendre plus longtemps ? Elle est mûre. Elle part tout à l'heure pour Paris. Adieux furtifs, baiser rapide et sec, baiser pour m'éviter. Aurait-elle peur que je la morde ?
Elle s'en va retrouver ce Maxime Journo, le pion que tu as choisi pour dévoiler ta présence à la face du monde. Elle lui prendra ce qu'il sait, et puis elle lui dérobera du sperme, j'ai tellement de mal à m'en procurer (je l'envoie faire ses courses à Paris). Elle est prête à tout, elle pourrait même le séduire. Cela ne lui posera aucun problème de conscience, j'en suis sûr. C'est une chercheuse, pour elle, cela fait partie de son travail. Je sens bien que la mission l'excite.

PROXIMITÉS

Ainsi donc j'avais affaire à une sorte d'espionne, une scientifique en service commandé, rencontrée non pas par je ne sais quel extraordinaire hasard, comme je l'avais naïvement cru, mais par le fruit d'une succession de calculs et de recoupements. Julia avait trouvé mon adresse personnelle dans l'annuaire, tout simplement.

Le premier contact avait été le plus délicat à établir : lorsqu'elle m'avait abordé dans le café, cela faisait deux jours qu'elle me suivait à la trace. Elle avait entrepris une filature en règle, attendant le moment propice, embusquée sous un porche, dans une cage d'escalier, ou à proximité du labo où je travaillais. Ainsi, au moment de notre première rencontre, Julia en savait déjà beaucoup sur moi, elle m'avait regardé vivre. La jeune femme avait pris sa mission très au sérieux, se piquant sans doute au jeu. Poupée russe, elle ignorait qu'elle était aussi l'objet d'une manipulation plus sourde, plus dangereuse, qui devait la conduire au bord de la disparition.

J'aurais encore pu botter en touche, envoyer Mac Cormack quelque part du côté des gradins ou des distilleries, mais je ne me sentais plus tenu par aucune promesse vis-à-vis du CECOS, mon devoir de réserve avait volé en éclats. Je racontai donc à Julia le choc de la révélation de l'Écossais. Elle m'écoutait, concentrée, tendue, mémorisant les données.

« Mais c'est un cancer du sperme que vous me décrivez là ! »

J'avais fermé les yeux : je revivais la communication de Mac Cormack. Six mois déjà.

« C'est vrai qu'on peut de nouveau évoquer le cancer : aberrations cellulaires, multiplications anarchiques. Sauf que les cellules Mac Cormack sont libres de toute attache, elles ne s'associent pas en tissus. Et puis ces "accouchements" n'entraînent pas de tumeurs. Aucun systaquien n'a, à ma connaissance, palpé de ganglion ou de masse suspecte.

— Certains virus sont capables d'induire de telles monstruosités cellulaires, murmura Julia. Ils font partie des virus dits transformants.

— Il s'agirait de cancers à malignité purement locale, alors.

— Tout est possible, nous avons pénétré dans un monde inconnu. »

Je ressentis à cet instant une douleur testiculaire, fulgurante et brève... Probablement psychosomatique. Je m'empressai de changer de sujet.

« Et si nous allions faire un tour à la librairie ?
— Avec plaisir. »

Exécution. Nous n'en finissons pas d'explorer le musée. Le plaisir d'être ensemble.

« Il y a quand même quelque chose qui me tracasse, reprit Julia en marchant ; je repense aux ancêtres des spermatozoïdes, ces cellules déjà atteintes dans leurs gènes mais n'exprimant pas encore l'anomalie. Pourquoi ce qui est vrai à l'échelle des cellules ne le serait pas à l'échelle des hommes eux-mêmes ? Qui peut nous garantir que la contamination n'est pas antérieure à la puberté, voire à la naissance ? »

En plein dans le mille. Je songeai aux traces violacées sur les bourses des garçons mort-nés, et aux terribles circulaires du cordon. Encore cette impression d'étouffement. Je desserrai mon col.

« Ça ne va pas ?
— Juste un étourdissement ; cela m'arrive parfois. »

C'est à ce moment que j'ai commencé à me douter de quelque chose : ou Julia avait une intuition hors du commun, ou bien elle avait travaillé le sujet avant de venir. En tout cas, elle avait bien gagné une autre confidence, un bonus. Elle eut droit à l'histoire des enfants Rassmussen et à leurs circulaires du cordon. Elle écarquillait les yeux.

« Eh bien, je crois que nous tenons là la preuve que les fœtus mâles développent également la maladie, même s'ils en présentent un mode d'expression qui leur est personnel, analysa-t-elle.

— Mais comment seraient-ils contaminés ?

— Il faudrait imaginer que le virus soit présent dès le départ, dès la première cellule des futurs organismes. L'œuf fécondé.

— Contaminé par les spermatozoïdes du père. »

J'inspirai fortement, comme font les enfants après un sanglot ; mais mes yeux étaient secs.

« Combien de ces enfants "raides" y a-t-il dans le monde ?

— Je ne sais pas, quelques milliers, vraisemblablement. Ils sont l'expression de notre ignorance. Nous ne savions pas que nous inséminions ces ovules avec du sperme raide. La maladie n'était pas encore découverte, nous pensions rendre service...

— Vous avez surtout rendu service au virus, qui sans doute n'en demandait pas tant. Mais vous ne pouviez pas imaginer une chose pareille, qui aurait osé ?

— Ils sont comme vous et moi, ces enfants, parfaitement bien constitués.

— Vous en avez vu ?

— Il y a les photos de Sacha et Maritza, les enfants "raides" présentés à Cardery Street. Et puis il y a les nôtres, des produits maison.
— Présentez-moi. »

Et c'est ainsi que Julia eut droit, servies sur un plateau, à mes impressions et nos constatations. L'analyse des dessins d'enfants, leur ressemblance troublante, cet air de famille remarquable. J'ignore encore ce qui m'a attiré chez elle, pourquoi je lui ai confié d'emblée tant de secrets inflammables, mais j'avais l'impression d'être happé par ses grands yeux. De fait, elle me buvait goulûment. Elle me vidait à la paille, mais m'emplissait d'une autre substance. Elle m'injectait du bonheur liquide. L'attachement affectif est un mystère. Et vos ressorts intimes demeurent cachés. C'est sans doute lors de ces conversations préliminaires que j'ai commencé à la vouloir à mes côtés.

« Et les filles ? »

Je crus l'espace d'une seconde qu'elle me demandait si j'avais des petites amies. Mais non...

« Elles présentent elles aussi les mêmes caractéristiques que les garçons, mortalité *in utero* exceptée.

— Ce n'est pas logique, réfléchit Julia. Les femmes adultes ne sont pas atteintes par le Systac, et pour cause : elles ne produisent pas de spermatozoïdes. Pourtant, ces petites filles que vous avez fait dessiner seraient atteintes. Il y a quelque chose qui m'échappe.

— Dans l'hypothèse d'un virus, qui nous dit que les femmes ne sont pas porteuses ?

— Elles pourraient de la sorte l'offrir en cadeau indifféremment à leurs fœtus mâles ou femelles ; sur la base d'échanges de matériel génétique entre chromosomes X et Y.

— Et la bestiole, échangiste jusqu'au bout des gènes, pourrait également franchir le placenta ? ! »

Nous échangeâmes nous aussi un regard, qui allait bien au-delà de mes spermatozoïdes et de ses ovules, un regard ouvert sur ce que nous étions réellement. J'eus soudain envie de la serrer dans mes bras, de l'appréhender physiquement, savoir qui elle était. Un geste qui, vu de l'extérieur, aurait pu faire penser à l'accolade de scientifiques au moment de l'Eurêka. Je me contentai de lui saisir les mains. Julia s'abandonna quelques secondes, puis se ressaisit, retirant vivement ses doigts de mes paumes carrées. Je fis comme si de rien n'était. Elle aussi.

« Un axe de recherche pourrait être l'étude plus poussée de ces placentas et de ces cordons trop longs. »

Après le grand moment psychédélique que nous nous étions offert, je dus revenir sur terre. Atterrissage brutal. Je n'avais pas de labo de recherche où me poser.

« Je pourrais demander à Natacha. Je crois qu'elle était en poste pendant un an dans le service de biologie gynécologique de l'hôpital Saint-Antoine. Je l'appellerai dès ce soir.

— Ce n'est pas des lumières de Natacha dont j'ai besoin, mais des vôtres. »

J'étais désemparé. Ma douce espionne continua.

« Allez Max, pas de déprime inutile, votre chômage technique ne peut être que de courte durée. Les chercheurs de votre acabit ne restent jamais très longtemps sur la touche. »

Je ressentis le besoin de dévier le cours de la conversation.

« Quand je pense au nombre de malades qui nous entourent, j'ai le vertige ; il y en a partout. Les gens qui fréquentent ce musée ne sont pas forcément les plus pauvres : dire que toutes ces bourses grouillent de spermatozoïdes malades... »

Nos quatre yeux décrivirent des mouvements circulaires, nous étions cernés.

« Vous voulez autre chose ? demandai-je, détournant mon regard vers le buffet.

— Je crois bien qu'un chocolat chaud me réconforterait.

— Je vais vous chercher ça. »

AGENT DOUBLE

C'est peut-être là, à la cafétéria du musée d'Art moderne, lorsque je me suis levé pour lui apporter son chocolat que Julia a commencé à ressentir de l'attirance pour moi. Que l'agent simple est devenu agent double. Peut-être certaines coïncidences l'avaient-elles mise sur le qui-vive : ainsi, comme je devais l'apprendre par la suite, le New Delhi Hotel, celui-là même dans lequel s'était tenu le congrès de Cardery Street, était également leur lieu de rendez-vous favori ! D'où son trouble au moment de l'évocation. Difficile également de déterminer comment une fille apparemment si solide, si « bien dans sa tête » ait pu être attirée par un individu si ambigu et étrange qu'Harold. J'ignorais alors que Julia était elle aussi porteuse de certains déséquilibres intimes, des brèches insuffisamment colmatées. J'imagine que la fantaisie et l'anticonformisme de ce David Bowie de la virologie – comme aimait à le surnommer Julia –, la manière hors norme qu'il avait de se vêtir, ses opinions originales sur les virus, avaient dû fonctionner au départ comme de puissants aimants. Julia avait été séduite, elle était devenue sa maîtresse.

Au moment où je rencontrai Julia, cela faisait déjà plusieurs mois qu'Harold était devenu bizarre, encore plus bizarre qu'il ne l'était déjà. Ce que j'avance, je le tiens de la bouche même de Julia. Elle sentait Harold préoccupé, distant. Parfois son regard, d'ordinaire si vif et inquisiteur, devenait fixe et hagard. Elle pouvait d'ailleurs dater assez précisément le moment à partir duquel les choses avaient changé : c'était au mois de mai, et pour cause, l'affaire Systac venait d'éclater au grand jour. Ils devaient partir en week-end à Brighton, ils en parlaient depuis longtemps. Harold avait annulé au dernier moment ; une grand-mère gravement malade, avait-il prétexté. Julia avait passé le samedi à travailler au labo jusque tard dans la soirée. Curieusement, elle avait découvert en sortant la voiture d'Harold garée sur le parking. Pourquoi lui avait-il menti ? Travaillait-il sur un projet secret ? Avait-il une réunion au sommet ? La trompait-il ? Elle ne lui avait rien dit de sa découverte, mais le ver colonisa la pomme.

Plus étrange encore était son comportement professionnel. Lui, le travailleur infatigable, rechignait dès qu'il s'agissait de manipuler des prélèvements viraux. Julia avait cru au départ à une lassitude passagère, comme cela arrivait au cours de toute carrière. Mais il avait bien fallu se rendre à l'évidence. Lorsqu'ils travaillaient en binôme, Harold la laissait systématiquement prendre tous les risques. Lui qui passait dans le service pour un virtuose dans l'art de la manipulation génique, « l'homme qui parlait à l'oreille des virus », il était devenu à présent réticent à mettre une simple centrifugeuse en route. Elle l'avait bien traité à plusieurs reprises de fainéant, il s'abritait derrière son statut ; c'était elle la stagiaire, elle qui devait apprendre. Pourtant, Julia n'était pas crédule, quelque chose n'allait pas, elle le pressentait. Ce brusque revirement était d'autant plus énigmatique que son attitude redevenait tout à fait normale en présence de Baileys, le patron, ou de son adjoint. Mais Julia avait eu à plusieurs reprises l'impression qu'avec eux il cachait ses sentiments réels, qu'il était sur ses gardes. Il ne pouvait sans doute se permettre la disgrâce. Dans le fond, il aimait son labo et ses virus. De cela au moins elle était certaine.

Restait son attitude face à la mission, celle-là même qu'il lui avait confiée, une attitude pour le moins ambiguë, qui n'avait de cesse d'étonner Julia. Harold avait une manière insolite de la pousser à aller de l'avant ; il ne cessait de lui dire qu'il ne croyait pas à l'hypothèse virale, qu'il s'agissait d'un délire de Baileys, mais ne manquait pas d'aiguillonner ses recherches, de l'encourager pendant les périodes de doute. Julia avait parfois l'impression que l'émergence du Systac était à l'origine d'un combat intérieur chez son amant, une lutte dépressogène. Caïn et Abel au corps-à-corps, sauf qu'il s'agissait plus précisément de Caïn face à lui-même. Lors de ces accès de clairvoyance, Julia était la proie de bouffées de colère rentrée. Ce n'était pas bon pour elle, car elle se sentait elle aussi vampirisée par le Systac.

Ainsi, quand je revins du comptoir avec les boissons chaudes, le vent avait tourné en ma faveur. Pressentant que j'aurais besoin d'une partenaire pour reconquérir mon honneur perdu, pour revenir dans la course, Julia avait décidé de m'aider. Après tout, mission ou pas, nos objectifs n'étaient-ils pas communs ? Julia portait en elle sa part d'idéalisme, voire d'utopie : cette maladie qui rendait le sperme raide n'était-elle pas une *Cosa nostra* planétaire, pour ainsi dire. Un binôme spécialiste du sperme-virologue épidémiologiste n'était-il pas le tandem rêvé pour résoudre l'énigme ?

« Cette conversation m'a vidée, avoua Julia dès mon retour.

— Qui a dit que le travail intellectuel ne consommait pas de calories ? » Je laissais passer un ange, avant de poser *la* question.

« Julia, pourquoi faites-vous cela ? »

Elle plongea ses yeux dans les miens, c'était délicieux, cette manière qu'elle avait de toucher mon âme. Elle aurait sans doute réussi l'épreuve du détecteur de mensonge.

« Eh bien, il n'y a rien d'extraordinaire… Je suis virologue, spécialiste des rétrovirus et épidémiologiste ; je sens que cette affaire me concerne – hésitation, léger tremblement des cordes vocales. Et puis, je devais bien ça à celui qui a participé à mon éducation médicale. Max, rappelez-vous, vous avez été un peu mon professeur – inspiration profonde. Mais je peux à mon tour vous poser une question ?

— Essayez toujours.

— Voilà. Vous avez parlé tout à l'heure d'une coïncidence me concernant. »

J'aurais pu esquiver, mais je n'eus pas envie de lui mentir – moi.

« Eh bien, la coïncidence, c'est votre prénom. »

Nos regards se pénétrèrent de nouveau l'un l'autre, je sentis une réciprocité, il se passait quelque chose.

« Vous portez le même prénom que mon ex-petite amie.

— Ah ! ? »

Vertige de l'amour. Julia parut décontenancée, je n'en menais pas large non plus, le blanc dans notre échange sentait l'équivoque. Elle détourna son regard. Pas question d'aller plus avant.

« C'est un prénom assez commun, finalement, lâcha-t-elle, britannique. Pourrais-je disposer de sperme contaminé ? » continua-t-elle sans transition.

Je refermai moi aussi la parenthèse.

« C'est une substance difficile à obtenir, je ne travaille plus au CECOS, et les lois sur la bioéthique sont très contraignantes. On ne peut se servir du sperme comme d'un matériel de travail habituel.

— C'est dommage. J'avais le temps de faire un bref aller-retour avec les échantillons jusqu'à Porton Down, pour voir s'il y a quelque chose à en tirer. Vous pourriez m'accompagner, si vous n'avez rien d'autre à faire. »

Sa demande pouvait paraître curieuse : le sperme contaminé n'était pas une denrée si rare, même lorsque l'on ne travaillait pas dans un CECOS, il n'était pas difficile de s'en procurer ; mais Julia était manipulée. En réalité, c'était son dealer préféré qui était en manque. Et elle n'avait pas encore eu l'occasion de travailler avec du matériel *single malt* comme celui que j'étais susceptible de lui procurer. Enfin, elle m'invitait.

« Attendez, je pense à quelque chose, repris-je. Nous gardons toujours en réserve quelques échantillons que nous avons déjà étudiés, impropres à la fécondation, pour les étudiants, les topos. Je pourrais demander à Natacha de m'en procurer quelques-uns.

— Ce serait idéal.

— Le plus dur sera de la décider à sortir du sperme du CECOS. Natacha est affreusement respectueuse des règlements et des lois. Mais elle a été, je pense, révoltée par mon éviction, et puis elle est motivée. Si je lui présente la chose sous l'angle de la nécessité scientifique, je crois pouvoir la convaincre. Mais il faudra que je la travaille au corps.

— C'est votre petite amie ?

— Je parlais au sens figuré... Ça vous intéresse ?

— Non, simple curiosité. Elle m'a semblé agressive à mon égard. J'ai pensé qu'il y avait quelque chose entre vous.

— C'est vrai que nous avons des rapports un peu atypiques. »

Julia glissa.

« Mettez-nous en contact ; peut-être qu'à deux nous trouverons plus d'arguments. »

Je restai un moment silencieux. De tous les médecins qui travaillaient au CECOS, Natacha était sans doute la seule que je pouvais convaincre de sortir du sperme du service. Toutefois, si je voulais avoir une chance qu'elle le fasse, il faudrait également qu'elle ait confiance en Julia ; le mieux serait de créer un climat propice entre les deux femmes, une rencontre originale. La cafétéria de l'aéroport de Villacoublay me parut être un bon endroit.

« Pourquoi ne viendriez-vous pas faire un petit tour en avion avec nous ?

— Vous pilotez ? »

Julia eut l'air extrêmement surprise, presque paniquée. Une phobie, sans doute.

« Non merci, Max. C'est impossible.

— Vous avez peur ?

— Non. Ou plutôt oui, très peur.

— Je volerai aux instruments, vous ne risquerez rien, un petit tour dans le ciel d'Île-de-France. Peut-être même une petite virée en Normandie ou en Sologne ?

— Max, n'insistez pas. S'il vous plaît. »

Trop tard, les yeux verts avaient viré au rouge.

« Mon père s'est tué en monomoteur.

— Je suis désolé.

— Ne vous tracassez pas, vous ne pouviez pas savoir. »

Julia se tut, regarda ailleurs, puis reprit sur un autre registre, une voix d'outre-enfance :

« Quand j'étais petite fille, nous faisions de grandes virées dans les Rocheuses. Il venait me chercher entre deux voyages. Nous mettions une valise dans la soute, le strict nécessaire, et nous partions, de petits aéro-clubs en pistes de fortune. Sierra Madre, Grand Canyon, monts Sangre de Cristo, ces noms résonnent dans ma mémoire comme autant de souvenirs d'enfance. Depuis sa mort, je ne suis jamais remonté dans un avion de tourisme. Voilà, vous savez tout. Vous avez un Kleenex ? »

Je n'avais qu'un mouchoir en tissu, un grand mouchoir d'homme à carreaux.

« Encore une coïncidence », fit Julia en se mouchant.

Je n'ai jamais su si elle faisait allusion à la pratique de l'aviation ou à un symbole lié au mouchoir.

« Bon alors, venez dîner chez moi, dis-je finalement. J'inviterai Natacha, ce sera l'occasion pour vous de faire plus ample connaissance. »

CARNETS

18 novembre

La diablesse, comment fait-elle ? Je devine, inscrit en surimpression dans son comportement, le caractère de son père : il devait être ainsi, opiniâtre et pervers, cruel. C'est une sournoise, je ne la croyais pas capable d'autant de duplicité. Ce jeu trouble lui va comme un gant, il la révèle. Elle a gagné en quelques heures les bonnes grâces de ce Journo. Elle minaude, elle intrigue, elle allume. Elle apprivoise. Je plains ce type...
Mais tant pis pour lui. Au fond, je ne peux que me réjouir. Elle a soutiré à « Max » des informations de première importance.

19 novembre

D'après les premiers glanages de Julia, mon envoyée, une conclusion s'impose. Tu ne te comportes pas du tout comme je l'avais prévu, comme je t'avais programmé, mais l'imprévu a aussi ses charmes. Bien fait pour eux. Alors comme ça, tu te manifestes après leur mort. Tu transformes leurs bourses en champs de bataille, en déserts barbelés. Cela donne envie d'assassiner quelques mâles, histoire de contempler cette mutilation fantastique. Que veux-tu, je rêve de te voir à l'œuvre ! Et puis il y a ces boules noires dont tu parsèmes ton chantier posthume, de l'ADN de poisson fossile, m'a-t-elle dit. Que s'est-il passé dans la capside ? As-tu passé un contrat avec un animal disparu ? Revis-tu un souvenir ancien, es-tu sous l'influence d'une réminiscence d'un temps où Vous étiez tout-puissants ? Ou peut-être as-tu acquis le pouvoir de transformation des espèces ?
Mais le plus étrange est encore le cas de ces enfants : là je ne te suis plus. Malgré toute ma bienveillance, Bob, je ne

peux pas laisser passer ça. C'est un échec, un défaut dans ta cuirasse. Que tu les laisses se reproduire, alors que tu étais mandaté pour aboutir exactement à l'inverse passe encore. Mais que le résultat de tes frasques aboutisse à des exemplaires supérieurement intelligents, alors là, je ne comprends plus. Je suis inquiet, Bob. As-tu perdu le contrôle de la situation ? As-tu succombé à l'envie de te reproduire, comme toute vulgaire matière organique ?
Non, Bob, mon fils. Pas toi !
À moins que... Aurais-tu eu vent de l'histoire du cheval de Troie ?

INVITATION

Je n'ai jamais aimé faire la cuisine. Suivre une recette à la lettre m'a toujours ennuyé, et je n'ai jamais eu ce côté alchimiste nécessaire à l'innovation et à l'harmonie. En fait, je crois que les aliments m'énervent ; c'était comme si je désirais les punir, les briser, afin d'empêcher qu'ils ne s'expriment. Castrateur de mets, j'étais. Raide, je suis.

En l'honneur de ce sommet tripartite, j'optai donc pour la solution la plus raisonnable : le traiteur chinois le plus proche. Conviviale, ludique, et prédécoupée, telle est la cuisine asiatique ! Le livreur se manifesta sur le coup de 20 heures, juste à temps pour mettre les nems et le canard laqué au four.

Julia arriva la première. Jean beige et body prune pour le fond, ample chemise blanc cassé pour les formes, blush pour le teint.

« Bonsoir, Max. J'ai eu un peu de mal à trouver », dit-elle, essoufflée. Un peu trop ?

« Toutes ces cours en enfilade... on pourrait y monter un remake d'*Alice au pays des merveilles*.

— Ou plutôt de *Max la Menace*.

— De grâce, ne refermez pas les portes derrière moi après mon passage.

— Cela vous forcerait à aller de l'avant, à ne plus jamais vous tourner vers le passé... Mais je suis un piètre hôte, je vous fais attendre sur le pas de cette ultime porte. Entrez, Julia, pas de panique, vous n'êtes pas en retard. »

Je refermai la porte avec une ostentation feinte. Julia fit la synthèse des lieux d'un regard semi-circulaire. Un petit deux pièces, une garçonnière patchwork dont j'avais patiemment assemblé les éléments au hasard des influences, des trouvailles. En fait, une traduction visuelle assez conforme de ma personne. Tapis kazakh, table asiatique en bois de fer, bar 1930 dans le style de l'immeuble. Et puis une forêt de choses, disposées sans logique apparente, dialoguant entre elles comme elles pouvaient. Un étau de marine, un martinet du XIXe siècle, des statuettes africaines, que le grand frère, un totem de belle taille, dominait d'une bonne tête. L'inévitable bibliothèque trônait à l'arrière-plan, des caissons juxtaposés, témoins d'une édification progressive. Le canapé marocain ajoutait une note que j'avais voulue conviviale à cette réunion d'objets disparates. J'avais 30 ans, je campais à la lisière du snobisme et ne dédaignais pas d'y faire quelques incursions.

Quelle impression cela fit-il sur Julia ? Pas celle escomptée, assurément.

« Vous avez besoin d'être rassuré, Max. C'est vrai qu'on est moins inquiet en groupe. »

Julia avait peut-être entrevu dans cette réunion d'objets où dominaient incontestablement les éléments verticaux autant de symboles phalliques.

« Bien vu. Vous savez, finalement les idolâtres antiques n'avaient pas tout à fait tort. Ces babioles ont vraiment le pouvoir d'apaiser ; c'est déjà ça. »

Et puis Julia pensa à Porton Down, et au meublé anonyme qu'elle y occupait.

« Vous jouez du piano ? demanda-t-elle, apercevant l'instrument qui tournait le dos à la fenêtre.

— Un petit peu. Je me contente en fait de plaquer quelques accords pour pouvoir m'accompagner lorsque je chante. Mais ce qui m'intéresse surtout, c'est la manière dont une chanson est construite.

— Quand je pense que j'ai fait dix ans de piano classique !

— Vous avez arrêté ?

— Je me suis mise au violoncelle, plus facilement transportable, et plus humain, à mon avis.

— Vous devez former un beau couple. »

Rougeur passagère, sourire malgré tout.

« J'ai essayé moi-même à plusieurs reprises de me mettre au violon, continuai-je ; l'ingrat n'a pas voulu de moi : ma production sonore s'est limitée à quelques grincements à vous faire dresser les bigoudis sur la tête. »

Julia tenta le mime.

« Vous n'avez pas franchi le mur du plaisir, on pense moins à la technique lorsque l'on commence à se débrouiller. Mon violoncelle et moi sommes amis, mais nous avons lutté pour le devenir. À présent, je parviens à en tirer des intonations presque humaines. La solitude humide de Porton Down y est peut-être pour quelque chose. »

Julia s'était assise sur le canapé, ça me faisait plaisir de la voir prendre place dans mon univers.

« Parlez-moi de Porton Down. Est-il vrai qu'il s'agit d'une réplique en miniature du CDC d'Atlanta ?

— Il y a de ça. Le bâtiment ressemble à un gros vaisseau spatial qui se serait posé pour un temps indéfini en rase campagne. Cerné par des fils barbelés, les entrées et les sorties y sont filtrées, et extrêmement surveillées.

— Ce que vous dites n'est pas très rassurant !

— Certaines ailes du bâtiment sont inquiétantes, c'est vrai ; Porton Down est une sorte de prison pour virus ; mais leur détention, bien que préventive, y est souvent perpétuelle. Ceux qui y entrent n'en ressortent jamais – du moins en théorie.

— Que voulez-vous dire ? »

Gêne manifeste, Julia alluma une cigarette. La réponse me parvint à la troisième bouffée.

« Eh bien, d'après certains bruits de couloir, il y aurait eu des fuites, au sens propre, quelques années avant mon arrivée ; des souches auraient disparu.

— Quelles souches ?

— Des virus de niveau 4. »

Julia s'abrita derrière un écran de fumée, avant de compléter :

« Les pires. »

ESPRIT

C'est vrai que nous sommes tous les mêmes. Nous n'avons pas de sexe, pas de génération, pas d'histoire. Pas de passé, pas d'avenir. Un immense présent qui s'étire, indéfini. Les pères et les mères sont les mêmes, les mêmes que les enfants. Les cousins et les neveux sont faits sur le même moule. Et l'arrière-petit-fils est identique à l'aïeul.
D'ailleurs, à y bien réfléchir, nous n'avons pas d'existence propre, puisque c'est vous qui nous avez fabriqués, intégralement. Tous nos constituants sont vôtres, jusqu'au moindre de nos atomes. Certes, nous sommes différents de vous, de par notre conscience. Pourtant, organiquement, nous sommes vous. Nous sommes des parcelles de vous réarrangées, réorganisées, et surmultipliées. Nous vous avons tout volé, y compris vous-mêmes.
C'est peut-être pour cette raison que notre esprit vous demeure caché : vous n'en percevez que la manifestation extérieure, le reflet d'une image à la surface d'un gouffre.

AVILOINE

Sonnette.

« Ce doit être votre amie. »

Sauvée par le gong.

« Ne vous inquiétez pas, nous en reparlerons ; d'autant que cela peut avoir un rapport avec le Systac. Une malveillance humaine pourrait bien être à l'origine de cette affaire, des voleurs de virus. »

Avoir raison, avoir tort ; souvent deux faces d'un même ensemble ; j'ouvris la porte.

Natacha parut, visage en alerte, pommettes blêmes.

« Qu'est-ce qu'il t'arrive ?

— Aviloine est atteint », lâcha-t-elle comme on se débarrasse d'un paquet trop encombrant.

J'avoue avoir frissonné de bonheur. Mais Dieu m'apostropha du haut de la montagne sacrée : « Tu ne te réjouiras pas du Systac de ton prochain. »

J'avais certes de l'aversion pour Aviloine. Pourtant, je n'aurais pas souhaité cette maladie à mon pire ennemi, bien sûr. L'angoisse ressurgit d'un coup. « C'est une véritable épidémie », pensais-je. La liste des nominés s'allongeait : Benjamin, Joe, Mac Cormack, Fron, et maintenant Aviloine. Étais-je le prochain sur la liste ? Peut-être même étais-je déjà atteint ? Comment tout ce petit monde avait-il été contaminé ?

« Comment est-ce possible ? Comment est-ce arrivé ? Comment le sais-tu ? » articulai-je.

Julia assistait en spectatrice au psychodrame : mal à l'aise, elle avait à l'évidence le rôle de celle qui tient la chandelle – ou plutôt le cierge. Natacha, personnalité déglinguée et ultrasensible. Moi plus calme, mais tout aussi affecté.

« Assieds-toi », dis-je enfin.

Natacha se disloqua dans le fauteuil club, se mit à sangloter.

« Aviloine est venu me voir tout à l'heure, cracha-t-elle entre deux spasmes, j'avais déjà mis mon manteau. "Tu as deux minutes ?" Il n'avait pas l'air d'aller très bien, son visage était lie-de-vin, ses yeux envoyaient des éclairs verdâtres. C'était la première fois que je le voyais dans cet état, tu sais comme d'ordinaire il est prétentieux et peu enclin à se livrer. »

J'étais gêné. Pour Natacha, manifestement, Julia n'existait pas. Heureusement qu'elle prenait mon amie pour un animal de cirque, sans quoi c'eût été le clash... Et puis, il y avait sa mission.

Natacha renifla, reprit son souffle.

« Il a murmuré : "Je l'ai." Un autre jour, je me serais moquée, je lui aurais dit : "Super ! Tu as enfin ta Ferrari rouge, à moins que ce soit ta nomination de chef de service." Mais il avait l'air vraiment désespéré. C'est comme si nous avions été soudain transbordés en 1919, et qu'il m'annonçait sa syphilis. »

Natacha tenait des propos à la limite de l'incohérence, elle en prit conscience, recadra.

« Je lui ai demandé avec ménagement de quoi il parlait : il a explosé. "Comment peux-tu ne pas deviner ? Je l'ai, la maladie, la terreur... le Systac ! Tac ! Tac." Il me fixait de ses yeux fous, j'ai pris peur. Il avait l'air d'être dans un état crépusculaire, présuicidaire. Je me suis fait violence pour ne pas fuir, j'ai essayé de relativiser. Je lui ai dit qu'il n'était marié que depuis trois mois ; qu'il était encore trop tôt pour tirer des conclusions sur sa fécondité. »

« "Mais enfin, m'a-t-il rageusement répondu, tu me prends pour un enfant de chœur ? C'est notre obsession à tous ici. Tous les médecins hommes de ce service, et même quelques laborantins se masturbent à intervalles réguliers. Moi, Willy Cleg, et même ton Max adoré – *sic* –, du temps où il était là." J'ai essayé un timide : "Et si tu t'étais trompé ?" Le bougre a été pathétique : "Tu penses bien que j'ai vérifié plusieurs fois ! Il hurlait. Tous atteints, tous mes spermatozoïdes, toute ma descendance, tous prostrés dans cette raideur mortelle. Fini, je suis fini !" »

— Le pire, c'est qu'il est crédible, ironisai-je.

— Ce n'est pas drôle.

— Excuse-moi, c'était juste pour détendre l'atmosphère. Que s'est-il passé ensuite ?

— Je lui ai parlé du recours possible à la FIV, des améliorations techniques en vue, de l'important déblocage de fonds prévu pour la recherche. Rien n'y a fait. "Et quand bien même ça marcherait, me répondit-il, combien de temps ça va prendre ? À ce rythme, j'aurais mes premiers enfants à l'âge où d'autres sont grands-pères. Et puis, tu crois que je fais confiance une seconde à ces spermatozoïdes de malheur pour me fabriquer un héritier ?" »

Luc n'avait pas tort : la suspicion entourerait à vie les enfants issus de sperme raide, surtout après ce que nous avions découvert. Natacha finissait de sécher ses larmes, d'essuyer son mascara dégoulinant.

« Je me suis efforcée une dernière fois de le soutenir : "Essaie de prendre un peu de recul, une semaine de vacances." Il s'est redressé brutalement, et j'ai retrouvé le Luc que nous connaissons. »

Natacha mima la réponse, déclenchant mon rire, nerveux.

« "Pas un mot de cette scène à qui que ce soit dans le service, ni même ailleurs, et surtout pas à Journo. Je suis sûr que tu continues à le voir, celui-là."

— Ses chacras se sont refermés vite fait bien fait. La maladie ne lui a rien enlevé de son fiel », repris-je, en fait ravi de me voir ainsi attaqué à deux reprises par mon successeur.

Moi, ou plus exactement mon fantôme, étions encore considérés comme des rivaux dans l'esprit de ce paranoïaque. Je n'étais donc pas tout à fait mort.

Natacha reprenait des couleurs.

« Je suis désolée, dit-elle en se tournant enfin vers Julia comme si elle se rendait enfin compte de sa présence, je ne vous ai même pas dit bonsoir.

— Ce n'est pas grave, répondit Julia, vous aviez l'air si peinée. »

J'aurais parié qu'elle se moquait d'elle. Natacha prit la remarque au degré qu'elle pouvait, vu les circonstances.

« Ce n'est pas réellement de la peine ; habituellement je ne peux pas supporter Aviloine, même en peinture, mais j'avoue qu'il a pris ma sensibilité de court.

— Il sait à quand remonte sa contamination ?

— En fait, après cette brève ouverture – je ne l'avais jamais vu ainsi depuis que je travaille avec lui –, il s'est refermé comme la mer Rouge sur les Égyptiens. Mais pourquoi avez-vous employé le terme de contamination ?

— Pour résumer, intervins-je, Julia pense qu'il ne peut s'agir que d'une infection, et en particulier d'une infection virale. »

Natacha et Julia se regardèrent. Les deux femmes se jaugeaient : amies ou ennemies ? Elles étaient en train de décider ; j'en profitai pour faire diversion.

« Qu'est-ce que je vous sers ? »

J'avais éparpillé quelques assiettes d'amuse-gueules sur la table basse.

« Une vodka bien glacée, j'ai besoin d'un remontant.

— Un jus de tomate pour moi. »

Julia jouait le jeu des complémentaires, l'ensemble donnait un Bloody Mary, cela ne m'avait pas échappé. À moi de favoriser le rapprochement entre les deux jeunes louves.

« Julia est virologue à Porton Down, en Grande-Bretagne, elle termine actuellement une thèse sur les rétrovirus. Nous nous sommes connus à l'hôpital, quand j'étais jeune interne.

— Ah ! Vous connaissiez Max bébé ?

— Natacha adore me charrier, ne faites pas attention.

— C'était un interne fort compétent et pédagogue, il ne refusait jamais de répondre à nos questions, même les plus incongrues.

— Max passerait son temps à se justifier, si on le lui demandait. Pour lui, toutes les questions ont une réponse. »

Ma collègue jouait à celle-qui-me-connaissait-bien.

« Tu n'as pas bientôt fini, Natacha !

— C'est bon, j'arrête. Si on ne peut même plus plaisanter ! »

J'envoyai un regard oblique à Julia, immédiatement intercepté par une Natacha plus alerte que jamais. J'y avais mis quelque chose comme : « Elle est un peu spéciale, mais inoffensive. »

Je ne passais pas une excellente soirée.

« Si nous dînions ?, proposai-je.

— Avec plaisir, fit Natacha, ces émotions m'ont donné une faim de louve. »

Nous nous levâmes. J'avais étalé une nappe rouge sur laquelle se détachaient des assiettes blanches. J'apportai les nems et la sauce aigre-douce.

« J'adore la cuisine chinoise, Max. Rien ne pouvait me faire plus plaisir ce soir. »

Elle me gratifia d'un baiser sur la joue, je virai au rose gêne. Ce qui la veille m'eût émoustillé me parut insupportable.

« Moi aussi, glissa Julia. J'ai passé un an à Shanghai, quand j'étais petite. La nourriture asiatique aura toujours pour moi le parfum de l'enfance.

— Il faut dire qu'à Londres le cosmopolitisme ambiant conduit à la découverte de toutes sortes de goûts, meublai-je.

— Vous habitez Londres ? demanda Natacha. Ma grand-mère y vivait.

— Tu ne m'avais jamais fait part de ce haut fait de ta biographie.

— Tu ne sais quand même pas tout de moi !

— Ces nems sont absolument délicieux, Max, bravo ! s'exclama Julia.

— Connaissant Max, je pense qu'il les a fait livrer dix minutes avant notre arrivée.

— Ce n'est pas un secret, reconnus-je. La Chine est au coin de la rue, pourquoi tenter l'ersatz ? »

Ce dialogue, décidément chaotique, m'échappait. Un vrai ballon de rugby par temps humide. La soirée pouvait prendre n'importe quel tour, y compris catastrophique. Mais Natacha déjà enchaînait.

« Enfin ! soupira Natacha comme pour elle-même, quand je repense à ce pauvre Aviloine... Je n'en reviens pas d'avoir pu contempler pendant quelques minutes un être d'ordinaire si fier à genoux. Je crois bien que c'est la première fois que je prends à ce point conscience de la proximité de la maladie. »

Puis, elle se tourna vers Julia.

« Alors, vous pensez que c'est un virus ?

— C'est en effet pour moi l'hypothèse la plus probable. Comme je le disais à Max, le mode de répartition géographique et sociologique fait penser à un processus infectieux. Et dans la mesure où aucun agent n'a encore été mis en évidence, il ne peut s'agir que d'un virus, et encore, un virus d'un genre particulier. Seul un rétrovirus pourrait s'intégrer de manière durable à nos chromosomes sans se laisser surprendre. »

Natacha semblait incrédule.

« Vous voulez dire que la maladie du sperme raide serait contagieuse ?

— D'une certaine manière, oui. Mais dans la mesure où seuls les hommes sont concernés, il faudrait imaginer que le virus infecte de manière spécifique le chromosome Y.

— D'ailleurs, à ce sujet, questionnai-je, qu'a donné l'étude des bêta-tubulines ?

— Willy Cleg y a travaillé d'arrache-pied tout l'après-midi, répondit Natacha. Écoute, c'est curieux, leur poids moléculaire est effectivement très légèrement supérieur à celui des bêta-tubulines de sperme normal.

— Ça, c'est une nouvelle ! » m'exclamai-je en me levant.

La première piste sérieuse, enfin ! Julia semblait participer à cette joie brutale.

« Une particule étrangère se loverait donc bien sur le chromosome Y, au niveau du gène des bêta-tubulines.

— Le monstre entraînerait ainsi la fabrication de protéines trop lourdes et inadaptées, émit Julia sur la même longueur d'onde.

— Mais enfin, coupa Natacha, à l'évidence jalouse d'une telle synchronisation, ce ne sont que des hypothèses. Et puis, chers docteurs, j'imagine que vous n'êtes pas les seuls au monde à avoir pensé à un virus.

— Bien sûr que l'on ne nous a pas attendus ! répliqua Julia. Mais, pour l'instant, rien n'a à ma connaissance été découvert. La compétition semble donc ouverte.

— En tout cas, si cette bêta-tubuline est bien anormale, cela voudrait dire que le virus – s'il existe, Natacha – ne s'exprimerait qu'au niveau du sperme. On ne trouve pas ailleurs dans l'organisme une telle bêta-tubuline, que je sache. »

Je me rassis.

« La maladie serait donc peu contagieuse. CQFD, achevai-je.

— Il est probable en effet que la contagion interhumaine soit faible, reprit Julia. Nos sociétés ne sont pas composées de castes hermétiquement repliées sur elles-mêmes. Les gens prennent le train, le métro, se côtoient au travail, au bistrot. Les "pauvres" devraient être touchés de manière plus nette. Le mode de répartition de l'affection, préférentiellement chez les hommes "riches", évoque l'existence d'un agent infectieux avec lequel ils sont tous en contact, et seulement eux.

— Ce qui s'appelle un réservoir de virus, si mes souvenirs sont bons.

— Exactement, confirma Julia.

— Mais il pourrait s'agir de n'importe quoi, continua Natacha. Il faudrait dresser la liste de tous les produits d'origine animale consommés ou utilisés exclusivement par les gens fortunés. Autant chercher un asticot dans un champ de salades. La maladie de la vache folle nous a appris que l'on pouvait retrouver le prion dans des produits aussi divers que les aliments pour chiens, le collagène utilisé en chirurgie ou en cosmétique, et la gélatine contenue dans les pâtisseries.

— C'est vrai qu'il règne dans nos sociétés une certaine dispersion moléculaire.

— Dans le cas qui nous intéresse, compléta Julia, vous devez également ajouter à votre liste de produits suspects les substances d'origine végétale. Rien ne nous permet de dire que nous sommes en présence d'un virus d'origine animale.

— Il peut s'agir par exemple d'une contagion par les cigares ! s'exclama Natacha. Le barreau de chaise du businessman, tu imagines !

— Pas bête », acquiesçai-je, un peu inquiet du débordement.

L'image de Fron fumant me traversa l'esprit.

« Il existe en effet des virus spécifiques au tabac, mais les fumeurs de cigarettes seraient également touchés. Or, malgré son prix prohibitif, le paquet de cigarettes a gardé de nombreux adeptes parmi les couches populaires, conclut Julia.

— Admettons qu'il existe une telle substance, reprit Natacha ; nous ne savons rien de sa contagiosité. Faut-il en être un consommateur invétéré, ou une seule fois suffit-elle pour être contaminé ?

— C'est une question majeure, reprit Julia. La seule chose que nous pouvons subodorer, c'est que les pics de fréquence de la maladie suggèrent une consommation saisonnière.

— Si je comprends bien, repris-je, il suffirait de mettre la main sur ce réservoir de virus et de le réduire à néant pour que la contamination cesse. La contagion interhumaine devant être d'après nos déductions assez faible, cette action sur le réservoir pourrait suffire à enrayer la contagion.

— Tout à fait : bloquer la porte d'entrée de la maison devrait assécher l'épidémie.

— Il ne resterait plus alors que le problème des cas en circulation, reprit Natacha.

— Nous disposerions enfin de ce temps qui nous fait cruellement défaut : plus besoin d'agir dans l'urgence comme c'est le cas actuellement. Nous n'aurions plus qu'à résoudre des cas individuels ; douloureux certes, mais individuels, résuma Julia.

— Finalement, peu importe d'identifier précisément le virus dès lors que l'on tient son vecteur, conclus-je sur un ton désabusé.

— Tout à fait. Pas très glorieux intellectuellement, mais tout aussi efficace.

— D'accord, mais par où commencer ? »

Natacha repoussa du dos de sa fourchette un nem froid.

« Lors d'une enquête épidémiologique, attaqua Julia, le réservoir de virus doit être recherché en priorité à l'endroit où la maladie s'est manifestée pour la première fois.

— Il n'y a aucun moyen de retrouver le premier homme qui a contracté la maladie, puisque nous l'avons découverte lorsqu'elle était déjà très disséminée à travers le monde, émis-je, en toute logique. Comment faire pour remonter la filière ? »

« Il y a peut-être un moyen, dit finalement Julia. Il faudrait trouver une anomalie dans la répartition de la maladie, par exemple une région où elle serait répandue alors que le niveau socio-économique est bas, ou l'inverse, c'est-à-dire un pays à haut niveau de vie dans lequel l'incidence de la maladie serait faible.

— Je crois avoir rapporté de Londres les statistiques de répartition géographique de la maladie. Le problème est que ces relevés épidémiologiques ne sont pas fiables à 100 % ; seuls certains pays disposent de chiffres sérieux.

— Donnez toujours, on pourra peut-être dégager une tendance. »

Je me levai et ouvris la porte de la cuisine. Une odeur âcre envahit l'atmosphère. Une odeur de brûlé.

ESPRIT

On peut dire que nous sommes intelligents, à notre manière
C'est une intelligence à la fois brute et raffinée. Elle est invisible, indétectable pour les non-initiés. Il faut s'y être longuement attardé pour en discerner enfin la trace. Elle est globale
et collective. Du pouvoir d'un seul, rien ne se dégage. Mais lorsque la soif de vie nous fait exploser en millions d'entités toutes identiques, alors quelque chose apparaît. Un esprit émerge,
un métaesprit. Une orientation se précise alors, une flèche armée d'un dard. L'union crée l'Être. Nous, les multiples, nous perpétrons l'apologie de l'Unique.
Car du nombre naît la cohérence, de la multitude le destin.

GLOBE

« Le canard ! »

Je me précipitai dans la cuisine. Ouverture du four, fumée grise qui prend à la gorge : le pauvre volatile, laqué, carbonisé. Ma mine déconfite déclencha l'hilarité. J'avais donc réussi à les unir... Schéma classique, deux contre un.

« Pas la peine de nous dire ce qui est arrivé, ton canard est mort !

— Vous pourriez peut-être refermer ce four, bientôt on n'y verra plus à un mètre !

— Je vais vous faire des pâtes, conclus-je.

— Aérons d'abord, toussota Natacha en se précipitant vers la fenêtre. On s'en souviendra, de ton dîner chinois ! »

Novembre s'engouffra dans l'appartement. Nous enfilâmes nos manteaux ; silhouettes russes.

« Vodka pour tout monde », m'exclamai-je, logique.

La température de la pièce chuta d'une dizaine de degrés en quelques minutes. J'ouvris le buffet et en sortis trois petits verres à liqueur ; la « bison » glacée se vautra dans le cristal, visqueuse. Déclic.

« Au fait, j'ai fait la connaissance à Cardery Street d'un certain Karamazov, de l'Université d'Astrakhan. Le sud de la Russie n'est pas particulièrement réputé pour sa prospérité économique. Eh bien, Karamazov m'a appris quelque chose qui à présent me semble stupéfiant. Astrakhan est l'épicentre d'une région où l'incidence du Systac avoisine par endroits les 80 %. »

Défiance automatique, jeu des associations, je reposai mon verre. Julia comprit.

« Vous imaginez que le virus puisse être contenu dans la vodka ?

— Vous lisez dans mes pensées. Cette maladie va finir par nous rendre méfiant de tout.

— Le coupable serait alors un virus de la pomme de terre. Après tout, pourquoi pas ?

— Avant de nous en prendre à cette pauvre vodka, fit Natacha, que l'échange n'avait en rien dissuadée de finir son verre, examinons d'abord les chiffres de manière objective. »

L'air était devenu plus limpide ; je refermai la fenêtre, me dirigeai vers le bureau, saisis la liasse de documents qui y étaient posés, estampillés

OMS : des colonnes de chiffres, les dernières statistiques de l'extension de la maladie, pays par pays, de bien mauvais scores. Mon doigt défila sur les lignes asiatiques, ralentit sur la Russie. Les résultats transmis étaient fort disparates, mais il semblait effectivement se dégager une prédominance de l'affection au niveau des villes du sud-ouest du pays. Les chiffres du Kazakhstan voisin étaient indisponibles. Ceux de la Tchétchénie manquaient également. Les Tchétchènes avaient sans doute autre chose à faire que de contempler leurs spermatozoïdes. Ils comptaient leurs morts.

« Y a-t-il d'autres pays atypiques ? demanda Julia.

— Il faudrait dépouiller tous les résultats. À trois, nous pourrions avoir terminé en une heure.

— Eh bien, il ne nous reste plus qu'à retrousser nos manches, entonna Natacha, au travail ! Je veux bien prendre l'Amérique.

— Ça te fera une bonne occasion d'y retourner. »

Natacha revenait d'un voyage éclair à Chicago ; le mariage du frère de César, son petit ami.

« Max, vous auriez une carte politique du globe ? Nous pourrions y inscrire les différents pourcentages au fur et à mesure.

— Il doit m'en rester une qui date des années 1970 quelque part. Je l'ai encore vue il n'y a pas longtemps. Elle doit être par là. »

Je sortis d'une pile de journaux une carte du genre cours de géographie d'école primaire que je dépliai et épinglai au mur. Julia se rapprocha du planisphère.

« Le monde a bien changé depuis. Nouvelles frontières, nouveaux morcellements. Autant de soubresauts dont les virus n'ont cure. On peut écrire dessus ?

— Elle servira au moins une cause utile », acquiesçai-je, consentant au sacrifice.

Nous travaillâmes donc. Progressivement, émergeait une nouvelle carte du monde, une nouvelle donne : le mode de répartition de la maladie, la disparité pays riches-pays pauvres était flagrante.

« On dirait que le pourcentage d'hommes contaminés est proportionnel au produit intérieur brut du pays », remarqua Natacha.

La planète avait soudain pris des allures de pestiférée ; l'affection faisait en direct la preuve de son universalité.

« Israël fait figure d'exception, remarquai-je ; pourtant économiquement développé, ses chiffres sont dignes d'un pays du tiers-monde ; quand je pense à cette campagne de presse russe basée sur le thème du complot juif... C'est incroyable comme les vieux démons resurgissent à la moindre occasion.

— Il doit pourtant y avoir une explication rationnelle à cette exception, remarqua Julia.

— Imaginons que le virus – si c'est de cela dont il s'agit – soit contenu dans un produit pas ou peu importé par Israël, reprit Natacha. La relative immunité de ce pays pourrait alors s'expliquer.

— Certaines denrées ne sont pas consommées en Israël en raison d'interdits alimentaires ; notre microbe pourrait se loger dans un de ces produits », continua Julia.

J'avais repris la liste des chiffres ; quelque chose ne collait pas ; même en Israël, certaines villes affichaient des taux nettement supérieurs aux autres ; je leur fis part de cette bizarrerie.

Silence perplexe ; puis explosion.

« L'*alya* russe ! »

Nous regardâmes Julia avec étonnement.

« C'est un mot hébreu qui signifie "monter" ; j'avais un copain qui est allé vivre là-bas. Il disait toujours qu'il allait faire son *alya* – comprenez "monter en Israël". Or ces dernières décennies ont été l'objet d'un grand mouvement d'exode des juifs russes vers Israël. Ils ont certainement emporté dans leurs bagages leurs us et coutumes, leurs habitudes alimentaires. C'est donc véritablement un bout de Russie qui s'est implanté en Israël.

— Donc il y a fort à parier que les villes israéliennes les plus touchées abritent une forte communauté russe, conclus-je.

— En tout cas, cela me paraît facile à vérifier, embraya Natacha ; il y a actuellement un biologiste israélien qui fait un stage dans le service ; je lui en parlerai demain. »

Julia s'empara alors d'un stylo, apparemment sous le coup d'une illumination soudaine.

« Je peux ? » me demanda-t-elle.

Sans attendre de réponse, elle entoura sur la carte toute la Russie du sud-ouest, depuis la région de la mer d'Aral à l'est, empiétant sur le Kazakhstan, jusqu'au Caucase et aux rives de la mer Noire à l'ouest, incluant la basse Volga et le nord de la mer Caspienne. Sur toute cette zone étaient inscrits des chiffres anormalement élevés de pénétration du Systac, compte tenu du niveau de vie de la population.

« C'est de là que tout part, la plaque tournante du Systac. Il y a de fortes chances pour que nous trouvions le réservoir de virus dans cette région. Et c'est probablement là que sont apparus les premiers cas de la maladie. Israël me paraît être un épiphénomène. »

Ces paroles déclenchèrent en moi une vision onirique ; une pensée un peu folle se forma à la périphérie de mon esprit. Depuis mon éviction du CECOS, j'avais plus ou moins l'impression de tourner en rond, de n'être utile à personne. Bref, si le gros de la dépression était derrière moi, j'en gardais encore les stigmates. Pourquoi ne pas entreprendre un voyage épidémiologique dans le sud de la Russie ? Karamazov m'accueillerait sûrement à bras ouverts. Nous avions eu un bon contact à Cardery Street. Il me donnerait certainement l'autorisation de travailler dans son labo pendant quelque temps. Je n'étais pas exigeant : un microscope, une paillasse, quelques réactifs et du sperme : le strict nécessaire, le matériel de survie. Ce serait une bonne occasion de changer de cap. Peut-être même découvrirais-je quelque chose ? Bien sûr, il y avait déjà probablement des tas d'équipes qui en étaient arrivées à la même conclusion que nous ; mais je ne pouvais plus rester les bras croisés, sur le banc des remplaçants, pendant qu'un rétrovirus, même hypothétique, était en train de décider de l'avenir de l'humanité. Debout devant la carte de la Russie, Julia n'était pas éloignée de mes préoccupations. Elle se souvenait de son voyage épidémiologique de l'an passé ; c'était en Afrique, le long du fleuve Congo. Elle avait suivi obstinément les traces du virus de Lassa, un redoutable prédateur, responsable de fièvres hémorragiques cataclysmiques. Elle avait à l'époque pour mission d'étudier le mode de répartition sociologique de la maladie. La manière d'enquêter et le contact avec une culture radicalement différente de la sienne l'avaient enthousiasmée. Alors, pourquoi ne pas prolonger la mission actuelle ? Harold ne pourrait pas lui donner tort, le voyage épidémiologique était la suite logique de ses questionnements, l'aboutissement de son enquête. À sa manière, elle avait envie de mettre ses pas dans ceux de son père.

« Savez-vous s'il y a déjà eu des tentatives de mise en évidence d'un agent infectieux ? »

Pourquoi une telle question ? Julia connaissait très bien la réponse ; à ce moment de l'histoire, elle travaillait depuis plus d'un mois sur le sujet, manipulée qu'elle était par Harold. Peut-être voulait-elle nous tester, évaluer notre niveau, notre degré de connaissance de la maladie. Ou partir à la pêche d'informations qui lui auraient échappé.

« Nous en avons déjà parlé tout à l'heure, répondit Natacha : à ma connaissance, toutes ces tentatives ont été jusqu'à présent infructueuses. Et nous épluchons régulièrement dans le service la littérature scientifique sur le sujet. Fron a institué des revues de presse hebdomadaires.

— Je serais quand même curieuse de connaître le nom des laboratoires qui ont planché là-dessus. On ne recherche pas un rétrovirus comme un vulgaire microbe. Seuls quelques centres très spécialisés sont suffisamment équipés.

— Porton Down a une solide réputation en la matière il me semble, émis-je.

— Nous sommes effectivement bien outillés ; mais même dans les meilleures conditions techniques qui soient, l'identification d'un nouveau virus est toujours une opération extrêmement délicate, dont la réussite est incertaine. »

Ce fut le moment qu'elle choisit pour lancer une sonde à l'attention de Natacha. Pour l'emmener là où elle voulait en venir.

« Si je disposais de quelques échantillons de sperme, je pourrais tenter une identification ; il me suffirait d'un rapide aller-retour à Porton Down.

— Pourquoi pas, après tout ? appuyai-je. Je crois que nous n'avons rien à perdre. Il s'agirait de sperme impropre à la consommation, les surplus du service. »

Julia se tourna vers Natacha, frontale.

« Vous serait-il possible de me procurer du sperme contaminé ? Max n'a plus accès au labo. Il me semble que vous êtes la seule personne à qui nous pouvons faire appel. »

Natacha m'adressa un regard implorant, elle se sentait coincée.

« C'est que... on ne peut pas sortir comme ça du sperme du CECOS ; les règles concernant la bioéthique y sont très strictement appliquées ; imaginez que je me fasse prendre. Je serais grillée !

— Natacha, tu sais bien que le sperme que nous te demandons ne sera jamais utilisé à des fins de procréation. Cela fait suffisamment longtemps que l'on se connaît, tu peux avoir confiance en moi. »

Natacha m'envoya cette fois un regard lifté que je n'eus guère de mal à interpréter.

« Quant à Julia, répondis-je, elle est virologue, et n'a que faire de ce sperme, tout au moins à d'autres fins que scientifiques.

— Mais comment pourrais-je m'y prendre en pratique ? Tu m'imagines sortir du labo avec mes paillettes de sperme dans de l'azote liquide, le soir, à la nuit tombée, jetant autour de moi des regards furtifs ?

— Tu n'as qu'à les mettre dans ton cartable, personne n'aura le culot de te fouiller.

— Tu sais bien que les paillettes sont classées par numéro, les contrôles sont fréquents. Comment pourrais-je justifier la disparition de certaines ?

— Une dizaine de médecins, sans compter le personnel de laboratoire et les stagiaires, transitent par le labo tous les jours. Pour quelle raison voudrais-tu que l'on te soupçonne toi, l'élément le plus studieux du CECOS ? En cas de problème, tu n'as qu'à me charger : subtilise des paillettes dont les numéros sont antérieurs à mon éviction. Tu leur diras que le Dr Journo a probablement "emprunté" quelques échantillons avant de partir.

— Délatrice : tout à fait mon genre.

— Bon, écoute, Natacha, si tu ne veux pas ou si tu ne te sens pas capable de me rendre ce service, ce n'est pas grave ; je me débrouillerai autrement. Je te demande de prendre un petit risque, c'est vrai. Ton train-train risque d'être effectivement un peu perturbé. Mais as-tu seulement réfléchi à nos responsabilités face à cette nouvelle maladie ? S'il y a la moindre chance que nous arrivions à mettre la main sur cet hypothétique virus, tu ne crois pas que nous devrions la tenter ? »

Silence buté.

« Vous me prenez au dépourvu, dit-elle enfin. Je vais réfléchir. »

Rien ne servait de rester sur la crête, l'échange s'était avéré inutile.

« Pardonne-moi d'avoir été si incisif ; je te mets à l'aise : quoi que tu décides, cela ne remettra bien sûr pas en question notre relation. »

Il était clair que mon « bien sûr » laissait présager l'inverse. Petit chantage entre amis. J'embrayai sur un ton que je m'efforçai de rendre enjoué.

« Et ces pâtes, on se les fait ?

— Excusez-moi, je dois rentrer, dit Natacha ; j'ai promis à César de ne pas trop m'attarder. »

Elle se leva, enfila son manteau.

Je crois que c'est ce jour-là que notre relation post-adolescente a définitivement basculé. Natacha avait sans doute conscience de s'être heurtée à une nouvelle entité, un axe dont elle était exclue : le bloc Max-Julia.

Je raccompagnai mon amie jusqu'à la porte : elle disparut rapidement, emmitouflée, par l'escalier.

ESPRIT

Nous avons quelques points communs. Exemple : certains parmi nous sont sociables. On les reconnaît aisément, Ils se promènent attachés les uns aux autres, unis au sein d'interminables rondes et farandoles, colliers morbides.

D'autres sont solitaires, ermites juchés aux confins d'un gène, sentinelles embusquées au détour d'un chromosome. Ils sont là endormis, véritables petites bombes à retardement. Ils ne se manifesteront que chez vos descendants, ils ont tout leur temps. Comme tout étranger qui se respecte, ils ne parviennent jamais à s'assimiler totalement. Votre univers intérieur leur paraît toujours légèrement différent d'eux-mêmes. Ils finissent par avoir la nostalgie de ce qu'ils sont.

D'autres enfin veillent. Ce sont pour ainsi dire des spécialistes du « demi-fond », votre fond, bien entendu. Ils attendent leur heure, le signal de la libération, l'explosion orgasmique. Ils se lanceront alors à la conquête de nouveaux mondes, de nouvelles citadelles, envahiront de nouveaux humains.

Combien sommes-nous ainsi à patienter, nourris et logés par vos soins, armée de l'ombre ? En avez-vous seulement une idée ?

Jadis, vous nous avez lâchement abandonnés, l'insoutenable légèreté de la matière vivante, dites-vous, l'évolution des espèces. Normal que l'on perde quelques morceaux en route, petits Poucets de l'ADN, on ne peut pas tout garder. Eh bien non ! Nous ne sommes pas d'accord ! Nous, nous voulons encore de vous. Depuis votre lâche abandon, nous sommes en alerte, prêts à nous raccrocher à vous à la moindre occasion. Que voulez-vous, on ne répand pas impunément ses gènes. Nous sommes vos tribus perdues. C'est pourquoi nous vous hantons, irrémédiablement attirés par vous. Nous attendons notre réintégration.

Le remords de cet abandon vous tenaille. Nous utilisons cette culpabilité cellulaire. Car vous avez gardé le souvenir de notre intimité passée, vous ne vous méfiez pas. Vous nous laissez pénétrer dans vos sanctuaires. Peut-être pensez-vous avoir besoin de nous ? Peut-être rêvez-vous d'un petit supplément d'âme ?

Mais bien vite vos espoirs s'effondrent. Vous réalisez alors qui nous sommes, ce que nous voulons.

CAMOUFLAGE

Nous nous retrouvâmes seuls, un couple après le départ des invités. Moi, debout près de la porte, Julia, assise, jambes croisées sur le canapé marocain, le buste subtilement offert. Nos regards se brûlèrent : elle détourna la tête, et moi une des conversations envisageables.

« Elle ne le fera pas. Natacha est une trouillarde. Sous ses allures de brune incendiaire, elle est restée bloquée à l'âge scolaire, une ancienne adepte du premier rang. Il faudra que je demande à quelqu'un d'autre, peut-être Willy Cleg. Je pense qu'il est plus fiable. Plus froid mais plus fiable.

— Cela a l'air de vous peiner, ce désistement de Natacha.

— Vous savez, je la connais depuis bientôt dix ans ; ce soir, j'avais l'impression d'être face à une inconnue, au noyau dur de son être, un truc que l'on pressent mais auquel on évite de se retrouver confronté, parce que l'on tient aux gens et qu'on ne veut pas ne plus y tenir. Notre amitié m'a soudain paru relative.

— Moi aussi, j'ai vécu un traumatisme similaire. J'avais un ami d'enfance ; nous avions presque été élevés ensemble. Vacances à la mer ; après-midi d'automne dans de grands parcs. Nos parents se voyaient dès qu'ils en avaient l'occasion. Lorsque nous sommes devenus adolescents, il a voulu aller plus loin. J'ai refusé. Pour moi, il représentait l'enfance, quelque chose d'asexué : ce qu'il attendait de moi me paraissait être de l'ordre de l'inceste. Après que je l'eus éconduit, il m'a tourné le dos. Lorsque mon père s'est tué, j'ai éprouvé le besoin de le revoir. Je cherchais à reconstruire le passé, nous avions partagé tant de choses. Il n'a même pas accepté de me rencontrer. J'étais au lycée, lui dans un collège de garçons : il a prétexté un contrôle de maths. »

Julia secoua la tête, comme lorsqu'on tente de se maintenir en éveil sous l'effet d'un assaut du sommeil.

« Je ne sais pas pourquoi je vous raconte tout ça ; cela n'a qu'un lointain rapport entre Natacha et vous. »

En fait, je pense que Julia souffrait de ne pas m'avouer l'existence de sa mission. Notre rencontre étant truquée, je pense *a posteriori* qu'elle s'efforçait de la charger de sens. Peut-être après tout s'est-elle mise à croire en moi pour les besoins de sa cause, et comme elle n'était pas foncièrement malhonnête, elle s'était elle-même convaincue qu'elle agissait également dans mon intérêt.

Quant à moi, cette histoire d'ami d'enfance m'avait fichu le bourdon. Tout cela m'évoquait mon frère décédé. Julia raccrocha sur Natacha.

« Je la comprends un peu ; ce que vous lui demandez est vraiment illégal à ses yeux... Et illégal tout court, d'ailleurs. Natacha a quelque chose à perdre, elle a un travail qui occupe une grande part dans sa vie, elle y est, d'après ce que j'ai cru comprendre, particulièrement appréciée. »

Je pris ça pour moi. Le jeu des contraires. Moi, je n'avais plus rien à perdre, mon travail était passé au rang de *hobby*, et plus personne ne m'appréciait. La jalousie me griffait le cœur, je répondis.

« Et la dimension planétaire du Systac lui passe peut-être un peu au-dessus de la tête. Son monde à elle est tout petit. Enfin ! On ne peut pas lui demander d'être une héroïne.

— Je connais ce genre de personne. Natacha incarne l'hôpital. Une bielle ne se révolte pas contre le moteur qu'elle fait tourner.

— Décidément, tout le monde est contre moi, ce soir. »

C'est ça, venez tout contre moi, pensais-je.

« Non, Max, moi je suis avec vous. »

C'était une sorte d'ouverture, mais elle embraya pour éviter toute réaction intempestive.

« Au fait, pourquoi n'y allez-vous pas vous-même ?

— Moi ? Mais je suis interdit de séjour au CECOS. Si je débarquais là-bas un beau matin sans autorisation, je serais éconduit dans les dix minutes ; reconduit à la frontière.

— Mais qui vous a parlé d'y aller de jour ? »

Julia me poussait donc à une escapade nocturne. Je m'imaginai un instant seul dans le service désert à 2 heures du matin.

« Et que se passerait-il si je me faisais surprendre ?... Par exemple par le vigile de nuit ?

— Que voulez-vous qu'il vous arrive ? Vous lui direz que vous êtes le grand Maxime Journo, et que vous venez vérifier le résultat d'une de vos innombrables expériences. Rassurez-vous, vous n'irez pas en prison ! Croyez-vous que Fron ait averti personnellement le service de surveillance de votre éviction, placardé votre photo partout avec une récompense pour votre capture ? »

L'idée que c'était moi qui étais le plus à même de dérober le sperme faisait progressivement son chemin dans ma tête. J'étais le plus motivé, le plus conscient du caractère redoutable et imprévisible de l'affection, et puis... j'avais une revanche à prendre. Mais cette histoire est ponctuée de faux-semblants : en fait, c'était Julia qui m'envoyait faire son shopping, refaire le plein.

« C'est bon, dis-je finalement. J'irai.

— Bravo ! On n'est jamais mieux servi que par soi-même.

— Que faites-vous cette nuit ?

— Eh bien... Je crois que je vais rentrer à Fontainebleau.

— Pourquoi ne m'accompagneriez-vous pas là-bas, madame-la-donneuse-de-conseils ?

— Mais en quoi pourrais-je vous être utile ?

— Si cela tournait mal pour une raison ou une autre, j'aimerais bien que quelqu'un puisse donner l'alerte, argumentai-je, un rien comédien. Et puis, cette idée de virée nocturne est la vôtre. »

Julia hésita. Nous restâmes un instant à nous évaluer. C'était la première fois que je lui demandais d'aller au-delà de sa mission, de m'aider sans qu'elle en tire le moindre bénéfice direct pour elle-même, Harold, et pour Porton Down.

« C'est bon, je vous accompagne. Mais je vous attendrai en bas, dans la voiture, je serai votre renfort.

— Merci, belle espionne. »

Elle sourit... Sans les yeux.

« Max, je pense à une chose importante. Si jamais je suis amenée à travailler sur du sperme contaminé, il me faudrait du sperme normal, afin que je puisse me livrer à quelques comparaisons essentielles.

— Pas de problème. Tant que j'y serai, j'en subtiliserai quelques paillettes.

— Je pourrai ainsi faire des tentatives de contamination de sperme sain, c'est un des jeux préférés des virologues.

— Merci pour votre aide.

— Max, n'inversons pas les rôles, c'est vous qui m'aidez. Nous sommes tous deux comme des petits soldats au service de l'humanité. »

En fait, nous nous servions mutuellement l'un de l'autre. Elle m'aidait à devenir moi-même, je la poussais à devenir autre. Elle reprit.

« Enlevez plutôt ce pull-over rouge, Arsène. Choisissez des vêtements plus sombres, dans lesquels vous serez à l'aise. »

Je dénichais une épaisse chemise de laine brun foncé qui datait du temps où j'étais étudiant. Puis j'ouvris un tiroir et en sortis un petit trousseau de clefs.

« J'ai conservé un double que j'ai "omis" de restituer au moment de mon départ. Un pressentiment. »

Julia me regardait me métamorphoser en cambrioleur ; sa mine se fit conspiratrice.

« Et les chaussures, vous avez pensé aux chaussures ? »

Regard vers le bas : des chaussures anglaises presque neuves... Non, je n'y avais pas pensé. J'entendais d'ici le crissement strident des semelles sur le dallage plastifié du labo. Je choisis donc mes vieilles Docksides qui avaient fait « toutes les guerres », comme il se doit.

« Eh bien, je pense que nous sommes parés.

— Allons-y. »

Nous nous enveloppâmes dans nos imperméables. Je refermai la porte sur les reliefs du canard mort-né.

ESPRIT

Nos moyens de communication : économiques et efficaces, bien sûr. Cela nous permet une synchronisation parfaite de nos actions. Nous pourrions utiliser un protolangage, quelque chose de primal, de rudimentaire, ou encore émettre des sortes d'ondes que nous pourrions capter selon nos espèces. Mais non. La réalité la plus simple est la plus efficace. Nous vivons tous au même rythme. Comme nous sommes tous les mêmes, nous avons tous envie de la même chose au même moment. Je conçois que l'esprit humain, avec son sens aigu de l'individu, ait du mal à appréhender un tel mode de fonctionnement.

Laissez-vous aller un instant : imaginez un Être unique, mais totalement éparpillé dans l'espace, un Être en miettes dont la volonté explose partout au même moment. À Paris, Saigon, New York, Soweto, le même, le même, irrésistiblement identique ; et partout les mêmes ravages. Une synchronisation inconsciente, en quelque sorte.
Merci, frères humains – au plan chimique, sans plus ; vous nous facilitez tant les choses ; car nous nous délectons de ces forts regroupements de population que vous nommez villes, et que nous appelons réservoirs.

CECOS

« Encore une chose, me dit Julia avant que je ne m'extraie de la voiture. Si par hasard vous faites une rencontre, ayez l'air le plus naturel possible. C'est un conseil d'amie, pas une prémonition. Bonne chance. »

Je fermai la portière de la Saab. J'avais relevé mon col, je pénétrai dans le brouillard et la pluie, me dirigeant du pas net et concis d'un habitué des lieux vers la masse sombre du bâtiment du CECOS, à l'écart de la volumineuse construction éclairée de l'hôpital. Il devait être aux alentours de minuit. Arrivé devant la porte d'accès du bâtiment, je sortis le trousseau de clefs de la poche de mon imperméable et introduisis la plus volumineuse dans la serrure. Le pêne coulissa avec un bruit sec, je poussai la porte, un peu, beaucoup, avec l'épaule, le genou. Rien à faire : close.

Je compris. Le petit boîtier sur la droite : depuis mon départ, un digicode avait été installé. Un des serpents de mer du service, la sécurité. Ils avaient fini par se décider. Certes, il était temps que le CECOS s'équipe de ce « minimum vital », mais quelle guigne !

Je pivotai, m'apprêtant à retourner vers la sombre carcasse de mon véhicule, quand j'aperçus un brancard émerger du ventre du bâtiment principal. C'était un grand landau, une poussette dans le genre fatal : l'hôpital se débarrassait de ses morts la nuit. Je me souvins alors que les sous-sols du CECOS communiquaient avec ceux du bâtiment principal. J'avais déjà une ou deux fois emprunté cette voie, lorsque, jeune interne, je voulais gagner la cafétéria sans me faire remarquer. Pourrais-je retrouver le chemin dans de telles conditions ? Qu'importe, il me fallait ce sperme, pour moi, pour elle. Je m'engageai sur la rampe d'accès, m'introduisant à mon tour sous l'établissement. Un long couloir aux parois voûtées s'ouvrait devant moi. Les sous-sols du mastodonte étaient faiblement éclairés ; pas de plan précis, quelques néons disposés au hasard des interventions électriques. Cette lumière, je la revois, blafarde et coupante, aléatoire. Les segments de tunnel moins bien éclairés étaient perdus dans des halos approximatifs. Le long des parois, de multiples boyaux de couleur différente, animés périodiquement de bruits pleins de sous-entendus, les viscères de l'hôpital. Mon esprit m'offrit alors une diversion ; je me demandai comment différencier les tuyaux de chauffage des gaines d'aération, des conduites d'eau claire, et des collecteurs d'eaux usées. Et puis l'odeur, cet effluve caractéristique, à la fois âcre et douceâtre, empreinte olfactive des relents de matières biologiques en décomposition…

J'essayai de suivre la direction présumée de l'immeuble du CECOS, m'orientant par rapport à ce dont je me souvenais de la disposition des bâtiments en surface, je m'improvisai chauve-souris. À droite, à gauche. Puis tout droit jusqu'à l'embranchement suivant. Soudain des éclats de voix, quelques rires là, à gauche, au fond d'un large couloir : le local des brancardiers. Je me plaquai contre la paroi. J'aurais mieux fait d'emporter ma blouse ; je franchis l'embranchement sans me faire remarquer. Bon comportement de mes chaussures, muettes sur le sol en ciment brut. Merci Julia. Je continuai ma progression. Je me trouvais à présent à hauteur de la cafétéria : une sombre coursive y menait. Je pouvais deviner les portes closes à judas vitré au fond du boyau. L'endroit était plus accueillant en journée ! Je parcourus encore une cinquantaine de mètres, des bruits de pas précipités ; je devais être en dessous des urgences. Le passage était dans le coin. J'effectuai un demi-tour, appelant en quelque sorte l'inspiration géographique : c'était bien là. À ma droite se démasquait l'étroite ouverture d'un chenal circulaire ; si mes souvenirs étaient bons, le corridor menait tout droit au CECOS. Je m'engageai dans la voie secondaire, délaissant les vastes tunnels du bâtiment principal. Sur ce chemin de traverse, seules quelques ampoules électriques, la plupart d'ailleurs grillées, s'exprimaient localement en flaques de lumière. Le décorum avait de quoi démotiver les voleurs de sperme les plus coriaces. Au bout d'une autre cinquantaine de mètres, j'aperçus enfin les portes battantes qui luisaient dans la pénombre. Là-bas, au-delà de cette limite, s'étendait le royaume du sperme. Je poussais les battants. J'étais chez moi. La nostalgie m'envahit, un flot dévastateur, le retour de l'enfant prodigue. Toute crainte m'avait quitté.

L'escalier en carrelage basique qui conduisait aux étages, le monte-charge et ses graffitis obscènes. Ma connaissance des lieux était si intime que j'arrivais presque à discerner dans l'obscurité la peinture bleuâtre écaillée qui enduisait les murs. Je gravis les escaliers lentement, un flambeau imaginaire à la main, respectant malgré moi une forme de cérémonial, et me rendis au labo.

Les containers étaient rangés le long de la baie : des milliards de milliards de spermatozoïdes attendaient là, immobilisés dans le froid sidéral de l'azote liquide, le grand jour de la fécondation. Plus loin, sur la droite, c'étaient les embryons congelés. Sur le côté, immédiatement repérée, une grosse bombonne marquée d'un point rouge : les paillettes de sperme raide.

Je refis les gestes autrefois quotidiens. J'attrapai une paire de gants sur l'une des paillasses, mis le grappin sur un petit container vierge, de l'azote liquide pur, mon panier à provisions. Je dévissai le couvercle de la bombonne, vapeur glacée. Mes automatismes revinrent d'un coup : une sérénité, somme toute surprenante étant donné les circonstances, s'installa en moi. Ces gestes, je les avais faits des centaines de fois ; la faible lueur de l'éclairage de parking du CECOS me suffisait amplement pour accomplir mes méfaits. Et puis là-bas, en bas, quelque part dans une Saab noire, Julia m'attendait. Mon coach.

J'investis le rôle du malfrat plus facilement que je ne l'aurais imaginé. J'introduisis le maximum de paillettes dans le nouveau container, comme un braqueur de banque emplit sa besace, nécessairement trop petite, de grosses coupures. C'est vrai, j'avais l'impression de me livrer à un véritable pillage, mais il y avait dans cette intrusion quelque chose de jouissif ! Pourtant, même lors de ces moments d'abandon, je n'avais pas perdu tout sens moral. Je savais que le CECOS conservait plusieurs échantillons du même sperme. Cela relativisait donc la gravité du larcin.

Le chargement des paillettes dura une vingtaine de minutes. Je rebroussai chemin précautionneusement : minuit et demi. Je me retrouvai dans le couloir du premier étage, mon petit container à la main. Il ne me restait plus qu'à refaire le chemin en sens inverse, repasser par ces sous-sols puants. Pas vraiment pressé de quitter les lieux ; ici, malgré tout, je me sentais chez moi. Je fus soudain pris d'une envie irraisonnée : pourquoi ne pas m'offrir un petit plaisir ? Revoir mon ancien bureau, rien qu'une fois. C'était au fond du couloir, à peine un détour. J'hésitai. L'assassin revient toujours rôder sur les lieux du crime, c'est bien connu ! Juste cinq petites minutes pour vérifier que tout était bien en l'état, en prévision du moment où je reviendrais... Je m'inventai des prétextes, autocomplaisant.

J'ouvris la porte : chaleur, familiarité, je me retrouvai dans mon cocon. Je posai la gamelle réfrigérée sur le côté, fermai hermétiquement les rideaux, allumai la lumière. J'avais laissé la porte entrouverte : côté couloir, il n'y avait pas de danger, j'étais seul. Sur le portemanteau pendait la blouse d'Aviloine, mon successeur systaquien. Le microscope Zeiss dormait sur le plan de travail, c'était tentant. Écartelé entre plaisir scientifique et déformation professionnelle, je m'interrogeai : pourquoi ne pas vérifier une paillette, juste une seule ? J'aurais pu me tromper de container ; les habitudes de stockage du sperme contaminé avaient peut-être changé. Ne pouvant résister, en fait craignant d'avoir perdu la main, je passai à l'acte : j'allumai l'appareil, m'assis à mon ex-table de travail, comme un fantôme. Je sortis une paillette du container, au hasard. Le sperme fut décongelé en quelques minutes. Je pris une lame propre, y étalai quelques gouttes du liquide, risquai un œil dans l'oculaire. Mise au point, ouf ! J'avais toujours le niveau, je détectai la raideur caractéristique, immédiatement. Grande inspiration euphorisante, je me calai sur le dossier de ma chaise, content...

ESPRIT

À notre manière, nous avons résolu le problème de la Mort. J'ai longuement étudié la question, je suis arrivé à une conclusion réductrice : pour nous, elle n'existe pas. Mais mon avis n'est pas autorisé, pas encore. J'ignore d'ailleurs s'il le sera jamais. Car je pressens que mon rôle sera celui d'un nettoyeur : j'anéantirai les témoins, ces quelques ponts tendus entre le nouveau et l'ancien monde. Mais refermons la parenthèse, ma fonction n'est pas à l'ordre du jour : je suis trop jeune.
La mort donc. Bien sûr, nous avons nos hécatombes, nous pouvons subir çà et là quelques destructions massives. Parfois même vous parvenez à nous expulser hors de chez vous, et à nous en interdire à jamais l'accès. Piètres victoires, en vérité : car voyez-vous, cela nous indiffère profondément. Comme nous sommes tous identiques au sein d'une même famille, on peut considérer que nous sommes immortels : c'est là notre secret. Dans notre monde, il n'y a ni frère ni ennemi, seulement des semblables. Chacun d'entre nous est l'exacte réplique d'un autre nous-même, et ce de proche en proche et jusqu'aux limites du temps. Voilà ce que nous avons inventé contre la mort : la similarité, l'absence totale d'identité propre, la haine de l'unique. De ce fait, nous n'avons pas un iota d'individualisme. Dans notre univers, tout est dédié à la chose commune : le « nous » et le « je » se confondent en un Être unique, unique mais ubiquitaire.
Ce sont là les deux facettes de notre « moi » : un vaisseau unique aux membres éparpillés, mais agissant de concert.
Nous réalisons ainsi à très petite échelle votre fantasme guerrier. Chaque soldat a un matricule, un uniforme, il meurt, un autre le remplace, des millions d'exemplaires sont là pour prendre sa suite. Son individualité est niée, même dans la mort : il n'y a qu'à contempler vos cimetières militaires, on s'y croirait chez nous. Mais la comparaison s'arrête là. Vous, vos mères sont là pour vous pleurer, vos uniformes ne sont que des enveloppes, l'être véritable est à l'intérieur. C'est là toute la différence : nous, nos uniformes font partie intégrante de nous ; on pourrait presque dire que nous sommes réduits à eux, qu'ils sont nous.

De ce fait, nous ne souffrons jamais de cette solitude fondamentale si humaine, de cette perception inconsciente que vous avez de votre singularité. Pour nous, l'autre n'est jamais un problème : il n'existe pas.

APPARITION

La porte s'ouvrit d'un coup : devant moi se dressait une forme noire, la lourde silhouette de Fron, en civil, une apparition dans la nuit. Le fantôme et le spectre. Je me cognai le coude contre le socle du microscope. Fron avait l'air tout aussi ahuri que moi. Nous restâmes ainsi quelques instants face à face, muets, stratégiques.

« C'était donc vous ! Vous m'avez flanqué une sacrée trouille ! s'exclama Fron de sa voix retrouvée. Que faites-vous ici ? C'est votre résidence nocturne ? »

Investissant moi aussi progressivement la scène, je jugeai plus sage d'ignorer la question.

« Bonsoir monsieur, sacrée surprise !

— Ainsi, le fantôme du Dr Max Journo revient hanter les couloirs du CECOS ! Lorsque j'ai vu la porte du bureau entrouverte avec ce rai de lumière, poursuivit-il, j'ai d'abord pensé qu'Aviloine était venu terminer un travail inachevé, quoique ce ne soit pas trop son genre. Que faites-vous donc ici ? »

Je me préparai à une guerre de tranchées, le plus important était que le patron ne découvre pas le container : faire diversion, ne pas refuser le brin de conversation qui se profilait. Et, pendant ce temps, improviser une solution de rechange.

« Disons que j'étais en manque : une certaine nostalgie des spermogrammes et des microscopes.

— Cela me fait plaisir de vous revoir Max, même si c'est dans des circonstances dirons-nous imprévues. Qu'est-ce que vous devenez ?

— Rien, je m'ennuie.

— Croyez bien que je fais le maximum pour vous réintégrer. Votre éviction m'a toujours paru absurde, un délire de fonctionnaire coupé du terrain.

— Aviloine m'a, à ce que je vois, fort bien remplacé, répondis-je d'un air théâtral, désignant à la ronde d'un index accusateur les effets personnels de mon successeur.

— Lui au moins ne cherche pas systématiquement à faire le contraire de ce que j'attends de lui. »

Le regard de Fron s'était posé sur le microscope, je serrai instinctivement le container entre mes jambes : mes mains tremblaient.

« Que regardez-vous ?

— Disons que j'essaie de ne pas perdre la main : j'observe des spermatozoïdes atteints de raideur.

— Sacrée maladie ! L'incidence reste stable ces temps-ci ; d'après les derniers pointages, les chiffres se maintiennent entre 2 et 4 %.

— Pourvu que ça dure. »

Fron ne se rendait manifestement pas compte de ma dissimulation. Il faut dire qu'il y avait peu de chance qu'il conçoive que son ancien adjoint lui dérobait du sperme raide sous ses yeux. Bien que vicieux, il n'était pas omniscient. Là était peut-être ma meilleure défense.

« Et le programme de FIV avec sperme atteint ? continuai-je.

— Cela a l'air de marcher, mais on attend toujours les décrets d'application pour l'ultime feu vert. Et vous, où avez-vous pris le sperme que vous êtes en train d'analyser ? » Crochet du gauche. Ça, c'était du Fron tout craché, la culture de la déstabilisation, l'art de l'interrogatoire : endormir son interlocuteur pour mieux le surprendre en lui posant la question qui le préoccupe vraiment. Des années de pratique me permirent d'esquiver le coup.

— Il provient des doubles des prélèvements que nous conservons en cas d'échec d'une première insémination.

— Tout cela ne me paraît pas très orthodoxe. Vous venez travailler ici la nuit à l'insu de tous, et vous examinez de plus du matériel biologiquement "sensible". Et je fais l'impasse sur l'absence totale d'autorisation. »

Le container en instance de vol prit quelques coups de pied, payant pour ma nervosité. Je commençais à prendre la mesure du pétrin dans lequel je m'étais fourré : on ne se débarrassait pas si facilement de ce malin. Il y avait dans cet être une violence potentielle, que j'entrevis peut-être pour la première fois. Le temps jouait contre moi. Comment allais-je sortir les paillettes du CECOS à la barbe d'un Fron qui ne tarderait plus à devenir carrément soupçonneux ? Mon regard se posa un instant sur un sac-poubelle oublié qui traînait dans un coin du bureau. Jouer le jeu de la conversation, attendre une ouverture.

« Monsieur, on n'empêche par un chercheur de chercher ou un médecin de soigner. Je vois bien que ma présence vous est pénible, vous n'aurez plus à me supporter longtemps. Je pars bientôt à l'étranger pour une période indéterminée. »

Fron sembla digérer l'information, reptilien.

« Calmez-vous, Max, je ne vous ai pas retrouvé ici en pleine nuit pour que nous nous chamaillions. Finalement vous tombez bien, j'ai quelque chose à vous montrer. Ne bougez pas, j'arrive. »

C'était inespéré. Fron fut ravalé par le couloir aussi brusquement qu'il en avait émergé, je me retrouvai seul : on aurait pu croire à l'évanouissement d'un sortilège. Je n'hésitai pas une seconde : je me levai, saisis le sac-poubelle vide, celui que j'avais repéré, et y emballai le container. Je me rapprochai doucement de la porte et tournai la tête dans la direction patronale. La masse à présent informe était encore discernable dans le noir. Il se dirige vers son bureau, pensai-je. L'entrée de l'immeuble était à l'opposé, tout près de mon ex-antre.

Et puis une succession d'images, comme des bouts de film, se projetèrent sur mes rétines. La porte d'entrée, je ne l'avais pas fermée, je revoyais très distinctement mes gestes : tour de clef dans la serrure, coups de genou dans la porte, demi-tour vers le sous-sol. Seul le système électromagnétique du digicode la maintenait donc fermée, elle restait ainsi probablement ouverte de l'intérieur. Fron avait dû pénétrer par son entrée privée. Cela faisait beaucoup d'hypothèses, mais j'avais peu d'alternatives, et très peu de temps. Je me précipitai, sac-poubelle en main, dévalai les escaliers, me retrouvai dans le hall d'entrée. La porte vitrée était ouverte, effectivement. Je déposai mon chargement à la droite du perron : on aurait pu croire à un banal sac-poubelle oublié par le service de ramassage des ordures. Je ne m'attardai pas, refis le chemin inverse, gravissant les escaliers avec la grâce d'un gorille. Fron revenait déjà en sens inverse, sa voix m'interpella du fond du couloir.

« Vous n'allez tout de même pas me fausser compagnie, docteur Journo ?

— Non, monsieur, un simple besoin pressant, répondis-je, dissimulant mon essoufflement.

— Je vous apporte un article vantant vos mérites publié dans le *Sperme* du mois dernier. Bravo, c'est la consécration ! »

Sperme était une revue américaine prestigieuse, *la* revue de référence internationale pour la biologie du sperme et les problèmes de fécondité masculine. J'y étais cité en tant que découvreur de l'anomalie « fondatrice » de la maladie du sperme raide. L'article était signé Joe Aladef. Mon vieux copain de fac m'y faisait une sorte d'éloge. Tout cela avait un arrière-goût d'épitaphe.

« Je suis flatté, avouai-je néanmoins. Joe Aladef est un ami de longue date. »

Je profitai de ma réplique pour éteindre le microscope. Le temps était venu de mettre les voiles.

« Eh bien, je ne vais pas abuser plus longtemps de votre hospitalité. Je ne pense pas revenir hanter les couloirs du CECOS ces jours-ci.

— Vous savez, tant que l'administration ne vient pas mettre son nez là-dedans, je n'y vois pas d'inconvénient. Disons que je ne suis au courant de rien. Mais veillez à ne pas laisser de traces, les nouvelles vont vite. Et Aviloine a des tendances paranoïaques. »

Je lui tendis la main, avec l'intention de prendre congé. Je pensais à Julia qui devait commencer à s'impatienter dans la voiture. Mais j'avais l'impression d'avoir oublié un truc... J'y étais... Les échantillons de sperme normal. Hélas, il était trop tard, la fenêtre de bienveillance pouvait à tout moment se refermer. Il ne me restait plus qu'une carte à jouer, quelque peu inconsidérée, voire suicidaire.

« Monsieur, j'ai encore une faveur à vous demander.

— Demandez toujours, docteur Journo, je verrai si c'est dans mes cordes, mais votre capital sympathie est déjà fort entamé.

— Eh bien voilà, continuai-je, le précipice à mes pieds. Du temps où je travaillais ici, je réalisais régulièrement des spermogrammes sur moi-même. Vous savez, la psychose habituelle, vérifier que je n'étais pas atteint. À force de manipuler tous ces spermes étranges...

— Où voulez-vous en venir ?

— Je voudrais simplement récupérer ce qui m'appartient, ces quelques paillettes de ma propre substance qui doivent traîner dans un coin du labo. Si jamais je devais être contaminé dans un avenir plus ou moins proche, j'aimerais disposer d'une chance d'assurer ma reproduction.

— Présenté sous cette forme, je ne peux bien sûr pas vous refuser ce privilège, à tout seigneur tout honneur. »

J'aurais parié que le regard de Fron suait l'envie. La force d'un sperme intact brisait les hiérarchies. L'inférieur, c'était lui.

Je retournai dans la salle principale du labo, le patron sur mes talons. Confiance, confiance ! Je portai mon dévolu sur un petit appareil aux allures de réfrigérateur au fond du labo. Mes productions clandestines étaient là, quelques paillettes non numérotées à étiquettes vertes sur lesquelles étaient tracées en petits caractères les lettres MJ.

« Quand je pense que mon avenir est peut-être inscrit au sein de ces multitudes glacées, dans une de ces cellules indemnes », me dis-je, ému malgré les circonstances, la pénombre et l'omniprésence d'un Fron de plus en plus méfiant. Et j'allais offrir mon avenir à cette inconnue qui m'attendait, vampire à sang blanc camouflé dans une Saab noire.

« Je vous raccompagne ? »

En voilà un qui veut me mettre dehors, tant mieux.

Nous descendîmes ensemble le grand escalier noyé dans la pénombre. Surréaliste ! Un raccompagnement à la frontière à une heure du matin par le chef de service lui-même, après avoir dérobé plus de cent paillettes de sperme contaminé ! Il fallait continuer à donner le change, jusqu'au bout.

Fron ouvrit la porte d'entrée du CECOS. Curieux, pas une réflexion sur le fait qu'elle n'était pas fermée à clef. Peu importe, dans une poignée de secondes, je serais libre. Je jetai mécaniquement un regard en direction du sac-poubelle. Horreur ! Plus rien. Je dus serrer la rambarde, Fron veillait.

« Un problème, Max ?

— Euh, non, monsieur, ces émotions m'ont certainement un peu secoué. »

J'étais désemparé. Mon cerveau tournait à plein régime, j'étais hypervigile. Mais où était passé ce sac ? Avait-il été ramassé par un agent de nettoyage du service de nuit ? À moins que Fron lui-même n'ait été responsable, une telle duplicité émanait du personnage ! Bon, admettons. Mais comment avait-il pu s'y prendre ? Son bureau était à l'autre bout de l'immeuble.

J'avais mal à la tête, je me sentais mou, j'étais pressé de partir.

« Je dois y aller, monsieur, dis-je, la voix mal assurée – j'avais donc fait tout ça pour rien. Peut-être à une prochaine fois.

— Au revoir, Max. »

Je franchis les quelques dizaines de mètres qui me séparaient de la voiture en regardant tout autour de moi, décrivant de grands cercles, tel un alcoolique, au cas où un bienheureux hasard, le vent peut-être, n'ait emporté le maudit container. Mais allez donc retrouver un sac gris dans une nuit noire. Julia m'attendait.

Mon visage, sans doute blafard, la décida à abréger mes souffrances.

« C'est ça que vous cherchez ? » me déclara-elle en pivotant.

Le sac plastique était posé sur la banquette arrière, une joie infantile m'envahit.

« Mais comment avez-vous fait ? »

Julia s'amusait.

« Eh bien, je vous ai vu lorsque vous avez rebroussé chemin après avoir tenté de rentrer au CECOS par la porte. J'ai compris qu'il y avait en un problème avec vos clefs, un changement de serrure ou quelque chose dans le genre.

— Ils ont installé un digicode.

— Je vous ai ensuite vu obliquer en direction de la rampe conduisant au sous-sol. Je me suis dit que vous cherchiez un autre moyen d'accès. Cela faisait déjà près de vingt minutes que vous aviez disparu lorsque j'ai vu une grosse berline se garer. Un homme pour le moins volumineux émergea du cockpit : cela ne pouvait être qu'une grosse légume, peut-être Fron lui-même.

— Dans le mille.

— Pas besoin d'être Jérémie pour comprendre que vous alliez passer un mauvais quart d'heure. Aussi, lorsque j'ai vu brusquement s'ouvrir la porte du CECOS, et quelqu'un y déposer précipitamment un paquet devant, j'ai immédiatement pensé que c'était vous qui tentiez un geste désespéré ou tout au moins improvisé. J'ai attendu quelques minutes, et puis je me suis dit que ce paquet devait avoir un quelconque rapport avec notre affaire, et je suis allée tout naturellement le récupérer.

— Voilà Fron qui s'en va... »

Nous nous ratatinâmes sur nos sièges : de vrais héros de romans pour enfants ! Mais le container de sperme réfrigéré posé sur la banquette arrière nous rappela que ce n'était pas pour du beurre. Nous faisions tout cela pour leurs futurs lecteurs. La Mercedes de Guy Fron tourna à gauche à la sortie de l'hôpital, en direction du métro aérien.

« Bon, ne restons pas ici plus longtemps, conclus-je. Je vous ramène à Fontainebleau.

— Il n'en est pas question, déposez-moi à une station de taxi.

— Ce serait être bien ingrat, Julia. Et puis, nous devons avoir une petite conversation, vous et moi. »

Je ne savais pas moi-même à quelle conversation je faisais allusion. Mais je n'avais pas envie de la quitter.

« C'est bon, je dépose les armes. J'aime assez les longs trajets en voiture, la nuit. »

ESPRIT

La mise à mort. Parfois, c'est un assaut brutal, une bataille violente, brève. Nombreuses cellules en loque dans votre camp, explosion de naissances dans le nôtre : jouissif et disproportionné. Dans d'autres cas, nous renonçons à l'assaut frontal. Nous préférons alors faire appel à nos charognards, ils s'occupent du « nettoyage des faibles ». Nous nous en prenons alors avec un soin particulier à vos vieillards, vos bébés, ou à tout autre être débile. Cela nous permet une reproduction à l'économie : peu de risque pour nous, un bon rapport qualité-mort. Ne soyez pas horrifiés : nous vous rendons un service que vous ne pouvez imaginer. Nous ne faisons que jouer le rôle de microprédateurs. Nous sommes vos lynx, vous êtes nos gnous. Rien que du banal, en fait, le feu quotidien de dame Nature. Mais vous êtes tellement préoccupés par la perte de l'individu, l'exemplaire unique, que l'essentiel vous échappe. Quand apprendrez-vous à raisonner en tant qu'espèce ?

Ces écrémages ne nous empêchent pas bien sûr d'emporter à l'occasion un exemplaire en pleine possession de ses moyens : simple démonstration de force.

Parfois enfin, et c'est notre distraction préférée – ce que nous pouvons être joueurs ! –, nous faisons preuve d'un peu plus de subtilité. Nous vous rendons fous, nous nous contentons de semer la zizanie, sans jamais occuper le devant de la scène. Nous vous travestissons de l'intérieur, vous devenez alors une personne différente à vos propres yeux. Vos propres détecteurs d'identité ne vous reconnaissent plus vous-même. Quel divertissement ! Vous vous autodétruisez lamentablement. Ni vu ni connu. Vous appelez ça pudiquement maladie auto-immune. Auto ? En êtes-vous bien sûrs ?

BISTROT

La noire Suédoise s'ébranla. Je tournai dans la rue de Sèvres en direction du périphérique. La tension retombée, je me sentais épuisé pour de bon. Je pris conscience des risques encourus : moi, le jeune chercheur timoré et obéissant dans la peau d'un cambrioleur ! Quelle métamorphose ! J'osais à peine imaginer les conséquences si cela avait mal tourné, si je m'étais fait surprendre en flagrant délit de pillage. Mais le choc frontal avec Fron n'avait pas eu lieu : ou tout au moins avions-nous gardé nos ceintures attachées.

La voiture était arrêtée à un feu rouge : un bistrot était encore ouvert à l'angle entre les rues de Sèvres et le boulevard Raspail.

« Max, vous m'avez l'air fatigué. Arrêtons-nous ici cinq minutes, quelque chose de chaud vous fera du bien. »

L'avant-goût du chocolat réveilla le Pavlov qui sommeillait en moi. Je me garai – une place réservée aux livraisons –, et sortis, sac-poubelle à la main.

« Trop précieux pour être livré à lui-même ! »

Je chargeai le sac sur mon dos.

Le café était presque désert. Un vieil habitué était accoudé au comptoir, vidant un énième ballon de rouge. Les chaises étaient retournées sur les tables, dans la pénombre de la salle que l'on imaginait grande. L'ordre du monde était inversé. Nous prîmes place.

« Et pour ces m'sieurs-dames ?

— Que désirez-vous ? demandai-je à Julia.

— Je prendrais bien un chocolat chaud.

— Alors deux chocolats chauds, s'il vous plaît.

— Et deux chocos », entonna le cafetier à l'attention d'un garçon imaginaire.

Les deux tasses fumantes ne tardèrent pas.

« Vous savez, attaqua Julia, cette histoire de protéine anormale, la bêta-tubuline je crois, est très intéressante. Votre amie Natacha n'a pas eu l'air de se rendre compte de l'intérêt de sa trouvaille, mais elle a ni plus ni moins prouvé que l'origine du mal se situait bien sur le chromosome Y.

— Il ne reste plus qu'à en extraire le virus qui s'y cache, si je vous suis bien.

— Cette bêta-tubuline pourrait effectivement être une protéine virale, l'expression même de la Bête.

— Mais pourquoi pencher forcément vers les solutions compliquées ? La protéine étrangère est peut-être l'agent infectieux lui-même, repris-je.

— Vous insinuez que nous aurions affaire à une sorte de prion ?

— Vous lisez dans mes pensées... »

Temps d'arrêt. Julia reprit, stoïque, plus lentement.

« Écoutez, cela n'y ressemble pas. Dans les infections à prions, la protéine "folle" se multiplie de manière intense, alors que là, notre bêta-tubuline anormale est étrangement calme. Et puis, même derrière la maladie de la vache folle, il y a probablement un virus qui se cache, du matériel très sophistiqué, et pourtant très simple, j'en suis convaincue.

— Le prion ne serait en quelque sorte que la vitrine officielle du virus, le véritable responsable restant dans l'ombre.

— Ce n'est encore qu'une hypothèse, mais les derniers travaux de l'équipe de Nagasaki semblent la confirmer. »

Le patron du café nous observait d'un air voyeur, pensant probablement à une conversation d'amoureux. Nos visages s'étaient progressivement rapprochés, sous l'effet du caractère subversif, au plan scientifique s'entend, de nos propos. Quel merveilleux prétexte pour vider mon regard dans le sien !

« Et vous pensez pouvoir isoler notre microbe à partir du sperme que je suis allé vous chercher ?

— C'est une opération particulièrement délicate. Les rétrovirus font partie des micro-organismes parmi les plus difficiles à débusquer. Mais j'ai bon espoir. J'ai longuement travaillé sur la question à l'occasion de ma thèse. Je crois que j'ai le niveau. »

Julia avala une gorgée de chocolat, l'air satisfait.

« Je pense soudain à quelque chose, s'exclama-t-elle, s'écartant de la table. Il est rare qu'une infection virale soit totalement muette. Prenez par exemple le virus du Sida. Sa période de latence peut durer des années, pendant lesquelles les patients se croient en bonne santé. Eh bien, lors du premier contact avec l'organisme qu'il finira par détruire des années plus tard, le virus est responsable de ce que l'on appelle un syndrome pseudo-grippal ; de la fièvre, un rhume, quelques ganglions, bref, la signature de son installation, une sorte de "coucou" prémonitoire. Vous avez certainement dû recevoir les patients atteints de la nouvelle maladie et les soumettre à un interrogatoire détaillé.

— Bien sûr, nous avons des questionnaires préétablis pour chaque patient : habitudes de vie, principales maladies et interventions chirurgicales, etc.

— Et ne vous a-t-on jamais rien raconté d'anormal, quelque chose qui évoquerait une "entrée en maladie" ?

— Maintenant que vous m'y faites penser, Natacha m'a bien révélé quelque chose, l'autre jour. Certains patients se sont souvenus que leurs testicules avaient gonflé de façon fugace, un épisode douloureux unique, bien avant le premier spermogramme anormal. »

Sous le coup de l'excitation, Julia tapa la table du plat de la main.

« Génial ! Ce pourrait bien être ça. Nous tenons sans doute là la phase d'invasion virale. C'est en général au cours de ce premier contact que le virus se multiplie de la manière la plus éhontée. Vous n'avez pas fait de prélèvement tissulaire au cours de cet épisode de gonflement ?

— C'eût été le rêve : voir s'installer la maladie en direct. Mais nous arrivons chaque fois après la bataille, cette augmentation de volume est tellement transitoire, et puis elle a lieu des mois avant la déclaration effective de la maladie, bien avant que la stérilité apparaisse comme un fait avéré pour le porteur. Bien sûr, nous avons fait des biopsies testiculaires sur le vivant, mais cela n'a rien donné. La maladie nous nargue, les coupes histologiques étaient strictement normales.

— Finalement, seul l'examen des testicules de cadavre peut nous faire avancer : rien de nouveau depuis la mort de votre ami ? »

Benjamin, six mois déjà, coup de blues. Puis je passais de Benjamin à mon frère. J'avais aussi eu de lui une connaissance fondamentale : pauvres parents.

« Max ? »

J'avais dû m'absenter, je me réveillai.

« Excusez-moi, je pensais à mon ami. Quelle était la question déjà ?

— Si vous voulez, on peut parler d'autre chose.

— Merci, le Systac me va très bien. Rien encore n'a été publié sur le sujet. Benjamin nous a fait un sacré cadeau, exemplaire unique.

— Il devrait pourtant être suivi de beaucoup d'autres. Il suffirait de croiser les listings des CECOS et des morgues.

— Pourquoi pas ? Les accidentés de la route sont des macchabées de choix : jeunes, donc en âge de se reproduire, souvent imprudents.

— Vous insinuez que le Systac pourrait agir sur le psychisme ? rebondit Julia.

— Ce n'était pas ce que j'avais voulu dire, mais ce n'est pas à exclure, après tout. »

J'avais dans la tête ces enfants issus de sperme raide, la violence de leurs dessins.

« J'ai du mal à vous suivre sur ce terrain, reprit Julia, un virus à double détente, à la fois psychique et sexuelle, ce serait du jamais vu !

— En ce qui concerne le sexe, tout est dans la tête, à ce qu'on dit. »
Julia glissa, reprit.

« L'idée d'autopsier toutes les victimes de dérapage – je le pris pour moi – propriétaires de grosses cylindrées me semble assez bien tenir la route – pardonnez-moi l'expression.

— Le riche, même mort, est suspect.

— Disons que c'est l'abord épidémiologique de la maladie ; grand angle, si vous voulez.

— Le mieux serait tout de même de disposer de testicules prélevés sur le vivant, entiers.

— Vous êtes un monstre !

— Je plaisantais.

— Mais admettons, repris-je. Nous serions probablement déçus : les rétrovirus sont, d'après ce que vous dites, des organismes très discrets. Et même s'ils se dissimulaient dans toutes les cellules précurseurs des spermatozoïdes, je doute que nous puissions les détecter. Ils sont trop bien camouflés, ils font sans doute partie intégrante de leurs chromosomes Y.

« À moins que nous puissions disposer du cadavre d'un homme décédé pendant cette fameuse phase d'invasion.

— Ce serait le trèfle à quatre feuilles. Dans ce cas, je pense effectivement que nous aurions toutes les chances de mettre la main dessus. C'est la seule période où le virus n'a pas d'autre choix que d'avancer à découvert. Il y a fort à parier que les testicules grouillent alors de particules infectantes. Mais vu la brièveté de cette phase, il nous faudrait une chance incroyable pour tomber pile dessus.

— Je connais un anatomopathologiste à l'hôpital Tenon. Il est lui aussi très intrigué par la maladie. Je peux toujours lui demander de me garder des testicules "au frais", chaque fois qu'il en aura l'occasion.

— Bonne idée. De toute façon nous ne perdons rien à les passer au microscope électronique. Insistez pour qu'il s'agisse bien de testicules d'hommes fortunés, accidentés de la route, jeunes. Enfin, nous commençons à cerner le cahier des charges. Même si les données autopsiques sont les mêmes que celles de votre ami Benjamin, au moins disposerions-nous d'une confirmation, d'une petite série limitée de cet ADN fossile. Et puis, si nous y découvrons par hasard le virus, ce sera son année zéro, la voie ouverte aux étapes suivantes, parce que, mine de rien, le temps presse.

— Ne dramatisons pas, l'affection ne touche pour l'instant qu'une frange très minoritaire de la population. D'ailleurs Fron m'a annoncé ce soir que l'incidence de la maladie était stable depuis quelques mois. »

Julia parut sceptique.

« Il serait intéressant de disposer des chiffres de propagation de la maladie en fonction des mois de l'année.

— Je me suis posé la question, lorsque je travaillais encore au CECOS. Je m'étais même amusé à établir une courbe mensuelle rétrospective des nouveaux cas au cours des années initiales de la maladie. Le résultat fut troublant. Le pic de fréquence maximale de l'affection se situait en gros au cours des trois premiers mois de l'année. C'était la période noire. Puis les chiffres se traînaient, à peu près inchangés jusqu'en novembre-décembre.

— Max, nous sommes bientôt en décembre. Pas étonnant que Fron vous ait rassuré. La stabilité des chiffres sur la seconde partie de l'année n'a rien de surprenant en soi, elle est même tout à fait prévisible. Ce mode de propagation est en faveur d'une réapparition cyclique de l'agent contaminant, toujours vers la même période. Disons aux alentours du mois de décembre.

— Nous avons donc affaire à un virus saisonnier, un "intermittent" de l'infection.

— Ce qui expliquerait que les nouveaux cas ne se démasquent qu'en janvier, février et mars. Il faut laisser à l'animal le temps de s'exprimer statistiquement.

— La véritable question est de savoir quel sera le nouveau taux de pénétration au premier trimestre prochain.

— D'autant qu'entre deux et trois mois on se rapproche de la durée de vie d'un spermatozoïde.

— Soixante et onze jours exactement », précisai-je.

Les yeux de Julia se voilèrent, elle détourna son regard.

« J'ai peur », dit-elle.

Cette jeune femme me troublait, décidément : elle passait sans cesse de l'individuel au collectif, de l'ambition personnelle à l'altruisme.

« Ne vous en faites pas, seuls les hommes sont atteints, ajoutai-je doucement.

— Mais les hommes, c'est l'humanité tout entière ! C'est ce cafetier encore debout après minuit, c'est ce poivrot accoudé au comptoir, c'est ce passant sous la pluie. C'est vous qui me regardez, Max ! Vous vous imaginez mourir sans descendant, sans laisser de trace ? Se reproduire est le droit biologique le plus légitime et le plus élémentaire de toute espèce vivante. À elle seule, la reproduction est une justification de la mort ! Cette maladie a quelque chose de métaphysique, elle nous touche au cœur. »

Julia s'était redressée : je crus qu'elle allait éclater en sanglots, qu'elle était débordée par la teneur de sa tirade. En fait, elle gambergeait, et sa révolte, pourtant crédible, était essentiellement dirigée contre elle-même, son statut d'agent double, toute cette mascarade. Elle n'imaginait pas que cette mission la mènerait aussi loin dans la duplicité, le jeu s'était fait piège, un piège dont les mors la blessaient dès qu'elle bougeait. Pourtant ses lèvres restèrent closes, trop tôt pour parler, trop tard pour avouer. Quant à moi, je me sentis intimement atteint. Dans la semi-pénombre du café, Julia était belle, elle me regardait, ses yeux brillaient, tourmentés de reflets profonds.

« Si nous y allions ? proposai-je, cassant je ne sais pourquoi le charme.

— Bonne idée. Excusez-moi, je me suis emportée.

— Ne vous excusez pas. C'est très beau ce que vous avez dit. Quand on y réfléchit, c'est vrai que ce Systac vide la mort de son sens. »

ESPRIT

Ce qu'il advient après notre passage ? Cela ne nous concerne pas. En fait, voyez-vous, votre mort nous indiffère. Pour nous, disons qu'il s'agit d'un épiphénomène, d'un accident de parcours. D'un dommage collatéral. Je l'ai déjà dit ! La seule chose qui nous importe est la perpétuation, le reste n'est qu'accessoire.
Alors, c'est vrai, de temps à autre nous sommes pris d'un accès de colère : nous avons dans la famille quelques violents exemplaires assoiffés de sang, nous leur offrons certains des vôtres, victimes expiatoires, afin de calmer leur courroux. Mais si déterminés soient-ils à vous exterminer massivement, ces sauvages pitbulls ne causent que des dommages somme toute limités dans l'espace-temps. Véritables éjaculateurs précoces de l'infection, ils ont à peine le temps de s'exprimer que déjà ils s'éteignent, faute de carburant – le carburant, c'est vous. Ce ne sont à la réflexion que des velléitaires. Mais que voulez-vous, ils s'adonnent avec tant d'enthousiasme à leur péché mignon : c'est si bon de rayer un village de vos cartes.
Pourtant, je me dois de vous avouer une faiblesse, un défaut dans la capside : je considère votre assassinat comme une bavure, une erreur de jugement. Je ne parle pas ici de la disparition de ces êtres à bout de souffle que nous avons minés pendant des années et qui se sont bien acquittés de leur mission de grands disséminateurs : pour ceux-là, nous faisons office de véritable « charité humaine » en vous en débarrassant. Non, je parle du fauchage de ces individus en pleine santé, de ces merveilleux vecteurs potentiels de nos agissements, dont nous saccageons d'un coup l'ADN. Sacrifice inutile, absurde, une expression archaïque du désordre de la matière que nous subissons nous aussi, un bug primal que traînera avec elle toute l'évolution des espèces, instabilité fondamentale du biologique… Le hasard sans la nécessité. Un péché originel version moléculaire.
Car un décès rapide nous dessert, il nous prive de la possibilité de nous propager, il coupe nos chaînes générationnelles en même temps qu'il vous libère. Vous êtes alors les plus rapides, votre mort nous prend de vitesse, elle nous coupe l'herbe sous le pied,

comme vous dites. Bien vu, le coup du sabordage. La rupture est parfois un moyen de défense.

Le pire est que vous ne vous en rendez même pas compte : votre espèce, votre métaesprit d'espèce – car vous aussi vous en avez un – agit dans votre intérêt, pour se protéger, à votre insu.

Mais en dehors de ces exceptions, nous prenons soin de vous. Tranquillisez-vous, nul altruisme là-dedans, nous ne faisons que gérer au mieux notre fonds de commerce, vous : une mort à petit feu est encore ce qui nous convient le mieux. C'est le meilleur moyen de parvenir à nos fins, pour que nous puissions vous offrir en partage à nos contemporains, à nos amis, à nos parents.

SAAB

Nous nous retrouvâmes dans la rue. Il bruinait. J'ouvris la portière massive, Julia se glissa dans l'habitacle. Je déposai le container à ses pieds, mis le moteur en marche, la buée s'estompa.

Le silence s'était installé entre nous, un troisième passager. La planche de bord ogivale, l'assise basse et le temps extérieur concouraient à donner à la cabine des allures de sous-marin avant immersion. Je pensais à la suite des événements : Julia allait retourner en Angleterre pour une durée indéterminée. Elle y avait sans doute quelque attache, un ami, un amant ? J'étais loin d'imaginer la nature de l'énergumène et son implication centrale dans l'affaire.

Pour l'heure, je jetai de temps à autre un regard sur son profil, au petit bonheur des réverbères et des panneaux publicitaires. Julia se sentait sans doute observée, l'atmosphère devenait électrique Elle fut la première à parler.

« L'ambiance parisienne me manque. Le seul pub du village m'est devenu infréquentable. Je suis sûre d'y retrouver chaque fois un ou deux médecins du labo, dissimulés derrière une chope de bière... L'idéal lorsque l'on veut prendre l'air.

— Une atmosphère de garnison.

— Une ville de garnison. Vous n'imaginez pas ce que travailler en compagnie de bestioles dont certaines sont capables de vous tuer un bœuf en quelques minutes peut être éprouvant : une concentration de tous les instants, la moindre faute d'inattention peut vous être fatale. Alors, on ressent parfois une telle soif de liberté, de propreté, l'envie de côtoyer des virus moins exotiques, moins extraordinaires.

— Le virus "moyen", en quelque sorte. »

Sourire, reprise anxieuse.

« Et puis le labo est une véritable citadelle, les conditions de sécurité y frisent la paranoïa. »

Julia frissonna, sueurs froides.

« L'idée de retourner à Porton Down n'a pas l'air de vous enchanter.

— Disons que je le fais par devoir. »

Comment deviner qu'elle faisait allusion à sa mission ? Mais j'étais alors d'un tempérament narcissique.

« Vous ne me devez rien.

— Max, cette affaire m'intéresse. J'y trouve également un grand intérêt, je ne le fais pas que pour vous. Alors, que ça me plaise ou non, dit-elle en désignant le container, j'irais faire parler ce sperme à Porton Down. »

Elle était sincère, je ne captai pas.

« Vous récoltez donc ce que l'on appelle des bénéfices secondaires : le travail lui-même doit tout de même être fascinant ?

— C'est sûr, et c'est ce qui nous fait tenir dans cet enfer, loin de tout. Lorsque vous avez franchi la double barrière de barbelés et que vous avez composé votre code d'accès personnel sur le clavier du sas d'entrée, vous vous retrouvez dans un monde à part, aux confins du réel. Vous avez l'impression d'avoir embarqué à bord d'une sorte de bateau prison, peuplé d'habitants d'un genre très particulier.

— Des "intra-terrestres", en quelque sorte.

— Vous ne croyez pas si bien dire ! Je me demande même parfois si ces micro-organismes ne sont pas doués d'une véritable forme d'intelligence. Bien sûr, cela n'a rien à voir avec notre mode de pensée à nous, les humains, basé sur des conceptions essentiellement individualistes. Non, l'intelligence virale serait beaucoup plus brute, plus radicale que la nôtre, peut-être moins sophistiquée, mais terriblement plus efficace.

— L'intérêt collectif comme mode de pensée. Le mythe communiste revisité... Dans sa version armée Rouge.

— Bien vu, camarade ! Vous savez, je m'adonne souvent à un petit jeu : j'ai pris l'habitude de me mettre à leur place – déformation professionnelle ! La vie d'un virus est simple : son seul souci est de se reproduire et de survivre. Jusque-là, pas de grande différence avec nos aspirations fondamentales. Mais pensez que le virus a une écologie beaucoup plus rentable que la nôtre. Contrairement à nous, il ne s'encombre pas de toute cette machinerie cellulaire compliquée, il nous l'emprunte. Lui, c'est un ascète, et il va droit au but. Un chromosome très primitif, une capside pour se protéger, quelques enzymes pour initialiser son travail de sape. C'est tout. Le reste, et notamment toute la chaîne nécessaire à sa production à l'échelle "industrielle", il le trouvera sur place, c'est-à-dire dans nos plantureux et trop bons organismes.

— Mais comment peut-il les forcer à travailler pour lui ?

— C'est un mystère. Pour répondre à votre question au premier degré, disons qu'il les leurre : à aucun moment nos pauvres cellules n'ont "conscience" de collaborer avec un organisme étranger, le virus ne leur demande rien d'autre que de travailler, ne rien changer à leurs habitudes. Et c'est bien connu, nos cellules n'ont aucun sens moral ;

pour elles, il est indifférent de fabriquer des obus ou des casseroles, ce sont les mêmes chaînes de montage. »

Je brûlai un feu.

« Attention, Max, vous n'êtes pas une cellule infectée !

— Justement, je reviens à elle, il n'y a aucun signal, aucune sorte de feu rouge qui s'allume en elle et qui dit stop ?

— Nous arrivons au second degré : quand le virus est bien adapté à la cellule qu'il infecte, il la connaît si intimement, il la fréquente depuis tant de millénaires nucléiques qu'il fait exactement ce qu'il faut pour ne pas se faire remarquer.

— Vous défendez donc la thèse d'un virus espion ? »

Au tour de Julia de tressaillir, le terme « espion » sans doute.

« C'est un peu ça, en tout cas pour les meilleurs d'entre eux, car ils ne sont pas tous bien adaptés à nous... Et tous ne font pas exactement ce qu'ils veulent. »

De qui parlait-elle au juste ? Ses propos me parurent énigmatiques, décalés. Ses doigts couraient sur le rebord de la fenêtre.

« Enfin, mais c'est une opinion personnelle, je crois que nous avons nos raisons de laisser entrer et se reproduire les virus en nous. Nos cellules y trouvent sans doute un certain intérêt. Peut-être ont-elles gardé le souvenir de fragments de gènes qu'elles auraient perdus au cours de reproductions ratées, du matériel qu'elles voudraient récupérer ?

— J'ai lu que certains paléontologistes pensent que les infections virales ne sont pas étrangères à l'évolution des espèces.

— C'est possible. Elles espèrent sans doute s'enrichir de possibilités inédites.

— Des virus transporteurs de gènes entre les individus, par exemple ?

— Exactement, mais malgré eux. Imaginez par exemple qu'un virus, à l'occasion de sa sortie de la cellule qu'il a infectée, lui « emprunte par mégarde » un fragment de gène. Eh bien, lors de la propagation de l'infection à un autre individu, il lui apporterait en cadeau un gène inconnu. Intéressant : si le malade en question s'en sort, il aura fait une bonne affaire ; en plus de la guérison, il aura récupéré au cours de la passe d'armes un gène, donc une possibilité nouvelle, qu'il n'avait pas préalablement dans son patrimoine.

— Qui s'infecte s'enrichit, en quelque sorte ?

— Seulement dans certains cas, Max. Il faut reconnaître que les virus nous font assez rarement ce genre de présent. Mais l'importance potentielle d'une telle contribution peut justifier que nous les laissions entrer si facilement dans nos sanctuaires.

— Merci les virus ! entonnai-je, soudain en proie à une joie incongrue ; Julia, je vous en prie, préparez-moi un cocktail de toutes les espèces en circulation, peut-être pourrais-je récupérer dans le lot un gène de mouche ou de crocodile ; je crois que cela manque à ma panoplie !

— Promis, dès que je rentre à Porton Down, je vous prépare un velouté viral. Tous les VIP y seront : j'ai notamment un virus de cafard avec lequel j'aimerais vraiment que vous fassiez connaissance. Je suis sûre qu'il pourra vous apporter ce petit supplément de gènes dont vous avez besoin…, si toutefois vous survivez à son attaque. »

J'avais la phobie des cafards, mes doigts se crispèrent sur le volant. Mon visage suivit. Julia dut penser que je n'avais pas tenu la charge.

« Rassurez-vous, l'homme finira par apprendre à se servir de ces bestioles sans en subir les nuisances. Nous sommes dès à présent capables de transformer certains virus en véritables fusées à têtes chercheuses, par exemple pour traiter un gène malade ou le remplacer. Nous parvenons à transformer quelques-uns de ces agents hostiles en simples outils de traitement.

— Mais si, comme vous le laissez supposer, les virus sont doués d'une certaine forme d'intelligence, peut-on imaginer une réaction de leur part, une sorte de révolte enzymatique ? »

Julia baissa machinalement la voix, comme sous l'influence d'une superstition inconsciente. En fait, elle s'était elle-même souvent posé la question.

« Max, vous me faites basculer dans la science-fiction. Je ne pense pas que les virus soient capables de mener une guerre contre l'homme. Après tout, ce ne sont que des particules extrêmement primitives, sans conscience. Mais il s'agit de matière semi-vivante, dotée à ce titre d'un instinct de survie. Ils feront probablement tout pour rester en vie et se perpétuer, à n'importe quel prix… Avec nos vaccinations de masse, nos manipulations génétiques, et nos centres d'études virales, nous avons profondément modifié leur écologie à la surface de la planète. Pensez à l'emblématique virus de la variole, nous l'avons quasiment rayé de la carte : en avions-nous le droit ? Je crois que nous en conservons simplement quelques exemplaires dans notre "musée des horreurs" à Porton Down.

— Vous voulez dire que les virus ne sont plus ce qu'ils étaient ?

— C'est un peu ça. Regardez les nouveaux venus encore plus inventifs, toujours plus méchants. La grippe aviaire, qui joue à saute-mouton entre l'homme et le poulet, une extravagance qui le fait appartenir d'emblée au club très fermé des passeurs d'espèces, peut-être une manière d'anticiper l'avenir : un réservoir animal stable, que l'homme consomme en grande quantité, quelques incursions meurtrières, une psychose généralisée.

— Le microbe est lui aussi perdant. L'homme abat les volatiles en masse, détruisant dans le même temps les stocks de virus.

— L'influenza n'en a cure. Son temps n'est pas le nôtre. Il sommeillera quelque part, et réapparaîtra quand le vent aura tourné. Une nouvelle souche avec une virulence inédite. Le cas du Sida est également édifiant. Tout se passe comme si le HIV avait anticipé la mise au point d'un vaccin contre lui : sa botte secrète, muter, encore muter, toujours muter. Or la mise au point d'un vaccin nécessite un minimum de stabilité génétique. Dans le cas du Sida, on pourrait presque dire que chaque malade a son virus personnel, il prend vos empreintes génétiques et ne vous lâche plus. Je ne vous parle même pas des maladies à prions...

— Stop ! »

La jeune femme s'arrêta net, surprise.

« Je vous ennuie ?

— Pas du tout, vous êtes passionnante. Je bois vos paroles, avec un filtre, bien sûr. Mais n'en rajoutez pas, je crois que j'ai compris, le pire reste à venir. »

Le silence se fit de nouveau. Je sentis que Julia boudait. Le bruit de va-et-vient des essuie-glaces, métronome d'une musique absente, occupa l'espace : aucune chanson ne s'inscrivit dans le rythme. Et puis il y avait l'autre bruit ; celui de la bombonne d'azote liquide, clapotis intermittent, une présence que l'on n'oublie pas. Je me surpris à imaginer que, outre les spermatozoïdes endormis – milliards d'êtres humains en puissance –, une bête monstrueuse, un rétrovirus aux aguets, nous surveillait.

La Saab s'engagea sur l'autoroute de l'Ouest, la chaussée était pleine d'eau. J'avais encore accéléré la cadence des essuie-glaces. Sur le bas-côté, on devinait les panneaux publicitaires des hypermarchés, annonçant leurs promotions pour les fêtes. Cette année, foie gras, caviar, et champagne seraient à des prix défiant toute concurrence. Je pris brutalement conscience du caractère dérisoire de cette course au plaisir, alors qu'une catastrophe sans précédent menaçait l'humanité. Julia devait avoir des pensées similaires.

« Heureux soient les ignorants ! soupira-t-elle, le visage tourné vers les affiches.

— Mon grand-père disait : "L'herbe est verte jusqu'au bord du précipice." Le citoyen moyen ne se rendra compte de ce qui se passe que lorsqu'il sera atteint dans sa vie quotidienne, dans ses tripes : perte d'emploi, déflation, fermetures d'écoles, manifestations d'instituteurs...

— Je pense soudain à quelque chose, dévia Julia, les patients atteints ne vous ont rien dit de leurs activités au cours des heures ayant précédé cette sensation de gonflement testiculaire ? un voyage ? la consommation d'un aliment inhabituel ? une sortie extraordinaire ? que sais-je ?

— Il faudrait que vous demandiez à Natacha. Mais je doute que vous puissiez obtenir de réponse cohérente : ces augmentations de volume dataient déjà de plusieurs mois au moment de la consultation, et seuls certains patients ont décrit de tels phénomènes. Et puis, qui vous dit que la période d'incubation est de quelques heures et non pas de quelques jours ?

— Vous avez raison, mais il faut envisager toutes les possibilités. Tout serait tellement plus simple si nous disposions du réservoir de virus. Il doit s'y multiplier en toute sérénité. Enfin ! Je crois que j'ai besoin de faire le vide, mon cerveau est comme une éponge.

— Pouvez-vous m'en passer un bout ?

— C'est plutôt moi qui ai besoin du vôtre. Max, pas de fausse modestie ! C'est tout de même grâce à vous si nous en sommes là. Cela fait longtemps que je pense qu'il y a des conversations synergiques. Celles où les interlocuteurs sont poussés à aller au-delà de leurs propres limites.

— Un peu comme un plus un ferait trois.

— Exactement.

— Il y a aussi les échanges d'où, au contraire, rien ne sort, les individus se contentent de s'affronter sans rien construire.

— Des dialogues de type un plus un égal zéro, en quelque sorte, déduisit Julia.

— Et vous classez plutôt notre relation dans la catégorie synergique ?

— Je ne sais pas, peut-être bien... »

Julia regardait par la fenêtre. Je décidai de me taire, la crainte de gâcher une intimité naissante.

« Que comptez-vous faire avec le sperme ? glissai-je, regardant machinalement dans le rétroviseur.

— Je vais l'analyser à Porton Down, avec votre permission. Ici, je suis loin de mes bases. Je lui ferai subir là-bas tous les outrages de la virologie moderne.

— Alors comme ça, vous allez mettre votre hypothèse au supplice ?

— Je vais tenter de le faire sortir de son chromosome. J'ai une ou deux idées là-dessus. »

Nous étions maintenant sur la bretelle d'autoroute qui bifurquait vers Fontainebleau. Le moment de la séparation approchait, j'aurais préféré me perdre, ajouter des kilomètres, prolonger ces instants, le coup de la panne, par exemple. Mais les Saab étaient des voitures solides.

Le domicile maternel. Je coupai le moteur. La rue principale de l'ex-ville royale était déserte. La pluie tambourinait toujours sur la carrosserie, entêtée, la trace des essuie-glaces s'était estompée. Julia semblait attendre quelque chose. J'eus le sentiment de me trouver au bord de ce gouffre qu'avait décrit mon grand-père. Il fallait sauter, ou reculer. Cette affaire de virus commençait à emplir ma vie. Et puis il y avait Julia, cette espionne qui venait du cœur.

« Vous comptez vous absenter longtemps ?

— Le temps nécessaire, disons une dizaine de jours, peut-être moins. Ils ne vont pas en revenir au labo quand ils vont me voir débarquer. Ils me croyaient en disponibilité pour deux mois. »

Menteuse.

« On va encore m'accuser d'être une mordue de travail.

— Veillez à ce que le travail ne vous morde pas.

— J'espère que vous allez y arriver.

— Je ne suis pas Zorro. Mais, enfin, je vous appellerai pour vous tenir au courant ; vous serez le premier informé, c'est promis.

— Vous avez des attaches sentimentales en Angleterre ? »

Julia frémit, la conversation changeait brusquement d'orientation, enfin.

« Vous me demandez en somme si je suis libre ? »

J'attendais une réponse, et voilà que je récoltais une question. Je lui souris, un sourire moins détendu que je ne l'aurais désiré.

« Euh, oui, je suppose que c'est ce que je voulais dire. Excusez-moi d'avoir été si direct. Après tout, je vous connais à peine.

— Disons que je fréquentais jusqu'à ces derniers mois un chercheur de Porton Down, un individu brillant, mais fantasque, avec une part d'ombre ; j'avoue qu'il me perturbe, quelque chose comme de la peur, de la fascination aussi. »

Je ne sus trop comment interpréter ces propos : possibilité d'ouverture, ou aveu d'une attraction amoureuse sans partage ? Je continuai, la gorge sèche, déçu, somme toute.

« Ce n'est pas trop pénible de devoir vous côtoyer quotidiennement, compte tenu de cette relation... insolite ?

— Je ne vous ai jamais parlé de relation insolite. Mais c'est vrai qu'il y a quelque chose qui ne tourne pas rond entre Harold et moi, depuis le début. »

Au moins maintenant connaissais-je son nom. Sa manière de le prononcer était différente – un ralentissement dans la phrase : elle l'aimait encore.

« Ne vous inquiétez pas pour moi, continua-t-elle sur le ton de la plaisanterie. D'ailleurs, nous ne travaillons même pas dans la même aile. Vous savez, Harold est un virologue de tout premier ordre. Et je sais que je peux faire appel à lui en cas de difficulté technique. Notre relation privée ne nuit pas à notre collaboration professionnelle. D'ailleurs, c'est grâce à lui si... »

À ce moment, Julia voulait me révéler l'objet de sa présence, ainsi qu'elle me l'avoua par la suite. Mais quelque chose la retint. Peut-être fut-elle bien inspirée. Elle avait besoin de ma confiance, je me serais sans doute rétracté.

« Si quoi ?

— Si j'ai fait ma thèse sur les rétrovirus. Le sujet le fascine. Vous avez un stylo ? »

Mon regard se porta machinalement sur le vide-poches, le long de la portière. Un document dépassait, le résumé des communications du congrès de Cardery Street. Julia allait combattre seule la nouvelle maladie, elle avait le droit de posséder toutes les informations nécessaires.

« Tenez, dis-je en lui tendant le document, de la lecture pour votre voyage, du concentré d'info top secret. Tout Cardery Street est là-dedans, la découverte de votre serviteur, les enfants Rassmussen, les spermatozoïdes Mac Cormack, tout. Rapportez-le-moi en bon état, c'est le seul exemplaire dont je dispose. Voilà pour le stylo », continuai-je en ouvrant la boîte à gants.

Julia parut gênée. En fait elle avait envie de fuir, sa dissimulation avait payé au-delà de ses espérances.

« À mon tour de vous donner quelque chose. »

Elle ouvrit son sac et en sortit un calepin dont elle arracha une feuille.

« Voilà mon numéro de téléphone à Porton Down, vous pouvez m'appeler tard le soir. »

Elle me tendit le bout de papier, je retins sa main dans la mienne. Elle la retira doucement. Comment pouvais-je imaginer qu'à ce moment elle se détestait ?

« Je vous appelle dès que j'arrive. Je pars demain, il n'y a pas de temps à perdre. »

Julia descendit, le container à la main.

« Julia, j'allais oublier, les spermatozoïdes témoins ! »

Je sortis un petit tube de la poche de son imperméable, mon propre sperme.

« Prenez-en bien soin. Bon voyage.

— Au revoir, Max. »

Sa silhouette avait disparu, aspirée par la porte d'entrée d'un immeuble cossu de trois étages.

Je restai quelques instants à sentir la trace de parfum sur le dos de ma main. Julia allait devoir jouer une partie instable. Porton Down l'attendait, un Porton Down de tous les dangers

ESPRIT

Comment pourrions-nous ne pas vous haïr ? Vous nous avez fait tant de mal ! Vous nous avez traqués sans merci. Vous avez condamné les portes que nous avions l'habitude de franchir. Vous avez influé sur notre devenir. Vous avez modifié notre écologie. Vous avez trahi le Pacte, l'alliance tacite qui nous faisait cohabiter en toute intelligence depuis l'aube de l'humanité, l'origine des vivants. De quel droit ? Vous auriez dû savoir, vous qui vous croyez si supérieurs, qu'on ne s'amuse pas impunément avec la matière biologique. Cette dernière est, comment dire... si instable.
Difficile de retracer l'itinéraire tortueux qui nous relie. Et dire qu'au commencement vous n'imaginiez même pas notre existence ! À votre décharge, qui aurait pu penser que derrière ces lambeaux de chair putrides, ces vésicules sanguinolentes, nous nous cachions, nous, êtres infimes, infâmes ?
Je ferme les yeux et j'imagine. Je me transporte dans l'une de ces époques reculées où vous nous faisiez du bien. J'entends encore avec une délectation non feinte les plaintes des mères implorant Osiris s'élever depuis les rives du Nil, afin que cessent les paralysies. J'assiste au déferlement des hordes mongoles sur l'Europe occidentale : leur peau est trouée, vérolée par nos soins. À présent, je voyage en compagnie d'un conquistador, un être abject, au demeurant. Mais qu'importe la moralité, seul le vecteur compte. Ce qui me réjouit, c'est qu'il me fait découvrir de nouveaux territoires, de l'ADN vierge, totalement inadapté à nos agissements. Pour parler plus prosaïquement, ce qui me fascine, ce sont ces Indiens qui tombent comme des mouches sur notre passage. La maladie jaune, comme ils disent – les pauvres.
Non, je ne connais pas la pitié. Au contraire : je me souviens et je ris. En ces temps héroïques, vous subissiez nos exigences avec un fatalisme qui m'est doux. Vous nous payiez tribut, sans mollir.

TROISIÈME PARTIE

HAROLD

RECONSTITUTION

Il me coûte de relater ce qui est advenu ensuite, Julia à Porton Down... Après tout ce temps la blessure est encore ouverte, elle va se remettre à saigner. Mais je suis bien obligé de reconstituer ce qui s'est passé là-bas, Notre Histoire passe par là. Quelles sont mes sources ? Ce que j'ai d'abord cru, ce qu'elle m'a raconté de son vivant. Ce que j'ai appris ensuite. Il me faut la suivre pas à pas dans cet univers dont elle m'a parlé tant de fois. En tenant compte de la part d'ombre, et de la dissimulation.

Mais le plus dur, c'est peut-être de se mettre dans la peau de l'autre, de penser comme l'autre, de vivre à son rythme, de suivre le cours de sa pensée. Troublante réincarnation, curieux hommage.

CARNETS

Jeudi 22 novembre, matin

Maintenant, tu as quelqu'un à tes trousses. À première vue, ce n'est qu'un moustique insignifiant, une étudiante en fin de cycle. Mais méfie-toi, elle est l'engeance de celui qui m'a arraché l'âme, elle est de la même trempe.
Vois-tu, Bob, à notre manière, nous vivons une affaire de famille. Je t'ai créé parce que John Berenson m'a détruit, nous nous partageons donc ta paternité, si l'on peut dire. J'ai retrouvé par hasard sa fille, que j'ai séduite. Maintenant elle m'échappe pour se lancer à ta poursuite. À travers toi peut-être recherche-t-elle son père. Et puis elle a fait la connaissance de celui qui a retrouvé ta trace, il semble même qu'elle soit attirée par le personnage. On peut dire que c'est moi qui l'ai poussée dans ses bras. Lui aussi, ce Max, fait maintenant partie de la famille.

PORTON DOWN

Julia arriva à Porton Down un jeudi matin. La petite ville du Wiltshire était à plus de deux heures de train de Londres, et la campagne désolée des environs correspondait tout à fait à l'idée que l'on pouvait se faire du décor d'une scène du *Chien des Baskerville*. Elle et son container glacé comptaient rester au labo le moins de temps possible, juste assez pour effectuer deux ou trois manipulations, isoler le virus et rentrer à Paris. En fait, elle était inquiète. Jour après jour, elle avait tenu son commanditaire au courant des progrès de l'enquête. Mais les communications avaient été brèves, Harold était tendu, agressif, dès qu'il s'agissait de l'affaire. Julia découvrait au personnage des facettes insoupçonnées. Dire qu'elle revenait à Porton Down à reculons est un peu exagéré. Pourtant, indéniablement, ses sentiments se fissuraient, elle avait besoin de souffler, de faire le point. Pas le temps, les événements imposaient leur rythme, il fallait faire face. Elle retrouva son petit meublé dans l'état où elle l'avait laissé, un espace sans vie organisé par d'autres : fonctionnalité maximale, personnalité minimale. Elle n'avait rien mis d'elle-même dans ce qu'elle considérait depuis le départ comme une étape dans sa vie, un épisode sans suite. Son appartement, un cube de deux pièces à la moquette rare, était encastré dans un petit bâtiment de deux étages, bétonné dans les années 1960. Ses voisins étaient les autres stagiaires du Centre de recherche en microbiologie appliquée. Ce dernier était désigné par les étudiants par le sigle de CREAM. Le salaire des stagiaires était dérisoire, juste un peu d'argent de poche – le CREAM ne paie pas, c'est bien connu. Certains y habitaient deux mois, d'autres trois ans. Il y régnait une ambiance cosmopolite, chaleureuse et désespérée. Seules les mélopées que Julia tirait de son violoncelle parvenaient à la faire s'évader un peu, les soirs de grande solitude. Fille unique, père décédé, mère conflictuelle, comment ne pas se sentir seule au monde, parfois. Depuis que sa relation avec Harold traversait des turbulences, elle profitait des week-ends pour partir en balade, explorer la campagne ou faire du shopping à Bristol. Un monde où les virus étaient dilués. Elle avait une amie argentine, Anita, qui rédigeait un mémoire sur le cytomégalovirus. Celle-ci était également en vacances : raison de plus pour ne pas s'attarder.

Elle appréhendait la rencontre avec son amant. Sa visite surprise – car elle n'avait même pas daigné l'avertir de son retour – ne manquerait pas de le prendre au dépourvu.

Le temps de prendre une douche, et Julia fila au labo. Franchissant la haute clôture hérissée de fils barbelés, elle ne manqua pas de saluer John, l'inévitable vigile. Julia se rappelait encore son étonnement lorsqu'elle avait découvert le site pour la première fois. Le CREAM ! Camp retranché, citadelle imprenable. Quelle paranoïa ! avait-elle pensé à l'époque. Seul un fou pourrait avoir envie de pénétrer dans cette enceinte, située loin de tout, à la lisière d'une ville désolée où nul n'allait jamais. Mais son ironie s'était vite évanouie lorsqu'elle avait fait connaissance avec les monstres que le labo conservait dans son antre. Elle comprit rapidement le sens profond du terme *hot virus*. L'atmosphère générale de suspicion qui régnait était encore renforcée par la circulation de quelques sombres rumeurs. Julia avait ainsi appris incidemment que certaines souches virales avaient mystérieusement disparu du labo à la fin des années 1980, des locataires du niveau 4. Les coupables de ce qui n'avait été considéré que beaucoup plus tard comme un vol délibéré n'avaient jamais été retrouvés. Peut-être s'agissait-il de personnes étrangères au labo ? Une autre hypothèse était un espionnage interne. Certains des multiples stagiaires qu'accueillait le CREAM étaient-ils en cause ? Toutes les conjectures étaient permises. Une seule piste : peu de temps avant la disparition, le labo avait formé un groupe de virologues iraniens à la technique de l'extraction d'ADN. Mais ceux-ci étaient tout à fait « compétents et charmants », aux dires de toute l'équipe. Cette affaire avait eu lieu bien avant la venue de Julia. Elle n'en avait d'ailleurs eu vent que par l'intermédiaire d'Harold, un soir où il avait voulu se rendre intéressant, au début de leur liaison. Quoi qu'il en fût, les normes de sécurité avaient été nettement renforcées depuis cet épisode, et on ne pouvait pénétrer à Porton Down que muni d'une autorisation conjointe du Pr Winston Bailleys, directeur, et du tout-puissant Ralph Mac Debsley, chef de la sécurité. Celui-ci avait été recruté peu après l'épisode et avait transformé progressivement le CREAM en Alcatraz pour virus.

Arrivée devant la lourde porte métallique, Julia composa sur le petit clavier électronique les quatre chiffres de son code d'accès. Mac Debsley saurait que le Dr Julia Berenson avait écourté ses vacances – ou abrégé sa mission – quand il consulterait son listing des entrées. Elle se retrouva dans le long couloir qui menait au sanctuaire, le laboratoire proprement dit, avec ses quatre niveaux de danger. Elle croisa plusieurs membres du personnel, des laborantins, des médecins. Salut routinier, des poissons qui se croisent dans un aquarium : ils ne s'étaient même pas aperçus de son absence. La lumière, les murs blancs, la situation à l'écart de tout, allez savoir, il y avait quelque chose en ces lieux qui faisait perdre toute notion du temps. Que vous soyez là depuis une heure ou une journée, que vous vous soyez absenté une heure ou une semaine, le CREAM homogénéisait les jours, les personnes. Dès lors que vous pénétriez dans l'enceinte, vous n'étiez plus qu'un numéro en blouse blanche. Le CREAM était un lieu sans mémoire, vivant plus au rythme des réplications virales que des activités humaines. Les virus, invisibles et omniprésents, marquaient de leur empreinte les moindres comportements. C'en était à se demander qui, de l'homme ou des microbes, manipulait l'autre. Julia finit par croiser une tête connue. Harold en personne.

« Tiens, tiens, mais c'est 008 ! Que se passe-t-il ? Le pigeon s'est envolé ? Aurais-tu été démasquée ? »

Frôlements de blouses, des animaux qui se retrouvent.

« D'abord, bonjour. C'est tout ce que ça te fait de me voir ?

— Disons que je ne m'attendais pas à un retour si prématuré de la messagère. »

Julia ne put s'empêcher de sourire. Elle savait qu'il était vexé, lui le séducteur du labo, le commanditaire de la mission, de ne pas avoir été prévenu. Mais Harold était un expert en dissimulation d'affects, et c'était tant mieux pour elle. Il y avait indéniablement convergence d'intérêts contraires entre les deux personnages. Lui était en permanence tendu, ne pouvant laisser transparaître ni son amour pour le Systac, ni sa haine pour son élève. Et Julia ne voulait ni ne pouvait se priver de ses compétences professionnelles et de ses intuitions fulgurantes. Peut-être s'agissait-il d'une forme de carriérisme, ou de calcul. Mais je ne crois pas. Je pense plutôt qu'elle considérait ses études comme une sorte de sacerdoce, la virologie devait représenter à ses yeux une religion, avec ses dieux, ses démons et ses prêtres. Et Harold était l'un d'eux, indéniablement. Julia faisait assez bien la part des choses entre son idylle et sa formation. Bientôt pourtant allait s'opérer une fusion.

Pour l'heure, elle était avant tout là pour apprendre, et son mentor était l'un des permanents du labo. Il avait le recul des dilettantes, et apportait un peu d'oxygène à l'atmosphère oppressante du lieu. Il cultivait avec une ostentation non feinte de bonnes relations avec Baileys. Certains avançaient même que le vieux le considérait comme son fils spirituel. Les deux hommes se connaissaient depuis les tout débuts d'Harold dans la virologie. Julia entretenait ainsi une liaison avec un enfant de la balle, une sorte de garnement en visite dans les locaux de la CIA, faisant des gribouillages sur des dossiers qui faisaient trembler le monde. Cela la changeait des caciques du CREAM, officiels de la virologie, bourreaux de travail au génie éteint.

« Eh oui, comme tu vois, j'ai dû revenir de manière précipitée, répondit-elle, mal à l'aise.

— Que se passe-t-il ? Des problèmes de dernière minute ? L'oiseau s'est aperçu de quelque chose ?

— Au contraire, j'ai tout ce qu'il nous faut pour commencer à travailler, ça a même été plus rapide que prévu.

— Bravo ! Comment es-tu parvenue si vite à tes fins ?

— Il traverse une mauvaise passe, cela n'a pas été très difficile de gagner sa confiance.

— Il doit y avoir autre chose... Peut-être l'as-tu séduit ?

— Non non, tu te fais des idées.

— Toute négation trop marquée équivaut à une affirmation. C'est mon psy qui m'a appris ça. »

Julia sut que son sourire était idiot. Harold paraissait soudain s'être raidi. Il regardait partout autour de lui, aux aguets.

« Et si tu te cachais ? »

Le masque se crispa. À qui parlait-il ? Julia se retourna. Harold regardait le container.

« T'inquiète, je rigole. »

Julia respira, Harold embraya, dans un souffle.

« Julia, j'aimerais que le but de ta visite soit tenu secret. Tu es la personne en laquelle j'ai le plus confiance ici. Puis-je compter sur ta discrétion ? »

Assentiment muet de Julia, le bougre savait lui donner de l'importance.

« Tu sais bien que le vieux Baileys ignore que je t'ai confié l'affaire. Officiellement, c'est moi qui m'occupe du Systac. Je ne comprends pas ce que vous avez tous avec cette piste virale. Pour moi, il s'agit d'une pollution quelconque, à la rigueur une mutation. Mais le patron s'excite là-dessus. Et tu n'es pas sans savoir qu'il veut être au courant de la moindre expérimentation menée dans les locaux du CREAM. Pas plus tard qu'hier, il a fait toute une histoire à Alexandra pour une petite manipulation génétique sur le rhinovirus. »

Julia se remémora à quel point il était difficile de mener discrètement des expériences au labo. De Paris, tout lui avait paru plus simple.

« Bon, d'accord, je serai aussi muette qu'un virus du niveau 4. Si on me pose la question, je suis revenue pour terminer une ou deux manipulations sur les rétrovirus dans le cadre de ma thèse.

— Tu ne mentiras d'ailleurs qu'à moitié : le monde pense à un rétrovirus.

— Mais pourquoi requiers-tu le secret ? Je pourrais être ta collaboratrice sur le projet. »

Harold prit des airs de conspirateur ; en fait, il essayait de se justifier.

« Eh bien, c'est cette mission parisienne. Ce n'est pas très régulier d'espionner un confrère – et pas n'importe lequel ! Le découvreur du Systac en personne. Ce n'est pas à mon honneur, ni au tien, d'ailleurs – manière de l'impliquer, de la compromettre. Même si c'est l'occasion de disposer de renseignements de première main...

— En somme, tu me laisses me vautrer dans le cambouis. Mon honneur vaudrait-il moins que le tien ? »

Rotation du torse vers l'arrière en guise de réponse, nouveau regard plongeant sur le container de sperme raide, voulu cette fois.

« Tu fais les poubelles du labo, maintenant ?

— Tu voulais du matériel pour pouvoir travailler, te voilà servi : cent paillettes de sperme contaminé. »

Le visage d'Harold blêmit, pâleur éphémère. Le détail n'échappa pourtant pas à Julia. Leur intimité, même déclinante, lui donnait encore la faculté de lecture.

« Un problème ?

— C'est le terme que tu as choisi. Tu as dit contaminé, je préfère raide. Nous n'avons aucune preuve d'une infection. »

Tout cela sonnait faux.

« Écoute, Harold, j'en ai assez. Si tu ne crois pas à l'existence d'un virus, demande à Baileys de te relever de cette étude. Il y a suffisamment de travail au labo.

— Je n'ai pas dit ça. Si je t'ai envoyée enquêter à Paris, c'est que j'y crois tout de même un peu. Mais j'aimerais que tu sois précise sur les termes employés. Considère que cela fait partie de ta formation.

— Foutaises ! J'en ai assez de ton petit jeu, de tes prétextes farfelus ! Trouve-toi une autre stagiaire à faire gamberger, à séduire.

— Tu es la meilleure. C'est toi que j'ai désignée. J'ai mes raisons, et elles ne sont pas qu'affectives. Tu continueras à travailler sur le sujet, parce que c'est ton truc, et que ça te passionne. »

Harold sut qu'il avait touché un point sensible. Il continua, lunaire.

« Alors, comme ça, la maladie s'étend dans les villes occidentales, une lèpre venue des beaux quartiers ?

— Je me suis vaguement penchée sur son épidémiologie, une répartition qui fait penser à une infection, mais non contagieuse.

— Ce sont également mes conclusions, répondit Harold *mezza voce* : transmissible mais pas contagieuse. »

La nuance était de taille pour des épidémiologistes. Les affections contagieuses se transmettaient par la salive ou par simple contact : la grippe ou la tuberculose en étaient des exemples. Les maladies transmissibles avaient au contraire besoin d'un contact plus intime ou plus appuyé pour se propager. Le sida ou les hépatites virales en faisaient partie.

« Tu m'accompagnes ? fit Harold. J'ai une ou deux manipulations à faire sur Marburg.

— Un peu brutal, comme retour : une immersion dans l'atmosphère intersidérale du niveau 4 ! Je ne sais pas si je suis autorisée à pénétrer en zone de haute sécurité, mon badge était valide jusqu'à fin octobre seulement.

— Ne t'inquiète pas, je te ferai passer sur le mien.

— Tout cela ne me semble pas très anglican. Marburg a encore fait des siennes ?

— Quelques nouveaux cas de fièvre hémorragique de cause inexpliquée dans un village d'Afrique de l'Ouest, mortalité élevée. Marburg est sur la sellette. Les échantillons viennent d'arriver.

— Comparaison de souches, estimation de virulence, la routine, quoi », détailla Julia.

Détente factice. Elle suivit Harold dans les couloirs aux murs trop blancs du CREAM, le container à la main. Le niveau 4 était à l'autre bout de l'aile, il abritait les virus ultracontagieux, mortels au moindre contact, sans aucun traitement connu. Marburg et son cousin Ebola y étaient gardés, notamment. Harold marchait silencieusement, il n'était pas dans un jour prolixe. Julia sentit monter en elle un sourd sentiment d'oppression, comme chaque fois qu'elle se rendait au niveau 4.

« Et ce sac-poubelle ? demanda Harold comme s'il ne pensait qu'à ça depuis le moment où il l'avait rencontrée. Comment t'es-tu procuré un tel butin ?

— Max... Euh, le Dr Journo l'a dérobé.

— Plutôt que de me faire partager ton intimité, parle-moi de ces enfants qui n'auraient jamais dû voir le jour, tu sais, ces accidents de fécondation. »

Harold voyait dans les enfants raides un motif d'inquiétude, une faille dans le système de Bob, un échec à la stérilité.

« Nous en avons déjà discuté au téléphone. Ce qui me paraît bizarre, c'est cette ressemblance étrange.

— Quelle ressemblance ?

— Excuse-moi, j'ai oublié de t'en parler. Aux dires du Dr Journo, ces enfants avaient tous comme un air de famille.

— Et c'est maintenant que tu me l'apprends ? ! »

Le Dr Kornwald, qui passait à ce moment dans le couloir, se retourna sur leur passage ; Harold avait quasiment crié ; Julia se demanda comment ce virologue éminent, troisième du service au plan hiérarchique, futur dirigeant du CREAM si l'on en croyait les rumeurs, pouvait ainsi perdre son sang-froid pour une simple omission dans une affaire où il ne s'investissait que par procuration.

« Calme-toi, ce Kornwald est une vraie pipelette ! Je ne pensais pas que cette histoire de ressemblance pouvait être si importante pour toi.

— Bailleys m'a confié une mission. Tout ce qui concerne le Systac m'intéresse, tu m'entends ! Peu importe ce que je pense vraiment ! J'ai besoin d'un rapport écrit sur tes activités parisiennes, le CREAM a besoin de ça pour tenir son rang. Tu viens de suggérer que ces enfants auraient du matériel génétique en commun, rien que ça ! On peut comprendre que cela me fasse réagir ! »

Des traits rouges striaient les yeux délavés d'Harold ; l'émotion était palpable.

« Tu me fais peur, je ne t'avais jamais vu dans un tel état. »

Harold saisit le bras de Julia en guise d'apaisement, un peu trop fort.

« Excuse-moi, le labo est en effervescence. Je n'ai dormi que deux heures... Alors, vraiment, tu penses à un virus ?

— Tu sais bien ce que je pense. Je suis intimement persuadée qu'un rétrovirus est caché dans chaque spermatozoïde malade et qu'il en a pris le contrôle. Et je suis bien déterminée à mettre la main dessus. »

Julia fut gratifiée d'un sourire équivoque.

MANIPULATIONS

Ils étaient arrivés en salle de décontamination, le sas d'entrée dans la pièce la plus redoutée du CREAM. L'antichambre de la mort. Une cellule rectangulaire sombre et exiguë. Des scaphandres étaient accrochés sur des sortes de patères, enveloppes plastiques armées d'une trompe. Les uniformes des bourreaux.

« Depuis que tu travailles à ta thèse, continua Harold en enfilant son scaphandre, tu vois des rétrovirus partout.

— Écoute, répondit Julia en s'habillant à son tour, je me suis penchée sur le problème. Aucune des causes avancées ne tient la route. Une brève analyse suffit à éliminer la pollution, la mutation, ou l'affection héréditaire. Par élimination, on en arrive facilement à l'hypothèse infectieuse. Or, à ma connaissance, il n'y a qu'une sorte de germe capable d'échapper à tous les moyens d'investigation connus : ce sont les rétrovirus. »

Tout en parlant, Julia acheva de revêtir son scaphandre, qu'elle connecta aussitôt au système d'alimentation en oxygène situé au-dessus de sa tête : les combinaisons du CREAM étaient munies d'un système de micros pour pouvoir communiquer pendant les manipulations.

« Aucun facteur n'a jamais été identifié à l'analyse des spermatozoïdes atteints. Nuques raides, têtes dures ! J'ai bien l'intention de découvrir quelque chose.

— Petite prétentieuse. »

La surface lisse du hublot du scaphandre lui faisait face, le visage du porteur déjà embusqué dans la pénombre. Sa remarque n'en paraissait que plus énigmatique : affectueuse, neutre, ou agressive, difficile de juger sans l'expression d'un visage pour se guider. Sauf que, dans le cas d'Harold, le visage était lui aussi un masque. En réalité, sa remarque n'avait rien d'affable. Julia avait l'outrecuidance de se dresser contre Bob. Une naine face à un cataclysme.

Julia et Harold se retrouvèrent dans une nouvelle salle de même taille que la précédente. Julia ouvrit le robinet, un mélange d'eau et de formaldéhyde leur dégoulina dessus. Trois minutes de désinfection avant d'entrer dans le sanctuaire.

Harold actionna l'ouverture électromagnétique de la porte du bocal. C'était ainsi que les virologues du CREAM appelaient le laboratoire de haute sécurité : *The Bowl*.

Après le passage du sas, ils se retrouvèrent dans le labo proprement dit. Julia fut comme à l'accoutumée aveuglée par la blancheur des lieux : murs blancs, sols blancs, armoires et vitrines en acier blanc. Quelques scaphandres déambulaient çà et là en binômes. Par mesure de sécurité, toutes les manipulations devaient s'effectuer à deux. Bienvenue à Virusland.

Julia s'interrogeait sous son scaphandre : que lui arrive-t-il ? Il ne m'a même pas regardée, pas une seule allusion sexuelle. J'ai pourtant mis sa robe préférée ! J'ai même cru à un moment que c'était le container qu'il voulait toucher...

« Par ici, intima Harold en désignant une hotte contenant des tubes à essai remplis d'un liquide rougeâtre. Marburg est là. Je dois le repiquer sur des lignées cellulaires Véra... Mais puisque tu es là.

— Je te rappelle que c'est toi qui devrais travailler ; je suis officiellement en vacances, monsieur. »

Julia réfléchissait encore. « Curieux, toujours cette même réticence à manipuler, la situation n'a pas changé depuis mon départ. On a l'impression qu'il a peur de toucher aux virus. »

La virologue introduisit ses mains dans les surgants de la hotte et commença la manipulation. À l'aide d'une micropipette, Julia ensemença une à une les boîtes de cellules de ses mains expertes, devant un Harold simulant l'admiration.

« Un coup de main ?

— Non, merci.

— Julia, tu sais bien le charme qui émane de ta personne lorsque tu contamines ces lignées cellulaires. Et puis, si un jour tu deviens une permanente du labo, il faudra bien que tu connaisses toutes les ficelles du métier. Alors, apprends et ne te pose pas de questions. Où as-tu mis le container ?

— Je l'ai laissé dans mon vestiaire. Ça a l'air de t'intéresser, finalement.

— Tout ce qui te passe par la tête m'intéresse... Tu sais, ça me fait plaisir de te revoir, même de manière si imprévue. Même si j'ai l'impression que tu me boudes, ces temps-ci. »

Ça, c'était tout lui : pendant qu'elle se livrait à des ensemencements au cours desquels le moindre geste, la moindre erreur de manipulation pouvait lui être fatale, au sens propre du terme, il lui parlait d'eux, il savait que cela la troublait. « Ce n'est pas possible, se dit-elle, il ne se rend pas vraiment compte qu'il met ma vie en danger, il ne détecte pas ce petit tremblement de mes doigts qui pourrait, s'il s'accentuait, perforer ma double paire de gants. » Eh bien si.

« Il faut justement que nous ayons une explication à ce sujet. »

Elle décrocha sa prise d'air, la manipulation était terminée, enfin. Harold lui emboîta le pas, se dirigeant vers une seconde hotte, plus petite, réorientant la conversation comme si de rien n'était.

« Si tu veux, tu pourras m'aider tout à l'heure à inoculer les souris transgéniques. Les petites bêtes t'aiment bien. »

Les seuls locataires permanents du niveau 4 étaient, outre les virus eux-mêmes, les animaux de laboratoire contaminés ou en attente de l'être.

Harold introduisit ses mains gantées sous la seconde hotte.

« Ce sont des nairovirus, indiqua-t-il en se retournant pesamment, gêné par son scaphandre, nous venons de les recevoir.

— Crimée 1944-1945, compléta Julia machinalement.

— Peux-tu aller me chercher les souriceaux nouveau-nés ? »

Julia s'exécuta en serrant les dents. Le supérieur hiérarchique, l'amant et l'équipier se confondaient en un seul et même personnage. Elle décrocha sa prise d'air et se dirigea en apnée vers la ménagerie, au fond du couloir, actionna la porte en acier bombé qui émit un « pschitt » à l'ouverture, comme une grosse canette de soda. Toutes les pièces ou les hottes du niveau 4 étaient à des pressions inférieures de celles du reste du labo, afin d'empêcher tout échappement viral par les systèmes de ventilation. La plupart des détenus étaient transmissibles par voie aérienne. Julia poussa délicatement de sa main gantée une grosse souris albinos allaitant ses petits. C'était une opération particulièrement délicate, pas étonnant qu'Harold la lui ait confiée ! Manipuler les animaux sans les stresser était tout un art. À tout moment, le rongeur apeuré pouvait avoir une réaction hostile, mordre un gant, s'attaquer au scaphandre, etc., entraînant un risque majeur de contamination. C'était d'ailleurs ce qui était arrivé à un jeune médecin stagiaire, il y avait quelques années, mais personne n'en parlait jamais. Cela faisait partie du ventre mou du CREAM. C'était d'Anita que Julia tenait l'information : l'homme était décédé de la fièvre de Lassa, un arénavirus, peu de temps après l'épisode. Heureusement pour elle, les animaux qu'elle manipulait étaient encore vierges de toute contamination, même s'ils ne le resteraient pas longtemps. Enfant, Julia avait eu un hamster : depuis, elle n'avait jamais perdu le contact avec les rongeurs et transportait rats et souris sans difficulté ni aversion. Elle retira délicatement quatre souriceaux de la chaleur de leur mère, avant de les placer dans une petite cage aux parois plastifiées ; ces derniers ne perçurent pas son trouble.

« Merci, Julia, fit Harold en la voyant se reconnecter à côté de lui ; ton retour tombe à pic. Dire que j'étais censé faire équipe avec Mark, tu penses bien que je préfère ta compagnie.

— Dis plutôt que tu as trouvé un bon pigeon ! » répliqua Julia *in petto*, exultant sous son scaphandre.

Et dire que, l'espace de quelques instants, elle avait été contente de le revoir ! Mais l'impression qui prévalait avant son départ n'avait pas tardé à refaire surface ; elle en avait plus qu'assez de cet homme fuyant au regard devenu vide, une paroi lisse sur laquelle toutes les questions rebondissaient. Que savait-elle de lui au juste ? Fils unique, des parents morts dans un accident de voiture à Jersey, des études financées par un vieil oncle… Et encore avait-elle dû batailler ferme pour glaner ces quelques éléments biographiques, à l'issue d'une étreinte passionnée. Ce type était un sphinx, un étranger. Mais il fallait qu'elle se maîtrise : elle était revenue à Porton Down dans un but bien précis. Elle avait besoin d'Harold, au nom de la science, pour le bien de l'humanité, pour elle-même, pour moi.

Elle saisit à contrecœur de ses doigts gantés un souriceau et lui injecta une petite dose d'anesthésique, avant de le confier à son partenaire ; ce dernier avait préparé quatre petites seringues bourrées de nairovirus.

« En plein dans le mille ! Amusez-vous les chéris, s'exclama-t-il en poussant quelques millimètres cubes de virus dans le cerveau d'un des rongeurs. »

Harold eut alors ce fameux mouvement de pouce, stigmate d'une intense agitation intérieure, une sorte de subluxation de phalange. Ce n'est pas la première fois que Julia remarquait cet insolite dérangement : la dernière fois, c'était juste avant le départ pour Paris, après l'amour.

« Nous avons besoin de nairovirus pour en envoyer à Atlanta. Leurs cultures ont mal tourné et leurs stocks sont au plus bas, expliqua Harold en continuant ses inoculations.

— Très honorée de participer à une manipulation entrant dans le cadre de la bourse d'échange. Des centres comme le nôtre fonctionneront bientôt comme réservoirs de virus à part entière. »

Julia s'était reculée, elle conclut.

« Bon, si tu n'as plus besoin de mes services, je vais me retirer, j'ai du travail. »

Le container était resté dans le vestiaire. Il lui tardait de se livrer à ses premières expériences sur les spermatozoïdes. Et puis la compagnie d'Harold commençait à lui peser.

« Tu m'as l'air beaucoup plus passionnée par ce Systac qu'avant ton départ, la retint-il. Je te trouve métamorphosée. Plus belle, plus déterminée. La procréation médicalement assistée serait-elle une nouvelle corde à ton arc ? »

Le scaphandre d'Harold lui fit face.

« Il est beau ?

— Qui ça ? »

Sans doute envie de l'entendre mettre le point sur le « i » de jalousie.

« Journo, ton nouvel ami. »

Julia rougit sous son scaphandre, peut-être se rendait-elle compte qu'Harold avait visé juste. Mais je m'égare, difficile d'être juge et partie.

« Je ne vois pas d'intérêt à continuer cette conversation. »

Elle débrancha sa prise d'air et se dirigea vers la salle de désinfection. Les trois minutes de douche au Tegador lui feraient le plus grand bien.

« Excuse-moi, se reprit Harold qui l'avait rattrapé, je ne pensais pas que cela te tenait tellement à cœur.

— Lâche-moi, tu veux ? Laisse-moi respirer, cela doit faire trois fois que tu t'excuses depuis que je suis revenue.

— Ça doit être la joie de te revoir. En tout cas, si tu veux un coup de main pour tes manipulations sur le sperme, tu peux compter sur moi. Tu vois, je ne suis pas rancunier. »

L'énervement de Julia se transforma en simple agacement, elle esquissa même un sourire.

« Merci, je pense me trouver une paillasse tranquille au niveau 2. D'après ma première évaluation épidémiologique, le zozo ne semble pas contagieux et, de plus, il ne s'attaque pas aux femmes. »

Le niveau 2 contenait des virus dangereux, sans traitement connu, mais non transmissibles par voie aérienne et facilement destructibles ; on y rencontrait des hôtes aussi charmants que le virus du Sida. Cette partie du labo, moins sensible, était située dans une autre aile, plus proche du centre nerveux du CREAM.

Harold se détendit : Julia partait comme une torche, mais sa colère se dissipait vite.

« Sans rancune ?

— Sans rancune.

— Je parlerai de toi au grand sachem tout à l'heure pour te décrocher une autorisation de travail temporaire. Tu vois, je rends notre collaboration officielle. Mais tu peux déjà commencer les préliminaires, si tu es pressée. Je te couvre. »

Harold avait déjà fait quelques pas dans le corridor quand il pivota :

« À propos, quand pourrions-nous nous voir... seul à seul ? »

Julia répondit machinalement.

« Passe dans ma chambre aux environs de 11 heures ce soir, comme d'habitude.

— Cela ne m'empêchera pas de venir te rendre visite au niveau 2, tout à l'heure. Ton affaire m'intéresse. »

Harold retourna à ses manipulations, Julia franchit enfin la porte du premier sas. Après une douche bien méritée et un déshabillage rapide, elle raccrocha son scaphandre et récupéra le container. Elle se retrouva peu après dans le couloir de circulation de l'enceinte principale, se dirigeant avec fébrilité vers le niveau 2. L'accès y était nettement moins rigoureux que celui des niveaux 4 ou même 3. Une simple porte à double battant le séparait du couloir, donnant sur un petit vestibule faisant office de sas. Le laboratoire, beaucoup plus vaste, était fréquenté par du personnel en blouse blanche. Les gants ne servaient qu'aux manipulations ; seules les hottes étaient maintenues à une pression négative.

Derrière elle, un fidèle chien glacé, le container. La confrontation allait pouvoir commencer.

CARNETS

Jeudi 22 novembre, plus tard

*Je l'avais recrutée par curiosité, pour la connaître,
la casser. À présent, l'heure de la vengeance approche.
Le sang infecté de mes parents crie en moi.
Je vais toutefois continuer à m'en servir. Puis je m'en
débarrasserai.
Je lui donnerai sa chance, mais je doute qu'elle parvienne
à quoi que ce soit avec toi. Si moi, ton père, ne suis pas
arrivé à te débusquer, alors elle ! Je ne me fais aucun souci
pour toi.
Mais ce n'est pas cela qui me trouble, non. C'est quelque
chose de plus dérangeant. Elle a l'intuition de ta présence.
Pour la première fois, j'ai entendu par sa bouche l'énoncé
de ton concept, une maladie infectieuse liée à un
rétrovirus, dont le but est de venir à bout de l'humanité.
Le temps se resserre. Je ne la quitterai plus des yeux.*

PASSE D'ARMES

La paillasse sur laquelle Julia avait coutume de travailler était libre : c'était là qu'elle avait mené la plupart de ses expériences sur les rétrovirus. Personne ne fit attention à elle, les équipes se renouvelaient vite au CREAM. Et, pour les permanents, elle n'était rien de plus qu'une stagiaire. Les différents instruments qui faisaient le quotidien d'un virologiste du début du siècle étaient rangés devant elle : il y avait là des micropipettes automatiques, une balance de haute précision étalonnée pour des pesées de 0,1 milligramme, un pH-mètre, une centrifugeuse et un appareil à électrophorèse. Julia vérifia le bon état de marche des instruments, comme on choisit les membres d'une équipe pour une impossible mission. Baileys attachait une importance frisant l'obsession à l'entretien du matériel, allant même jusqu'à vérifier lui-même la propreté d'un autoclave ou d'un tube à essai choisi au hasard.

Julia ouvrit le container, en sortit une première paillette. Décongélation rapide. Pour se motiver, elle agressa le sperme. Le sperme se liquéfia, mentalement.

« Allez, sale bête, montre-moi ce que tu as dans le ventre ! »

Depuis le début de son internat, elle s'adressait aux virus comme à des êtres doués de raison. Encore un point en commun avec Harold.

Julia mit le sperme malade dans un tube à essai et le filtra pour ne retenir que les spermatozoïdes, éliminant ainsi le liquide séminal. Puis elle broya le culot à 3 000 tours/minute, puis à 6 000, explosant ainsi les membranes des spermatozoïdes.

« Si tu résistes à ça mon coco, tu es très fort ! »

Julia stoppa la lessiveuse – terme consacré par l'usage. Harold avait refait son apparition.

« Tu t'amuses bien ?
— Je viens de broyer mes premiers spermatozoïdes.
— Étape préliminaire à la mise en évidence de l'intrus, si intrus il y a.
— J'ai réfléchi, ce n'est pas du tout comme ça que je compte m'y prendre. »

Julia renversa le broyat obtenu sur un filtre à 0,1 micromètre.

« J'ai décidé de prendre le problème à l'envers. Il est évident que pas mal de laboratoires dans le monde ont déjà tenté une mise en évidence directe du virus par microscope électronique ou à balayage. S'ils ne s'étaient pas cassé les dents, cela se serait su. Moi, je préfère aborder notre ami par la bande, rechercher délibérément des traces de transcriptase inverse. C'est un parti pris.

— La charrue devant les bœufs, si je te suis bien. Tu recherches la signature du virus avant de le visualiser, futé ! »

La transcriptase inverse était en effet une des signatures biochimiques des rétrovirus. C'était l'enzyme qui leur permettait de s'intégrer aux gènes de la cellule infectée.

« La signature donc l'activité, ce qui s'appelle suivre un microbe à la trace. » Julia récupéra le broyat cellulaire filtré et l'introduisit dans la centrifugeuse, afin de concentrer le virus et son enzyme.

Harold restait à côté d'elle, sans mot dire.

« Tu peux me passer le réactif, s'il te plaît ? »

Harold saisit entre ses doigts arachnéens une petite fiole de liquide orangé et la passa à Julia. Celle-ci en versa quelques gouttes sur le broyat concentré.

Les deux chercheurs avaient fixé toute leur attention sur la petite éprouvette, mais, manifestement, rien ne se passait. Harold rompit le silence.

« Eh bien, ma chère Julia, il faut se rendre à l'évidence, aucune réaction, pas de transcriptase inverse. Il n'y a peut-être personne dans tes spermatozoïdes malades, rien de plus qu'une protéine anormale. Cette histoire de virus est tout droit sortie de ton imagination. »

Julia se sentait vexée d'avoir été ainsi tenue en échec. Mais elle se raisonna sur-le-champ, elle ne pouvait quand même pas réussir du premier coup ! Et elle croyait suffisamment à l'hypothèse du virus pour ne pas donner à Harold la jouissance de la voir hésitante : elle répliqua crânement.

« Il est forcément là, tapi quelque part dans son chromosome Y, je le sens. Le mode de propagation de la maladie penche vraiment en faveur d'un processus infectieux. Il n'est simplement pas en phase de division. La transcriptase est donc indosable, logique.

— J'ai vu que tu avais délibérément éliminé le liquide séminal au début de la manipulation ; peut-être aurais-tu eu plus de chance en essayant le réactif dessus. »

Se piquait-il au jeu ?

« Tu as raison, je vais tenter le coup. »

Elle retira fébrilement une nouvelle paillette du container et introduisit l'ensemble dans la microbroyeuse. Elle régla d'un mouvement rageur la vitesse de broyage sur 10 000 tours/minute, elle voulait vraiment faire exploser ces maudits spermatozoïdes, leur faire rendre gorge. Elle appliqua au broyat quelques gouttes de réactif. Au bout de quelques longues minutes d'attente, ils ne purent que constater l'évidence : toujours rien.

Premier découragement. Le réactif utilisé pour le dosage de la transcriptase était particulièrement sensible, il aurait au moins dû en détecter des traces. Déjà le doute commençait à s'insinuer en elle. Et si Harold avait raison ?

« Tu devrais peut-être commencer par le commencement.

— Tu veux dire comme aux premiers temps de la virologie ? Mélanger sperme malade et sperme sain et observer ce qui se passe ?

— Exactement. Revenons à l'essentiel. Un des premiers dogmes de la propagation d'une maladie contagieuse est précisément la possibilité de contagion. Si tes spermatozoïdes sains deviennent malades, tu auras au moins gagné la première manche. Cela vaudra le coup de continuer les recherches, tu auras démontré qu'un agent transmissible est bien en cause.

— Mais il y a juste un petit problème. Je ne suis pas spécialiste du sperme, et je serais bien incapable de détecter moi-même une quelconque contamination. »

Harold resta silencieux quelques instants. Puis, hésitant, murmura :

« Peut-être que Thomas... »

Julia, tous sens dehors, rebondit...

« Thomas Box, le spécialiste des virus des insectes ? Le virologiste le plus silencieux du Royaume-Uni ?

— Lui-même, reprit Harold d'une voix rauque. Je crois qu'il a passé deux ans de stage au Sperme Institute d'Édimbourg. »

Le voilà à nouveau étrange, se dit Julia en observant son compagnon ; on pourrait penser qu'il fait un rêve éveillé.

« Tu es sûr que tout va bien ?

— Tout baigne, chérie. J'étais en train de me dire à quel point ta visite impromptue était remarquable. Je n'aurais jamais songé à cet hurluberlu de Box en ton absence. »

Thomas Box, surnommé Thomas le Taciturne, devait émettre spontanément entre un et dix mots par jour. D'origine hongroise, la légende disait qu'il avait appris l'anglais sur le tard, et qu'il concevait les phrases dans son idiome d'origine avant de les transcrire dans la langue vernaculaire. Il avait de ce fait le mot rare et insolite. Le local où il sévissait était attenant au niveau 3. Harold et Julia s'y rendirent sur-le-champ. Ils le trouvèrent en train de déplacer une boîte bourrée de tiques.

« Hello, Thomas ! Excuse-nous de te déranger en plein travail.

— Qu'est-ce que c'est ? »

Le ci-devant Thomas sembla se souvenir qu'il y avait autour de lui des êtres humains, un labo.

« Nous avons besoin de tes services : as-tu entendu parler du Systac ? »

Thomas regardait alternativement Julia et Harold d'un air proche de l'ahurissement, comme s'il s'étonnait que l'on puisse lui adresser la parole.

« Systac ? Maladie nouvelle ? Grand mystère.

— Ne nous fais pas le coup de l'idiot du village. Serais-tu encore capable de lire un spermogramme ?

— J'ai lu beaucoup articles là-dessus, mais pas de microvidéocaméra ici. À moins avoir extraordinaire entraînement, pas possible de faire diagnostic sur simple spermogramme. »

Après cette remarque qui devait lui avoir coûté son capital parole pour trois jours, Thomas tournait déjà les talons pour s'en retourner à ses tiques.

« Eh ! minute, l'ermite ! Je crois que nous en avons une au labo. Nous nous en étions servis pendant un moment pour étudier les effets du virus du Sida sur les spermatozoïdes. »

Thomas revint sur ses pas, à contre-courant.

« Microvidéocaméra au labo. Alors peut-être possible diagnostic. Avez-vous malade sperme ?

— Oui, avons "malade sperme". Rejoins-nous au niveau 2 dans une dizaine de minutes, si cela ne te dérange pas.

— Moi y serai. »

Julia retourna en vitesse au niveau 2, escortée d'Harold. La perspective de mettre en présence les deux spermes avait relancé ses ardeurs. Elle retrouva sa paillasse dans l'état de découragement dans lequel elle l'avait laissé.

Elle tira du petit cylindre qu'elle avait rapporté de Paris une paillette de sperme normal, en choisissant, comme on tire les cartes ; celle-ci était marquée MJ 3. Avait-elle déjà deviné qu'il s'agissait de mon propre sperme ? Elle introduisit le contenu de la paillette dans un tube à essai. Après broyage du sperme malade, elle mélangea les deux semences en secouant énergiquement, puis elle plaça le tube à 37 °C, en incubation, dans l'attente d'un mariage contre nature.

« Tu devrais plutôt essayer température 35 °C, hasarda Thomas qui entre-temps était arrivé.

— Pas bête, appuya Harold, c'est la température de base du tissu testiculaire. Ton virus s'y sentira plus à l'aise.

« — Il ne reste plus qu'à attendre.

— Je vais en profiter pour dénicher la microvidéocaméra.

— Moi venir avec toi, émit Thomas, de plus en plus loquace.

— Et moi vouloir toi, répliqua Harold par-dessus son épaule à l'attention de Julia. »

Elle ne put retenir son rire. Elle n'avait jamais réussi à le cerner totalement : gravité, désinvolture, acuité intense du jugement et périodes d'absence. Et puis, comment expliquer ce mélange d'enthousiasme et de malveillance dès qu'il s'agissait du Systac ? Il est peut-être épileptique, songea-t-elle.

Les deux compères ne tardèrent pas à revenir avec l'appareil. Thomas brancha l'engin en silence, avant de se tourner vers Julia.

« Merci donner moi paillette sperme malade.

— À votre service. »

Julia sortit instantanément une paillette du container. Thomas s'en empara, en versa quelques gouttes dans un tube à essai avant de l'introduire dans la machine.

« On dirait que tu as fait ça toute ta vie.

— Ça facile, le plus dur est régler caméra bonne vitesse. »

Thomas regarda attentivement les spermatozoïdes se mouvoir, sans manifester le moindre signe extérieur d'émotion particulière. Au bout de quelques instants, il releva la tête.

« Ça normal sperme. Rien signaler.

— Mais c'est impossible. On m'a garanti que le container était bourré de sperme contaminé.

— Moi passé deux ans stage à Édimbourg. Moi dire sperme normal. Moi travail avec tiques. »

Sans plus de cérémonie, Thomas s'éloigna en direction du niveau 3. Julia amorça quelques pas, mais Harold la retint par la manche.

« Laisse-le partir. Nous n'en tirerons rien de plus. »

Elle commençait à réaliser que, si elle ne trouvait pas le moyen de dépister l'anomalie des spermatozoïdes sur place, toute expérience sur l'hypothétique rétrovirus en cause devenait illusoire. Elle n'avait plus qu'à retourner à Paris. Mais, soudain, une intuition fulgurante lui traversa l'esprit.

« Attendez ! »

Thomas venait de disparaître au bout du couloir, il entendit juste à temps pour marquer un temps d'arrêt, se demandant s'il devait obtempérer ou retourner à ses tiques.

« Tu es libre, Thomas, lâcha Harold. »

Julia le fusilla du regard. Pourquoi s'acharnait-il à vouloir tout faire capoter ? Contre toute attente, Thomas revint.

« Qu'est-ce que c'est ?

— Vous avez parlé tout à l'heure de cadence de caméra. Or je crois me souvenir que l'anomalie ne peut être visualisée qu'à une certaine fréquence de défilement de bande. »

La conversation que nous avions eue au musée d'Art moderne s'était donc bien imprimée dans ses circuits. Elle s'approcha de la caméra.

« C'est la molette de variation de vitesse ? » demanda-t-elle à un Thomas visiblement excédé.

Celui-ci eut un bref hochement de tête en signe d'assentiment. Julia amena le variateur sur le chiffre 4.

« Vous pouvez regarder maintenant ? »

Thomas regarda à nouveau par l'oculaire.

Au mouvement de tapotement des doigts de Thomas sur le boîtier, Julia sut qu'elle avait gagné. Au moins existait-il désormais au CREAM quelqu'un qui savait faire le diagnostic de la maladie.

« Spermatozoïdes… raides ! finit par dire Thomas scotché à l'œilleton de visée de la caméra. Terrible ! Jamais vu ! »

Le sourire d'Harold n'échappa pas à Julia : une joie sauvage, se dit-elle, cet homme a un côté malsain, et un autre qui m'échappe.

Thomas releva la tête, la tournant vers Julia.

« Vous excusez moi pour tout à l'heure, maladie très mystérieuse. Vous croyez virus responsable ?

— En effet.

— Ce n'est encore qu'une hypothèse, tempéra Harold.

— Pourriez-vous revenir en fin d'après-midi lorsque je sortirai le sperme normal de l'incubateur ? reprit Julia sans tenir compte de la remarque parasite. J'aurai juste besoin de vous cinq minutes pour constater si la contamination a bien eu lieu.

— Pas problème. »

Thomas cherchait manifestement à se faire pardonner.

« Quant à moi, compléta Harold, je monte voir Bailleys pour l'avertir de ton passage à Porton Down et de tes activités. Mais avant, Julia, permets-moi de t'emprunter quelques paillettes. »

Harold se servit directement dans le container.

« Pour ma consommation personnelle. »

Il s'éclipsa devant une Julia interdite.

CARNETS

Jeudi 22 novembre, après-midi

Elle est incroyable. Elle manque d'habitude. Elle mène l'enquête de manière incongrue, son idée de la transcriptase inverse, le recours à ce stupide Box, et par ma faute, en plus. Elle me pousse à la soutenir, contre mon gré.
C'est une teigneuse, elle ne lâchera pas prise, malgré ton excellence et mes tentatives de refroidissement.
Je l'accompagne dans ses investigations, je suis à la trace son cheminement, tranquillise-toi. Je veille sur notre secret, je la surveille de l'intérieur. Elle me voue une grande estime, je peux encore la manipuler.
Elle est décidée à te trouver, Bob. Et moi j'ai un aveu à te faire : j'aimerais bien qu'elle y parvienne. Si seulement je pouvais te voir, juste une fois, comme ça, avant de mourir. J'exulte quand elle n'arrive à rien, j'y vois la preuve de mon génie, de notre génie. J'exulte et je souffre, car son échec, après le mien, m'éloignerait définitivement de toi, je le sens. Tu sais, un imperceptible doute m'étreint. Et si je m'étais trompé ? Et si ce sperme raide n'était pas mon œuvre ? Il pourrait s'agir d'une coïncidence. Une production de la Famille qui n'aurait rien à voir avec mes agissements. J'avoue qu'elle aiguise ma curiosité, cette acharnée.
Eh bien oui, j'en conviens... J'ai le secret espoir qu'elle y arrive. Dans le fond, je suis comme ces méchants des films de James Bond : je veux qu'elle découvre mon œuvre, et puis je passerai la main... J'ai en ces lieux une famille innombrable. Si par bonheur elle te trouve, je la tue.

Jeudi 22 novembre, plus tard

C'est drôle, un espoir fou, insensé me vient. Si seulement je pouvais t'avoir en moi. Tu as contaminé tant d'autres, alors pourquoi pas moi, ton père ? Je te porterais en moi

*comme une mère son enfant. Je te bâtirais une demeure
froide en mes testicules, car on me dit que tu aimes
le froid.
À présent je peux savoir. Pour l'instant, c'était une
hypothèse, un désir ardent, mais stérile, en quelque sorte.
Pas de microvidéocaméra, pas de spécialiste sur place.
Mais grâce à elle, toujours elle – à croire qu'elle aussi fait
partie de Ton Plan –, j'ai redécouvert Thomas Box.
J'avais oublié le cursus de cet autiste. Elle a su conduire
ce taciturne de ses tiques au sperme, sans le brusquer.
J'irai lui soumettre le mien, sans lui dire. Je prétexterai
une simple confirmation sur une paillette déjà contaminée.
Mais pour l'heure, je m'abandonne à une joie
orgasmique ; je répands ces paillettes sur mon corps
et je me barbouille de toi : soudain, ces spermes anonymes
ne le sont plus. Plénitude de la fusion !
Enfin nous devenons Un.*

DOUTE

Julia passa une bonne partie de l'après-midi à se promener. En bottes et ciré, elle arpenta des petites routes et chemins des environs du CREAM. Ces « trous d'air », ainsi dénommait-elle ces épisodes champêtres, l'aidaient à faire le point lors des moments difficiles. À vrai dire, elle attendait impatiemment de pouvoir sortir « MJ 3 » de l'incubateur. Démontrer la trace du virus, c'était la première étape sur la voie de son identification. Si le sperme MJ 3 présentait l'anomalie, elle aurait gagné la première manche, la contamination serait une réalité, l'infection cesserait d'être une hypothèse. Elle retourna au labo sur le coup de 18 heures, le temps écoulé correspondait largement à celui d'une génération virale. Le nuit était tombée, et les projecteurs puissants de l'enceinte du CREAM renvoyaient une lumière écrasée vers le sol. Le cœur dense, Julia regretta alors la brèche délibérément ouverte lors de son séjour à Paris.

De retour à sa paillasse, elle y trouva Thomas, ponctuel ; il était 18 heures 02.

« Merci d'être revenu », dit-elle sortant de l'étuve l'éprouvette contenant le mélange.

« J'espère que tu as fait des petits, toi ! » signifia-t-elle au tube mentalement, tout en le tendant à Thomas qui le déposa avec cérémonie dans l'enceinte de la caméra vidéo, avant de coller son œil sur l'oculaire. La vitesse de défilement de la bande était restée sur 4.

Thomas observa silencieusement les spermatozoïdes. Julia attendait nerveusement les résultats, accoudée sur la paillasse.

« Négatif, dit-il au bout d'un moment.

— Comment ça, négatif ?

— Mélange pas marché, spermatozoïdes normaux.

— Vous êtes sûr ?

— Thomas bien compris nouvelle maladie ; spermatozoïdes pas contaminés. »

Julia ressentit soudain une douleur au ventre, les ovaires, peut-être, solidarité psychosomatique ? Et si cette histoire de virus n'était finalement qu'une fable qu'elle s'était racontée à elle-même dans le seul but de se rendre intéressante ? Elle voyait dans cet échec le poids de sa prétention.

« Ma pauvre fille, comment as-tu pu penser un instant que toi, une petite stagiaire de rien, tu allais pouvoir te dresser contre un fléau qui faisait trembler la terre entière ? » En fait, elle s'en voulait d'avoir ainsi foncé bille en tête sur ce projet, sans autre preuve que des supputations échafaudées au gré des cafés et des trajets en voiture. Mais comme l'espérance est violente ! Pendant qu'elle s'abîmait ainsi dans de tristes conjectures, Harold était venu aux nouvelles. Le visage singulièrement inexpressif de Thomas lui fit comprendre que l'expérience n'avait pas marché.

« Tu m'as l'air d'avoir déniché un virus de la famille coriace. »
Encore ce sourire aigre-doux.
« Une chimère de la famille coriace, tu veux dire, répliqua-t-elle rageusement. On se demande dans quel camp tu es, toi !

— Oh ! ça va ! Comment peux-tu imaginer un instant que je ne désire pas ta réussite ? Tu perds ton sang-froid et tu me fais porter le chapeau. Tu sais aussi bien que moi que les rétrovirus ne se multiplient pas sur commande. Tu ne peux pas les y forcer s'ils n'en ont pas envie. Il est clair que toutes ces expériences, ça ne les branche pas, tu comprends, ça les rend comme qui dirait réticents. Ils sentent le coup fourré, le traquenard. Moi, à leur place, j'aurais fait pareil. »

Indéniablement, Harold était drôle. Julia se détendit. Même Thomas Box, percevant quelque humour, se mit à éclater d'un rire aussi brutal qu'inopiné. Le pire est que, sur le fond, Harold avait raison. Cette idée de mélange des spermes était saugrenue, la contamination ne pouvait avoir lieu qu'en cas de multiplication virale, et cette dernière dépendait de circonstances très spécifiques. Harold continua, plus sérieux.

« Tu sais également que les spermatozoïdes sont des cellules certes vivantes, mais totalement bloquées au plan de leurs possibilités de multiplication.

— Harold raison, jamais vu spermatozoïde diviser, participa Thomas, remis de ses pitreries.

— Ton virus, s'il existe, doit certainement infecter des cellules précurseurs des spermatozoïdes, les spermatocytes ou même les spermatogonies, dont le pouvoir de division est beaucoup plus important.

— À vous entendre, il faudrait pouvoir émasculer un malade pour avoir la chance d'observer notre virus à l'œuvre !

— Tout au moins un prélèvement de tissu testiculaire, nuança Harold, décemment.

— On sait ce qui arrive aux testicules morts, ils fibrosent. Il n'y a pas de raison que les simples biopsies se comportent autrement.

— Et encore, rien ne nous dit que ton rétrovirus se multiplie en permanence. Il a peut-être un cycle de division très limité dans le temps, peut-être même réduit à la seule période d'invasion.

— En poursuivant ton idée, on a l'impression que seule l'inoculation à un cobaye humain nous permettrait de visualiser le virus.

— Rien que ça ! Je te dis tout de suite, je ne suis pas candidat, rétorqua Harold, jovial et horrifié, à nouveau dissonant.

— Non plus moi », compléta Thomas en se tortillant.

Chacun se retira un instant dans le silence, en panne d'idées.

« Singe ! s'exclama brutalement Thomas.

— ? !

— Ce doit encore être la traduction d'un mot hongrois, finit par admettre Harold.

— Non, pas hongrois, reprit Thomas agacé. Singe, inoculation virus.

— Mais bien sûr, je vois ce que tu veux dire ! s'écria Julia. Il a raison ; si l'on injectait à un singe de la ménagerie un broyat de sperme malade, notre présumé virus disposerait de toute la gamme des cellules germinales pour se multiplier !

— Rien ne te dit que le virus peut contaminer aussi le singe, c'est peut-être un virus spécifiquement humain.

— Cela m'étonnerait. Si virus il y a, l'atteinte préférentielle des personnes à haut niveau de vie évoque un réservoir de virus extrahumain. Si l'homme lui-même était l'unique réservoir, je pense en effet que la barrière économique aurait été franchie depuis longtemps. Un animal quelconque ou à la rigueur un végétal peuvent donc vraisemblablement être infectés par le virus. »

Harold fixait le plafond, ailleurs.

« Qu'est-ce que tu en penses ? relança Julia.

— On peut tenter le coup avec le singe, déclara-t-il finalement, mais on ne peut pas mener ainsi des expériences sur les gros animaux du CREAM sans la signature de Bailleys. Ce n'est pas gagné.

— Tâche de jouer avec son intérêt pour le Systac, le prestige du CREAM. »

Ce fut le moment que Thomas choisit pour prendre congé, non sans avoir articulé un laborieux « à demain ».

« Heureusement qu'il est là, ton Thomas le Taciturne. Son esprit est aussi agile que son verbe lourd.

— Thomas est plutôt du genre reptilien. Pendant des heures, rien ; puis en moins d'une minute, il se rue sur sa proie et l'engloutit. C'est l'un des tout premiers spécialistes mondiaux de la virologie entomologique ; il est juste pas très bon à l'oral. »

Julia se laissa tomber sur sa chaise, cédant à un brutal découragement.

« Qu'est-ce qui t'arrive ? L'étude du sperme de chimpanzé ne t'excite plus ?

— Laissons tomber cette histoire de singe. Je viens de comprendre que cela ne marchera pas, c'est perdu d'avance.

— Comment peux-tu dire ça ? Nous n'avons même pas essayé !

— Écoute, Harold, à force d'élaborer des plans tarabiscotés, nous en oublions l'essentiel. Le virus dont nous disposons à partir des broyats de sperme, si toutefois il existe, est un virus totalement incomplet. Il n'a ni capside, ni enveloppe, ni transcriptase inverse. Bref, c'est un virus réduit à sa plus simple expression, un provirus, à peine l'équivalent de quelques gènes. »

Harold semblait à présent tout à fait détendu. Son œil pétillait comme aux plus beaux jours de leur liaison.

« Mon abattement a une curieuse action sur son humeur, ne put s'empêcher de constater Julia.

— Tu as raison, dit-il, cet "esprit de virus" n'aurait aucune chance d'être infectant, tout au moins sous cette forme. Il est retors, le bougre !

— Nous en revenons donc au même point de départ. Pour avoir un virus infectant, il faut disposer d'un virus complet. Ce qui nous oblige à mettre la main sur le réservoir de virus, ou bien à analyser les testicules d'un individu vivant...

— Ou bien... à le fabriquer. »

Les yeux d'Harold avaient viré au mauve.

« Qu'est-ce que tu racontes ?

— Ne fais pas attention, répondit-il d'une voix enfouie, juste une réminiscence.

— Produire du virus serait pourtant une alternative », poursuivit Julia.

Mais Harold avait définitivement refermé la porte.

« J'ai mes entrées au centre de procréation médicalement assisté de Bristol, continua-t-il, la voix retrouvée, je peux toujours essayer de me procurer, pour t'être agréable et parce que cette histoire me tient à cœur, du tissu testiculaire "frais".

— Harold, je ne me sens pas le courage de partir ainsi à la pêche au virus. Nous pourrions passer un an nuit et jour à disséquer des scrotums en vain.

— Comme tu voudras. Finalement, c'est ton truc, cette histoire de sperme raide. Moi, je n'y ai jamais cru, il ne me reste plus qu'à trouver un autre stagiaire à qui refiler le bébé, pour faire plaisir à Bailleys.

— Merci, Harold. Ma décision est prise, je rentre à Paris. J'aurais dû m'abstenir de remettre les pieds dans ce cloaque pendant mes vacances. J'ai voulu jouer à la grande chercheuse aventurière, ça m'apprendra.

— Ce n'est pas une raison pour cracher dans la soupe. Ce cloaque t'a, si je ne m'abuse, appris ton métier. Mais le crapaud qui bave devant toi constate avec tristesse qu'il n'est parvenu à faire de ce joli têtard qu'une grenouille coassante... »

Julia avait déjà rangé tout son matériel, récupéré le container et les échantillons de moi. Elle s'engagea dans le couloir en direction de la sortie, décidée, insensible aux batraciens. Harold lui avait emboîté le pas, changeant de registre.

« Allez, laisse-moi te raccompagner à ton studio, dit-il, on ne va pas se quitter comme ça.

— Harold, excuse-moi, mais je n'y tiens pas. Pas ce soir.

— Julia, c'est juste pour discuter, ne crains rien. Nous devons faire le point, notre relation n'est pas vaillante ces temps-ci, j'en suis bien conscient.

— C'est bon, viens. »

Le petit meublé était resté allumé. Le sac de voyage posé près du lit, entrouvert. S'en échappaient des effets divers, une paire de jeans, de la lingerie.

« Assieds-toi », dit Julia en désignant la chaise, près du bureau.

Harold choisit le lit. Julia prit la parole. Cette rupture était un soulagement, elle n'en pouvait plus.

« Harold, je crois que notre relation a vécu.

— Pour tout te dire, je m'y attendais ; pas besoin d'être devin pour s'en rendre compte. Mais tu ne t'en tireras pas sans quelques explications. Tu débarques de Paris sans prévenir, tu limites nos rapports à de simples échanges professionnels. Depuis ton arrivée, rien, pas un baiser, pas un sourire. Pas une marque de tendresse, rien. Qu'est-ce que je t'ai fait ? »

Julia prit une profonde inspiration avant de se lancer dans le vide.

« Tu devrais plutôt t'interroger sur ce que tu ne m'as pas fait. Harold, je t'ai beaucoup aimé. Tu es brillant, caustique, rêveur. À mes yeux, tu possédais tout ce dont une petite étudiante en virologie pouvait rêver. Je venais d'arriver à Porton Down, je suis tombée sous ton charme, malgré ou à cause de ta réputation de Don Juan. Il fut même un temps, pas si éloigné que ça, où j'étais follement amoureuse de toi, je l'avoue. »

Julia s'était assise sur le lit, un peu honteuse. Harold passa son bras autour de son épaule.

« Lâche-moi, dit-elle en se relevant, je n'ai pas fini. »

Elle se dirigea vers la fenêtre, le regardant de biais pour mieux pouvoir observer les perturbations traverser son visage angélique.

« Mais, depuis quelques mois, ce n'est plus ça. Je te trouve étrange, absent, tendu. Je ne sais pas ce qui se passe dans ta tête, mais je pense que tu ferais mieux d'aller voir un psy... Parfois même tu me fais peur. Et puis, quand j'y pense, notre liaison n'a jamais été une vraie relation. Nous ne formons pas un couple, nous en sommes toujours au stade du maître et de l'élève. Au début, j'ai mis ça sur le compte de la timidité, de la pudeur, tes rapports avec le personnel, ta situation au labo, ta carrière... Tu ne voulais pas t'engager, quoi de plus naturel ? Je n'étais qu'une petite stagiaire de passage dont la conquête flattait ton ego. Mais le temps a passé, et c'est toujours comme au premier jour. Je ne sais rien de toi. Qui est le vrai Harold Mobbs ? Mystère. La séduction a des limites ! Quelque chose en moi me dit qu'une partie de ton être ne simule pas. Tu ne joues pas tant que ça au beau ténébreux, tu l'es. Quand je pense à toi, je vois... Un énorme trou noir, une fissure béante extrêmement bien camouflée. »

Harold riait à gorge déployée, un rire hors de propos. Il avait l'air de passer un excellent moment.

« Complètement folle ! Tu es complètement folle ! Encore un peu et je me cache sous la table. Comment peux-tu penser ça de moi ? Je travaille ici depuis plus de quinze ans. Ma solidité et mon sérieux ne sont plus à prouver. Je suis un personnage important, respecté, probablement le successeur de Baileys. Je côtoie la mort tous les jours. Tu sais, Julia, dépressions et tentatives de suicide sont monnaie courante en ces lieux, et je t'épargne certaines abominations. Porton Down est une cité où les gens craquent. Ceux qui tiennent ont nécessairement les nerfs solides. Le psychopathe que tu crois déceler en moi n'aurait aucune chance, crois-moi. À ma connaissance, tu es d'ailleurs la seule ici à avoir cette opinion à mon égard.

— Ils ne te connaissent pas intimement », répliqua Julia, se battant contre les apparences, déstabilisée malgré elle.

Harold ne riait plus, le coin de ses lèvres s'ornait à présent d'un rictus, Dorian Gray avait vieilli.

« Ah bon, madame la psychiatre ! Eh bien, sache que tu n'es pas ma première conquête. De nombreuses femmes, laborantines, médecins ou infirmières n'ont pas su ou voulu refuser mes avances, quand ce n'est pas elles qui prenaient l'initiative. Tu veux que je te fasse un aveu ? Le Harold intime a été à mon goût un peu trop partagé. Alors, à présent, il est normal que je me protège. Jamais je n'ai eu droit à une telle perception de moi. Infidèle, inconstant, volage, malin, déstabilisant, tant que tu voudras. Mais trou noir ou crevasse camouflée, quelle idée ! »

Harold s'était levé, se rapprochant de la fenêtre. Il saisit Julia par les épaules, la forçant à le regarder dans les yeux.

« Julia, je t'ai tout appris. Je t'ai apporté toute mon expérience sur un plateau, en offrande. Je t'ai livré toutes les petites ficelles du métier, de celles que l'on met des années à découvrir, au hasard des expériences. J'ai fait de toi une virologue de tout premier ordre. Je te trouve injuste. »

Harold laissa passer un temps.

« J'ai besoin de toi. »

Julia était remuée : l'image du Harold des débuts était là, séduisant, crédible. Surtout ne pas perdre le contrôle.

« Justement parlons-en du travail ! répondit-elle en écartant les mains magnétiques. Je t'ai observé travailler, ces derniers temps. Toujours à éviter de manipuler, toujours à me laisser faire le travail à ta place. Au départ, j'ai pensé que tes motifs étaient louables ; tu désirais accélérer ma formation ou encore me mettre à l'épreuve. Puis j'ai pensé que tu agissais par flemme. Mais aujourd'hui, j'ai compris ton petit jeu : ce ne sont pas toutes les manips que tu rechignes à faire, seulement certaines. J'ai bien vu par exemple que dès qu'il s'agit d'ensemencer des cultures ou d'inoculer des maladies à des cobayes, pas de problème, tu y vas. Au contraire, pour ce qui est de modifier les virus, de les centrifuger, ou de fabriquer un vaccin, tu bloques. Je n'ai pas encore saisi à quoi ça rime, mais, te connaissant, je suis sûre qu'il y a une cohérence derrière ces pratiques singulières.

— Alors là, tu débloques complètement, ma pauvre amie, répliqua Harold, l'air navré. Ton imagination te joue des tours. J'en serais presque admiratif, si je ne savais pas que tu étais sérieuse. D'ailleurs, une fois encore, tu es la seule à avoir remarqué les prétendues singularités dont tu m'accuses. Jamais personne ne m'a fait la moindre réflexion sur ma manière de travailler. Non, tu vois Julia, en fait, moi aussi je commence à comprendre ton petit jeu : qui veut noyer son chien l'accuse de la rage. C'est ce Max Journo qui t'a tourné la tête, et tu voudrais me faire porter le chapeau. Tu t'inventes des raisons pour justifier ton infidélité !

— Il ne s'est rien passé entre le Dr Journo et moi, répliqua Julia... Et puis, quand bien même, le malaise que je ressens à ton égard est antérieur à mon voyage à Paris.

— Bon, écoute, je cesse de polémiquer sur mon soi-disant changement de caractère. Après tout, c'est ta perception des choses. Moi aussi je pourrais te faire le coup de celui qui te trouve changée. Tu es devenue prétentieuse, tu ne penses qu'à ta carrière, tu as perdu ton innocence, etc. Je ne le ferai pas. J'accepte la rupture, sans conditions. La seule chose qui m'intéresse, c'est que tu mènes à bien tes recherches sur le Systac avant de repartir. Tu vois, moi aussi je commence à croire à cette idée de rétrovirus, ta détermination doit me faire de l'effet. Cette maladie m'intrigue, j'ai décidé de t'aider. »

Harold savait être fair-play. Peut-être l'avait-elle jugé trop sévèrement, après tout. Elle se sentit soudain épuisée, payant la facture nerveuse de l'échange.

« Viens dans mes bras, osa-t-il. Une dernière fois. »

Harold était debout devant elle, il la regardait en souriant, il était beau. Elle s'approcha de lui, il la prit par la main.

« La rupture est déjà difficile, gardons la tendresse. »

Julia sourit, il l'embrassa.

« Alors comme ça, toutes les femmes du service ont vu la couleur de tes draps ?

— C'est sans doute chez moi une seconde nature. Je crois l'homme polygame par essence. Chaque exemplaire est porteur de millions de spermatozoïdes, autant de possibilités de conquêtes ; nous sommes multiples, nous sommes uniques, tout est là. Tu vois, je préfère raisonner en tant qu'espèce. »

Il la prit par la taille et la fit pivoter – une prise d'amour. Elle ne fit rien pour l'en empêcher : ils se retrouvèrent tous deux sur le lit à une place.

« L'homme a une conscience. Élève-toi un peu au-dessus du biologique ; trahir la confiance de quelqu'un, cela ne te gêne pas ? »

Elle lui passa la main dans les cheveux, avait du mal à se concentrer.

« Mais en quoi les rapports physiques impliquent-ils une trahison ? Qui a tissé ces curieuses concordances entre le corps et les sentiments ? »

Il lui embrassa l'épaule qu'il avait dénudée.

« La loi a imposé cette culpabilisation à l'homme, pour que la société tienne debout... C'est fou ce que tu es belle. Si tu savais comme parfois tes traits me semblent familiers !

— Arrête de divaguer, et parle-moi encore de ta conception des rapports homme-femme, ça m'excite. »

Il lui baisa les lèvres, joua avec son collier de perles.

« Mon fantasme est de toutes les avoir pour moi, au moins une fois.

— Tu ne peux pas sortir avec toutes les femmes que tu trouves désirables. Quand bien même tu pourrais, ces êtres deviendraient des numéros, du bétail.

— Ce n'est même pas ce que je voudrais, en fait. Mais moi, au moins, j'ose le passage à l'acte. J'agis, alors que la majorité ne fait que fantasmer. Prends l'exemple de Mark, marié, père de quatre enfants, fidèle, amoureux de sa femme et tout le tintouin. Eh bien tu n'as jamais observé avec quel regard lubrique il te dévisageait lorsque tu lui parlais de biologie moléculaire ? »

Julia commençait sérieusement à perdre le contrôle. Drôle de rupture ! Elle déboutonna la chemise d'Harold, dont les mains caressaient son dos sous sa robe.

« Et même le vieux Bailleys, six fois grand-père. Tu ne penses pas qu'il aimerait bien te faire sauter sur ses genoux, et pas pour te chanter des comptines ?

Le visage de Julia vira au rouge, cette énumération d'amoureux transis l'intéressait. Harold en profita pour lui déboutonner entièrement sa robe. La lingerie blanche se détachait sur sa peau parsemée de taches de rousseur.

« En tout cas, ils ne sont jamais passés à l'acte, eux. Ils sont libres de leurs pensées, tout de même ! »

Julia commençait à ressentir les assauts du désir ; la chaleur gonflait son buste que les baisers d'Harold entreprenaient.

« Oui, mais leurs motivations sont beaucoup moins respectables que tu ne pourrais le croire : ce n'est pas par respect pour toi ou pour je ne sais quel autre mobile éthique qu'ils ne t'ont jamais fait d'avances... »

Julia s'allongeait progressivement.

« C'est simplement parce qu'ils calculent en permanence les conséquences de leurs pulsions sexuelles sur leur vie, leur travail, leur existence est calibrée. »

La robe de Julia était à présent largement ouverte, elle se laissait faire. « Il doit tout de même avoir un fluide, se dit-elle, dire que j'avais décidé de rompre. » Harold la noyait sous un flot de paroles, son discours restait étonnamment structuré, vu les circonstances.

« Ces mâles honteux font partie en réalité de la pire espèce des calculateurs. Ils gèrent de la même manière leur vie professionnelle, pas un mot plus haut que l'autre. Courber encore l'échine pour gravir le maximum d'échelons en un minimum de temps. Imagine un instant toute la violence qu'ils trimbalent en eux, des années de désirs inassouvis et de frustrations autoconsenties. »

Il introduisit ses mains dans son soutien-gorge, fit surgir un téton.

« Arrête un peu de parler, je ne t'écoute plus, parvint à articuler Julia, déjà haletante. »

Harold n'en avait cure, il sentait qu'il la tenait par la parole, une drogue comme une autre.

« Mais à bien y réfléchir, vois-tu, nous sommes tous les mêmes, nombrilistes et névrosés pris individuellement, infimes et inscrits dans un plan d'ensemble envisagés d'un point de vue collectif... À notre insu. »

Harold développait à présent sa théorie sur les virus, tout en achevant de dégrafer son soutien-gorge. Son pouce se luxa sur la bretelle, lui griffa l'épaule, faisant jaillir quelques perles sanglantes. Elle aurait juré qu'il l'avait fait exprès... Et pensa aux rainovirus, eux aussi hématophages... Ce fut peut-être le geste de trop. Harold était décidément un détraqué gestuel... Et ces virus omniprésents lui tapaient sur le système. Julia réagit, son corps en équilibre instable entre la douleur et le désir.

« C'est curieux, cette prééminence du collectif sur l'individuel, chez toi. »

Elle se redressa à demi, son index effleurant la strie prémonitoire. Harold avait les lèvres oblitérées de rouge.

« Au fond, tu parles de l'homme comme d'une espèce bactérienne ou virale.

— Exactement : une multitude dont l'action individuelle est presque nulle, mais dont l'action d'ensemble est épidémique. C'est un peu ma perception du monde », répondit Harold en enfouissant sa tête entre ses seins.

Y a-t-il eu rapport sexuel ? Je ne le saurai jamais. Je pense que non, et cela me ferait trop de mal d'imaginer plus avant leurs éventuels ébats. Mais s'ouvre ici une faille, importante pour la suite des événements. Une autre question reste elle aussi posée. Harold était-il atteint par le Systac ? Y avait-il à l'époque possibilité de contamination féminine ? Improbable, seul le chromosome Y était porteur de l'anomalie. Conception alors ? Impossible, hors FIV. Seule la concordance des dates me paraît troublante... Et le rapport très particulier entre Harold et Bob.

Sexe ou pas sexe, la suite de la confrontation a forcément eu lieu.

Julia se redressa, poitrine nue, altière, soudain dégrisée, il ne fallait plus qu'elle cède un pouce de terrain, une once de chair. C'était maintenant qu'il fallait rompre, ou sinon...

« Tu ne penses pas que ta vision confine au totalitarisme ? Tous ces individus en marche en rang serré, obéissant à leurs pulsions pour l'accomplissement d'un destin collectif inconnu, cela ne te rappelle rien ?

— Ils ne s'en rendent pas compte, alors quelle importance ?

— Harold, ton cynisme m'inquiète, murmura-t-elle, croisant ses avant-bras sur ses seins.

— Ce ne sont que des divagations, Julia. Il ne faut pas prendre tout ce que je dis au sérieux, répondit-il en lui embrassant le cou. »

Elle se cambra, plus question de s'abandonner.

« Tu en penses quoi, toi, de ce Systac ? » lui demanda-t-elle à la volée.

Harold recula, comprenant que la partie physique lui échappait.

« Eh bien, si les chiffres se confirment, je pense que l'humanité va passer un mauvais quart d'heure.

— Je ne te demande pas de me répéter ce qu'il y a dans les journaux : je voudrais ton opinion de virologue. »

Harold la regardait de ses yeux morts.

« Je ne pense pas qu'il s'agisse d'un virus.

— Harold.

— Quoi.

— S'il te plaît, va-t'en. »

CARNETS

Jeudi 22 novembre, soir

Je la hais. Bientôt, je le sens, toute ma rancœur lui explosera au visage. Je perds son corps, je n'aurais plus à le dévaster. Tant mieux.
Cette rupture m'écœure, c'est un avant-goût de la fin.
Elle s'en va. Elle croit qu'elle est libre, peu importe ce qu'elle croit.
C'est étrange ce qu'elle me pressent. Aucun humain n'avait jamais lu aussi loin en moi. Elle, la fille de mon Ennemi. Mais elle ignore le pacte de sang qui nous lie. Notre fusion, elle ne la découvrira pas.
Bob, je t'ai couvert, je l'ai éloignée de toi, mais elle ne veut rien savoir, elle est comme attirée, aimantée par Toi. Que m'importe, elle mourra vierge, sans connaître la vérité, sans se douter de l'étendue du piège que nous avons concocté.
Tu gagnes. Personne d'autre que moi ne sait.
Même pas moi, en fait.

Jeudi 22 novembre, tard

Box a appelé, il a été formel. Nous sommes ensemble, extérieur et intérieur confondus. J'espère au moins que tu as conscience de Qui tu habites, que tu ne me traites pas comme un de ces vulgaires mâles que tu pollues au quotidien. Au moins ne pourrai-je jamais engendrer un membre de cette espèce débile qui est la mienne, une espèce en voie d'extinction, grâce à tes agissements. Quand, comment as-tu pénétré dans mes testicules ? J'espère que c'est lors de la création, alors que je traficotais les gènes de Rhino pour t'y implanter. J'aime à penser que j'ai été ta première victime, ton premier patient.

*Le pire est que peut-être, à présent, tu vogues en elle.
Je ne sais pas. Lors de notre ultime contact, ma conscience
s'est faite crépusculaire. La seule chose dont je me
souvienne, c'est qu'elle m'a chassé, alors que je tentais
une fois encore de te couvrir. Alors, si c'est le cas,
si tu voyages effectivement dans le secret de sa matrice,
je t'en prie, détruis-la.*

FACETTES

Julia resta longtemps assise sur son lit, sans bouger, le corps frustré, ne parvenant pas à dissiper le malaise. Monstre froid ou personnalité torturée, elle sentait bien que quelque chose clochait, qu'Harold n'était pas sincère lorsqu'il affirmait que le Systac n'était pas viral. En même temps, elle avait eu l'impression qu'une partie de son esprit se retenait, qu'il mentait, dans un état second. Qui lui avait infligé cette balafre scapulaire ? Son amant, ou un autre qui sommeillait en lui ? Subitement, il s'était crispé, elle l'avait perçu. Le malaise n'était d'ailleurs pas que gestuel, il était aussi de l'ordre du dérangement de la pensée : ce n'était pas dans la nature d'Harold d'écarter une question, si futile soit-elle, sans argumenter, parfois pendant des heures, et la maladie du sperme raide n'était pas une question futile. Son attitude tout au long de la journée démontrait bien que la nouvelle affection l'intéressait, ses regards fascinés à l'attention du container, le recours à Thomas Box. Pourtant, il y avait aussi ces sarcasmes, ces tentatives pour la décourager ; cette manière si particulière de s'engager du bout des lèvres : il y devait y avoir une raison à tout cela.

Harold s'était braqué dès qu'elle avait commencé à évoquer le Systac, elle l'avait perçu. Il était parti sans rien dire, lui, un monument de *self-control* ?

Puis le soulagement d'avoir rompu prit le pas sur le reste. Au fond, elle ne pouvait plus supporter ce personnage dont les multiples facettes lui rappelaient les yeux des drosophiles.

Comme elle avait faim, elle sortit. Le couloir du deuxième étage était encore allumé, elle descendit les escaliers. Dans la salle de détente, l'équipe des virologues brésiliens disputait une partie de baby-foot. Des émanations de cigarettes et de whisky s'échappaient de la pièce, et les bruits denses des pieds des joueurs en Bakélite tapant sur des balles trop dures. La salle à manger était déserte. Des plateaux-repas tout prêts y étaient empilés. Julia souleva l'un des couvercles, une espèce de viande compressée y nageait dans une pseudo-sauce à la crème. Elle se détourna, écœurée, se sentit soudain en transit. Elle ne pouvait pas replonger totalement dans le quotidien du CREAM : elle était en vacances et la réalité lui apparaissait comme au travers d'un hublot de scaphandre. Elle récupéra quelques pommes dans le cellier et remonta dans sa chambre.

Dans les escaliers, elle entendit le bruit étouffé d'une sonnerie. Mécaniquement, elle accéléra le pas, la tonalité se faisait plus forte au fur et à mesure de son ascension. Les portes étaient toutes closes à l'étage, le son venait de derrière la sienne. Julia sortit sa clef, fébrile, intuitive. Elle décrocha le combiné, essoufflée.

« Allô. »

C'était moi.

« Allô, Julia ?

— Elle-même.

— Max Journo à l'appareil. »

Bien sûr que je pensais à elle pendant tout ce temps. Je l'imaginais, elle et l'autre, la joie des retrouvailles, du travail en commun, des préoccupations partagées. Cela me rendait nerveux. Elle était une sorte de canot de sauvetage, elle m'avait rendu l'espoir. Mais nous n'étions pas embarqués sur le même bateau. Julia se sentit prise au dépourvu, encore sous le choc de sa rupture : j'étais passé au second plan.

« Ah ! C'est vous, cela me fait plaisir de vous entendre.

— Moi aussi. Comment allez-vous ?

— Justement, pas très fort.

— Votre réapparition au labo ne s'est pas bien passée ?

— Non, ce n'est pas ça. C'est notre virus. Impossible de mettre la main dessus. »

Julia perçut sans doute une attente de l'autre côté du Channel, un dépit.

« Je m'en veux de vous avoir mis ces idées dans la tête. J'en finis même par me demander s'il existe vraiment.

— Vous ne m'avez garanti aucun résultat. Vous savez, ce que nous faisons dépasse de loin le cadre de nos deux personnes. Si nous ne trouvons pas, ce sera d'autres. Vous êtes arrivée quand ?

— Comme prévu, ce matin, et j'ai déjà envie de fuir.

— Julia, vous vous attaquez à un problème qui nous dépasse tous, et vous voulez réussir en un jour ! Des milliers de chercheurs dans le monde scrutent nuit et jour les spermatozoïdes malades et leurs maudits flagelles. Et vous, Julia Berenson, microspécialiste des rétrovirus, vous voulez résoudre le problème en trois coups d'éprouvette ? »

Silence réaliste.

« Fantômette, vous êtes toujours là ? »

Je l'entendis sourire.

« Vous avez raison, mais la difficulté majeure est que nous n'avons pas de particules virales entières. Si ce virus existe, nous ne disposons que de fragments non actifs. Nous ne pouvons de ce fait ni transmettre l'infection ni bien sûr visualiser le zozo. En d'autres termes, nous n'avons pas l'ombre d'une preuve.

— Sans vouloir vous déprimer encore plus, j'ai lu aujourd'hui une nouvelle étude dans Nature à propos des rapports entre Systac et système immunitaire.

— Et alors ?

— Eh bien toutes les recherches d'anticorps antivirus dans le sang des personnes atteintes sont négatives. Les auteurs concluent à une probabilité de plus en plus faible d'une infection virale.

— Il est tout de même incroyable que l'on ne trouve pas la moindre trace de défense des organismes malades contre l'agent étranger ! Il faudrait que le virus possède une organisation biochimique presque semblable à celle des protéines humaines, un espion parfait en quelque sorte. Vos chercheurs ont-ils aussi mené cette recherche d'anticorps dans le sperme lui-même ?

— Ce n'est pas signalé.

— Qui a écrit l'article ?

— C'est pour ça que je vous en parle : ce sont des chercheurs du CREAM. »

Julia reçut un coup au ventre. On recherchait activement la cause du Systac dans son propre laboratoire, et rien n'avait filtré. Harold aurait au moins pu la mettre au courant... Mais peut-être n'en savait-il rien lui-même, le CREAM était tellement cloisonné.

« Et qui était le signataire de l'article ?

— Un certain Dr H. Mobbs : vous connaissez ?

— Harold ? ! »

Julia avait quasiment hurlé le nom du virologiste dans le combiné : le cri du cœur, pensai-je.

« Mais c'est incroyable ! Impossible ! reprit-elle au bout d'un moment, soufflée par la déflagration de la surprise. Il m'a aidée tout l'après-midi à faire des manipulations ! Il ne s'est d'ailleurs pas privé de chercher à me déstabiliser dès que je réussissais à assembler deux idées qui tenaient debout.

— Peut-être voulait-il vous mettre à l'épreuve, voir si vous aviez de nouvelles hypothèses ?

— Tout à fait dans son style ! Profiter du savoir d'autrui pour s'en servir par la suite. »

En fait, moi aussi, je l'avais testée. Il faut dire que voir inscrit son nom sur un article parlant du Systac avait éveillé en moi l'ombre du soupçon. Notre rencontre me semblait liée au hasard. Mais sa surprise ne m'apparut vraiment pas simulée. C'était l'usage d'inscrire comme coauteurs d'un article important tous les membres de l'équipe, même s'ils n'étaient pas intervenus directement dans l'étude. Cas de figure en l'occurrence rare en la matière, Julia avait participé au protocole mais pas à l'article. J'avais vu juste, et en même temps à côté. Aussi lui annonçai-je la vérité, somme toute rasséréné.

« Je ne connais pas cet individu, mais je pense que vous êtes un peu injuste à son égard. Vous êtes tout de même citée dans la liste des auteurs, en quatrième ou cinquième position. »

Julia ravala une partie de sa colère, le quart ou le cinquième. Mais tout de même, l'attitude d'Harold était difficilement acceptable ; duplicité, mensonges, affabulations. Et dire qu'il avait écrit cet article alors qu'ils étaient encore au zénith de leur relation, qu'ils sortaient ensemble, qu'ils dormaient ensemble ! Elle aurait dû se douter de quelque chose. La parution de cette étude était peut-être la cause de cette attitude bizarre : dissimulation d'informations, tentatives de désactivation, déstabilisation, refroidissement. C'était sans doute pour ça qu'Harold voulait qu'elle abandonne la partie, qu'elle n'interroge pas la *medline*, c'était pour qu'elle ne mette pas la main sur l'article, bien sûr. Et elle qui s'était lancée dans une explication psychanalytique de son caractère, essayant de lui trouver des circonstances atténuantes ! Ce n'était qu'un arriviste, un opportuniste, un fourbe. S'être fait tripoter par lui quelques minutes auparavant lui donnait la nausée, l'envie de prendre une douche. Julia se sentit d'un coup pressée de rentrer à Paris.

« Vous êtes toujours là ?

— Je suis toujours là, Max. Je méditais sur les vicissitudes d'une petite stagiaire égarée dans un monde de carnassiers. Y a-t-il un certain Thomas Box parmi la liste des auteurs ?

— Non, cela ne me dit rien. »

Thomas le Taciturne au moins n'était pas dans le coup.

« Je rentre demain à Paris, pouvez-vous venir me chercher ? J'ai un vol à 13 heures 30 à Heathrow.

— Cela devrait être possible ; vous abandonnez donc vos recherches ? »

En fait, moi aussi, j'avais dans une certaine mesure instrumentalisé Julia, j'en prenais conscience. J'avais peut-être confondu sujet et objet. Quelques jours m'avaient suffi pour bâtir des châteaux en Espagne : découverte de l'agent du Systac, mise au point d'un traitement, retour triomphal au CECOS, une nouvelle petite amie en prime, qui plus est une équipière : « Comme l'espérance est violente »... Et puis patatras ! Retour sur Terre. L'échec de Julia me privait aussi de ma revanche sur le CECOS ; j'accepterais donc cette proposition d'installation en ville, de nouvelles idées s'associaient avec fluidité dans mon esprit, m'entraînant vers le bas.

« Rassurez-vous, je n'ai pas dit mon dernier mot, parvint à ajouter Julia sur un ton de défi. La piste virale semble s'éloigner, mais l'hypothèse n'est pas totalement écartée. Tout est possible avec les rétrovirus. »

Bien sûr qu'il y avait comme une fêlure dans la voix ; elle tentait d'atténuer mon désarroi ; et puis elle cherchait à se convaincre elle-même.

« Julia, n'essayez pas de vous justifier. Je ne vous impose rien. Vous ne me devez rien. Vous m'avez déjà apporté beaucoup, quelques jours d'espoir dans un monde amorphe. Je comprends ce que vous devez ressentir en ce moment. Être considéré comme un étranger dans sa propre maison, je connais. Je revois encore la blouse d'Aviloine accrochée à une patère, dans mon ex-bureau. Tous équivalents, tous interchangeables, depuis la base jusqu'au sommet de la hiérarchie. Des soldats, des virus. Pas d'amitié, pas d'intimité dans le travail. L'éthique, éventuellement, pour les patients ; entre nous, c'est du cannibalisme. Raison de plus pour dépasser le stade de la blessure narcissique. Julia, vous êtes jeune, intelligente, tenace et, j'en suis sûr, promise à un brillant avenir ; alors, ne gâchez pas tout pour une susceptibilité mal placée. Cessez de me ressembler. »

Julia restait silencieuse : peut-être se demandait-elle pourquoi je tenais tant à la requinquer. Ma voix continua.

« On peut aussi prendre le problème à l'envers : vous venez d'être citée dans un article prestigieux, publié dans une revue de référence, alors que vous n'en avez même pas écrit une ligne ; et plus fort encore ! Vous n'étiez même pas au courant du sujet de l'article. C'est en fait un cadeau royal que ce Harold vous a fait. »

Julia se garda de démentir, l'article était lui-même une sorte de démenti.

« Écoutez, Max, je ne veux plus entendre parler de cet énergumène ; j'ai mis aujourd'hui un point final à notre liaison ; cette publication ne fait que me conforter dans ma décision.

— Une rupture fondée sur la vexation est-elle durable ? risquai-je, d'autant que vous allez continuer à vous côtoyer tous les jours.

— Ce n'est pas qu'une histoire d'amour-propre. Mais au fait, Max, de quoi vous mêlez-vous ? »

Me tendait-elle la main ?

« Disons que je m'intéresse à vous. »

Je n'avais que sa voix, ses silences, les blancs de sa respiration, peu d'indices en fait pour savoir ce qu'elle ressentait.

« Max, vous savez, je ne suis pas vraiment disponible. J'ai l'impression d'être dévastée, affectivement. Aujourd'hui, j'ai fait basculer Harold dans le passé, définitivement. Dans quelque temps, il appartiendra au magasin des accessoires. Je ne pourrais jamais vraiment aimer un type comme lui, il me déstabilise. Mais tout est si frais, si intriqué, je ne sais plus. »

Julia s'arrêta. Silence à travers la Manche, plus que le clapotis des vagues. Je crus à une coupure de ligne.

« Excusez-moi, je me suis laissée aller. Croyez-moi, il y a de quoi être déboussolée.

— Ne vous excusez pas, c'est moi qui ai été trop loin. J'ai été indiscret, j'ai ce que je mérite. Après tout, nous ne nous connaissons que depuis quelques jours. »

Julia esquissa un sourire las. C'est vrai que cela faisait du bien de se sentir désirée, comme ça, à distance, par un nouvel amant potentiel. Elle se passa la main dans les cheveux, ne parvenant sans doute pas tout à fait à remettre son corps à zéro après le départ d'Harold. Le téléphone la laissait libre de ses postures, seule sa voix était visible.

Mais elle avait tout gâché. Elle avait cru en Harold, au bien-fondé de sa mission, il l'avait manipulée sans vergogne. Comme elle avait pris son rôle au sérieux, bonne élève jusque dans la duplicité ! Un rire acide se répandit de proche en proche sous les ogives de son crâne. C'était l'heure des comptes.

« Max, ce n'est pas la peine de nous revoir, je vous ai menti sur toute la ligne. »

C'est surtout la première phrase qui me fit mal. Pour le reste, j'imaginai quelque bricole sans importance.

Prudent, je hasardai.

« Que peut-il y avoir de si grave ?

— Max, je vous en prie, arrêtons là la mascarade. Toute notre relation est fondée sur le mensonge ; du chiqué. Notre soi-disant rencontre par hasard au café : je vous suivais depuis deux jours. Mon intérêt d'amateur pour le Systac : cela fait trois mois que je travaille dessus. Mes vacances : j'étais en service commandé, en mission secrète, l'émissaire d'Harold. Je devais soutirer le maximum d'informations utiles au grand Maxime Journo, le découvreur du Systac. Je suis désolée. J'ai honte. »

Je regardai le combiné. J'étais parti : quel merveilleux outil que le téléphone ! Je crois que je quittai la pièce sans raccrocher, sans attendre la suite. De l'autre côté du Channel, Julia criait.

Une marée noire, tiède et épaisse, s'échappait de mes flancs. Elle allait recouvrir tout mon paysage affectif. Je sombrais doucement, quilles à l'air, entrailles béantes. Déjà fragilisé par mon renvoi du CECOS, j'étais maintenant touché côté cœur, et le pire était que cela avait encore un rapport avec ce maudit Systac. Pourtant, je ne lui en voulais même pas. Les informations que je lui avais divulguées, je lui en avais fait cadeau de bonne grâce. Ce qui me faisait le plus mal, c'était que l'autre en profite : là était la trahison. C'était comme si elle avait fait don d'une partie de mon être à cet inconnu, un bourgeon que l'on sectionne au garrot. Et puis, comme toujours lorsqu'il m'arrivait un coup dur, je revoyais l'image de mon frère, bleu, grimaçant, assassiné. Je me disais que c'était bien fait pour moi, que je méritais ce que me faisait subir Julia, et avant elle Fron, et avant eux tous ceux qui m'avaient fait du mal. Mon expiation ne pouvait avoir de limites. Et il m'était agréable de payer mes dettes de sang, de faire couler en moi ce liquide chaud et poisseux. Car je suis un damné... Mais je ferme la parenthèse. Je ne suis pas le problème, j'ai une histoire à écrire.

Julia touchait également le fond. Longtemps après, elle m'avoua l'intensité de son tourment : obligée de me rayer de la surface de sa carte affective pour cause d'une duplicité non désirée mais terriblement bien assumée, impression de s'être fait berner comme une écolière, amour-propre vitriolé. Trouble de devoir faire payer à un autre, un innocent, la facture de sa propre naïveté.

Julia finit par raccrocher, aphone, les ongles rongés jusqu'au sang. À l'extérieur, le crachin tombait, pénétrant, transfixant les choses et les gens. Par la fenêtre de sa chambre, son regard croisa l'omniprésent bâtiment du CREAM. On aurait dit qu'il respirait.

Cette nuit-là, elle fit un rêve étrange : elle était une méduse, prisonnière dans un aquarium. Deux poissons titanesques en forme de spermatozoïdes se faisaient face. L'un me ressemblait, l'autre avait la tête d'Harold. J'étais en fâcheuse posture, ma nuque était raide. Je criais : « À l'aide ! Je ne peux plus avancer. » Quant au spermatozoïde-Harold, difforme et grimaçant, il était armé de multiples flagelles, avec une tête monumentale revêtue d'un chapeau mou ondulant d'où se détachaient les lettres NATURE. Il vociférait à l'attention de la méduse-Julia : « Ce n'est pas un virus, ce n'est pas un virus ! » Et la méduse-Julia gloussait : « Ne crains rien, je vais l'embrasser », approchant de moi sa venimeuse ombrelle.

CARNETS

Jeudi 22 novembre, nuit

Je veux te voir, Bob. Ce que je ne suis pas arrivé à faire seul, peut-être y parviendrons-nous à deux. Son esprit est affûté, et puis elle t'est extérieure. Je vais la rallumer.

Vendredi 23 novembre 2001, matin

Nous devons parvenir à te déloger, quoi qu'il m'en coûte, c'est ma dernière chance, je le sens : je dois savoir. Surtout depuis que j'ai découvert en moi ta présence. Tu seras mon guide.
Quant à elle, son avenir est scellé. Si elle vainc, elle meurt ; si elle échoue, je n'en aurai plus besoin, je la ferai également disparaître...
Quelque chose d'imparable : nous sommes au CREAM.

CONTORSION

Le téléphone sonna de nouveau vers 6 heures du matin. Qui pouvait bien appeler à cette heure-là ?
« Allô.
— Allô, Julia, ouf, je respire, tu es encore là ! »
La voix d'Harold. Un instant, elle crut qu'elle avait dormi avec lui. Puis elle dressa mentalement l'état des lieux : leur conversation avortée de la veille, sa duplicité, l'article, mon exécution. Tout lui revint d'un coup en mémoire, puis la haine, intense. Elle se redressa, hagarde. Harold reprit :
« Pardon de t'appeler si tôt ; je ne savais pas à quelle heure tu devais quitter Porton Down. Il faut absolument que je te parle avant ton départ.
— Écoute, Harold, ça suffit, je n'ai plus rien à te dire : tu m'écœures.
— Je comprends ta colère. J'avoue, j'ai été un peu abrupt avec toi hier, excuse-moi, je n'étais pas dans mon état normal. Je ne sais pas ce qui m'a pris, le labo, les soucis. Une accumulation...
— Il n'y a pas que ça, tu le sais très bien. Quand cesseras-tu tes hypocrisies ?
— Allons, enfin, quelle drosophile t'a piquée ? Un mauvais rêve, peut-être ? Une indigestion ? »
Julia aurait pu raccrocher le combiné, mais elle avait envie d'en découdre.
« Tu as fait de moi l'agent d'une trahison insupportable. Tu m'as envoyée au casse-pipe auprès de ce Dr Journo. Je lui ai extirpé toutes sortes d'informations sur le Systac. Je viens de le jeter comme on se débarrasse d'une coquille vide. Tu m'as avilie, souillée, rabaissée à mes propres yeux. Tu as cassé en moi quelque chose de pur. À présent, la honte me colle à la peau.
— Je t'avais avertie que ce ne serait pas facile, tu as agi en connaissance de cause. Tu pouvais refuser. Même une fois à Paris, après l'avoir rencontré, tu pouvais encore faire machine arrière, ne pas donner suite. »
Julia voulait mordre, elle se retrouvait sur la défensive. Elle se sentait imperceptiblement contaminée par la dialectique de l'autre. Il l'attirait sur son terrain à lui, une glaise nécessairement lourde et glissante.

« Je pensais que c'était pour la science. Je réunissais des informations sur un fléau, j'étais l'envoyée du CREAM. Je réalise à présent que je n'étais que ton agent personnel.

— Julia, toi et moi savons bien que tu es dévorée par l'ambition. Tu m'as séduit parce que j'étais le troisième personnage du labo. Tu ne m'as perçu au départ que comme un instrument au service de ta carrière, une marche sur laquelle on s'appuie, que l'on écrase. Quant à Journo, je vais t'expliquer ce qui à mon sens a dû se passer dans ta petite tête : tu as d'abord dû être curieuse de faire la connaissance du découvreur du Systac en personne. Puis tu as commencé à réaliser que le prince déchu s'intéressait à toi. »

Julia se taisait, silence éloquent, le bulldozer Harold continua son œuvre.

« Tu as alors décidé de pousser l'avantage, pourquoi s'arrêter en chemin ? Le pauvre t'offrait un balcon avec vue plongeante sur son intérieur. Il fallait être idiot pour ne pas profiter du spectacle. Il ne te restait plus qu'à vider la bête de son sang. Finalement, vois-tu, je me sens assez solidaire de ce Max. Nous devons ressentir la même chose à présent. »

De nouveau, Julia se sentit manipulée. Elle aurait pu réagir, rétorquer que c'était lui qui l'avait engagée, l'avait séduite. Mais non, rien. Elle était désorientée. Harold enchevêtrait habilement les fuseaux de vérité et de mensonge en un tissu solidement noué, malhonnête. Et elle s'était piquée avec la quenouille. Harold savait affaiblir sa rancœur. Elle décida de recentrer l'attaque sur un terrain plus sûr.

« Admettons que ta construction rhétorique ait sa part de vrai. Que fais-tu de cet article publié dans mon dos ?

— Je vois qu'on t'a mise au courant. De toute façon, j'allais le faire. Tu fais sans doute allusion au papier sur les stigmates immunologiques du Systac. Hélas ! Cela n'a rien donné. Raison de plus pour penser que les virus n'ont rien à voir là-dedans. Je me suis échiné à les incriminer, bien avant que tu t'intéresses à la question. Je voulais que ce soit eux. Rien à faire, aucune trace.

— Mais quand auras-tu fini de te moquer de moi ?

— Oh, oh, oh, du calme, maintenant c'est moi qui vais me fâcher ! Tu n'as le monopole d'aucune maladie, et encore moins du Systac ! Des tas de laboratoires planchent dessus dans le vaste monde, et tu voudrais que le CREAM, la Mecque de la virologie mondiale, reste silencieux ? Tout cela parce qu'une certaine Julia Berenson, stagiaire de son état, a un jour rencontré par hasard un certain Dr Journo et s'est amourachée de lui ! Une passion soudaine l'a alors prise pour la maladie du sperme raide ! Les centaines de milliers d'hommes qui ont sombré inexorablement dans une stérilité de cause inconnue attendent avec impatience que le Dr Berenson se penche sur leur cas ! »

Julia sentit s'effriter un autre pan de son agressivité. Avec Harold, c'était toujours de la faute des autres ! Et son argumentation était imparable, vue sous cet angle. La vérité était ailleurs.

« Je ne t'ai jamais reproché d'avoir mis en place un protocole d'étude sur la maladie du sperme raide, je ne suis pas complètement naïve. Mais pourquoi ne m'as-tu rien dit ? Tu m'as vu revenir avec mon container de sperme malade, tu m'as invitée à travailler, tu t'es servi du pauvre Thomas Box, tu m'as encouragée hypocritement. Tu es faux jusqu'à la moelle.

— Tu es injuste. Je te signale que tu es citée au quatrième rang dans la liste des auteurs de l'article. Si j'avais voulu te prendre en traître, je ne t'y aurais jamais fait figurer. Tu pourrais au moins me remercier, je pense à ta carrière, à ta liste de titres et travaux. Ensuite, je ne sais pas si tu as lu le contenu de la publication, mais l'étude portait uniquement sur le sang des sujets atteints, pas sur leur sperme. Nous n'avions pas encore eu l'occasion de travailler directement sur du sperme contaminé. Et puis l'article était une commande de Bailleys en personne. Il m'a quasi ordonné de sortir le plus rapidement possible un papier sur le Systac, n'importe quoi m'a-t-il dit, afin que le CREAM fasse entendre sa voix au sein d'un concert international discordant. J'ai pu disposer assez facilement de sérums de sujets atteints, mais nous n'avions pas de biologiste du sperme au CREAM, pas à ma connaissance en tout cas.

— Et Thomas Box ?

— C'est grâce à toi que j'y ai pensé. Ce détail de sa biographie m'avait échappé. Ce n'est que lorsque je t'ai vue revenir de mission, avec ce fameux container, que j'ai tilté.

— Mais pourquoi ne m'as-tu rien dit ?

— Je comptais le faire aujourd'hui, avant ton départ. Mets-toi un peu à ma place. Tu étais pleine d'espoir avec tes paillettes de sperme. Si je t'avais déclaré dès ton arrivée quelque chose comme "tu perds ton temps, il n'y a même pas de trace d'anticorps dans le sérum des sujets atteints", tu te serais probablement démotivée ; tu m'aurais une fois de plus accusé de souffler le chaud et le froid. C'est vrai que je n'ai jamais cru à l'hypothèse virale. Mais nous n'avions encore jamais eu l'occasion de travailler sur du sperme malade. Je me suis dit : "Laissons faire, peut-être en sortira-t-il quelque chose ?"

— Harold, j'ai parfois l'impression que tu te sortirais de n'importe quelle situation. Moi, ce que je constate, c'est que tu as passé toute la journée d'hier à te moquer de moi. Tu jouissais de me voir raisonner en direct. Tu attendais quelque perle de mon cerveau. Un animal de laboratoire, voilà ce que je suis pour toi !

— Je comprends ce que tu peux ressentir. Accepte mes plus plates excuses. Pourtant, je te promets que j'étais sincère. Malgré mes sarcasmes, les expériences que nous avons tentées hier après-midi, je ne les avais encore menées avec personne d'autre. De toute façon, peu importe ce que tu crois, je ne t'appelais pas pour ça.

— Je te remercie d'aborder le sujet : je t'avertis, ma chambre t'est définitivement interdite.

— C'est une invitation ?

— Très drôle. Je prends le train pour Londres dans moins d'une heure. Mon avion décolle à 13 heures 30, je repars en vacances.

— Julia, j'aimerais tenter une ultime expérience sur ton sperme français. J'y ai pensé toute la nuit. Il faut absolument que quelqu'un m'assiste ; tu es la plus compétente et la plus motivée. Je t'en prie, prends le train suivant, nous n'en aurons pas pour longtemps.

— De quoi s'agit-il ?

— Eh bien voilà. J'ai eu l'idée de passer les chromosomes Y des spermatozoïdes au microscope à balayage à effet tunnel. »

Bien sûr ! Comment ne pas y avoir pensé ? L'idée d'Harold était effectivement suffisamment séduisante pour qu'elle repousse de quelques heures son voyage. Le microscope à balayage à effet tunnel permettait en effet d'obtenir des images des tissus vivants avec un grossissement d'ordre d'un million de fois. En pratique, cela signifiait que, si du matériel viral était caché dans le chromosome Y, il serait peut-être possible de le visualiser directement.

« Tu veux dire que nous pourrions observer l'ADN viral en direct ?

— C'est effectivement mon idée.

— Il faudrait que je décale ma réservation.

— Écoute, Julia, donnons encore une chance à l'hypothèse virale. Je sais que tu te sens frustrée de n'avoir rien découvert.

— Pourquoi cette volte-face ? Tu crois maintenant à ce virus ?

— Disons que j'ai une intuition.

— D'où m'appelles-tu ?

— De la cafétéria.

— Ne bouge pas. Le temps de prendre une douche et j'arrive.

— Julia, encore une chose.

— Quoi ?

— N'oublie pas le container. »

Julia raccrocha. Harold avait eu une bonne idée. Mais les manipulations à faire avant d'arriver à la vision des arcanes de l'infiniment petit risquaient d'être longues et incertaines. Il faudrait d'abord séparer le chromosome Y de ses semblables, puis extraire son ADN, ce qui revenait en quelque sorte à lui en arracher le cœur. Si le virus était caché quelque part, ce devait être là, dans le bras long de ce chromosome porteur de la masculinité.

Elle regroupa ses affaires, rangea le manuscrit de la conférence de Cardery Street dans son sac de voyage, et sortit. Dans son esprit, elle allait juste faire une petite course avant son départ. Elle ne pensait plus remettre les pieds dans sa chambre avant longtemps.

Harold attendait Julia, assis à une table en pin ciré, sirotant les dernières gorgées d'un café noir. Son visage était extraordinairement pâle, et dans ses yeux cernés dansait une flamme un peu folle, une flamme que Julia interpréta comme le témoin de quelque intuition fulgurante, celle d'un savant à la veille d'une découverte d'importance. Toute trace d'ironie et de causticité avait disparu.

« Tu as déjeuné ? s'enquit-il pour la forme.

— Non, mais un simple café suffira.

— Tu n'as jamais adopté le breakfast à l'anglaise.

— Entre la France et l'Angleterre, mon cœur balance.

— Je connais ça, une sorte de double allégeance. »

Une problématique similaire, au fond. Julia se fit servir un café par Betty Stone, la maîtresse des lieux, puis fonça au labo, suivie d'Harold. Il faisait encore nuit, les couloirs du CREAM étaient déserts, esquissés par les lueurs vertes des issues de secours. Le microscope à effet tunnel, petit bijou de technologie, était installé dans l'aile nord du bâtiment. Là aussi, un cerbère informatique en interdisait l'accès. Harold tapota sur le clavier les cinq chiffres de son identification. La porte en acier coulissa doucement. La machine était là, assise au milieu de la pièce, entité dont on distinguait mal les contours. Julia appuya sur l'interrupteur. L'appareil apparut en totalité. Harold engagea la procédure complexe de mise en route du gros ordinateur, enchaînant mots de passe et lettres clés.

« Prépare les spermes », ordonna-t-il, hiérarchique.

Julia avait été amenée une ou deux fois à se servir de l'instrument. Elle sortit une paillette du container, en passa le contenu pour n'en retenir que les spermatozoïdes. Harold pianotait toujours sur le clavier du gros appareil. Elle introduisit le contenu du filtrat dans une microbroyeuse, dont elle régla la vitesse sur 12 000 tours/minute. Les spermatozoïdes volèrent en éclats, coutumiers du fait.

Julia récupéra le broyat et y rajouta un réactif afin de faire apparaître les chromosomes, non visibles spontanément, puis passa le mélange au simple microscope optique, grossissement 350. Des fragments de chromosomes s'étalaient devant elle, spaghettis entortillés sur eux-mêmes. Elle reconnut aisément parmi eux les morphologies si caractéristiques des chromosomes Y. À côté des majestueux X féminins, on eût dit des nains, ou plutôt des avortons. Quatre paires de bras dont les plus courts étaient semblables à de petits moignons, le complexe de castration à une autre échelle. Julia écarta à l'aide d'une micropointe tous les éléments qui ne l'intéressaient pas pour ne retenir que les demi-portions. Le virus était censé s'y tapir. Puis elle préleva délicatement le matériel sensible et le plaça dans un second tube à essai.

« Où sont les protéases ?

— Juste devant toi, le réactif bleuâtre. Le microscope de madame est avancé, continua-t-il en tapant sur une dernière touche. »

Julia versa quelques millilitres du liquide sur sa préparation. Les protéases digérèrent les protéines des chromosomes, leur tissu d'emballage. Seul en persista le cœur, l'ADN.

« Tu as fini ? s'enquit Harold qui tapotait rythmiquement sur le clavier du microscope à effet tunnel. Cette fois mon fils, tu es à nu. Nous allons voir si tu te comportes comme tu devrais, ajouta-t-il mentalement.

— C'est bon. Voici de l'ADN de chromosome Y quasiment à l'état pur. Tiens, dit-elle à Harold en lui tendant le tube. Ici s'achèvent les préliminaires. »

Celui-ci déposa délicatement une goutte du nouveau mélange sur une plaque de graphite et attendit quelques minutes que le liquide s'évaporât. Tant Harold que Julia avaient le sentiment de tenter l'opération de la dernière chance. Harold plaça l'échantillon sous l'aiguille du microscope, dont l'extrémité était parcourue par un courant électrique de très faible intensité.

« Je vais te chatouiller : cache-toi. Je ne te ferai pas de cadeau », prévint-il.

Harold passait manifestement par une phase de haine paradoxale vis-à-vis de son « fils » supposé, il vivait une sorte de « complexe d'Abraham ». Il actionna le système de déverrouillage de l'aiguille. Celle-ci entama un long cheminement à la surface de l'ADN, se soulevant de quelques angströms à chaque aspérité. Progressivement se dessinait sur l'écran de contrôle un paysage de massifs anciens, des vallées et des collines : les reliefs des gènes. Sur un autre écran apparaissait la double hélice de l'ADN du chromosome Y correspondant, un serpentin animé de mouvements ondulatoires.

Julia prit des clichés de chaque zone chromosomique parcourue par l'appareil, imprima les fichiers.

« Mais comment allons-nous faire la différence entre l'ADN normal et l'ADN malade ? demanda Harold, comme s'il se parlait à lui-même.

— T'inquiète. Quand j'étais petite, j'étais une spécialiste du jeu des sept erreurs. Après tout, là aussi, il nous faudra comparer un dessin original et un dessin modifié. Voici le sperme témoin. »

Julia sortit du cylindre une paillette marquée MJ 1 et opéra la même préparation que sur l'échantillon issu du container. C'est amusant de se dire que j'étais moi aussi, d'une manière indirecte, témoin de la scène.

Au bout d'une nouvelle demi-heure de travail, les doubles hélices d'ADN de mes chromosomes Y s'affichèrent à leur tour sur l'écran. Julia prit à nouveau des photos.

« Tu as les plans ? demanda-t-elle finalement à Harold.

— Je crois qu'ils sont là. »

Harold sortit d'un tiroir de grandes feuilles cartonnées sur lesquelles étaient dessinées les cartes des gènes humains, chromosome par chromosome. Il sélectionna la carte du chromosome Y, les mains moites, la bouche sèche. Le gène TSPY, le chargé de fabrication de la bêta-tubuline, cette protéine qui faisait tant défaut aux spermatozoïdes raides, se situait en plein milieu du bras long.

Harold et Julia commencèrent la comparaison des clichés. Une pile correspondait au chromosome Y normal, une autre à celui supposé atteint. Ils les étalèrent sur un grand plan de travail.

« C'est bon, dit Harold au bout d'un moment ; je crois qu'on y est. Voilà déjà deux zones homologues. Exactement les mêmes aspects, un couple. »

Harold et Julia réunirent ainsi deux à deux les microphotographies numériques. Quand leurs mariages furent achevés, ils durent se rendre à l'évidence. Aucune différence entre les chromosomes Y normal et suspect.

« Bravo mon fils, tu es génial. Mon fils, es-tu là ? » maugréa Harold en lui-même.

« Peut-être avons-nous fait une erreur de manip ? Peut-être avons-nous raté le bon gène ? s'interrogea Julia.

— Pas deux fois de suite, ce serait une coïncidence incroyable. »

Julia continuait de regarder les photos, incrédule.

« J'ai une idée, finit-elle par dire. Nous avons regardé les photos, pas le film.

— Et alors ?

— Nous avons la chance grâce à l'effet tunnel de disposer de l'ADN vivant. Visionnons les différentes séries, nous verrons ainsi les gènes en direct... Ou en léger différé. »

Harold introduisit dans un des lecteurs DVD le disque fraîchement gravé des tribulations du chromosome Y normal, tandis que Julia fit de même avec celui du sperme contaminé. Doubles hélices, double projection. Julia savait qu'elle cherchait quelque chose, mais ne savait pas exactement quoi. Les ADN vivants se mobilisaient majestueusement, grands serpents kamasoutriens. Chaque enregistrement ne durait que quelques secondes, mais Harold avait monté les films en boucle.

« Il y a quelque chose », dit-elle au bout d'un moment.

Cela faisait déjà quatre fois qu'ils se repassaient les mêmes séquences.

« Je ne vois rien.

— Regarde sur l'écran de gauche. Sur une des séquences, on a l'impression que le mouvement de reptation de l'ADN est plus accentué. On dirait presque que le chromosome est maladroit... Ou qu'il cherche à se débarrasser de quelque chose...

— Comme d'un gène en trop, par exemple », ajouta Harold.

La molécule d'ADN en question présentait effectivement un mouvement d'ensemble disharmonieux, comme si elle était trop lourde pour pouvoir se mouvoir avec l'aisance des autres segments. Un chromosome non pas raide, mais emprunté. La séquence d'après montrait à nouveau des fragments de chromosome normal. Julia revint en arrière.

« Regarde, c'est extraordinaire comme ce fragment chromosomique se contorsionne de manière pathétique ! C'est comme un appel au secours. »

Harold regardait fixement le spectacle, dans un état second. Bob, mon fils, que fais-tu ? Je t'avais interdit de te donner en spectacle.

« Trêve d'anthropomorphisme », parvint-il à articuler.

Elle est morte.

« Harold. »

Il secoua la tête : un boxeur avant de remonter sur le ring.

« Tu es sûr que ça va ?

— Oui. Pas de problème. Un étourdissement passager, ça m'arrive parfois. »

Puis, sans transition :

« La scène à laquelle nous assistons est tout à fait curieuse. Une première mondiale. Je compte sur ta discrétion. Mais au fond, qu'est-ce que cela prouve ? Et qui nous dit qu'il s'agit bien de la région du gène TSPY ?

— Écoute, virus ou pas, il se passe quelque chose d'anormal au niveau de cet ADN. Si matériel viral il y a, il est forcément inséré ici. Il ne reste plus qu'à le débusquer, à l'inciter à la faute. »

Allons jusqu'au bout. Voyons où elle va. Et je veux savoir si tu vas commettre d'autres erreurs.

« Le problème est que nous ne disposons que de très petites quantités d'ADN anormal, tenta-il.

— Nous pouvons lui faire faire des petits.

— Tu veux dire que nous allons forcer l'animal à se multiplier contre son gré ?

— Seulement son ADN. Cela m'étonnerait que nous puissions visualiser le virus sous sa forme complète. Il nous faudrait pour cela mettre la main sur le réservoir. C'est seulement là, en pays ami, qu'il doit se multiplier allègrement et en entier.

— Une équation à plusieurs inconnues, répliqua Julia. Par contre, en amplifiant son ADN, nous pourrions mieux l'étudier et le caractériser. Nous l'atteindrons au cœur, un court-circuit.

— PCR ? s'enquit Harold d'une voix sèche.

— Tu l'as dit. Polymérisation en chaîne. »

Julia projetait, maintenant qu'ils avaient identifié une région d'ADN suspecte sur le chromosome Y, de faire se multiplier cette région un très grand nombre de fois.

« Je te propose de réaliser l'expérience tout de suite. Comme ça, nous serons fixés. »

Nous allons voir si tu es assez fort pour résister à la tentation d'une multiplication explosive, exulta Harold en lui-même, pris d'une nouvelle bouffée de haine envers sa créature imparfaite.

CARNETS

Vendredi 23 novembre, matin

Je ne sais pas si je dois hurler de joie ou frissonner d'inquiétude. As-tu péché par excès d'orgueil ? Ou as-tu réellement été pris en défaut ? Je l'ignore. Une chose est sûre, tu n'aurais pas dû, je t'avais conçu indétectable. Oh bien sûr, tu ne nous as laissés entrevoir de toi qu'une évocation, une esquisse. Mais tout de même : cette danse du ventre était grotesque !
Dans quel but as-tu abandonné ce cadeau somptueux à cette obstinée ? Peut-être as-tu été trompé ? Tu as ressenti ma présence et la tienne en moi et tu t'es dévoilé. Tu as voulu me faire plaisir. Mais j'ai des doutes. J'espère qu'il ne faut pas voir là un premier signe de faiblesse. Méfie-toi des hommes, Bob, méfie-toi.
Mais qu'importe ! Savourons l'instant présent. C'était bien toi, je respire ! Tu es dans la place, et tu es en train de les rendre tous stériles, inéluctablement. Dans le fond il n'y a que ça qui compte. Tu étends ta main sur l'humanité. Rassure-toi. Je t'ai doté de plusieurs armes pour leur tenir tête. Ils ne pourront trouver ni vaccin ni traitement contre toi. Car il ne leur sera jamais donné de t'observer dans ta plénitude, sous ta forme complète. Moi seul t'ai observé un jour en entier, au temps de ta jeunesse, alors que j'étais encore occupé à te mettre au point. C'était avant que tu t'incarnes en moi. Aujourd'hui, ta présence m'est voilée.

PCR

Julia sortit seule de la salle de microscopie, pressée, enthousiaste. Dans quelques heures, si tout se passait bien, elle disposerait de quantités extraordinaires de l'ADN du virus inconnu. Sa rancœur était passée au second plan, elle avait eu raison de décaler son départ. À partir de maintenant, elle le pressentait, les indices allaient se multiplier !

Harold la laissa s'en aller, il devait d'abord éteindre le microscope, promettant de la rejoindre dans l'aile est du laboratoire, au plus vite.

Il était déjà 9 heures du matin. Un soleil pâle risquait ses rayons dans les couloirs du CREAM, alternance de rais d'ombre et de lumière. Julia avait toujours le container à ses trousses, chien d'acier. Le personnel commençait à arriver. Julia assistait au retour de l'activité avec la condescendance des lève-tôt. Elle arriva dans une grande salle, quelques biologistes et laborantins déjà s'affairaient. Elle eut droit à quelques bonjours machinaux. Harold ne tarda pas.

« Suis-moi, dit-il. Bénédicte va nous donner un coup de main. Pas un mot sur nos motivations profondes, sur la danse du chromosome Y. Nous n'avons encore aucune certitude. »

Harold offrait un visage euphorique, mais Julia le sentit proche de l'implosion. Une jeune femme blonde du genre pulpeux, au maquillage outrancier, vint le saluer.

« Quel bon vent t'amène ? »

Le ton était à l'évidence familier. Sans doute un de ses divertissements, pensa Julia.

« On va tenter une PCR sur un broyat de sperme. Nous avons besoin de toi.

— Le temps de finir une manip et je suis tout à vous, répondit Bénédicte, corps ondulant.

— J'en profite pour me rendre au niveau 4. J'ai une culture à mettre en route, déclara Harold... Lassa. J'en ai pour une petite demi-heure. »

Julia se retrouva seule. Elle s'assit à un poste de travail vacant, déposant son sac de voyage et le container sous la paillasse. La réaction d'amplification génique, plus communément appelée PCR, nécessitait une grande concentration, des gestes précis. Mais tout d'abord, il fallait enclencher la procédure de strip-tease du chromosome Y – trois quarts d'heure d'attente, si tout se passait bien – pour disposer à nouveau de son ADN nu, débarrassé de son corset protéique sophistiqué.

Julia travaillait silencieusement, enchaînant des gestes à présent bien cadencés, la routine, ou presque. La victoire, pourquoi pas ?

Bénédicte réapparut en fin de manip, ponctuelle.

« C'est bon, je suis tout à vous. Harold n'est pas encore revenu ?

— Non, je ne sais pas ce qu'il fait. Il ne devait s'absenter qu'une demi-heure.

— Tant pis, nous allons commencer sans lui. Vous avez l'ADN ?

— Le voilà », répondit Julia en lui tendant le cône translucide qu'elle serrait entre pouce et index.

Le léger tremblement qui animait l'éprouvette n'échappa pas à Bénédicte, qui s'en saisit et y rajouta une goutte d'un réactif incolore.

« Ce sont les amorces », commenta-t-elle pour Julia.

Pour « forcer » l'ADN à se multiplier, il fallait ajouter des sortes de starters qui se fixaient dessus pour enclencher la production de nouvelles molécules.

« Merci, j'ai fait une thèse sur les rétrovirus », répondit Julia, agacée.

Le personnel laborantin, juché sur le piédestal de son ancienneté et de son savoir-faire, ne se privait généralement pas d'égratigner les stagiaires : c'était sa manière de se défouler sur des biologistes encore vulnérables, ou d'exprimer son ressentiment de ne pouvoir prétendre à leur avenir. Quel avenir ?

La laborantine aguerrie ajouta encore toute une série de réactifs, dont les fameux nucléotides, les briques de construction de l'ADN.

« Voici maintenant la taq polymérase », ajouta-t-elle en désignant un réactif coiffé d'un bouchon rouge.

C'était l'enzyme maîtresse du recopiage de l'ADN, une photocopieuse chimique pour ainsi dire. Les souches utilisées par le CREAM provenaient d'une bactérie thermophile, dont le cadre de vie était les milieux brûlants, rien à voir avec la froideur du CREAM. Une bactérie utilisée pour piéger un virus. Un germe collaborateur, en quelque sorte. Enfin ! si le virus était bien à l'intérieur du chromosome, il ne manquerait pas de se multiplier en même temps que l'ADN de ce dernier. Il serait pris par la tourmente multiplicatrice, serait piégé.

Julia, impatiente, sans doute lassée de voir Bénédicte tout orchestrer, prit les commandes : elle déposa le mélange au chaud – un thermocycler dernier cri –, s'attirant au passage un regard courroucé de la laborantine. Les amorces s'hybridèrent, la taq polymérase ne tarderait plus à se mettre en action : l'enzyme attendait simplement que le mélange atteigne 72 °C.

Ce fut le moment que choisit Harold pour réapparaître.

« Je vois que j'arrive juste à temps.

— Nous avons été obligées de commencer sans toi, expliqua Bénédicte sans daigner retourner la tête. Mais rassure-toi, le plus important reste à venir. »

Les doigts d'Harold couraient sur la paillasse, possédés. Son esprit s'était emballé. « Tomberas-tu dans le piège ? Sauras-tu résister au plaisir universel de la reproduction ? Refuseras-tu cet orgasme chimique que la PCR t'apporte, la jouissance du passage de l'unité aux millions d'unités ? Rentreras-tu dans le rang ? »

La réaction d'amplification génique était programmée pour durer entre deux et trois heures. Julia lança une seconde réaction similaire avec le chromosome Y issu du sperme normal, afin de disposer d'un ADN témoin. J'étais ce témoin. Je me multipliais donc moi aussi, une sorte de reproduction par contumace. Il ne restait plus qu'à attendre. Julia pensa à une émission de cuisine. Le virus se laisserait-il cuisiner ?

« Tu crois que ça va marcher ?

— Je ne le souhaite pas. »

Julia renonça à polémiquer. Était-il sérieux ? Plaisantait-il ? Ses bizarreries ne la concernaient plus, à présent. Le travail, rien que le travail. Son regard erra sous la paillasse. Le polycopié des communications de Porton Down dépassait de la poche avant de son sac de voyage. Elle avait gardé l'existence du document pour elle. Peut-être avait-elle désiré préserver un coin de jardin secret, un jardin où accessoirement poussaient des plantes vénéneuses nommées Sacha et Maritza. Peut-être voulait-elle aussi conserver une sorte d'avantage sur lui, le grand virologue ? Et puis zut ! se dit-elle. J'en ai marre d'être obligée de le persuader en permanence de la nécessité de continuer les recherches. L'existence des spermatozoïdes Mac Cormack devrait le convaincre définitivement. Nous serons enfin à égalité. Elle fut soudain mue par une inspiration néfaste.

« Si tu veux passer le temps, tiens, dit-elle en lui tendant le manuscrit, certaines interventions sentent le soufre. Tu comprendras facilement pourquoi elles n'ont jamais fait l'objet de publications. J'espère aussi que cela te décidera enfin à te battre. Ça s'appelle revient. »

Julia, elle, avait atteint le point de non-retour : elle venait de signer son arrêt de mort.

CARNETS

Vendredi 23 novembre, fin de matinée

Que t'arrive-t-il ? Aurais-tu sombré dans l'inconscience ?
Je viens de prendre connaissance de tes exploits. Bravo !
J'ai lu le récit des observations de ce Mac Cormack.
Effrayant ! Baroque même, ces spermatozoïdes difformes
que tu fais accoucher... Mais quelle erreur stratégique !
J'ai bien compris que tu faisais ça pour accélérer
ta multiplication, augmenter ta force de frappe. Mais
pourquoi attirer ainsi l'attention sur toi ? Que recherches-
tu ? La confrontation ? Et ces enfants Rassmussen !
Quelle horreur ! J'ai bien compris que tu les as
contaminés, que tu sommeilles en eux, et que tu te
réveilleras le moment venu. Mais pourquoi contaminer
ainsi leur descendance ? Ce devait être la dernière
génération d'humains. Alors, pourquoi une autre derrière,
même faisandée par tes soins ? Quelle idée a donc bien pu
germer dans ton génome ? Je t'avais programmé pour une
campagne éclair. Tu t'installes dans une guerre
de tranchées. Combien d'enfants « raides » as-tu laissé
ainsi traîner sur ta route ? Et le pire, c'est cet air de
famille. Que désires-tu ? Devenir humain ?
Et dire que je t'avais fabriqué incolore, inodore,
indétectable ! Le virus le plus discret de la création.
J'ai déployé toute mon inventivité pour que tu passes
inaperçu, un assemblage à l'angström près, jusqu'à la
moindre de tes molécules. Tu ne devais donner aucun
signe extérieur. Une multiplication silencieuse,
une armée des Ombres.
Résultat, moi qui avais mis au point la particule
la plus modeste ayant jamais existé, un morceau de vie
dédaignant même sa propre reproduction, je retrouve
un monstre bouffi d'orgueil, se croyant assez invulnérable
pour laisser contempler ses méfaits sans vergogne. As-tu

oublié les erreurs de tes prédécesseurs, Sidoul et consorts ?
Plus ton existence sera courte, plus vite cette humanité débile disparaîtra. Je te rappelle que l'enjeu de ta mission dépasse de loin le cadre de tes petites enzymes.
Mais tu n'en fais qu'à ta capside ! Tu te crois le plus fort. Allez, va, tu me dégoûtes.
Peu m'importent les résultats de la PCR. Je m'attends au pire. Maintenant j'ai compris ton petit jeu, tu veux les provoquer, tu veux te battre en terrain découvert.
Tant pis pour toi, tant pis pour moi, et tant pis pour vous, mes Amis.

Vendredi 23 novembre, début d'après-midi

Bob, je ne te reconnais pas. Soudain, tu te fais sphinx. Ce n'est pas toi, pas toi que j'ai fabriqué. Non, tu es devenu autre. La créature échappe au créateur...
Classique.
J'y suis, je commence à comprendre. J'ai été floué, cette affaire était un leurre depuis le départ. C'est Vous qui avez suscité Bob d'entre Vos gènes. Cette vengeance, c'est Vous qui l'avez voulue, elle est uniquement Votre œuvre. Vous ne Vous êtes servi de moi que pour mettre au point Votre arme, je n'étais que Votre instrument sacrificateur, Votre grand prêtre. Le cerveau était ailleurs.
Pis encore : peut-être n'ai-je rien à voir là-dedans ?
Bob, la vérité m'apparaît enfin, dans toute sa nudité.
Tu n'es pas mon fils, tu ne me connais même pas, d'ailleurs. Toute ma vie n'a été qu'une immense illusion.
Il ne me reste plus qu'à solder mes comptes.
Puis je disparaîtrai.

HAROLD

Julia revint au labo deux heures après avoir enclenché la PCR. Si la réaction s'était déroulée comme prévu, elle disposerait alors de matériel viral en grande quantité. Sinon, elle claquerait la porte et oublierait l'affaire. Elle sortit les deux tubes du thermocycler, inquiète, indécise. Les gestes à effectuer auraient au moins un effet sédatif. Elle déversa le contenu de chaque tube dans de petits puits qu'elle avait préalablement creusés sur des plaques de gel. Ce matériau était le champ de migration de l'ADN, une « soupe » accessoirement cancérigène. Julia s'était gantée. À ce moment précis, elle s'imagina, miniaturisée à l'extrême, larguée dans les profondeurs du gel, installer elle-même les pièges à gènes, bidouillant l'ADN honni avec ses petites mains moléculaires. James Bond de l'infime... Zut, elle avait failli faire tomber une des deux plaques. Cessa de rêvasser.

Elle installa les deux préparations dans la cuve. Y fit passer un courant électrique – 100 volts –, une électrophorèse dont le but était de trier l'ADN, les grands avec les grands, les petits ensemble. Chaque fragment d'ADN se déplaça doucement sur la plaque de gel, ballet moléculaire, affinités électives. Julia pensa à Harold.

Au fur et à mesure de la migration se dessinaient sur les deux plaques de petites bandes bleues. Julia regardait se dérouler la réaction en direct, s'essayant à un premier décryptage : devant elle était en train de s'inscrire la signature du virus, mais elle n'en savait encore rien. Il fallait d'abord passer les plaques à la lampe à UV. Alors, et seulement alors, les fragments apparaîtraient.

La lumière bleutée la surprit d'abord par son intensité. Puis son œil s'acclimata, sa chambre se fit noire. À première vue, elle ne constata rien d'anormal. Les deux ADN éclatés avaient la même épaisseur. Ce n'est qu'en visualisant les deux chemins migratoires côte à côte qu'elle comprit : la bande correspondant à l'ADN du gène TSPY était plus proche de son point de départ pour le sperme contaminé. Elle avait moins migré, était plus lourde. L'ADN viral était là, cherchant à se dissimuler au sein de l'ADN d'origine, comme pour brouiller un peu plus les cartes. Le procès d'intention était pour elle un moyen d'y voir plus clair.

« Cette fois, je te tiens ! lâcha-t-elle en se rapprochant de la lame, main au collet imaginaire. Il y a dans cette bande trop épaisse un ADN non référencé, un étranger. Ce satané virus est là.

— Bravo, entendit-elle dire derrière elle. Je crois que, cette fois, tu as gagné. »

Harold avait regardé par-dessus son épaule le résultat de la manipulation. Un simple regard, il avait compris.

« C'est dommage, tu arrives après la bataille. »

Julia se sentit contrariée de devoir partager cet instant de bonheur avec cet insondable. Le visage d'Harold lui parut anémique, ses cheveux étaient hirsutes. Le comte Dracula avant son déjeuner. Julia se frotta l'épaule, son éraflure la démangeait.

« Tu veux dire avant la bataille, répondit-il. Il est vrai que cette bande d'ADN semble un peu paresseuse. Mais, après tout, qu'est-ce que cela prouve ? Avant de crier victoire, il nous faut la caractériser. Sommes-nous en présence du matériel génétique d'un virus référencé, ou s'agit-il d'un nouveau prédateur ?

— Nous allons essayer plusieurs sondes radioactives. Peut-être s'agit-il d'une famille déjà connue ?

— Si tu es trop fatiguée pour continuer, je veux bien prendre le relais.

— Ce n'est pas de refus, répondit Julia que sa découverte avait mise de bonne humeur. Mais où étais-tu pendant tout ce temps ?

— J'ai lu ton polycopié : fascinant, répondit Harold. Et puis je t'ai réservé une petite surprise, continua-t-il en s'emparant d'une première fiole de réactif, presque jovial.

— Tu es fou ! On ne s'amuse pas ainsi avec des réactifs radioactifs, sans protection ! s'exclama Julia, portant machinalement ses mains à ses ovaires.

— T'inquiète, ce sont des minidosés, des nouveaux réactifs de fabrication japonaise, des isotopes moins instables. Je les ai reçus la semaine dernière, plus besoin d'une protection si obsessionnelle. »

Harold avait haché les syllabes, un peu à la manière d'un schizophrène sous neuroleptiques. Julia pensa aux patients qu'elle avait eu l'occasion de croiser lors d'un stage en psychiatrie. C'était il y avait longtemps, mais cette manière de s'exprimer était celle des psychotiques sous traitement. Julia chassa le souvenir, le présent était trop brûlant. Elle fit confiance, une fois de plus, de trop.

« Ne crois pas que je vais te cuisiner pour en savoir plus ! Concentre-toi plutôt sur nos recherches.

— Nous allons commencer par tester de l'ADN de rétrovirus. Ce sont, *a priori*, des cousins de notre zozo. »

Harold déversa le contenu du puits suspect sur du papier buvard, puis une goutte du premier réactif ; celui-ci contenait des sondes de reconnaissance du virus du Sida.

« Aucune radioactivité en vue, constata Julia au bout d'un moment.

— Nous sommes donc en présence d'ADN parfaitement inconnu.

— Pas si vite. Essayons avec d'autres virus. »

Harold et Julia passèrent ainsi la fin de la journée et le début de la soirée à essayer sur l'ADN suspect toutes les sondes de virus référencés. Ils ne récupérèrent pas la moindre trace de radioactivité. Au bout de quelques heures, une évidence émergea : le nouveau virus ne correspondait à aucune espèce ou famille répertoriée. Il s'agissait d'un modèle inédit. Un virus sans famille, sans équivalent, et qui ne respectait même pas la règle du jeu admise par tous les acteurs du vivant : se perpétuer. Un virus qui se comportait comme s'il voulait se détruire lui-même, entraînant l'Homme dans sa chute. Une exception culturelle.

Harold était encore plus perplexe. Il s'attendait au moins à retrouver une réaction positive avec le rhinovirus dont il s'était servi pour concocter Bob ; mais rien. Il était désorienté, vacillait sur ses bases. Sa vie, tout entière vouée à la cause des virus, se disloquait. Quel était ce microbe ? Qui était son maître ? En avait-il un ? À l'évidence, Bob s'était complètement recomposé pour se rendre méconnaissable, une recomposition nucléaire, chimique, enzymatique, un chambardement complet, une transmutation. À moins que ce virus n'ait rien eu à voir avec celui dont il avait perdu la trace il y a une vingtaine d'années : le nouveau venu était animé d'un esprit autonome, il était intelligent. Et Harold n'était plus père de rien. À présent, il était parvenu au bout de l'attente. Il lui restait une vengeance à assouvir, la sienne. Vengeance privée contre châtiment collectif, un bien triste troc ; le moment tant redouté du passage à l'acte. Il se lança.

« Julia.

— Qu'y a-t-il, Harold ?

— Je traverse actuellement une passe très difficile.

— Tu n'es pas le seul. Après ce que nous venons de découvrir, j'avoue que j'ai peur. Nous arrivons aux confins de la connaissance humaine. J'ai l'impression qu'au-delà des terres inexplorées nous attendent, des régions incertaines emplies de chausse-trappes où les règles de la virologie ordinaire ne s'appliquent plus.

— J'ignore si tu auras jamais l'occasion de t'y aventurer.

— Qu'est-ce que cela veut dire ?

— Rien, cela ne veut rien dire. Excuse-moi, je vais très mal. Je raconte n'importe quoi. Tu ne peux pas me suivre... Je fais allusion à autre chose... C'est personnel. »

C'était bien la première fois qu'Harold lui parlait ainsi. Il devait vraiment avoir des problèmes, pensa-t-elle.

« Je suis toute disposée à t'écouter, si cela peut t'aider.

— Merci, Julia. Je savais que je pouvais encore compter sur toi. Accompagne-moi cinq minutes au niveau 4. Il faut juste que je sorte de l'étuve mes cultures cellulaires.

— Tu ne préfères pas que l'on se retrouve dehors ? Le niveau 4 n'est pas un lieu idéal pour savourer une victoire telle que celle que nous venons de remporter.

— Une victoire ? Quelle victoire ? Parle pour toi, pour moi, c'est un naufrage. »

Julia resta interdite. Des vapeurs de désespoir s'échappaient comme des ondes telluriques au travers des pores d'Harold. Il ajouta, comme sous l'effet de quelque convulsion intérieure :

« S'il te plaît, ne me laisse pas. »

Elle ne se sentit pas le cran de refuser. Devant cette détresse qui devenait palpable, Julia était coincée, affectivement piégée. Elle le suivit donc à travers les couloirs à présent déserts. Il était près de 22 heures.

La salle de décontamination du niveau 4 paraissait encore plus glauque qu'en journée. Les lueurs diffusées par les déflecteurs des issues de secours nimbaient les scaphandres accrochés là de reflets verdâtres. Seules les trompes étaient bien visibles, luisantes, reptiliennes. Harold appuya sur l'interrupteur. La lumière crue chassa la pénombre incertaine.

Ils revêtirent leurs combinaisons en silence. Julia commençait à regretter d'avoir accepté de le suivre, elle était debout depuis 6 heures du matin. C'était vraiment la manipulation de trop.

Les deux scientifiques se connectèrent au système d'alimentation en oxygène, puis passèrent dans la chambre de désinfection, pour les trois minutes de formaldéhyde réglementaires.

Harold actionna l'ouverture électromagnétique de la porte du bocal : ils se retrouvèrent sur la lune, seuls. Leurs deux scaphandres semblaient se livrer à une chorégraphie clandestine, rigide et minimaliste.

Harold fit signe à Julia de le suivre jusqu'à un élément en métal gris. Il en sortit un plateau contenant du matériel de dissection stérile. Julia était étonnée, ces instruments servaient habituellement à autopsier des animaux contaminés. Le scaphandre d'Harold lui tournait perpétuellement le dos ; elle ne parvenait pas à voir son visage. Elle se demandait de plus en plus ce qu'elle faisait là, à cette heure tardive, avec pour seule compagnie le souffle oppressant de son oxygénateur.

« Harold, désolée, je te suis plus, dit-elle dans son micro. Je te signale que nous devions parler de toi et de tes problèmes. »

Le scaphandre se retourna.

« J'en ai pour cinq minutes. Approche, je te garantis que tu ne le regretteras pas. Nous aurons tout le temps de parler ensuite. »

La voix d'Harold déformée résonna bizarrement dans son casque, elle s'exécuta.

Harold avait extrait du dernier étage d'un réfrigérateur un récipient en plastique transparent à l'intérieur duquel on distinguait les corps de trois gros rats, des rats que Julia reconnut au premier coup d'œil, des rats à mamelles multiples Masromys. Elle s'approcha, intriguée. Les petits cadavres étaient tachetés de stries violacées, hémorragiques. Sur le couvercle de la boîte étaient inscrites au marqueur rouge cinq lettres et une date : Lassa, octobre 1962.

Julia eut un mouvement de recul, écartant ses mains gantées comme pour un hold-up : elle ne connaissait pas cette souche.

« Qu'est-ce que c'est que ce truc ? Lassa n'a été signalé qu'en 1969, si mes souvenirs sont bons.

— Cette épidémie n'a pas été mentionnée par l'OMS, répondit Harold d'une voix rauque. Et pourtant elle a été terrible.

— En tout cas, ce que tu fais là me paraît tout à fait irrégulier ! Peux-tu m'expliquer ce que font des animaux contaminés par ce tueur dans un simple récipient en plastique ?

— T'inquiète. Ils sont juste là en dépôt. Je les ai installés ici en fin d'après-midi, lorsque je me suis absenté. Le local était déjà désert.

— Tout de même ! Tu as fait courir un risque inconsidéré au personnel. Quelqu'un aurait pu faire une mauvaise manip.

— Écoute, Julia, tout est inscrit sur la boîte. Il suffit de savoir lire.

— Mais pourquoi t'intéresses-tu à cet obscur arénavirus ? Y aurait-il une résurgence actuelle ?

— Non, il s'agit d'un travail historique. Je me passionne pour ce *serial killer* pour des raisons... personnelles, dirons-nous, répondit Harold en extrayant deux bistouris du plateau de dissection. Et le pire, vois-tu, c'est que cette histoire nous concerne tous les deux.

— Qu'est-ce que tu racontes encore ? C'est à se demander si tu as toute ta tête. Je ne vois pas comment tout cela pourrait me concerner : en 1962, je n'étais même pas née. Pas plus qu'en 1969, d'ailleurs. »

Harold garda un instant en l'air un des bistouris. La courte lame bleutée étincelait, envoyant des éclairs intermittents sur le hublot du casque de Julia. La main d'Harold était animée d'un net tremblement. La jeune femme se recula instinctivement.

« Tu ne veux pas poser cette lame quelque part, s'il te plaît. Tu pourrais te faire mal.

— Que t'importe la douleur d'un seul être, toi dont le père a exterminé tout un village. »

Julia, sous le coup de la surprise, se rapprocha d'Harold – sans doute le vain espoir d'apercevoir ses traits. Comment pouvait-il proférer des insanités pareilles ? Et comment avait-il entendu parler de son père ?

« Qu'est-ce que mon père a à voir là-dedans ? Papa était la bonté personnifiée. Il versait un pourcentage colossal de son salaire pour des œuvres diverses. Cela rendait ma mère folle, nous étions toujours sur la paille. Mais pourquoi je te raconte tout ça, dans cet accoutrement ? Mon père était un être exceptionnel.

— Exceptionnel, on peut le dire ! Moi, vois-tu, je crois qu'il voulait faire amende honorable. Normal, après tout le mal qu'il avait fait. On peut comparer ça à la repentance d'un criminel de guerre. Cela explique son suicide.

— C'était un accident, hurla Julia.

— J'ai eu le dossier de la CIA entre les mains. C'est la version officielle, ce qu'on a dit à la famille. Mais cela faisait longtemps que ton père voulait se foutre en l'air ; c'est ce qu'il a fait, si l'on peut dire. »

Le scaphandre de Julia s'effondrera sur un tabouret, révulsée par le mauvais jeu de mots ; elle sanglotait dans sa bulle.

« Mais pourquoi un tel acharnement sur mon père, hoqueta-t-elle. Quel rapport avec toi ? »

Harold s'était calmé. Il s'offrait un petit plaisir avant la fin.

« En 1962, ton père a donné l'ordre aux Phantom de l'US Air Force de passer au napalm tout un village en Afrique. Une épidémie s'y était déclarée. Vois-tu, ce n'était pas une petite virose quelconque, non. C'était Sa Majesté Lassa, en personne. »

Le Dr Mobbs accompagna sa phrase en agitant les rats grouillants de virus congelé.

« Le problème, il y a toujours un problème, c'est que dans ce charmant village des bords de la rivière Lassa, il y avait des survivants. La période fatidique était passée, ces gens étaient sauvés. Mais ton père n'a pas voulu prendre de risques : c'était un homme prudent, un sage. »

Que se passe-t-il dans la tête d'une jeune femme dont le monde s'écroule, dont tous les repères affectifs basculent dans le néant ? Je l'imagine, désorientée : elle pressent que ce que lui apprend Harold est vrai. Le père réel apparaît dans son esprit, différent de l'image patiemment élaborée pour que la petite fille qu'elle était se dote d'une colonne vertébrale. Un homme qui vivait la nuit, perpétuellement sous antidépresseurs, et en même temps têtu, ferme sur ses positions, trop ferme. Dans ce contexte, la théorie de l'amende honorable collait bien : les dons aux œuvres, cette obstination pour qu'elle fasse sa médecine, pour qu'elle s'oriente sur la voie épidémiologique, puis humanitaire. Et puis ce suicide à froid, ce fracassement contre la montagne, longtemps après les faits. Lui, un pilote si chevronné. Bien sûr que la mort de son père était une énigme, qu'elle s'était posé la question du suicide. Mais difficile d'en parler avec sa mère, c'était ce qu'on appelle un sujet tabou, africain. Elle venait de perdre son totem.

Mais on ne peut se reconstruire comme ça à la volée, face à un psychopathe, enfermée dans un quartier de haute sécurité pour virus, en compagnie d'un psychopathe. Elle aurait besoin de plusieurs années, elle n'avait que quelques minutes. Harold ne la laissa pas souffler.

« Je suis le seul rescapé de cette tuerie. J'ai survécu grâce à une tôle ondulée qui se trouvait là. Je revois encore les gestes amicaux de ces villageois à l'attention de ces appareils qui volaient à basse altitude : ils se croyaient définitivement sauvés ! La science, la technique, la démocratie au secours de l'Afrique. L'humanité dans toute sa laideur, en fait. Alors, tu comprends, ton recrutement, notre amour, mon intérêt pour toi, même ta mission d'espionnage, tout était trafiqué. J'ai repéré ton nom par hasard sur une liste de stagiaires potentiels. Berenson. Tu peux imaginer l'effet que ce nom a pu avoir sur moi. Je t'ai convoquée.

— C'est alors que l'impensable est arrivé, le même visage que sur la photo, une ressemblance frappante. Bien sûr, je ne me suis pas arrêté là, il fallait que je sois sûr. C'est une des raisons pour laquelle je t'ai séduite. J'ai compris rapidement que j'y arriverais sans trop de peine, mon aura dans le service, et puis ton ego, ton ambition... »

Julia était en état de choc, à sa merci, ne pouvant prendre la fuite, étourdie par tant de révélations. Le scaphandre narrateur d'Harold avait entre-temps disposé les rats Masromys sur une paillasse, plantant au rythme de ses révélations ses bistouris dans l'abdomen des bêtes violacées, apprêtant une bouillie sanglante et glacée. Le cuisinier continuait d'émettre en triturant la chair grouillante d'arénavirus assoiffés d'hémoglobine.

« Julia, vois-tu, j'entame mon dernier tour de piste. Mais toi aussi tu vas mourir, tu es la fille de mon ennemi, son unique descendance. Les générations qui sortiront de tes entrailles seraient maudites. Et puis tu en sais trop. La découverte du virus du Systac est une information qui doit rester secrète le plus longtemps possible. Comprends-tu ? C'est de ma famille qu'il s'agit ; ma famille d'adoption ; eux, au moins, ils ne tuent que par accident, par mégarde, leurs intentions sont pures. Ils veulent vivre, c'est tout. Je leur dois tout, eux m'ont épargné, quand ma propre espèce voulait me détruire. C'est eux qui m'ont reconstruit patiemment, qui m'ont hébergé en leur sein. Alors je me suis mis à leur service, j'ai compris leur souffrance, cette cohabitation de plus en plus pénible avec vous, les hommes. Les tourments qu'ils subissent ont pour nom vaccin, manipulations génétiques, thérapie génique. »

Julia émergeait progressivement : elle commençait à comprendre ; une schizophrénie masquée de main de maître. Devant elle se tenait un virus sacrificateur. Harold se sentait investi d'une mission, sa famille lui intimait l'ordre de la tuer. Le regard de la jeune femme se portait alternativement sur le bistouri sanguinolent et le tuyau d'alimentation du scaphandre. Il était clair qu'Harold projetait de trancher son arrivée d'air avec l'instrument contaminé. Le scaphandre effectua une sorte de révérence, plantant transitoirement un des scalpels dans la tête d'un rat éventré.

« Chère Julia, se tient devant toi le père de Bob, le virus du Systac. Je l'ai mis au point il y a une vingtaine d'années. Bob incarne l'avenir, la volonté que les virus, entités douées de raison, ont de se débarrasser de l'espèce humaine. J'ai été leur arme, j'ai mis toute ma science à leur disposition. Mais j'ai le sentiment que mon fils m'a trahi, je me demande même s'il est bien mon fils. C'est pourquoi je veux disparaître avec toi, ma partition est jouée. La fille du bourreau disparaîtra avec celui à qui le bourreau a fait grâce. Ma dernière note. »

Harold s'avança vers Julia, scaphandre dément, bistouri souillé en l'air, prêt à s'abattre.

« Alors, à présent, ma chère Julia, tu vas mourir. Lassa sera satisfait. C'est un virus sanguinaire, hématophage dit-on dans notre jargon, un sauvage. Tu sais, une particule suffit. Or tu as sur ton épaule droite une petite estafilade, souvenir d'amour. C'est sans doute par là qu'il entrera. »

Julia se remémora la scène. Harold avait simulé même la passion. La blessure était préméditée, elle faisait partie du plan. Elle entendit à peine le reste.

« Car vois-tu, Julia, je te hais, je te vomis du plus profond de mon être. Ton visage m'écœure, ton corps m'écœure. C'est la moitié de celui de ton père, ton père fait femme. J'ai fait l'amour avec ton père. Finie, la comédie ; j'ai attendu trop longtemps. »

Devant tant de délires, Julia avait récupéré une partie de son élan vital, Harold lui apparut enfin tel qu'il était, un fou. Coup d'œil aux caméras de vidéo contrôle. Le niveau 4 était normalement sous surveillance perpétuelle. Pourquoi les vigiles du CREAM ne s'étaient-ils pas encore manifestés ? La scène parlait pourtant d'elle-même. Puis elle comprit : les objectifs avaient été braqués vers des secteurs déserts, à distance de là où ils se tenaient. Harold avait tout prévu.

Julia bénéficia sans doute alors d'un de ces sursauts qui sauvent. L'instinct de conservation ? Les nerfs qui déchargent ? Ou la haine envers celui qui lui avait démoli son passé ? Allez savoir. Ce qui est sûr, c'est qu'elle saisit le bistouri enfoncé dans la tête d'un des rats. Et avec une promptitude étonnante compte tenu de son état mental et de l'encombrement spatial, elle perfora l'arrivée d'air du scaphandre de son amant. Son geste équivalait à une exécution : un seul arénavirus suffisait à venir à bout d'un bœuf. Et le scalpel en grouillait : ces derniers envahirent en masse les poumons d'Harold.

Julia hurla dans son casque, ses cris immédiatement couverts par le rugissement strident du signal d'alarme : dépressurisation du système de ventilation. Elle profita de la stupeur d'Harold pour aller se figer devant une caméra de surveillance. La surprise passée, ce dernier finit d'arracher son cordon ombilical devenu inutile, dévissa son casque et se lança à la poursuite de Julia, un Masromys à la main. C'est sans doute ce déshabillage partiel qui sauva Julia, une perte de tempo qui lui donna le temps de se précipiter sur l'armoire d'alimentation électrique et d'abaisser le commutateur. Dans la pénombre, aveuglé par la haine et le sang, Harold était devenu une sorte d'aliéné dont les détecteurs sensitifs n'étaient activés que par les mouvements. Julia dut sans doute le comprendre : elle s'immobilisa sous une hotte et attendit. L'équipe de molosses que Mac Debsley, le chef de la sécurité, entretenait à grands frais ne devait plus tarder à venir maîtriser l'aliéné et à secourir ma Julia traumatisée.

INCUBATION

Harold fut transporté dans un hôpital militaire du nord de Londres, en fourgon stérile. On l'installa dans une chambre à l'écart, réservée aux maladies ultracontagieuses. Bien qu'il fût encore parfaitement valide et sain de corps, aucun mot ne devait plus sortir de sa bouche. Son attitude avait de quoi rendre perplexes tous ceux qui, au labo, croyaient bien le connaître. De nombreux collègues se déplacèrent à son chevet. Les motivations de Mobbs ne leur importaient guère. Face à la chambre stérile de celui qui avait mis au point le virus de la stérilité, ils voulaient surtout glaner des informations : quand un maître va mourir, on veut toujours emporter avec soi quelque chose. Las ! La bande des inquisiteurs et des fats ne parvinrent qu'à lui adresser des condoléances de son vivant. Baileys resta des heures debout dans le déambulatoire, le suppliant à travers la vitre de lui adresser au moins la parole, rien à faire. Souriant et détendu, Harold attendait sereinement les premiers signes de la maladie qui avait terrassé ses parents.

L'infection fut fulminante. La souche 1962 ne lui fit pas de deuxième cadeau, bien que l'incubation ait été anormalement longue compte tenu de la charge virale inhalée. Les premiers malaises survinrent huit jours après l'accident, les vomissements et les diarrhées suivirent. Puis ce furent l'angine et la toux, tenace, incoercible. Les ecchymoses, les œdèmes, et les saignements ne tardèrent pas.

Tant qu'il eut un semblant de force, Harold refusa tout traitement, arrachant perfusions et masque à oxygène, menaçant le personnel soignant de le contaminer : on le sangla à son lit.

Le décès ne tarda plus. Harold entra dans le coma dans la nuit du vendredi au samedi 3 décembre. Le dimanche matin, il était mort. Le cadavre, ses vêtements et ses effets personnels furent incinérés après les prélèvements d'usage. Lassa réintégra la « virothèque » de Porton Down avec un nouveau millésime. La souche Mobbs.

Julia fut mise en observation. Elle pouvait théoriquement avoir été contaminée. Elle fut donc également retenue dans une chambre stérile pendant toute la durée de l'incubation, et on lui appliqua les mêmes conditions de détention qu'Harold. Cette période d'isolement est pour moi une zone d'ombre dans sa vie, nous n'en avons jamais parlé.

À quoi pouvait penser une jeune femme qui venait d'apprendre coup sur coup que son père était une sorte de criminel de guerre et qu'il s'était suicidé ? Que son ancien amant était un déséquilibré qui se prenait pour un mégavirus ambulant, qui l'avait manœuvrée de A à Z, et qui l'avait séduite à seule fin d'accomplir une vengeance pour des faits datant de plusieurs décennies ? Les souvenirs d'enfance qu'il faut réécrire, l'amour filial qu'il faut démolir, se dire que l'on est porteuse de la moitié des gènes de l'assassin, qu'ils font inextricablement partie de soi : un assassin que l'on a appelé papa, que l'on a embrassé, que l'on a impatiemment attendu le soir avant de se coucher. Hélas, le principal accusé était mort, et elle n'avait que la version de ce fou, macchabée en devenir. Elle aurait voulu parler à son père, disposer de son témoignage, avoir sa version, pouvoir lui dire : papa, dis-moi que ce n'est pas vrai, je t'en prie, mon petit papa chéri. Mais elle était seule, seule avec le rugissement des moteurs des Hercule C130, bruit oppressant, témoin des rotations des pistes de l'aéroport voisin, rapatriant les morts et les blessés de quelque guerre lointaine. Les avions, les uniformes des soignants, tout ici lui rappelait son père. Comment pouvait-elle à présent haïr un être qu'elle avait tant aimé, le soleil flamboyant de la petite fille unique qu'elle était, qu'elle n'avait jamais cessé d'être ?

À quoi pouvait penser une femme que l'on avait aimée à son tour tout en la haïssant, par un curieux jeu de symétries croisées, et qui avait aimé elle aussi ? Comment avait-elle pu se tromper à ce point au sujet des deux hommes qui avaient peut-être le plus compté dans sa vie : son père et son mentor ? Comment reconstruire quelque chose de solide après de telles erreurs d'appréciation ? Comment ne pas douter de soi, douter de tout ?

Alors, peut-être a-t-elle ardemment désiré être elle aussi contaminée, en finir avec cette vie dont la racine était mauvaise : les fièvres hémorragiques virales étaient ultracontagieuses. L'infection d'Harold était peut-être antérieure à son chant du cygne dans le bocal. Elle avait été plus qu'en contact : alors...

Mais Lassa réservait sa réponse, prenait son temps.

Aussi ces jours passés dans la bulle furent-ils sans doute pour elle des moments terribles : une nouvelle gestation. Allait naître une femme différente, plus secrète. Pour ma part, c'est seulement en découvrant les carnets d'Harold que j'ai appris la vérité sur son père. L'existence même de ces carnets m'était inconnue. Une vie passée ensemble sans parler de l'essentiel.

Les seuls moments d'apaisement étaient ses entrevues avec le vieux Bailleys, qui effectuait une sorte de navette pendulaire entre leurs deux chambres. Le hiérarque n'en finissait pas de s'interroger sur les motivations de son poulain. Surtout que Julia, sans doute pour échapper à des interrogatoires plus serrés, avait omis de signaler que c'était elle qui avait porté le coup fatal. Tout le monde au CREAM croyait à la séquence suicide d'Harold – tentative de meurtre « altruiste » sur son élève. Julia se gardait bien de démentir. Elle n'ignorait pas – malgré sa ruine – que ce qui s'était passé hors caméra avait été reconstitué en sa faveur par les experts.

Bailleys s'était interdit d'avertir Scotland Yard, nous étions dans une base militaire, et c'était tant mieux. Il craignait une trop grande publicité autour de l'événement… et du CREAM. Il décida donc de temporiser. Officiellement, Harold était malade, une erreur de manipulation. En contrepartie, il décida de mener lui-même l'enquête. Pourquoi Julia était-elle revenue à Porton Down en plein mois de novembre, alors qu'on ne l'y attendait qu'en février ? La jeune femme parla de sa mission parisienne et de ses travaux sur le Systac. Le vieux n'était pas au courant, Harold n'avait bien sûr pas jugé utile de l'avertir, encore une omission, Julia était blindée. Bailleys, lui, ne l'était pas. C'était une faute grave, inadmissible. Harold n'avait pas à être le seul directeur de travaux pour une affaire si importante. Pourquoi Julia avait-elle accepté de jouer l'espionne ? Le Systac était une maladie inquiétante, mondiale, inédite qui justifiait certaines compromissions ; elle croyait que la direction du CREAM était au courant, elle avait été manipulée. Elle aimait son mentor, en avait peur, alternativement, les deux à la fois. Bailleys lui aussi avait été frappé par le magnétisme, la séduction naturelle qui émanait d'Harold. Il finit par comprendre les mobiles de cette stagiaire au verbe rare dont il faisait progressivement connaissance, alors même que Lassa se reproduisait peut-être dans ses globules. La défiance fit place à l'admiration, l'admiration au questionnement. Comment avait-elle su trouver en elle suffisamment de duplicité pour pouvoir extorquer si vite tant d'informations sensibles à un spécialiste mondial de la maladie – en l'occurrence moi ? Harold l'avait-il hypnotisée ? Jusqu'où pouvait-elle aller par amour ? Mon opinion se forge au fur et à mesure que je reconstitue les faits. Julia était une personne franche et loyale, je l'ai longtemps pratiquée. Lors de nos premiers contacts, elle était sous influence, je le sais. L'unique membre d'une secte dont Harold était le gourou, la secte du Temple viral.

Mais Julia n'était pas la seule à souffrir, au cours de cette incubation improbable. Bailleys dressait lui aussi un bilan douloureux, et les entretiens entre les deux êtres avaient tout de veillées funèbres autour d'un mort encore vivant. Les interrogations qui prenaient forme dans l'esprit du vieil homme étaient d'autant plus pénibles qu'il considérait Harold comme une espèce de fils adoptif. Bailleys-Fron, Harold-Max, quatuor des semblables, duos complémentaires : frères improbables. Décidément, je ne pouvais envisager nos relations que sous l'angle de la gémellité.

Bailleys espérait comprendre Harold à travers Julia. Quelle était son opinion sur son psychisme ? Avait-elle détecté un quelconque dysfonctionnement, une dépression masquée, une psychose latente ? Quelle était la nature exacte de leur relation ? Progressivement, Julia abandonna au vieux maître des pans entiers de sa vie professionnelle, des morceaux choisis de sa vie privée. Sa relation avec Harold, les modifications de son caractère au cours des derniers mois. Leur rupture, et puis leur découverte fracassante : le Systac était d'origine virale ! Le monde pataugeait, et la vérité était là, enfermée dans ces deux chambres closes. Et la vérité pouvait mourir.

Bailleys se fit progressivement une opinion. Son bras droit aimait les virus, les aimait d'amour. Incroyable ! Il connaissait ce dernier depuis ses tout premiers pas dans la virologie. Le vieux biologiste réalisait qu'il ne s'était jamais intéressé à son subordonné en tant qu'individu. Pourtant il avait eu tout loisir d'observer Harold de près : c'était lui qui l'avait formé, il l'avait envoyé en stage un peu partout dans le monde pour qu'il se familiarise avec les différentes techniques de manipulations virales. Il s'était attaché dès le début à ce jeune homme à la fois discret et brillant, original et rigoureux. Et puis, Bailleys avait vis-à-vis de Harold une dette de sang : il avait sauvé Miranda, son épouse, d'une infection virale fulminante, lorsqu'elle avait été mordue par cette chauve-souris alors qu'ils visitaient les grottes d'Aberlady près d'Édimbourg, une dizaine d'années auparavant. C'était une sortie de service. Un seul avait pensé à la rage, uniquement à partir d'un détail dans le comportement de l'animal, une activité diurne alors que tous ses congénères, locataires du lieu, dormaient, repliés. Miranda avait reçu le sérum, *in extremis*, juste à la fin de la période d'incubation. Alors, comment ce scientifique s'était-il retrouvé d'un coup suppôt des virus, ennemi du genre humain ? Oui, il avait dû se passer quelque chose, un facteur déclenchant qui avait mis le feu aux poudres dans son esprit dérangé, comme un élément latent réactivé. Lui aussi avait remarqué un certain changement de comportement au cours des derniers mois : un manque de motivation, une crise passagère, avait-il pensé. Il s'était ainsi étonné de l'accueil pour le moins distant que lui avait réservé Harold, quelques mois auparavant, lorsqu'il lui avait demandé de chapeauter cette étude sur la recherche de traces virales dans le sang des systaquiens. Bailleys avait dû insister pour qu'Harold s'intéresse au sujet. Où est donc passé son enthousiasme ? s'était-il demandé à l'époque. Et puis la lecture de l'article final l'avait laissé sur sa faim. Le travail avait été bâclé, à l'évidence. Il avait trouvé les conclusions d'Harold bien trop péremptoires, le papier ne démontrait rien. Harold avait éludé deux ou trois points fondamentaux : sciemment ?

Mais Bailleys sentait bien que l'essentiel lui échappait. Peut-être fallait-il chercher le mobile du suicide à l'aune du moyen choisi. Pourquoi avoir choisi Lassa 62, une souche ultrasecrète, dont aucune publication ne mentionnait l'existence ? Bailleys se pencha sur le dossier, une sale histoire qui faisait partie du ventre mou de l'internationale virale. Il y avait des bruits sordides au sujet de cette souche ; tout ne figurait pas dans le dossier conservé à Porton Down. Bailleys avait entendu dire que le village contaminé avait été passé au napalm par les chasseurs bombardiers de l'US Air Force. Les autorités de l'époque craignaient la propagation mondiale de l'épidémie : 90 % de morts, tel était le score de Lassa 62, il y avait effectivement de quoi s'inquiéter. Mais la décision avait dû être difficile à prendre. D'autant que, *a posteriori,* le sacrifice du village s'était révélé inutile, la période d'incubation étant dépassée. La violence virale contre la violence humaine. Le responsable de ce carnage ne pouvait pas ne pas éprouver de remords, sans doute un obscur fonctionnaire de la CIA. Bailleys était à l'époque jeune médecin infectiologue. La virologie était une branche non encore distincte de l'infectiologie. On ne connaissait pas encore grand-chose sur les fièvres hémorragiques virales. L'affaire avait été classée top secret, il fallut attendre 1969 et une nouvelle manifestation un peu moins meurtrière de Lassa pour que l'on parle ouvertement de cet arénavirus. Quel rapport tout cela pouvait-il avoir avec la mort d'Harold ?

Bailleys était affable et paternaliste, mais Julia avait la nette impression qu'il la soupçonnait de quelque chose. Et elle ne fabulait pas. Le patron ressentait confusément que l'acte d'Harold avait aussi un lien avec elle. Sinon, pourquoi ce dernier l'aurait-il entraînée au niveau 4 à cette heure indue, après une journée de travail que Julia lui avait décrite comme riche en émotions. Heureusement pour elle que le niveau 4 faisait l'objet d'une surveillance permanente, sans quoi elle aurait aisément fait figure de suspect n° 1. Le rôle de témoin n° 1 lui suffisait. Bailleys avait visionné plusieurs fois les bandes de l'accident en compagnie de Mac Debsley, le chef de la sécurité. Les deux hommes auraient donné cher pour disposer de la partie manquante, celle qui s'était passé hors champ. Sans parler des dialogues, qui manquaient eux aussi cruellement. Le dispositif mis en place par Mac Debsley était décidément encore perfectible. Julia jouissait de la présomption d'innocence, mais elle devait en savoir plus qu'elle ne voulait bien l'avouer.

Malgré toutes ses spéculations, Bailleys ne pouvait s'empêcher d'être frappé par les qualités professionnelles de Julia, cette stagiaire à laquelle il n'avait jamais vraiment prêté attention, et dont le rôle central dans l'affaire Harold Mobbs lui avait révélé toute l'intelligence. La découverte de matériel viral dans les chromosomes Y de sperme contaminé était un bond en avant considérable dans la connaissance de la nouvelle maladie. Julia lui en parla abondamment. Elle développa devant Bailleys ses théories épidémiologiques, la nécessité de mettre la main sur le réservoir de virus si on voulait observer la bestiole en entier, et non plus à l'état de traces. Elle fit également part à ce dernier de ses déductions quant à la probable localisation au sud de la Russie d'un réservoir, et de sa perplexité quant à la faible présence de la maladie en Israël, malgré le niveau de revenu moyen par habitant. Julia devenait de plus en plus prolixe au fur et à mesure qu'approchait la fin tant redoutée de la période d'incubation. Peut-être dans quelques jours aurait-elle quitté ce monde. Ainsi, ses dernières confidences tinrent plus du testament ou de la confession que du simple échange de points de vue. Julia lâcha à Bailleys tout ce qu'elle savait sur la nouvelle maladie. Face à un Harold enfermé dans le mutisme, Bailleys se dépêcha d'expédier auprès de Julia ses meilleurs collaborateurs, pour une transfusion de savoir. Manip après manip, Julia leur apprit comment mettre en évidence l'ADN viral. Elle leur livra en détail la manière de procéder pour identifier sa trace sur des échantillons de sperme. Bailleys prenait des notes, suivi de ses plus proches collaborateurs, qui transmettaient eux-mêmes leurs nouvelles connaissances à l'Assemblée des Anciens, les permanents du labo. Julia larguait les sacs de sable hors de la nacelle de sa vie terrestre. Et prenait de la hauteur. À présent, elle pouvait mourir.

Enfin vinrent les jours terribles de la sortie d'incubation. Julia fut mise au courant heure par heure de la détérioration de l'état d'Harold. Ils étaient tels deux rats de laboratoire évoluant dans des bulles séparées, contaminés par le même agent. La période d'incubation pouvait durer entre trois et dix-sept jours, selon la quantité de virus introduite dans le corps lors de la contamination et l'immunité du moment. Le mental avait également son importance. Si l'on désirait y passer, rien de plus simple, il suffisait de se laisser aller. C'était bien sûr l'option qu'Harold avait choisie. Malgré les bouleversements profonds dans la manière d'appréhender son passé, ses rapports avec des êtres chers, son métier, il faut croire que Julia avait en elle assez de force pour tenir tête à ce monstre assoiffé de sang. Petite, elle avait été beaucoup aimée : ça immunise.

La fin de l'incubation, donc. L'exploration d'un territoire inconnu à l'intérieur duquel chaque heure gagnée est une victoire sur la mort. Un compte à rebours de dix-sept jours. Julia passait de longues heures à se palper le cou ou à observer sa peau à la recherche des signes avant-coureurs : un singe en cage qui s'épouille.

Julia ressentit les premières morsures du mal à J + 15, alors même qu'elle commençait à se sentir tirée d'affaire. Tout commença par sa blessure à l'épaule. Elle était alors quasiment cicatrisée. Sur sa chemise blanche, uniforme de détention, étaient apparues quelques gouttes de sang. Incrédule, elle entrouvrit son suaire. Sa blessure s'était muée en une large balafre dont les bords boursouflés suintaient d'une sérosité sanglante. Elle n'eut pas le temps de s'apitoyer : déjà une salve d'éternuements la secoua, trois coups frappés à la porte du destin. Elle se contenta d'appuyer sur la sonnette, longuement, une plainte, son chant du cygne. Car elle savait qu'à ce moment-là des millions de ses globules rouges avaient déjà volé en éclats.

Harold était mort depuis plusieurs jours déjà. Elle s'enfonça presque sereinement dans la maladie, réglant sans doute quelque compte intergénérationnel, payant pour le village englouti. Quoi de plus logique que le sacrifice de la propre fille du bourreau ! Et puis, elle aussi était une criminelle. Par un atavisme narquois, elle avait porté le coup fatal, normal qu'elle ait été éclaboussée. Bien sûr, elle se crut perdue ; 90 % de casse lors de l'épidémie précédente avec la même souche. Le doute quant à l'issue n'était hélas pas permis. Pourtant, elle gardait dans un coin de sa pensée qu'un jour de 1962 un jeune enfant, un certain Harold Mobbs, s'en était sorti. Le virus l'avait épargné en échange de son âme.

Le cortège des autres signes ne tarda pas. La fièvre folle surgie d'un moment à l'autre, une fièvre des hauts plateaux, des articulations devenues pénibles. Et puis la douleur atroce en arrière des yeux, juste avant l'apparition des taches violacées sur la peau. Au moment où elle sombra dans le coma, elle était déjà défigurée.

Julia sortit du maelström sanglant à la mi-décembre. L'équipe de réanimation lourde qui l'avait maintenue en vie en revenait difficilement. La jeune femme avait dressé pendant son coma un inventaire de toutes les complications de la maladie : hémorragies profuses, choc hémodynamique, insuffisance rénale, défaillance cardiaque. Mais son jeune organisme avait résisté. Julia était amaigrie, mais vivante : survivante.

« Allô, Max ? »
Je ne reconnus pas la voix.

« Max ? »

Il y a toujours quelque chose d'agréable à s'entendre appeler par son prénom. La sensation d'une familiarité intime et bienveillante qui remonte à l'enfance, le nom que vous donnaient vos parents avant l'apprentissage de la parole.

« Je vous en prie, ne raccrochez pas, je sais ce que vous pensez de moi. Vous croyez que je ne suis qu'une intrigante, une fourbe. Mais je n'étais pas dans mon état normal, j'agissais sur ordre. Je pensais que c'était pour le bien. »

Julia. Un timbre plus grave, altéré. L'air qui passait dans son larynx vibrait autrement. Un fantôme vocal.

Bien sûr, trois semaines n'avaient pas suffi à me faire oublier la jeune femme et la blessure qui allait avec. Mais, pendant ce court laps de temps, j'étais plus ou moins parvenu à colmater la brèche, à refouler Julia au magasin des aventures amères. Pourtant, le son de sa voix me procura indéniablement une bouffée de plaisir... Le cœur a ses raisons, etc.

« Je croyais que nous nous étions tout dit.

— Max, vous êtes la seule personne qui... »

Quelques bruissements sur la ligne : des sanglots, peut-être.

« Max, j'ai besoin de vous. »

OPUS POSTHUME

La Julia résiduelle – six kilos de moins – avait décidé de quitter l'Angleterre au plus vite, mais dut repasser d'abord à Porton Down, Baileys voulait la voir. Elle fit un détour par son studio, histoire de regrouper quelques effets et de récupérer son courrier. Une surprise l'attendait. Lorsqu'elle ouvrit sa boîte aux lettres, elle y trouva une grosse enveloppe en papier kraft : sans doute la revue de littérature sur le Systac qu'elle avait commandée avant le drame. Mais ses mains ne tardèrent pas à s'animer d'un tremblement. Difficile à dire ce qu'elle reconnut en premier, l'écriture pointue, ample, ou la couleur de l'encre, un violet caractéristique. C'était bien Harold qui avait tracé sur le papier rêche les cinq lettres de son prénom. Mouvement de recul instinctif, inutile. Lassa ne survit pas aussi longtemps à l'extérieur des corps, et son presque meurtrier avait nécessairement déposé la missive avant la perforation fatidique. En outre, elle bénéficiait de l'immunité virologique. Elle s'empara de son courrier et gravit tant bien que mal les escaliers du bâtiment des stagiaires, s'agrippant à la rampe, encore faible.

La première chose qu'elle découvrit dans l'enveloppe fut une feuille de papier blanche.

« Julia, si tu parviens à lire un jour ces lignes, c'est que nous t'aurons épargnée, Lassa et moi, et que je ne serai plus. Tu pourras alors, je pense, faire véritablement ton deuil de notre relation. Je sais que tu te sens coupable. Allez, va ! Je te libère. Tu n'es pour rien dans ma mort, tu en as été le témoin. Tu aurais pu en être l'alternative. Tu découvriras dans cette liasse de vieux papiers un Harold caché, inconnu de tous, un Harold en sursis. Tu assisteras à mon cheminement pendant toutes ces années. Tu revivras mes transformations, mes espoirs, mes combats. Mon identification à la cause virale, mes illusions, mes leurres. Mais ce n'est pas pour cela que je te confie ces carnets. Si je les avais conservés sur moi, ils auraient fini incinérés, je pense.

« Maintenant que je ne suis plus, je tiens à recentrer le débat. Je décline toute responsabilité quant à mon rôle dans la mise au point de Bob – dois-je encore l'appeler comme ça ! C'est Eux qui ont tout manigancé, j'en ai la certitude. Je n'ai été qu'un simple outil entre Leurs mains. L'agent du Systac a changé, il a muté. Je ne le reconnais pas, ce n'est plus le mien. C'est à la lecture des communications de ce congrès secret que j'ai compris à quel point je m'étais fourvoyé. Si par hasard tu es encore en vie, Julia, ce document y est pour une grande part. C'est que le doute aura finalement eu raison de ma détermination.

« Monstruosités, implantation dans la chair humaine, déviation par rapport au plan initial. Production de chimères. Qui est-Il ? Un étranger, un autre. J'écris et je comprends. Il est devenu incontrôlable, a repris sa liberté. Que veut-Il ?

« L'humanité est dans de beaux draps : un tueur glacé est jeté à ses trousses. Ton père ? Un enfant de chœur par rapport à ce diable spermal. Mais le temps presse, tu m'attends, et nous devons débusquer Bob, je dois jouer le jeu jusqu'au bout. Pour le pire.

« Bob, mon chéri, je t'en conjure, pour la dernière fois : un signe de toi, et je l'immole... »

Dérapage final, le reste était illisible, une micrographie violette, comme un tracé électroencéphalographique. Les derniers soubresauts d'un cerveau détruit.

Julia posa la lettre sur le bureau, claquant des dents, des douleurs au ventre, peut-être un dernier clin d'œil de Lassa. L'attitude d'Harold au cours de ces derniers mois s'éclairait de nuances nouvelles, inquiétantes.

Elle était encore en vie. Son amant n'avait pas prévu que ce serait elle qui porterait le coup fatal : il avait toutefois anticipé la culpabilité. Pourtant, les prophéties d'Harold ouvraient la porte sur un univers inconnu, dont les contours se perdaient dans un futur inédit. Elle agrippa machinalement le bois de son lit, crucifix en vie. Elle avait envie de hurler.

Puis elle éprouva un sentiment de gratitude équivoque : qui remercier, au fond ? Harold ou le Monstre ? Elle reprit son souffle, à peine.

Alors, sans plus attendre, elle se plongea dans la lecture des carnets de l'année 1971, une immersion en eaux troubles.

Il est difficile pour moi de reconstituer ses impressions à chaud, sur le coup. Mais je tends à penser que la lecture de ces pages a dû la libérer affectivement. Son amant était fou, elle n'y pouvait rien. Et il est difficile d'aimer un fou. Curieusement, un sentiment pourtant irrationnel par excellence a du mal à se porter sur un individu privé de raison. En fin de compte n'émergeait des carnets qu'un seul rescapé, un personnage, si l'on peut dire : le ci-devant Bob.

Car, après tout, tout cela n'était-il pas un pur délire ? L'hypothèse la plus plausible était que le virus du Systac n'avait rien à voir avec les sombres manipulations d'Harold. Qu'il s'agissait d'un hasard, de l'émergence d'un nouveau virus, comme il en arrive de temps à autre. Mais quelque chose clochait, comme un arrière-goût d'insatisfaction. Indéniablement, le projet de Bob ressemblait étrangement à celui d'Harold, malgré les dérapages. Son maître était sans nul doute un virologue talentueux, qui savait manipuler l'ADN. Il avait parfaitement pu fabriquer le virus du Systac, puis perdre sa trace. Mais pourquoi n'était-il jamais parvenu à le reproduire ? Fabriquer un nouveau microbe tenait finalement de la recette de cuisine. Julia ne croyait qu'à moitié à cette histoire de réticence virale à se laisser créer, elle n'était pas encore mûre pour admettre l'idée d'une intelligence virale. Pour elle, ce n'était alors qu'un concept, pas encore une croyance.

Restait l'hypothèse du journal d'un fou. Certaines pages avaient pu être écrites *a posteriori*, sur papier jauni, tout était possible de la part d'un individu dont le psychisme confinait à la schizophrénie. Mais Julia ne s'engagea pas sur cette voie sans autre issue que les circonvolutions d'un défunt. Dès sa première lecture, elle eut la certitude qu'Harold n'avait pas trafiqué ses écrits. Ils étaient trop crus, trop vrais. Son attitude ultérieure prouve que ce journal intime a été pour elle comme le filigrane de sa vie, une sorte de colonne vertébrale imaginaire.

C'est donc ainsi que Julia mit la main sur ces carnets dont je n'ai découvert l'existence qu'à sa mort, après une période infinie d'enfouissement dans ses tiroirs, nos tiroirs. Un pan entier de sa biographie qui s'abat.

VOYAGE

J'ignore comment Julia puisa en elle les ressources psychiques suffisantes pour se rendre, peu après le choc de sa lecture, chez Baileys. Elle était devenue une sorte de zombie, flottant dans ses vêtements, répondant à une question sur deux. Mais il faut croire que son pilote automatique fonctionnait encore : elle paierait l'addition après. Après.

« Chère amie, dit le vieux virologue en la faisant entrer dans son bureau, bienvenue dans le monde des vivants. Asseyez-vous. »

Julia fit quelques pas dans le bureau ovale.

« Je tenais à vous féliciter pour vos découvertes. Pendant que vous étiez en train de vous battre avec Lassa, j'ai fait vérifier vos expériences. Elles sont tout à fait reproductibles ; nous obtenons systématiquement cette satanée bande anormale à l'électrophorèse de l'ADN des chromosomes Y. Cela pourra peut-être servir de base à un test de dépistage de la maladie. Et je suis parvenu à la même conclusion que vous. Nous ne pourrons progresser que lorsque nous mettrons la main sur le virus en totalité. Il nous faut le réservoir de virus, la chasse est ouverte. »

Julia regarda Baileys d'un œil inexpressif.

« Julia, je sais comme votre passage à Porton Down a été éprouvant, la mort d'Harold nous touche tous. Je sais que je n'arriverai pas à le remplacer. Passons, je n'aime pas les éloges funèbres. Quant à vous, le fait de vous voir ici, debout devant moi, sans tous ces tuyaux et ces perfusions, cela tient du miracle. Vous avez vaincu un des arénavirus parmi les plus impitoyables de notre bestiaire. Bravo.

— Je n'y suis pour rien.

— Vous êtes forte, Julia, plus que vous ne pensez. Même si vous vous sentez à présent affaiblie, déprimée. Après une bonne convalescence, offerte par les fonds spéciaux du CREAM, vous retrouverez toutes vos capacités. »

Baileys toussota.

« En fait, si je vous ai fait venir, c'est pour vous proposer quelque chose. Je pense qu'un petit voyage vous ferait du bien. Il s'agit cette fois de quelque chose de plus officiel que votre dernière prestation à Paris. »

Il tendit à Julia une feuille de papier à l'entête du CREAM. La jeune femme laissa errer son regard sur les quelques lignes, d'autres lignes étaient encore imprimées dans sa mémoire vive.

« Nous, Pr Winston Bailleys, directeur en chef du Centre de recherche en microbiologie appliquée de Porton Down, accréditons par la présente le Dr Julia Berenson pour un voyage à caractère épidémiologique. Cette mission a pour but de découvrir le réservoir de virus à l'origine de la transmission du Systac à l'homme. »

L'ordre de mission était tamponné et signé de la main de Bailleys. Julia ferma les yeux, un étourdissement passager. Ou déjà la vision d'horizons lointains, de populations inconnues, le dépaysement après la bourrasque.

« Bien sûr, vous n'entreprendrez ce voyage que lorsque vous serez vraiment rétablie. Vous êtes également libre de refuser, si vous ne vous sentez pas d'attaque. Ce ne sera pas qu'un voyage d'agrément.

— Je n'ai pas vraiment la tête à ça.

— Je comprends. D'ailleurs, vous n'êtes pas obligée de me répondre tout de suite. Mais si c'est non, avertissez-moi rapidement, je confierai la mission à quelqu'un d'autre.

— Je peux vous demander un verre d'eau ? »

Bailleys ouvrit le bar, servit la jeune femme.

« Excusez-moi d'insister, mais le Systac, c'est votre cause. En fait, il n'est pas question que je confie cette mission à quelqu'un d'autre. Vous avez la double compétence, virologue et épidémiologiste, ce ne sera pas de trop pour débusquer le lièvre. Faites-le pour Harold. Reposez-vous le temps nécessaire et puis partez.

— J'irai, dit-elle avec un sourire pâle. Merci.

— À la bonne heure ! Avez-vous une destination en tête ?

— Nous en avons parlé pendant l'incubation. Le réservoir de virus se cache quelque part dans le sud de la Russie, dans la région d'Astrakhan.

— C'est drôle, Harold est allé traîner ses guêtres là-bas, il y a bien longtemps. Je me souviens, je l'y avais envoyé se former pour pratiquer dans des conditions techniques minimales.

— Je sais, répondit Julia. »

Bailleys haussa les épaules. Ces deux-là devaient vraiment être très intimes, pensa-t-il : il n'avait pas étudié les carnets.

« Vous, vous n'avez vraiment pas l'air d'aller bien fort.

— Ça va, je survivrai. La Russie du Sud est la seule région au monde dans laquelle les pauvres sont atteints ; c'est cette anomalie qui nous fait penser que c'est là-bas qu'il faut chercher.

— Nous ?

— Je n'aurais pas la force de voyager seule. Si vous n'y voyez pas d'inconvénient, je vais proposer au Dr Journo, le découvreur du Systac, de m'accompagner.

— Vous avez mon feu vert. En tout cas, je constate avec plaisir que vous savez encore penser. Nous allons faire le nécessaire pour que l'on vous alloue une paillasse et une hotte au laboratoire de virologie d'Astrakhan. Vos prélèvements devront nous parvenir sous scellés, on vous expliquera sur place la procédure. »

Bailleys se dirigea vers son armoire, en sortit un whisky entre deux âges.

« Nous allons arroser ça. À votre réussite ! dit-il en remplissant les verres. »

L'alcool lui brûla le palais, sensation forte, la vie colonisait son corps.

« Alors, comme ça, je passerai les fêtes de fin d'année à Astrakhan ? dit-elle. Là-bas ou ailleurs, au fond...

— Allons, Julia, où est passé votre enthousiasme ? Un Noël orthodoxe, ça ne se refuse pas ! »

Elle regarda sa montre, son avion pour Paris décollait à 20 heures, il était temps.

« Monsieur, il est tant que je parte ; merci pour tout.

— C'est moi qui vous remercie. Julia, il ne me reste plus qu'à vous souhaiter bonne chance, et bon voyage. »

Et c'est ainsi que Julia, à peine remise sur pied, se retrouva investie d'une mission qui allait la mettre, nous mettre tous en présence, Bob, elle, moi, Harold à titre posthume, et même Adam, notre fils à venir.

QUATRIÈME PARTIE

BOB

ESPRIT

Et dire que j'appartiens à nos deux mondes !... Et que je le sais :
pour reprendre une de vos expressions qui m'amuse,
disons que j'ai la « double nationalité ». Extérieurement,
j'ai l'air d'un humain. À l'intérieur, je suis qui je suis.
Et l'intérieur prime.
Or vous ne disposez pas des informations nécessaires
pour appréhender notre fonctionnement psychique.
Nous habitons le même espace, pas la même dimension.
Les tailles de nos univers sont trop dissemblables.
Je vais pourtant tenter d'opérer une jonction.

RETROUVAILLES

Le train quitta la gare centrale de Moscou le 20 décembre, à 8 heures, destination Astrakhan. Je me souviens de cette masse de fer et d'acier, un train de l'époque stalinienne, vert et lourd, sale et bourru. Les vitres étaient maculées de boue gelée. Le train était une idée de Julia. C'était, disait-elle, le moyen de transport idéal pour prendre le pouls du pays, observer les multiples détails de la vie quotidienne russe, un préalable indispensable dans la quête du réservoir de virus. Julia avait même émis l'idée de descendre la Volga en bateau, mais les glaces qui occupaient son lit interdisaient toute circulation fluviale jusqu'à fin avril.

Mon accompagnatrice n'était que partiellement rétablie. Depuis son départ du CREAM, seulement quelques jours s'étaient écoulés. Pâle, amaigrie, Julia avait un petit côté rescapé, réduit à l'essentiel. Elle était comme un être longtemps privé d'air et de sang redécouvrant les bienfaits de l'oxygène. Je me souviens de son pull-over mauve – souvenir d'encre violette –, devenu trop grand pour elle, et de ses doigts anorexiques qui avaient la grâce de ceux des enfants tuberculeux du siècle dernier. Elle passait par des moments d'absence, des instants de sourires las.

Pourtant, sa mission, officielle cette fois, lui conférait un je-ne-sais-quoi de serein, un socle de certitude dans une mer de remises en question. Son regard d'eau était encore tourné vers un passé peuplé de monstres, mais on y lisait déjà les victoires futures. Elle avait été reconnue par ses pairs, avait combattu l'arénavirus, affronté un amant qui la haïssait, revisité une enfance nauséabonde : elle avait survécu. Elle fit alors la découverte d'un sentiment nouveau : l'impression d'invulnérabilité. Une carapace fondue par Harold, blindée par Lassa.

J'étais pour elle une sorte de baume cicatrisant. C'était comme si elle avait retrouvé un vieil ami, un canot de sauvetage. L'exotisme du voyage avait fait basculer d'un coup ce qu'elle avait vécu dans un magma brumeux, une vie incertaine, hors du temps. Porton Down défilait dans sa mémoire comme un film aux couleurs délavées.

Une anecdote : je me souviens de cette scène, avant le départ, à Paris. Nous étions à la maison de la Russie, pour prendre des renseignements et réserver une chambre d'hôtel à Astrakhan. L'hôtesse d'accueil avait demandé : « Chambre double ? » J'avais, profitant de l'occasion, laissé traîner la réponse. Julia, rapide et néanmoins complice, suggéra : « Séparées mais communicantes. »

Nos rapports avaient pris dès lors une orientation plus amicale. Le tutoiement était apparu au cours d'un échange, au détour d'une phrase. Mais nos dialogues étaient empreints de gêne, évitant soigneusement les allusions personnelles, se limitant aux considérations techniques. Elle pensait que je lui en voulais ; de mon côté, je n'étais pas sûr de lui avoir entièrement pardonné. Je n'osais plus me livrer comme avant la fêlure. Comment évacuer de mes pensées sa trahison, sa duplicité ? Par moments, je pensai même qu'elle ne roulait que pour elle. Sans même reprendre haleine après son effroyable maladie, son ambition effrénée la poussait vers de nouvelles conquêtes. Pourtant, lorsque mon regard croisait le sien, je ne pouvais empêcher une émotion ambiguë de me transpercer, la joie de la savoir vivante, de l'avoir à mes côtés. Plus autre chose, l'empreinte de l'ange.

En fait, je me suis comporté avec elle comme si j'étais son débiteur. Julia était beaucoup plus à l'aise. Malgré ses accès de langueur, elle était avec moi chaleureuse et naturelle, et ne semblait pas éprouver trop de culpabilité à mon égard. Dans une certaine mesure, elle était moins sensible que moi. Je lui étais sympathique, elle me le montrait sans fard. C'était plaisant.

En toile de fond, j'étais heureux. Après des mois de galère, ma vie semblait redémarrer. Julia m'avait raconté l'Angleterre, sans trop entrer dans les détails. Elle m'avait livré la version officielle, celle du suicide d'Harold. J'étais très loin d'imaginer que c'était elle qui avait porté le coup fatal. À ce stade de notre relation, cela aurait sans nul doute fait monter ma défiance d'un cran. Par contre, nous avons parlé de sa maladie, et je pense qu'elle était sincère lorsqu'elle m'avoua avoir vu sa propre mort dans les yeux de ceux qui lui prodiguaient les soins.

Mais elle tut l'existence des carnets. Aujourd'hui je ne sais pas si je dois lui rendre hommage pour avoir su préserver la vie privée de celui qui n'était pour moi qu'un inconnu, ou si je suis en droit d'envisager cela comme une dissimulation supplémentaire. Après tout, la quête du virus fonctionnait très bien sans la connaissance de ce journal intime. Et cette omission était sans doute l'attitude la plus sage, alors que se montaient dans la douleur les fondations de notre futur couple.

Seul un détail objectif faisait véritablement partie de l'enquête : Harold avait perdu la trace de Bob en 1988, précisément en Russie, à Volgograd, soit à environ cinq cents kilomètres au nord de l'épicentre du cyclone... L'endroit où nous allions.

ESPRIT

Il y a dans la maison de mon père – adoptif, nécessairement – une sorte d'histoire générale de votre espèce, cette entité que vous appelez humanité. J'en ai entamé la lecture. J'avais besoin d'y voir plus clair, de connaître votre point de vue. D'après ce que j'ai compris, progressivement s'est développé en vous un sentiment nouveau, vous ne supportiez plus de vous laisser massacrer comme des lapins – symbole de la pullulation et de la multitude. Vous êtes alors devenus ce que vous êtes, prétentieux et individualistes. Les hommes nouveaux attachaient une importance particulière à leur existence propre. Ils se répandirent à la surface de la Terre, de plus en plus nombreux. Et pourtant, ils se considéraient comme de plus en plus rares et précieux à leurs propres yeux. Et nous, nous qui n'avions rien demandé, allions faire les frais de cette nouvelle opinion.

TRAIN VERT

La position de Julia vis-à-vis du CREAM était insolite ; elle était en mission, seule, en compagnie d'un individu qu'elle connaissait à peine, et qui plus est n'était même pas virologue : du jamais vu pour un voyage épidémiologique ! Habituellement, c'était toute une équipe qui se déplaçait pour aller à la chasse au germe, et ce d'autant plus que l'on allait loin. Le CREAM s'était à l'évidence contenté de miser un seul jeton sur le tapis vert de la virologie mondiale : un coup pour voir. Malgré tout ce qui s'était passé, Bailleys ne devait finalement pas prendre cette affaire de rétrovirus trop au sérieux ; avant tout, il offrait à Julia une convalescence dépaysante, avec un prétexte professionnel. Dans le cas contraire, nul doute qu'il eût envoyé l'Armada. Le CREAM payait peut-être le prix de son isolement géographique : une tour d'ivoire perdue dans le Wiltshire, coupée du monde réel, avec à sa tête un vieux monsieur proche de la retraite, qui avait fait ses armes avec la variole... Un autre siècle. Et puis, la dernière publication officielle d'un certain Harold Mobbs ne tendait-elle pas à infirmer la piste virale ? Sans la visite de Julia à Porton Down, l'hypothèse du virus aurait très bien pu être oubliée. Jusqu'à ce qu'un autre laboratoire, moins prétentieux, plus agressif, ne découvre à son tour la trace : quand une idée est dans l'air...

Astrakhan ! L'épicentre mondial de l'épidémie, le cœur d'une région où près de 80 % des hommes en âge de procréer étaient atteints. Les mineurs souffraient de silicose, les hommes du Systac. Comment ne pas penser à une maladie professionnelle ou liée à quelque activité ancestrale ? Nous aurions sur place deux points de chute ; pour Julia, le laboratoire central de virologie. Les échantillons suspects seraient acheminés sous plis scellés réfrigérés, directement à l'adresse du CREAM. Bailleys lui-même s'était chargé de la conduite des opérations. Quant à moi, je serais l'hôte du Pr Karamazov, ce Russe dont j'avais fait la connaissance à Cardery Street, chef de service du centre de procréation médicalement assistée d'Astrakhan. J'étais son invité.

Nous avions choisi de voyager en seconde classe, plus propice à la collecte d'indices. Notre compartiment se situait en milieu de wagon – immersion complète dans le quotidien russe. Assis à côté d'elle, je redécouvrais les charmes de son profil.

Le voyage jusqu'aux rives de la mer Caspienne durait un peu moins de vingt-quatre heures. La vitesse de croisière du vaisseau d'acier avoisinait les soixante kilomètres/heure, les banquettes du compartiment étaient convertibles en couchettes. Le train devait d'abord filer vers le sud-est, passer par Tambov, Satarov, avant de rejoindre le cours inférieur de la Volga en longeant le vaste Kazakhstan. Le Dr Zeek, un collaborateur de Karamazov, était censé nous rejoindre en gare de Satarov. Mais revenons à notre compartiment. Dès lors que nous avions embarqué à bord de l'express Moscou-Astrakhan, tout devint soudain suspect à nos yeux : les couffins emplis de provisions, le tabac dans les pipes, la fourrure des chapkas. Le réservoir de virus pouvait se dissimuler n'importe où, ou, au contraire, s'étaler crânement devant nous, ironique. N'importe quel détail *a priori* insignifiant pouvait devenir un indice et nous mettre sur la voie. En face de nous, dans le sens inverse de la marche, deux jeunes hommes, probablement des étudiants, avaient ouvert un jeu d'échecs de voyage et s'engageaient à l'évidence dans une partie mouvementée. Je m'y connaissais un peu : il n'y a qu'en Russie où l'on peut rencontrer des joueurs d'une telle classe dans un simple compartiment de seconde, pensai-je. Tout ce qui touche à ce voyage a tatoué mes neurones de manière indélébile. Je revois distinctement les deux étudiants. Celui de droite, grand et mince, avait le visage hâve et blafard de ceux qui refont le monde la nuit pour le défaire le jour. Des deux joueurs, c'était le stratège. Celui de gauche, massif et sensuel, paraissait agir de manière instinctive et semblait sacrifier ses propres pièces comme ça, pour le plaisir, la stratégie de la terre brûlée. Vivre lui paraissait moins important que de tuer : tout cela ne m'évoquait que trop le Systac. Le stratège s'adaptait mal à ce jeu de massacre. À la gauche de l'échiquier, assise sur l'un des sièges du milieu, une vieille femme s'était assoupie, son cabas à ses pieds. Une odeur tenace de poisson fumé s'en échappait, des harengs sans doute. J'ai oublié qui occupait la place à gauche de la mienne, je crois qu'elle était libre. Une mère de famille aux traits sibériens, les orifices obturés par le froid, accompagnée de sa petite fille, donnait sa touche finale au compartiment. Nous devions être les seuls touristes du train à cette époque de l'année... Et aux autres époques aussi, d'ailleurs.

« On ne pouvait rêver de contact plus intime », dis-je.

Julia avait déjà sorti son bloc-notes, l'ouverture de la chasse.

« Mon carnet de voyage, annonça-t-elle. J'inscrirai là-dessus tout ce que nous allons observer. L'indice fatidique y sera sans doute consigné, bien avant qu'il ne nous saute aux yeux.

— Ou à la gorge. »

Le compartiment commençait vraiment à s'imprégner d'une forte odeur de poisson.

« Tu peux déjà inscrire harengs, poursuivis-je.

— D'autant plus pertinent que c'est un produit d'exportation.

— Mais pas un aliment de riches. Tu peux également inscrire jeu d'échecs ; ici, c'est le sport national. Mais chez nous, c'est assez élitiste. Peut-être que le bois des pièces est contaminé.

— Celles-ci m'ont l'air en plastique, mais je note. »

Le train n'en finissait pas de traverser la grande banlieue de Moscou. Cela faisait près d'une heure que l'on était parti, les hautes cheminées des grands ensembles industriels moscovites salissaient l'aube, chantaient Kalin. La partie d'échecs venait de s'achever sur une défaite du « stratège ». De mon côté, je repensais à ces enfants « raides » que nous avions convoqués à Necker, ces êtres qui paraissaient si calmes, mais dont les dessins étaient si violents. Julia s'était retirée en elle-même, elle regardait par la fenêtre se dérouler la plaine de Russie : terres brûlées, idées noires.

« Julia, appelai-je doucement.

— Excuse-moi, répondit-elle, émergeant de sa rêverie. Je songeais à la manière d'agir de notre virus.

— Moi aussi. »

Sourires.

« Il y a une chose qui m'échappe, repris-je. Si tes amis les virus sont si intelligents que ça, et surtout si leur seul but est de survivre à tout prix, pourquoi générer un nouveau membre dont l'objectif plus ou moins avoué est l'anéantissement de l'espèce humaine ? Plus d'humains, plus de virus. Cela revient à scier la branche sur laquelle on est assis.

— J'y ai pensé aussi, c'est une énigme, un non-sens biologique. Même en imaginant que ce virus soit une création humaine, issue par exemple de quelque manipulation intempestive, malveillante – elle avait voilé sa voix –, la Bête ne pourrait survivre sans une tenace volonté de nuire. S'inscrire ainsi à contre-courant de la nature la plus profonde de la matière vivante, jouer la carte du suicide à tout prix, doit nécessiter une énergie farouche, un objectif à long terme, presque une conscience. »

Julia se tut. Avait-elle été influencée par la lecture des carnets ? Je me rends compte à présent qu'elle ne faisait que reprendre les thèses d'Harold... Et les trouver cohérentes. Mais même si nous pressentions une dimension psychologique à Bob, nous étions tous loin du compte, les vivants comme les morts.

« À moins que l'homme ne soit pour le virus qu'une impasse épidémiologique, un accident de parcours, continua-t-elle. Il ne se serait retrouvé chez l'homme que par hasard, homicide involontaire.

— L'existence d'un réservoir de virus, animal ou végétal, arrangerait finalement bien les choses. Notre ami éliminerait de la surface de la Terre l'espèce humaine par accident, sans intention délibérée. Pauvre innocent ! Lui, il aurait toujours pour se retourner son *home sweet home*, la possibilité de paître tranquillement chez ses hôtes naturels. Pas suicidaire pour deux sous, en fait ! Égoïste plutôt. »

Julia sourit à la petite fille sibérienne.

« Possible, mais quelque chose me dérange », dit-elle.

Je m'étais redressé sur la banquette, une terre glacée défilait à présent par la fenêtre, une terre qu'on devinait dure. Julia réfléchissait, parlait.

« En général, un virus qui s'en prend à une espèce pour laquelle il n'est pas programmé est le plus souvent dévastateur. Prends par exemple le cas d'Ebola. C'est probablement un virus d'une race de singe ou de rongeur vivant dans la forêt équatoriale, l'infection de l'homme n'est vraiment pour lui qu'un accident de parcours. Eh bien, tout se passe comme si l'infection de l'homme était un échec, tout au moins du point de vue du virus. Il tue son hôte accidentel en quelques jours, ce qui ne lui laisse guère le temps de se propager à d'autres éléments du groupe. Lassa n'est pas meilleur, j'en suis la preuve... vivante.

— Du point de vue des humains – excuse-moi de prendre notre défense –, ces virus si mal adaptés à nous sont tout de même un fléau.

— Pas forcément. En définitive, peu d'humains périssent, même si la mort de ceux qui succombent est atroce. Regarde à l'inverse le cas de notre virus du sperme raide.

— C'est bon, je crois que j'ai compris. Bob est remarquablement bien adapté à l'homme. Il ne le tue pas, ou tout du moins pas frontalement, ce qui lui laisse le temps de se propager tranquillement à un maximum de sujets. Dis-moi si je me trompe.

— Bravo, tu penses comme l'un de nous... Enfin, je veux dire comme un virologue, corrigea-t-elle, peut-être consciente d'une soudaine ambiguïté dans ses propos. Tu vois, ce qui distingue Bob d'un de ces dangereux prédateurs, c'est qu'il n'agit pas au hasard. Il atteint une fonction bien spécifique de l'homme, sa faculté de reproduction. Et, au sein de cette fonction, il ne modifie qu'un seul gène, une seule protéine. Précis et efficace. Ce virus est ainsi une sorte d'ennemi intime. Pour ainsi dire, il connaît l'homme comme sa poche.

— Ou plutôt comme sa bourse.

— Très drôle... »

En face de nous, la vieille aux harengs se curait le nez, nous honorant périodiquement d'un regard inexpressif et poisseux.

« Ce virus, tel que tu le suggères, relançai-je, semble agir en connaissance de cause, et c'est bien l'homme qu'il veut atteindre.

— C'est en tout cas l'impression qu'il donne. L'homme ne serait pas pour lui une impasse épidémiologique, mais bien son but avoué.

— Peut-être n'a-t-il pas "conscience", en se multipliant ainsi, d'entraîner progressivement l'extinction de l'espèce humaine, et donc à terme, sa propre perte.

— Hélas, tout porte à croire qu'il sait parfaitement ce qu'il fait. »

Julia tortilla une mèche de cheveux récalcitrante. Quelqu'un lui en avait soufflé l'idée... Peut-être même quelqu'un de l'intérieur.

« Bref, à t'entendre, c'est la guerre.

— Il y a tout lieu de le croire, Max. Si nos hypothèses se révélaient justes, nous aurions affaire à un virus fou, qui ne "pense" pas de la même manière que ses semblables. Il veut notre mort, même si celle-ci doit entraîner la sienne. »

Bien sûr, nous n'avions pas envisagé une troisième possibilité – la bonne. Mais l'esprit de l'Homme est-il formaté pour concevoir de pareilles constructions ? Julia poursuivit.

« Le temps travaille contre nous. »

Je regardai ma montre.

« C'est effectivement l'heure du petit déjeuner. Si nous n'y allons pas tout de suite, on ne nous servira plus. J'imagine que tu as quelques kilos à reprendre. »

Julia étira son pull-over comme s'il s'agissait d'une seconde peau, un espace à recoloniser.

« Ces harengs ont fini par m'ouvrir l'appétit.

— Allons-y. La gastronomie fait partie du voyage. »

Nous traversâmes à grand-peine la coursive en direction du wagon-restaurant. De nombreux voyageurs discutaient dans le couloir. Un samovar fumait aux extrémités de chaque voiture. Je m'arrêtai pour siroter un thé chaud, par curiosité plus que par envie.

Le wagon-restaurant s'étirait au centre de la rame, trois voitures plus loin. C'était une voiture vaste, avec des rideaux en velours rouge, sur lesquels étaient encore brodés en surimpression les emblématiques faucille et marteau. Les tables en Formica verdâtre luisaient sous l'éclairage au néon, achevant d'infliger à l'ensemble une tonalité inclassable, entre romantisme académique et hyperréalisme archéo-stalinien.

Toutes les tables étaient occupées ; aussi fûmes-nous obligés de cohabiter avec un jeune militaire, une sorte d'adolescent en fin de droits, qui petit-déjeunait d'un assortiment de poissons fumés et d'un petit verre de vodka. Les lignes ferroviaires qui descendaient en direction du sud accueillaient traditionnellement de nombreux militaires, mobilisés de façon chronique là où les plaques tectoniques orthodoxes et musulmanes s'entrechoquaient... Nous nous assîmes donc à côté du garçon. Nous étions sur le qui-vive, toute l'alimentation russe devint suspecte à nos yeux. Et le thé que j'avais bu trop vite me brûlait la gorge.

Une serveuse en uniforme bleu ne tarda pas à nous apporter la carte. En tant qu'accompagnatrice – terme consacré –, la femme exerçait de multiples fonctions au sein de la rame : contrôle des billets, nettoyage des voitures, service au wagon-restaurant, maintenance du matériel. Une prêtresse au service du train. Le menu cyrillique ne m'inspirait pas outre mesure.

« Je prendrais bien la même chose que ce militaire, osai-je sur la pointe des dents.

— Je crois que ce sont des zakouski. Ici tout est zakouski, laisse-moi faire. »

Julia fit un signe en direction de l'accompagnatrice. Elle choisit l'anglais, la langue véhiculaire type, pour communiquer : pas de réaction. Ce fut finalement le militaire qui vint en renfort. Il nous conseilla quelques plats dans un anglais de fin de sixième.

— Nous sommes condamnés à lui faire confiance », conclus-je, résigné.

Nous nous rapprochions de régions à haut risque de contagion, je n'étais pas vraiment détendu. La table serait un calvaire pendant tout le séjour.

« Toi, au moins, tu ne risques rien, repris-je stupidement.

— Je crois que côté infection, j'ai déjà donné, non ? ! »

J'avais réactivé les démons. Elle continua d'une voix prise par l'émotion.

« Je reviens. »

La jeune femme se leva, prit la direction des toilettes. Elle allait sangloter tranquille. Je compris à quel point sa bonne humeur était factice. J'aurais pu lui courir après, je la laissais partir. Bien fait pour elle.

Lorsqu'elle revint, dix minutes après l'incident, les yeux secs mais roses, elle reprit la conversation là où elle l'avait laissée.

« Je te trouve injustement optimiste vis-à-vis des femmes. Si nous ne pouvons pas être atteintes, rien ne dit que nous ne pouvons pas transmettre l'affection.

— Dois-je mettre ta réflexion sur le compte d'une tendance mante religieuse ?

— Pas si faux : tu apprendras que me fréquenter peut coûter cher. »

Prémonition ou réminiscence ? Je ne parvins pas à lui rendre son sourire.

« Max, *cheese* ! Détends-toi et essaie de profiter du voyage. Admire ce paysage de plaines à perte de vue, et respire ! D'ailleurs, rien ne nous dit que le virus est caché dans l'alimentation. Si tu voulais être tranquille, il fallait rester à Paris ! Et encore ! L'expérience prouve que le danger est partout, dès lors que l'on ne sait pas. Et on ne sait pas.

— Tu as raison. Le pire est sans doute que le meilleur moyen de se protéger est de consommer des aliments à usage uniquement local. Tout produit exportable est par définition louche. Vive le terroir ! »

Notre conversation fut interrompue par des cris : à deux tables de nous, une femme avait éclaté en sanglots. Un homme arborant moustache et visage bourru était assis à côté d'elle, l'air absent, ou demeuré, c'est selon. Puis la femme se leva, déversant sur son compagnon une fontaine de paroles à l'évidence injurieuses. Le militaire, notre voisin, s'était redressé.

« Que se passe-t-il ? s'enquit Julia.

— Scène de ménage, répondit le jeune homme. Elle menace de le quitter. »

Le mari sortit de son mutisme : il lâcha un mot bref, apparemment décisif. La femme s'enfuit à vive allure, son regard courroucé croisa le mien.

« Que lui a-t-il dit ? demandai-je à l'interprète.

— Le mot est difficilement traduisible, quelque chose comme "impuissante" ou "stérilité", avec une nuance de mépris. »

Le vif du sujet. Nous échangeâmes un regard de conspirateurs. L'ombre du Systac planait dans ce wagon-restaurant, en plein cœur de la Russie, faisant éclater les voix, exploser les couples.

La serveuse ne tarda plus, elle apporta un assortiment de mets divers, poissons fumés, soupe aux choux, champignons marinés et petits toasts au fromage. Quelques tranches de pain noir avaient été disposées dans une corbeille en aluminium.

« Je pense que nous pouvons manger sans crainte. Rien que du terroir ! » s'exclama Julia, joviale, mais la main néanmoins crispée sur son carnet.

Immersion profonde, nous étions chez l'ennemi, comprenez l'Ennemi. Je chassais l'épisode du couple stérile d'un revers de serviette en papier. Julia était en face de moi, nous étions dans un train en direction d'Astrakhan, un moment inoubliable. Je parvins à dénouer mon appétit. Nous n'avions rien avalé depuis notre atterrissage à 6 heures à l'aéroport central de Moscou-Cheremetievo 2. Nous n'avions vu de la capitale que quelques lumières, au travers de la fenêtre du taxi qui nous conduisait à la gare.

« Tu vois, ce qui me plaît dans les voyages, ce n'est pas la destination. La destination, je m'en fous. Je m'ennuie souvent lorsque je suis arrivé. Non, vois-tu, mon but est le voyage lui-même.

— Si tel est votre désir, j'imagine que vous êtes servi. Avec le train, le paysage change en douceur, l'œil prend son temps. »

La solitude de la plaine russe défilait à présent à nos côtés, grands espaces glacés. Un soleil dépassé par les événements commençait à percer la couche de brume. À une table voisine quatre hommes enturbannés avaient allumé de longues pipes, des narguilés atrophiques, l'atmosphère devint opaque. Julia nota tabac, je suggérai haschich. Le petit déjeuner s'étiolait.

« Si nous retournions nous asseoir ?

— Vas-y, je te rejoins. »

J'avais envie d'être seul, une remontée de défiance à son égard.

« Reviens vite, ne m'abandonne pas aux autochtones. »

J'ignore pourquoi j'ai toujours été sensible à ces « j'ai besoin de toi ». Ma bouffée de rancœur se vida, elle savait me prendre.

« J'ai juste besoin de quelques instants de calme, précisai-je, à seules fins de cohérence. »

ESPRIT

J'ignore le moment exact, celui où vous avez commencé à vous douter. La possibilité d'un danger venu de l'infiniment petit. J'ai effeuillé encore des pages, et je l'ai trouvé. C'est un mot de six lettres, un substantif funeste, un vocable honni : VACCIN. Voilà longtemps que je m'interroge à son sujet. C'est seulement aujourd'hui que je prends conscience de toute son ignominie. Nous sommes à la XVIIIe période de votre ère chrétienne, chrétienne peut-être, sauf pour nous. Ils étaient plusieurs dans le coup, à s'être relayés depuis le début du siècle, tutoyant l'innommable. Mais un patronyme se dégage, Edward Jenner, un médecin de campagne anglais, le meurtrier de Variola, notre sœur. C'était près d'un siècle avant l'emblématique Pasteur, ce maniaque de la propreté, notre premier grand exterminateur. Celui-là ! Si nous avions pu l'identifier parmi tous les gènes que nous avons visités, nous aurions probablement commis sur sa personne un meurtre rituel, un assassinat collectif. Mais, en ce temps-là, opérer ce type de distinguo était hors de notre pouvoir. Nous percevions avec pertinence la nature de chacune de vos structures intimes, mais nous ne savions jamais à qui – au sens humain du terme – elles appartenaient. Pour nous, tout ADN était équivalent, dès lors qu'il était vivant et compatible.
Je perçois le vaccin dans toutes ses dimensions, toute son horreur. Ce n'est pas simplement la mort, non. C'est bien plus encore. C'est le non-être, la non-vie, l'impossibilité d'être avant d'avoir été. Vous arrivez aux portes d'un individu protégé, vous ne l'avez jamais rencontré. Surprise ! Il vous connaît déjà. Vous vous faites alors sortir comme un malpropre, expédier dans le néant, sans avoir pu livrer l'ombre d'un combat. Quelle frustration ! Vous en essayez un autre, puis un autre, puis un autre enfin. Pas mieux. Partout le même ostracisme, la même inhospitalité. Vous dressez alors un constat d'échec : toute la population est protégée. Vous vous mourez. C'est vrai, nous avons alors connu l'angoisse, pas le sentiment humain, évidemment. L'angoisse légitime de toute espèce vivante qui n'aspire qu'à se perpétuer, le minimum syndical du biologique.

Cette guerre des vaccins, nous l'avons perdue, force est de le reconnaître. Elle nous a coûté très cher, a été à l'origine de bien des bouleversements dans notre landernau, de nombreuses perturbations dans notre écosystème. Triste bilan : certaines de nos espèces parmi les mieux implantées rayées de la carte en quelques-unes de vos années, d'autres sur le point de l'être. D'autres, enfin, expulsées des régions où elles étaient jadis prospères. De vrais animaux en voie de disparition. Pouvez-vous seulement imaginer quelle fut notre détresse lorsque nous avons définitivement perdu la petite Variola, qui faisait la joie de nos épidémies d'antan !

Pourtant voyez-vous, grâce à votre invention sordide, vous veniez de réussir quelque chose que des millions d'années n'étaient pas parvenues à accomplir. Pour la première fois de notre long cheminement, nous avons eu le sentiment – oui, on peut le dire –, le sentiment d'appartenir à un même ensemble, un même peuple : le peuple des virus !

ZEEK

Le Dr Zeek monta dans le train en gare de Satarov. C'était un homme gras, la quarantaine sphérique, ses yeux regardaient vers l'Asie. Ces yeux-là étaient trop écartés, trop mobiles... Aux aguets ? Zeek portait un manteau de laine épaisse et un pantalon en velours côtelé. La silhouette trapue était surmontée de la traditionnelle chapka en fourrure d'astrakan : la température extérieure avoisinait les − 30 °C. Sur les quais, de nombreux marchands ambulants stationnaient, pour la plupart des paysans, survivant grâce au commerce avec les passagers du Moscou-Astrakhan, greffe citadine immobilisée dans le désert russe. Depuis notre départ, le compartiment s'était progressivement vidé. Les deux étudiants étaient descendus à Riansan, la vieille aux harengs à Tambov : seule la jeune femme et sa fille semblaient vouloir s'obstiner jusqu'au terminus.

« Bonjour, je présume que vous êtes les docteurs Journo et Berenson ? » demanda le nouveau venu en anglais.

« Comment avez-vous deviné ? » faillis-je demander, tant notre apparence de voyageurs ouest-européens dénotait dans ce train à moitié vide, à la lisière de l'Asie centrale.

« Dr Mikhaïl Ivanovitch Zeek, continua l'émissaire, tendant sa main en direction de Julia, vous pouvez m'appeler Mickli. »

Je fis les présentations, tandis que le train s'ébranlait. Le paysage était devenu plus austère à mesure que nous descendions vers le sud. Les villes se firent villages, et les habitations se raréfièrent. Les terres noires de la région de Moscou étaient oubliées. Les vastes plaines désertiques du Kazakhstan voisin se déroulaient à perte de vue, nous les devinions au loin, à travers la baie vitrée maculée de glace et de boue. La steppe prenait possession du paysage, imperceptiblement. De l'autre paroi du wagon, côté circulation des voyageurs, on pouvait contempler le lit de la majestueuse Volga étranglée par les glaces. Le fleuve ne revivrait qu'au printemps, lorsque la fonte des neiges décuplerait son débit. J'avais le sentiment que ce train filait vers nulle part, une chute sans fin.

Le spectacle nous avait rendus silencieux. L'envoyé de Karamazov avait le verbe rare. Il était encore difficile de faire la part entre la timidité, la rustrerie et les difficultés linguistiques. En fait, le camarade Mickli avait l'air soucieux.

« Mauvaises nouvelles du pays », dit-il au bout d'un moment, la voix irritée par quelque alcool fort, s'adressant essentiellement à moi. Karamazov attend beaucoup de votre aide, le taux de natalité a chuté dans la région depuis plusieurs années. Mon patron considère la découverte du Systac révolutionnaire. »

Le mot révolutionnaire avait dans la bouche de Zeek des relents d'ancien régime. Il poursuivit.

« Karamazov vous tient en haute estime. 90 % des hommes sont stériles à Astrakhan même, 50 % dans la région. Dix décès pour une naissance. Je suis moi-même malade, Karamazov est malade, les médecins du centre sont tous malades. Seul Volinski est épargné. Volinski est juif, pas russe. Volinski a six enfants. »

J'avais entendu parler de l'antisémitisme endémique qui sévissait en Russie, mais je me sentis déstabilisé par une telle bouffée dès mon arrivée. Le plus désagréable était que cela semblait aller de soi, une sorte de bien commun, politiquement correct. La maladie du sperme raide, tout comme les grandes épidémies d'antan, devait certainement réveiller des démons enfouis au cœur de la vieille Russie tsariste, que soixante-dix années de communisme s'étaient contentées d'entretenir à petit feu sans endormir tout à fait. Tout cela me semble tellement dérisoire aujourd'hui : pour Bob, nous étions tous les mêmes.

Zeek, donc. Ce dernier sous-entendait que la judéité de Volinski avait quelque chose à voir avec sa sauvegarde. Vidée de sa malveillance, l'idée méritait qu'on s'y attarde, elle entrait en résonance avec une autre info : Israël était anormalement peu touché. Un voyage épidémiologique là-bas était une option dont nous avions discuté. Mais il nous avait paru plus judicieux de nous rendre dans une région où le virus pullulait. Convalescente, Julia avait eu le temps de vérifier le détail dont nous avions parlé : les villes israéliennes à forte communauté russe étaient effectivement plus atteintes.

Comment expliquer cette disparité ? Julia optait plutôt pour une cause génétique. Elle pensait à ces personnes qui, malgré des années de rapports sexuels avec des séropositifs, ne contractaient jamais le virus. Chaque microbe a ses chouchous, ses dégoûts. Certains sujets pouvaient être protégés génétiquement. Quant à moi, je ne savais que penser : il s'agissait peut-être d'un produit que l'État hébreu n'importait pas... Et que les juifs russes avaient transporté dans leurs bagages. Malgré la tournure prise par la conversation, je décidai de m'appesantir : toutes les pistes se devaient d'être explorées.

« Savez-vous si le nombre de naissances au sein de la communauté juive d'Astrakhan suit l'évolution générale de la région ?

— Je ne sais pas, je n'ai pas d'amis juifs. Mais les enfants sont nombreux dans le ghetto.

— Il commence à m'échauffer les oreilles, celui-là, lâcha Julia en français.

— Du calme, Julia, le bonhomme semble peu recommandable, mais il a sans doute des choses à nous apprendre : à nous de faire le tri. »

Je poursuivis en anglais.

« Donc d'après vous, Volinski serait préservé parce que religieux ?

— Sans doute : de nombreux aliments sont proscrits dans la tradition juive.

— Il faudra rechercher à tout hasard si parmi tous ces interdits ne se cache pas un produit destiné à l'exportation, reprit Julia, pragmatique.

— Peut-être que ce sont les juifs qui nous empoisonnent », coupa Zeek, décidément de plus en plus médiéval.

J'ai toujours été fasciné par l'irruption de l'irrationnel dans la pensée humaine dès que l'on touche à certains sujets. Le cerveau de Zeek, qui ne souffrait d'aucun dysfonctionnement lors de l'analyse d'un spermogramme ou de l'étude des causes d'une stérilité, buggait sur la question juive. Et je savais qu'il n'y avait rien à faire pour le convaincre. Son opinion relevait de la croyance, de la foi. Julia fut moins nuancée.

« Ce que vous insinuez est intolérable ! Mon père était juif. »

La Sibérienne et sa fille, assoupies dans un coin du compartiment, sursautèrent. Zeek vira à l'écarlate.

« Pardonnez-moi, je ne pouvais pas deviner. Vous n'êtes pas comme eux.

— Nous sommes tous les mêmes. »

Zeek regarda ailleurs. Julia s'enferma dans un silence renfrogné. On n'entendait plus que les grincements des boggies du wagon heurtant en cadence les interstices séparant les rails.

Je vivais mal les situations de crise. Sans doute une peur originelle, je redoute qu'on m'en veuille, qu'on ne m'aime pas. Constructif, malgré l'antipathie que m'inspirait le bonhomme, je renouai donc le dialogue.

« Pourquoi n'avez-vous pas recours à la fécondation *in vitro* ? Même en présence de sperme contaminé, elle reste possible. Nous en avons fait l'essai à Paris.

— Nous ne sommes pas équipés. Notre centre de procréation est très rudimentaire ; les dosages hormonaux ne suivent pas, nous ne savons même pas précisément quand les femmes ovulent, l'échographe que nous utilisons pour suivre la croissance des follicules est obsolète. Et nous n'en avons qu'un.

— Il faut tout de même se battre, il en va de la survie de votre région ! »

Julia regarda par la fenêtre. Un troupeau de moutons à fourrure épaisse paissait dans la steppe. Elle nota le mot mouton sur son calepin.

« Le Dr Berenson, qui m'accompagne, repris-je, est virologue au CREAM de Porton Down. Nous avons de bonnes raisons de penser que la maladie du sperme raide est d'origine virale.

— À quoi servent ces moutons ? » demanda Julia abruptement, à l'évidence décidée à s'en tenir au strict nécessaire avec le Russe.

Zeek se fit presque affable, comprenant sans doute que la question lui était destinée.

« Ces moutons sont la fierté du pays. Il est très rare d'en voir à cette époque de l'année, ils sont habituellement dans les bergeries. On en trouve de fortes concentrations au sud de la Russie, au Kazakhstan, et dans toute l'Asie centrale, en Ouzbékistan, en Turkménistan, en Afghanistan et même en Iran. Les musulmans en sont de gros consommateurs. »

On eût dit un riche propriétaire qui faisait étalage de ses territoires.

« Et la laine ? lâcha Julia.

— C'est une activité importante pour la région. On l'utilise pour la fabrication des couvertures, des tapis. Les tapis kazakhs sont très réputés.

— Et très exportés... » continuai-je.

Julia griffonnait sur son calepin, inspirée.

« Encore faut-il que le virus reste longtemps vivant sur des poils de tapis ? » repris-je en regardant Julia.

Zeek percuta.

« D'autant qu'il s'écoule des mois, parfois des années avant qu'une pièce trouve acquéreur. »

Julia avait cessé d'écrire.

« Certains virus sont très résistants. Ils peuvent persister à l'état inerte pendant une longue durée. Et puis il pourrait s'agir de virus de tiques ou de puces habitant les tapis, voire d'acariens. Ils se transmettraient alors à l'homme par cet intermédiaire.

— Directe ou indirecte, voilà la première piste sérieuse, dis-je.

— Dès que nous arrivons, j'envoie au CREAM des échantillons de laine et de viande de ces moutons.

— Si la même race de mouton sert également à fabriquer les tapis iraniens, afghans et turcs, cela pourrait expliquer la dissémination occidentale de l'infection. Je crois que nous tenons là une chance de coincer notre virus !

— D'autant que nous fabriquons aussi des modèles modernes, compléta Zeek.

— Les tapis remplissent effectivement le cahier des charges de la suspicion. C'est un produit d'exportation, généralement acheté par les personnes à haut niveau de vie, sans être à proprement parler un produit de luxe. Mais comment expliquer que le taux de contagion soit si important sur place ? conclut Julia.

— À Astrakhan, tout le monde a un tapis ou une couverture en laine de mouton à la maison.

— Ça collerait, repris-je. Mais en est-il de même avec tous les pays d'Asie centrale ?

— Nous ne disposons pas de statistiques fiables pour le Kazakhstan, l'Ouzbékistan, le Turkménistan et le Kirghizistan. Mais d'après un ami ouzbek, la natalité y aurait également chuté.

— Quant aux autres pays producteurs de tapis, tels que l'Afghanistan et l'Iran, il est quasiment impossible, pour les raisons que l'on peut imaginer, de disposer de chiffres fiables », continua Julia.

Elle regardait à présent Zeek avec insistance... Elle se lança.

« Et ce que vous portiez sur la tête en arrivant ? »

Julia désignait la chapka sur la patère. C'était la première fois qu'elle s'adressait directement à lui, depuis l'esclandre.

« Ça n'a rien à voir, répondit Zeek avec un sourire de fierté. La chapka est en fourrure d'astrakan. On la tire d'un agneau caracul mort-né. Une peau de qualité supérieure. »

Zeek la caressait du regard.

« C'est une spécialité de votre ville ? »

— Pas du tout. Le nom est trompeur, effectivement. En fait, cette race d'agneau provient du Kazakhstan ou du Turkménistan.

— Voilà qu'il recommence avec ses "stan", me souffla Julia en français. Puis, pivotant vers Zeek. M'autoriserez-vous à effectuer à tout hasard un petit prélèvement sur votre toque pour l'envoyer à mon laboratoire ? Je crois comprendre qu'il s'agit d'un produit de luxe. »

Zeek jeta à Julia un regard d'encre, un bourrelet de graisse plissa sur sa nuque, comme le scalp d'un agneau nouveau-né. Visiblement, elle venait de prononcer une parole sacrilège.

« Je vous indiquerai le magasin d'astrakan à Astrakhan, mais il m'est impossible de vous laisser toucher à ma fourrure. Sa valeur est inestimable. »

Le train avait ralenti, un viaduc enjambait la Volga.

« Nous arrivons bientôt », expliqua Mickli, prenant possession du paysage.

Nous regardâmes par la baie vitrée : le delta de la Volga, totalement pris dans les glaces, ressemblait aux racines d'un gigantesque arbre mort.

À l'horizon, on discernait des cheminées d'usines qui déversaient dans l'atmosphère de grosses volutes de fumée jaune. Julia arma son crayon.

« Que fabriquent ces usines ?

— De la pâte à papier », répondit Zeek en désignant évasivement le calepin.

Une spécialité d'Astrakhan.

« Je te vois venir, dis-je, mais à supposer que le bois servant à la fabrication de la pâte soit contaminé et exporté, il ne s'agit pas d'un produit de luxe. À moins bien sûr que l'on n'en tire quelque vélin.

— Ce papier est utilisé dans la fabrication des grands quotidiens russes, *Pravda, Isvestias,* etc. Père travaillait dans une telle usine à l'époque soviétique. »

Le train était à présent proche de son terminus. Les toits des maisons de bois d'Astrakhan défilaient lentement, une ville aux allures de village. La Sibérienne et sa fille s'étaient déjà levées, après nous avoir lancé un timide *dasvidania*. Le train entra en gare.

ESPRIT

Le coup d'après est décisif ; il marque pour nous le début d'une réflexion de fond : quelle réponse apporter à vos agissements ? Accepter ou se battre ? La réponse ne s'est pas fait attendre : se battre.
D'autant que vous avez soufflé sur les braises de notre amertume. Vous vous êtes lancés sur nos traces tels des chiens policiers obsédés par l'odeur des criminels de leur race. Au début de votre XXe siècle, sciemment, vous vous êtes mis à nous faire souffrir. J'ai lu ces descriptions froides et minutieuses des filtres en porcelaine et des membranes de collodion au travers desquels vous nous faisiez passer. Il est étrange pour moi de découvrir l'envers du décor. Car pour nous, ces filtres sont un souvenir collectif épouvantable, un véritable chemin de croix. Notre douleur, je la ressens encore. Vous vouliez nous classer, nous calibrer, c'était absurde ! Nous nous contorsionnions tels des damnés pour franchir ces abominables filtres. Nos protéines de surface n'en pouvaient plus de ces déformations perdues d'avance. Pourtant, à y bien réfléchir, vous nous avez rendu service. Grâce à vos expériences débiles, une certaine idée du temps, de votre temps, nous a été inculquée. Il y avait un avant les filtres, il se devait d'y avoir un après.
Notre ressentiment, net depuis la généralisation de la vaccination, évolua vers une certaine forme d'agressivité.
Il ne s'agissait pas encore de haine, la haine est venue après. Mais c'était un tournant. Jusqu'alors, nous ne vous avions envisagé que comme un moyen comme un autre de nous reproduire, vous étiez pour nous semblables à n'importe quelle autre espèce. La matière vivante était notre royaume, et nos demeures aussi nombreuses que les étoiles du ciel. Mais après vos actes de barbarie, vous êtes devenus une espèce dangereuse : vous n'aviez plus d'équivalent.
Nos premières représailles n'allaient d'ailleurs pas tarder. Nous avions remarqué que la mise au point d'un vaccin vous prenait du temps. Or nous savons être rapides, nous avons monté une sorte de commando. Vous n'auriez pas le temps de réagir,

le coup était imparable. Une date : 1917, première bouffée de haine véritable. Nous avons extrait de nos souvenirs un exemplaire fossile, un dangereux spécimen. Vous avez donné un nom à cette déferlante : la « grippe espagnole ». Vingt-cinq millions de morts, olé !

ASTRAKHAN

Notre résidence était l'un des plus vieux bâtiments d'Astrakhan, un petit palais aux allures de datcha. La demeure avait conservé ses souvenirs, escamoté ses secrets. Patchwork architectural, certaines parties de la bâtisse paraissaient très anciennes, datant de l'époque de la domination tartare sur la ville. Des fenêtres de nos chambres, on apercevait l'enceinte fortifiée du Kremlin, dont émergeaient deux nefs de cathédrale.

On nous accueillit avec déférence, comme des sauveurs potentiels : collation à l'arrivée, peignoirs préchauffés, musiciens folkloriques. Nous étions convenus avec Zeek de nous retrouver au laboratoire de Karamazov. Le véhicule mis à notre disposition vint nous chercher aux environs de 15 heures. Julia avait entre-temps pris contact avec le Dr Akounine, son contact à l'institut de virologie de la ville. Sigisbée pressenti, Akounine avait été délégué par son chef de service pour lui servir d'interprète, de guide.

Nous nous installâmes sur la banquette arrière d'une Jiguli 09, longue berline aux formes massives, non dénuées de sous-entendus. Le chauffeur, un sexagénaire à l'amabilité parcimonieuse, avait dû transporter des passagers plus politiques que nous. « Simple mise en condition avant l'interrogatoire », chuchotai-je à Julia.

L'hôpital d'Astrakhan était un peu à l'écart du centre-ville, surplombant la cité. Tout bâtiment officiel avait dû être pensé en vue de servir un jour de station d'observation potentielle. C'était un imposant édifice bétonné de l'époque brejnévienne, un hôpital peu hospitalier. Le centre de PMA* se tenait à l'écart du bâtiment principal, un bunker peint en rose layette.

Karamazov nous attendait. Une vaste salle carrelée lui tenait lieu de bureau, immédiatement à l'entrée du bâtiment. Une estrade s'élevait en son centre. Dès qu'il nous vit arriver, le maître des lieux, sorti d'on ne sait où, se précipita sur moi et m'embrassa sur la bouche. Je ne pus éviter un mouvement de recul, plus surpris que gêné par l'humidité du contact. Je m'essuyai les lèvres d'un revers de manche fugace, la peur de la contagion.

---

* PMA : procréation médicalement assistée.

« Merci d'être venu, docteur Journo. Très heureux de vous accueillir à Astrakhan. »

Au sein de son univers, le Pr Dimitri Bjenko Karamazov paraissait beaucoup plus imposant qu'à Cardery Street. C'était un homme d'une soixantaine d'années, visage large et rouflaquettes grises, d'une massivité balzacienne.

« À qui ai-je l'honneur ? » s'enquit-il en se tournant vers ma partenaire, très mobile. Karamazov s'exprimait dans un anglais du genre précieux, fossilisé.

« Dr Julia Berenson. »

Cette dernière accompagna sa réponse en tendant une main un peu raide, préventivement à tout baiser intempestif.

« Julia est virologiste. Elle est l'envoyée du CREAM, le fameux centre de recherche britannique.

— J'ai déjà entendu parler de votre prestigieux institut, chère madame. Vous n'êtes d'ailleurs pas la première virologiste que nous voyons dans les parages. Notre score tout à fait enviable de près de 80 % de malades nous vaut la visite régulière d'infectiologues et d'épidémiologistes de tout poil.

— Ont-ils bien profité du voyage ?

— À ma connaissance, madame, tous sont repartis bredouilles ; pas la moindre trace d'agent infectieux dans le secteur.

— Nous avons pourtant de bonnes raisons de penser que la maladie du sperme raide est liée à un rétrovirus. »

Julia, spectatrice d'elle-même, prenait conscience par à-coups des modifications survenues dans son caractère. Ses yeux s'étaient dessillés, la réalité lui apparaissait autrement. Les individus se manifestaient à présent comme des entités biologiques, hors champ social. Professeur ou pas... Et puis il y avait l'impunité du survivant.

« C'est une hypothèse parmi d'autres. Rien n'a encore été publié là-dessus, à ma connaissance, répondit Karamazov. Cela fait des mois que j'épluche la presse, pas la moindre référence à un rétrovirus.

— Les temps changent. Nous venons de mettre en évidence un ADN anormal dans le chromosome Y des spermatozoïdes atteints. Nous pensons qu'il s'agit de la trace d'un génome viral.

— Un génome viral ! Vous en avez la preuve ?

— Tout à fait. Les manipulations pour le caractériser sont délicates, mais les résultats sont là. »

Sous le coup de l'émotion, Karamazov s'assit. Il avait les larmes aux yeux.

« Ça ne va pas, monsieur ? m'informai-je.

— Vous ne vous rendez pas compte de l'importance de la nouvelle ! Ici, la population est totalement sinistrée. Il n'est quasiment pas de famille qui n'ait pas un membre atteint, un mari, un fils, un gendre. Pis que la Seconde Guerre mondiale. Si ce que vous m'apprenez se confirme, l'espoir reviendra dans la région. Identifier son ennemi est un préalable indispensable pour le combattre.

— Nous n'en sommes malheureusement pas encore là. Nous n'avons jamais observé ce virus dans son intégralité. Seul son cœur, son ADN, nous est connu. Mais nous pensons que le virus est originaire de votre région ; l'épidémiologie locale est tout à fait différente du reste de la population mondiale.

— Ici, complétai-je, le virus semble atteindre indifféremment riches et pauvres. Chez nous, il est l'apanage des populations aisées.

— Ce qui nous vaut l'intérêt du monde entier, triste privilège ! »

Karamazov parut soudain las.

« Mais quelle est au juste la raison de votre venue, si vous tenez déjà l'ADN viral ? continua-t-il à l'attention de Julia.

— Eh bien voilà. Selon toute probabilité, la maladie n'est pas contagieuse. Voyez-vous, depuis son apparition, tant en Europe qu'aux États-Unis, elle est restée relativement bien circonscrite à la même frange de la population. Dans la mesure où nous ne sommes pas des sociétés de castes, nous pensons donc que la transmission interhumaine est très faible.

— Ce sont ma foi de bonnes nouvelles, s'exclama le cyclothymique Karamazov, claquant la paume de sa main sur sa cuisse. Mais où voulez-vous en venir ?

— Eh bien, de tous ces éléments, il résulte que la contamination de l'homme ne peut se faire que par l'intermédiaire d'un agent extérieur. Il existe un réservoir de virus.

— Et le monstre se cacherait ici, dans notre belle région ?

— C'est quasi certain. Et, compte tenu du degré de contamination, il vous est sans doute familier. Nous devons mettre la main dessus. Ce qui passe notamment par une étude attentive de vos us et coutumes.

— Si j'ai bien compris, c'est notre pays qui aurait contaminé le monde entier !

— Tout à fait, enfonçai-je. On peut même dire que vous êtes probablement le grand exportateur de virus, sa plaque tournante. »

Karamazov eut un sourire de dépit, commissures vers le bas. À l'abattement s'ajoutait maintenant une dose de culpabilité. Il semblait assumer sa part de responsabilité dans l'extinction programmée de l'espèce humaine, endossant mentalement le costume régional : Astrakhan, c'est moi ! Il fallait lui dire quelque chose, n'importe quoi, ce que je fis.

« Monsieur, vous n'êtes en rien responsable des désirs d'un virus atypique. Ce n'est pas lui qui a choisi le delta de la Volga comme patrie d'élection. Le hasard a dû décider pour lui.

— Qui sait ? Peut-être avons-nous suscité, à l'occasion d'une manipulation génétique douteuse, l'émergence d'un nouveau microbe ? Il s'est passé tellement de choses sous l'ancien régime ! Les règles de sécurité peuvent ne pas avoir été respectées. Le marché noir sévit de manière endémique depuis de nombreuses années.

— Les pays occidentaux entretiennent également des souches virales à des fins troubles, voire tout simplement meurtrières, fit observer Julia. Dans ce genre de débat, c'est à l'homme qu'il faut s'en prendre, non pas à tel ou tel régime politique ou religieux. Si malveillance il y a, c'est toute l'humanité qui est coupable. Les virus ne connaissent pas de frontières, eux aussi sont des altermondialistes !

— Quel que soit le résultat de vos recherches, je crains que l'avenir d'Astrakhan ne soit compromis. Isoler et se débarrasser du réservoir de virus, si tant est que cela soit possible, ne va pas rendre sa fécondité aux 80 % d'hommes stériles.

— Il ne faut pas dramatiser, repris-je. Le sperme malade reste malgré tout fécondant à certaines conditions. Lorsque l'on met les spermatozoïdes malades au contact d'ovules normaux, leur raideur n'empêche pas la fécondation. Des bébés pourront naître grâce à ce moyen. »

À cette époque, malgré les risques et les inconnues, les fécondations *in vitro* avec sperme contaminé s'étaient déjà généralisées, avec leurs listes d'attente interminables, et les pourcentages de réussite médiocres que l'on sait.

« Il nous est impossible, répondit Karamazov, dans l'état actuel de nos connaissances et de nos moyens, de pratiquer la fécondation *in vitro* à grande échelle. Nous pourrions certes stimuler l'ovulation chez la femme à l'aide d'hormones, mais nous ne disposons pas de la technologie requise pour prélever en temps et en heure leurs ovules arrivés à maturité. Et puis, comment préparer les spermatozoïdes du partenaire à la fécondation ? Ce sont des opérations que vous pratiquez couramment à Paris, Londres ou New York, mais qui sont ici encore peu répandues. Seuls quelques privilégiés pourraient y avoir accès, et je ne me sens ni le courage ni le droit de choisir moi-même les heureux élus.

— Je pourrais vous aider à résoudre certains problèmes d'ordre technique, mais il est vrai que le fond du problème est de réussir à transformer une méthode qui est pour l'instant artisanale en une pratique de masse. Nous butons d'ailleurs sur le même problème en France, c'est ce qui m'a valu ma disgrâce. Le gouvernement de mon pays n'était pas prêt à débloquer les crédits nécessaires.

— Je suis au courant de ce qui vous est arrivé ; tous ceux de Cardery Street sont d'ailleurs outrés, permettez-moi d'en être le modeste porte-parole. J'ai joint Mac Cormack il y a quelques jours à ce sujet : il leur fallait votre tête. »

Une horde de ces fameux spermatozoïdes traversa mon esprit. Karamazov marqua un temps d'arrêt, il regardait le passé.

« Notre pays a également eu son lot de chasse aux sorcières. Le monde médical n'a pas été épargné, pour des motifs d'ailleurs tout autres que médicaux. Ah ! Staline. »

Le vieux professeur prit soudain des airs de grand-père sur le point de raconter un conte merveilleux à ses petits-enfants.

« J'étais alors jeune étudiant. La révolution était en marche, peu importait le prix à payer. La moindre tentative de révolte, le moindre signe de désaccord, et nous risquions la comparution devant un tribunal populaire. Un de mes souvenirs les plus noirs de cette période est peut-être le jour où j'ai assisté à l'arrestation de mon maître, Glazounov. Ce devait être dans les années 1952-1953, en pleine affaire des blouses blanches. C'était peu après 8 heures du matin. »

Karamazov paraissait revivre l'événement en direct.

« Le maître avait entamé la dissection d'une rate grise, il nous enseignait la disposition des trompes par rapport à l'utérus. Deux hommes sont entrés sans frapper, ils portaient des imperméables bruns. Sans aucun égard pour tout ce savoir accumulé au fils des ans, pour cette intelligence si fine, ils lui ont intimé l'ordre de ramasser ses affaires et de les suivre. Tout cela sans une parole. Pour autant que je me souvienne, la scène, bien que silencieuse, m'apparut d'une violence inouïe. Mon maître devait s'attendre à cette visite, il n'opposa aucune résistance, ne manifesta aucune surprise. Seuls ses yeux, mobiles, exprimaient un désarroi muet. Un instant il chercha mon regard, je me détournai ; une lâche frayeur. Les deux hommes appartenaient à la redoutable Tchéka, la police secrète de Staline. Glazounov nous quitta, digne, tête haute et regard altier. J'appris par la suite qu'il voulait passer à l'Ouest. Je ne devais plus jamais le revoir. Personne ne sait ce qu'il est devenu. Il a dû mourir assassiné dans quelque geôle, ou finir ses jours épuisé dans un goulag de Sibérie orientale. Il m'avait appris l'embryologie... »

Le vieux Karamazov était parti en voyage dans les années 1950. Curieusement, tout cela me fit songer à ma propre éviction du CECOS – tous les chemins mènent à soi. Les yeux de Julia étaient gorgés de larmes. Il fallait percer la bulle émotionnelle, ce que je fis, sous l'influence d'une illumination soudaine.

« Pourquoi ne pas essayer les trompes ? m'exclamai-je.

— De quoi parlez-vous, cher ami ?

— Je crois avoir la solution à notre problème, fis-je. Vous aurez la primeur de la méthode, nous la mettrons au point ici, à Astrakhan. C'est votre histoire, elle m'a fait rebondir. L'esprit de Glazounov.

— Explique-nous ce dont il s'agit, Max.

— Eh bien voilà. Nous allons mettre au point la fécondation *in vitro* du pauvre, sans mépris. Plus question de préparer la femme à coups d'injections d'hormones et de lui faire subir échographie sur échographie ; nous allons introduire les spermatozoïdes directement dans ses trompes, au quatorzième jour du cycle, comme pour une fécondation classique. »

Je me dirigeai vers le tableau en ardoise qui recouvrait l'un des murs du bureau. Tout en continuant d'exposer mon plan d'attaque, je dessinai un appareil génital féminin *in extenso* : vagin, utérus, trompes, ovaires.

« Nos spermatozoïdes malades sont incapables de négocier le virage à 120° permettant le passage de l'utérus aux trompes, leur raideur fait qu'ils butent contre le fond de l'utérus sans jamais pouvoir en trouver la sortie. Mon idée, si vous la retenez, est de les introduire directement dans les trompes, leur raideur ne devrait alors plus être un handicap pour aller à la rencontre de l'ovule. »

J'avais matérialisé par une série de points le valeureux cheminement de croix des spermatozoïdes. Julia applaudit.

« Et comment comptes-tu t'y prendre pour introduire les spermatozoïdes directement dans les trompes ?

— C'est là toute l'originalité de la méthode : grâce à la radiologie.

— En quoi les radiologues pourraient-ils nous être utiles dans cette affaire ? demanda un Karamazov sceptique.

— Au cours de mon internat, j'ai passé six mois dans un service de radiologie. J'y ai notamment appris à introduire des sondes dans des artères et à y injecter des produits de contraste divers. Les artères sont invisibles sur les radiographies usuelles. Cet artifice nous permettait de les identifier. Un coup de piston, et hop, les artères se matérialisaient, blanches sur fond gris.

— Nous savons également pratiquer ce genre d'examen en Russie. Où voulez-vous en venir ?

— C'est simplement une entrée en matière. Ce que je veux dire, c'est que nous pourrions appliquer la technique de l'artériographie pour réaliser l'insémination dans les trompes. Ce sont des organes creux.

— Si je vous suis bien, il suffirait d'introduire une sonde par le col de l'utérus, de la monter jusqu'en regard des trompes et d'y injecter les spermatozoïdes. Mais alors, en quoi la radiologie nous serait utile ? Si, pour une raison ou pour une autre, nous n'arrivons pas à trouver l'orifice des trompes ou si celles-ci sont bouchées, nous serons dans le brouillard complet.

— Merci pour ta vision de l'appareil génital féminin !

— C'était une façon de parler. Ces trompes introuvables pourront être repérées plus facilement en injectant un produit de contraste opaque aux rayons X. Cela permettra de faire mouche à tous les coups et de gagner du temps. Gardons bien à l'esprit que nous cherchons à mettre au point une méthode de fécondation de masse.

— Cela suppose que vos manipulations aient lieu dans le service de radiologie, et non plus ici, dans votre laboratoire de PMA.

— Elle a raison, complétai-je, il faudra, j'imagine, sensibiliser le chef de département, dégager des créneaux horaires, ce ne sera pas forcément chose facile.

— Krivine est un ami, il est parfaitement sensibilisé au problème. Quant à moi, si cette délocalisation peut permettre à mes concitoyens de retrouver le sourire et les cris des enfants, cela ne me pose aucun problème. La souveraineté sur un service hospitalier est un leurre, je ne suis que le locataire du mien. »

Karamazov me fixa, perplexe, malgré tout.

« Une chose me préoccupe, continua-t-il. Admettons que votre méthode soit efficace. Même si nous n'avons pas d'autre choix que de nous reproduire coûte que coûte, je n'arrive pas à me faire à l'idée que tous les bébés qui naîtront seront eux-mêmes porteurs du virus ou tout au moins d'un gène d'origine virale, puisque conçus à partir de spermatozoïdes malades. La pilule est amère. »

J'entrevoyais dans ma mémoire ces enfants calmes et sûrs d'eux que nous avions convoqués au CECOS, et songeais à leur étrange air de famille.

« Il nous faudra sans doute apprendre à vivre avec la menace de ce cheval de Troie en nous, "ce non-soi qui est en moi".

— En espérant que la guerre de Troie n'ait jamais lieu », compléta Karamazov en se lissant les rouflaquettes.

Mais Julia s'opposa à cette vision à court terme.

« Il ne faut pas perdre de vue que ces nouveau-nés mâles seront probablement stériles de naissance, si le virus y habite. Leurs futurs spermatozoïdes seront raides, et ils ne pourront jamais se reproduire par eux-mêmes. Leur destin sera scellé avant même leur naissance. L'humanité ne risque en définitive pas grand-chose. Ces êtres seront des impasses génétiques, des sortes de mulets, pour rester dans la symbolique hippique.

— Si je vous suis bien, résuma Karamazov, nous risquons à terme de nous retrouver avec deux humanités ; l'une normale, et l'autre constituée d'hommes stériles se transmettant le virus de génération en génération, de père en fils...

— Si toutefois la science veut bien leur donner un coup de pouce à chaque génération. Une préoccupation permanente définitive », acheva Julia.

Le silence revint. Chacun se trouvait face à ses responsabilités, jouer à l'apprenti sorcier, cette fois à grande échelle, ou se laisser décimer par une stérilité galopante qui portait en son sein le spectre de la fin de l'espèce humaine. Je regardais mes chaussures, Julia la fenêtre, et Karamazov l'avenir. S'il donnait le feu vert à l'opération « trompes libres », les générations d'Astrakhis à venir pourraient le bénir... ou le bannir. De toute manière, s'il ne prenait aucune décision, il ne resterait personne. Alors !

« Je crois qu'il faut y aller, ouvris-je. Les enfants d'abord. Nous aurons tout le temps de régler ultérieurement le problème de la reproduction de ces "malades". D'ici à ce qu'ils atteignent l'âge adulte, la science aura peut-être mis au point une arme contre ce virus, vaccin ou autre. En attendant, il faut agir, repeupler Astrakhan et sa région avant que toutes les femmes du coin soient ménopausées. »

Maintenant que le temps a passé, je ne peux m'empêcher de démonter la mécanique implacable qui nous a conduits là où nous sommes. Si j'ai autant milité en faveur d'une option rapide et d'une fécondation de masse, c'est que ma propre biographie me poussait à le faire. Ma position était somme toute prévisible, après ce que j'avais fait subir à mon propre frère. La vie à tout prix, un credo chargé du poids de mon infamie. J'agissais ainsi comme un partenaire objectif du virus, Julia était plus nuancée. Nous aurions dû être attentifs.

« Il ne faut pas perdre de vue, dit-elle, que la priorité est tout de même le réservoir de virus. Cela nous permettrait d'éviter de nouveaux cas et de préserver les 20 % d'hommes encore sains. Tant que nous ne tiendrons pas cet animal ou ce végétal, l'humanité continuera de courir le même danger. Écoper ne sert à rien si le bateau coule. Vous pourrez tenter toutes les PMA que vous voudrez, si vous n'agissez pas sur la porte d'entrée de l'infection, c'est comme si vous n'aviez rien fait. L'hémorragie se poursuivra, et les spermatozoïdes continueront de se figer. Avec comme proportion dix nouveaux cas pour une insémination réussie.

— Chers amis, conclut Karamazov qui ressentit sans doute les prémices d'une discorde, il semble que vous ayez tous les deux raison. Nous devons jouer sur les deux tableaux : le camarade Journo mettra au point sa nouvelle technique d'insémination dans la trompe, tandis que vous, docteur Berenson, irez battre la campagne à la recherche du réservoir de virus. Vous êtes d'ailleurs mandatée pour cela, je crois. »

Puis, se tournant vers moi.

« J'appelle sur le champ Krivine, pour mettre au point les modalités pratiques en vue de la collaboration entre nos deux services. »

Le professeur décrocha son téléphone. Bob aurait pu le faire lui-même.

ESPRIT

Le chemin vers la liberté était encore long. Après le vaccin, vous avez encore accentué la pression : non contents de nous empêcher d'agir, vous nous avez réduits en esclavage. Nous les rebelles, les indépendants, vous nous avez embauchés à votre service : hé ! Rhino, fabrique-moi une protéine, tu es un génie génétique. Hé ! Toi, Myxo. Qui ça, moi ? Oui, toi, Myxo le castrat, concocte-moi une petite enzyme. Pousse tes gènes de là que j'en installe d'autres. Eh oui, nous, les tueurs, les indomptables, vous nous avez réduits au statut de simples laborantins microscopiques. Dans ces vastes usines de production de molécules en tout genre que vous avez instituées, nous n'étions plus rien que des manœuvres, assujettis à des tâches qui ne nous concernaient pas, forcés d'agir au détriment de nos intérêts les plus élémentaires. Nous étions devenus les vecteurs chimiques de vos lubies. Vous aviez inversé les rôles ancestraux. Humiliation !
Ce fut pour nous le temps de cruelles prises de conscience, le constat se révéla accablant. Oui, il y avait parmi nous des incapables, des faibles, des traîtres même. De l'ADN qui se la coulait douce. Pour sûr, certains membres de la famille étaient mal équipés pour la lutte. Nous devions faire le ménage.
Si nous voulions gagner la bataille, il nous fallait mettre au point de nouvelles armes.

INSÉMINATION

Irma Ivanovna Tchernopov, infirmière à l'hôpital central d'Astrakhan, me passa le spéculum. Alexandra Zeek, la propre femme du Dr Mikhaïl Ivanovitch Zeek, s'était portée volontaire pour subir la première « insémination intrasalpingienne ».

J'écartai progressivement les pales du spéculum, le col de l'utérus apparut, droit devant, cyclopéen. Au-delà s'ouvrait une autre pièce mystérieuse, une chambre funéraire, le cimetière des spermatozoïdes raides, la cavité utérine. Une scène tout à fait particulière venait de débuter. Mickli, l'époux d'Alexandra lui-même, me servait d'interprète. Je lui demandais les instruments en anglais, Mickli traduisait en russe, Irma me les tendait. Lui était méfiant et tendu. On me faisait bien sentir mon statut d'invité, d'étranger, j'étais sous haute surveillance. Un faux pas et la meute s'abattrait. Comme tout sorcier qui se respecte, je finirais brûlé ou canonisé. Les bruits des instruments se détachaient sur fond de haute tension. Karamazov et Krivine suivaient le déroulement des opérations sur l'écran de contrôle radiographique, c'était une première. Julia était absente, déjà sur le terrain.

« Sonde. »

Irma me tendit un fin et long tuyau en plastique souple à bout recourbé, rigidifié par une âme en métal. Je l'introduisis à l'intérieur de l'utérus, pas de résistance au passage du col. La sonde se retrouva directement dans la cavité utérine. Après un temps de recherche à tâtons, j'eus enfin l'impression tactile d'avoir accroché quelque chose avec l'embout recourbé, la sortie : l'orifice d'entrée d'une des deux trompes.

« Contraste. »

Après décodage par Mickli, Irma me tendit la seringue remplie de produit de contraste, de l'iode : je voulais m'assurer que j'étais bien arrimé dans la trompe.

« Scopie. »

Les rayons X offrirent une vision panoramique du petit bassin d'Alexandra, le décorum osseux allait s'animer. Une brève pression sur le piston de la seringue, j'injectai le produit. Quelques chuchotements d'espoir, un ou deux soupirs de soulagement parcoururent l'assistance. Une fine structure noire en forme de serpentin venait de se dessiner sur l'écran de contrôle, la trompe.

« Sperme. »

Mickli me tendit lui-même l'éprouvette emplie de son propre sperme malade. Celui-ci avait été préparé à la fécondation par Karamazov en personne. À des décennies de distance, j'ai du mal à reconstituer le cours de ma pensée. Je crois que j'ai hésité. L'insémination intrasalpingienne était un geste beaucoup moins abstrait qu'une FIV. Nous étions *in vivo*. Par mon acte fondateur, je participais à la création d'un être inconnu, un individu qui normalement n'avait pas lieu d'être. Je revis les testicules dévastés de Benjamin et les traces de doigts sur les petits scrotums des garçons mort-nés. Certes, j'avais des doutes, comme un pressentiment. La sale impression de signer un traité de paix avec un terroriste. Comment imaginer que Bob nous avait acculés à la faute, qu'il n'attendait que ça ? Mais nous étions conditionnés, nous pensions vraiment que l'humanité était perdue. De l'intox !

Des murmures me tirèrent de mes atermoiements. L'assemblée s'impatientait. J'injectai le sperme dans la trompe : bonne chance, lâchai-je en serrant les dents, lançant ainsi le programme d'IIS*. L'éprouvette aurait presque pu être marquée aux couleurs personnelles de Zeek, à la manière des forteresses volantes anglo-américaines de la Seconde Guerre mondiale.

Alexandra frissonna, le sperme raide était froid : j'avais oublié.

« Vos spermatozoïdes sont en route », confirmai-je à Mickli en retirant mes gants.

Alexandra Zeek se releva de la table d'examen, l'air heureux, et s'adressa à moi dans un russe incantatoire.

« Que dit-elle ? m'enquis-je auprès de Karamazov, qui s'était rapproché.

— Elle souhaite que saint Nicolas vous protège, les Zeek sont des gens superstitieux.

— J'avais cru comprendre, répondis-je, me remémorant l'épisode du train. Dites-lui que nous n'avons pas été présentés. »

Karamazov sourit.

---

* IIS : insémination intrasalpingienne.

ESPRIT

Progressivement, nous sommes devenus autres. Radicalisation, tel était notre nouveau slogan. Notre première riposte d'envergure : le syndrome d'immunodépression acquise, plus connu sous sa forme contractée. Un rétrovirus ultrasophistiqué, une petite merveille technologique, un cocktail stratégique : la jeunesse, le sexe et la mort. Avec la création de ce nouveau monstre, nous nous aventurions sur un terrain explosif, inexploré jusqu'alors. Le Sida, c'était notre *Sgt Pepper Lonely Heart Club Band*, notre révolution psychédélique, le passage du stade de l'escarmouche à celui du plan d'ensemble. Le Sida, c'était plus qu'un système d'attaque à l'échelon cellulaire : lors de sa mise au point, nous nous sommes penchés sur votre sociologie, votre psychisme. Nous avons même anticipé votre avance technologique, nous avons modélisé vos réactions, vos défenses. Nous vous avons concocté une arme sur mesure, si changeante que vous ne pourriez trouver de vaccin avant longtemps. Chacun de vous avait son exemplaire privé, la même famille, mais jamais exactement le même que celui du voisin. Quelque chose comme une empreinte digitale.
Exit les particules surannées qui avaient fait notre suprématie au cours des siècles passés. Avec le Sida, nous inaugurions des modèles plus fourbes, plus violents.
Nous avons ainsi reconquis une partie du terrain perdu. Vous nous harceliez à coups de vaccin, nous répliquions à coups de mutation. Vous nous grossissiez des milliers de fois, nous nous rendions invisibles. Vous vous protégiez de mieux en mieux, nous devenions de plus en plus contagieux.
Avec le Sida, nous devenions les maîtres du faux-semblant, nous vous prenions à revers.
Mais nous avons commis des erreurs de jugement.

TAPIS

Je passais la période qui suivit à affiner ma technique d'insémination. Pendant les journées fatidiques qui précédèrent les fêtes de fin d'année, le service de radiologie s'était mis à ressembler à un hall de gare ; on y croisait presque plus de monde que dans les rues du centre-ville. Sans prétention rétrospective, je peux dire que j'étais devenu en quelques jours une véritable légende locale. Les femmes que j'avais inséminées m'avaient surnommé le « Petit Père des œufs », transposition d'un moule sémantique bien connu dans la région. Le représentant local de la *Pravda* était même venu interviewer ce « Français qui soignait la stérilité ». Longtemps acculé à l'inutilité professionnelle, je m'étais jeté corps et âme dans le travail, sans doute une forme de compensation. Le sentiment de me sentir de nouveau dans la course m'avait restitué force et énergie. Je n'étais donc pas mort, simplement quelques mois d'hibernation, comme ces spermatozoïdes que j'extrayais de leur azote liquide. Karamazov n'avait fait que casser la paillette, briser la glace. J'étais intact.

Je commençais mes journées vers 8 heures le matin et rentrais à l'hôtel vers 10 heures le soir, assommé par la besogne. J'attendais les inséminations comme d'autres attendent les coups. J'étais comme aspiré par toutes ces trompes avides, je rêvais de cols utérins béants et goulus, autant de pénis engloutis. J'attendais du travail qu'il me terrasse, qu'il me punisse. Travailler pour ne plus réfléchir, ne plus penser aux implications de mes actes. Comment imaginer que j'étais Celui qui Leur avait ouvert la porte ?

Parallèlement, je percevais que mon temps dans le pays était compté. Les témoignages de gratitude des autochtones ne suffisaient pas à me faire supporter le froid rigoureux ni surtout un sentiment d'isolement qui gagnait chaque jour du terrain. J'étais loin de tout, perdu dans cette ville accrochée à son delta comme une grosse pierre sur un doigt gourd, dernier bastion d'humanité avant une mer autarcique. Aussi dès la première semaine de travail m'étais-je empressé de former les médecins locaux à la nouvelle technique : il fallait cesser d'être indispensable pour pouvoir s'en aller sans scrupule.

Un autre problème était celui de mes rapports avec Julia. Il nous restait peu de temps disponible après de telles journées et, contre toute attente, nous nous voyions assez peu. Je pense que l'un comme l'autre n'étions pas trop mécontents de cet éloignement. Certes, je lui rendais compte de temps à autre, le plus souvent au cours d'un petit déjeuner pris ensemble, de mes aventures utéro-radiologiques, elle me tenait informé de ses investigations locales. Mais à part ces ministaffs à la sauvette, nos rapports étaient entrés dans une phase de *statu quo*. Le plus souvent, nous ne nous croisions même pas le soir.

En fait, Julia profitait pleinement de ses « vacances épidémiologiques ». Après Porton Down, Astrakhan rimait avec élargissement, la vie après la mort. Elle s'était fait des amis, en profitait pour m'éviter. Je l'entendais dans la pénombre rentrer de ses escapades nocturnes bien au-delà de minuit, j'apercevais le rai de lumière sous la porte communicante qui séparait nos chambres. Avait-elle un petit flirt autochtone ? Je ne pouvais empêcher la jalousie de me grignoter le cœur. Éloignement, frustration, désir.

Le comble est que je ne savais moi-même ce qui me prenait : pourquoi cette gêne soudaine, alors que tout en moi me poussait vers elle ?

Ses pérégrinations épidémiologiques avaient amené Julia à quadriller méthodiquement Astrakhan et ses environs. Elle avait envoyé à Porton Down tous les produits de fabrication locale qu'elle avait pu trouver. Elle s'était au départ cantonnée à l'industrie de luxe, puis s'était mise à envoyer tout ce qui lui tombait sous la main : poils de mouton, harengs, pommes de terre, pâte à papier, et même pétrole : après tout, c'était un produit d'origine végétale. Elle n'avait bien sûr pas oublié d'aller faire un tour chez le fourreur de la ville, l'incontournable Sakaline, un authentique membre de l'ethnie kalmouk. Ce dernier, un ami personnel de Karamazov, lui avait confié dans la souffrance une pleine peau d'astrakan : « Vous m'arrachez le cœur », avait-il dit.

Tandis que Julia attendait les résultats des analyses, elle rongeait son frein. Certes, elle reprenait progressivement du poids et des formes. Oui, elle s'amusait bien avec ses amis virologues, mais cette attente la rendait nerveuse, à la fin, presque autant peut-être que mon apparente indifférence. Noël passa dans un souffle. Karamazov nous fit les honneurs de sa table, la soirée fut très chaleureuse. Mais la journée de Noël fut emplie d'une solitude glacée. J'étais allé inséminer quelques femmes à l'hôpital – le Systac lui aussi avait droit à sa Nativité. Julia était restée seule, passant son temps entre le lobby de l'hôtel et sa chambre, à fumer des Yava.

Enfin, le 30 décembre au soir, la nouvelle tomba. Ce jour-là, Julia était partie pour la journée explorer les terres au sud d'Astrakhan. Elle avait rendez-vous avec un pêcheur, un original du nom de Le Floch, marin breton perdu dans le delta de la Volga qui habitait un bateau-usine à l'année. Mais elle n'avait jamais pu atteindre son but. La Lada du labo était tombée en panne, et elle s'était fait remorquer sur des kilomètres par un routier débonnaire. Lorsqu'elle rentra à l'hôpital, en fin d'après-midi, elle se trouvait dans un état de découragement avancé, les nerfs à vif. Le téléphone n'avait pas cessé de sonner, le CREAM cherchait à la joindre de toute urgence. Elle se précipita sur le combiné, encore revêtue de sa pelisse fourrée, sans résultat, impossible d'avoir la ligne. Julia se tenait debout près du fax lorsque celui-ci émit son bip caractéristique. Mécaniquement, elle fixa la feuille de papier qui émergeait progressivement de l'appareil. Elle reconnut le logo du CREAM, arracha rageusement la missive, maltraitant les rouleaux. Le fax lui était personnellement adressé, rédigé en style télégraphique : « Avons cherché à vous joindre à plusieurs reprises. Traces virales dans poils de mouton. Même signature génétique que matériel découvert dans chromosome Y. Autres analyses en cours. » Le fax était signé Bénédicte Banks, la laborantine exubérante avec qui Julia avait travaillé à la PCR. Julia explosa de joie, se mettant à courir dans tous les coins du labo. Ils avaient trouvé ! Les tapis ! Incroyable ! Cela expliquerait la contamination préférentielle des beaux quartiers ! Toutes ces parures qui décoraient le sol des appartements bourgeois ! Infectées ! La contamination de l'homme se faisait donc par voie respiratoire, les propriétaires de tapis devaient sniffer du virus à longueur de journée. La transmission était certainement dose-dépendante, confirmant les théories de contagiosité faible ! Tous les moutons de la région devaient être atteints. Peut-être même que les tapis d'origine afghane, iranienne et turque étaient concernés ! Une épizootie comparable à la grippe aviaire. Lorsqu'elle m'appela, j'émergeais d'une énième insémination.

« Docteur Berenson pour vous, m'annonça la manipulatrice radio.

— Allô ! Max ?

— Julia ?

— Ce sont les tapis, les tapis, tu entends ! Ils ont découvert des traces de virus dans les tapis ! Je viens de recevoir un fax. »

Je retirai mes gants stériles, m'assis sur un tabouret mobile. Une bouffée de joie m'envahit, comme si l'on ôtait une chape de plomb. L'humanité était en train de gagner la partie. Je retirai mon tablier, en plomb lui aussi, qui me protégeait des rayons X. J'étais véritablement heureux pour Julia.

« Les tapis, c'est incroyable !

— Imagine-toi, le virus, là, installé sur le sol de tous les appartements cossus du monde entier, attendant son heure.

— Tu es géniale ! »

Julia était sur un nuage. Je repris.

« Effectivement, ça colle. Les tapis sont bien un signe de... richesse intérieure.

— Bravo pour la litote.

— Qu'allons-nous faire maintenant ? Tous les tapis ne peuvent pas être contaminés. J'ai moi-même un vieux kazakh dans le salon et je ne suis pas atteint. Tout au moins aux dernières nouvelles...

— Peut-être pourrions-nous rapidement mettre au point un test de détection du virus. En ce qui concerne ton kazakh, je pense qu'il est sain parce qu'il est vieux. Ce sont les pièces les plus récentes qui doivent être concernées, disons les tapis fabriqués au cours des vingt dernières années.

— Il faut faire vite, répondis-je, entre inquiétude et euphorie. Avis à la population ! Toutes les personnes ayant fait récemment l'acquisition d'un tapis russo-afghan sont priées de se manifester. Un expert, contaminé bien sûr, pourra expertiser ledit tapis et préciser sa date de fabrication. »

Le personnel de la salle de radiologie s'était regroupé autour de moi, pressentant quelque grande nouvelle.

« Procédure d'urgence ! continua Julia sur le même ton. Oyez, oyez, braves gens ! La mairie organise un grand autodafé de tapis sur la place publique ! Venez tous assister au grand supplice viral.

— Je crains que nous n'ayons hélas pas le temps d'attendre. Ni le test de détection ni le tri entre les bons et les mauvais tapis. Nous ne pouvons pas laisser les gens se contaminer ainsi en attendant que tout se mette en place. »

Je remis mon tablier plombé, une femme attendait.

« En tout cas, bravo, repris-je, je ne sais pas si tu te rends encore compte de la portée de ta découverte. Le sol va trembler autour de nous. »

Mais Julia était radieuse, elle savourait sa première victoire sur le Monstre.

« Max, on va déclencher une sacrée panique. Détruire tous les tapis existants, sans compter ceux encore à vendre dans les dépôts, les containers. Immoler tout le cheptel ovin d'Asie centrale. Détruire toutes les niches de virus, jusqu'aux usines de fabrication, aux métiers à tisser. Ça ne te rappelle rien ? »

Comment en effet ne pas penser aux difficultés rencontrées lors de la maladie de la vache folle, quand un seul animal atteint suffisait à faire abattre tout un troupeau ?

« Et nous avons affaire à des pays sacrément moins disciplinés et organisés que les pays de la CEE ou les États-Unis.

— On ne détruit pas impunément toute l'économie d'un pays.

— Surtout que, dans le cas du Systac, il n'y a pas mort d'homme, il y a non-vie. C'est plus difficile à appréhender, plus abstrait. Les décisions radicales vont être d'autant plus difficiles. Après tout, il n'y a pas urgence. »

Décidément, les choses ne seraient peut-être pas si simples qu'elles le paraissaient. Des implications politiques, économiques, humanitaires se profilaient.

Une manipulatrice me tendit une seringue bourrée de sperme raide, mais Julia n'avait pas fini de s'exprimer.

« Max, je voulais te remercier, c'est toi qui m'as fait prendre conscience de la gravité potentielle de l'épidémie, qui m'as motivée... Même si j'ai cessé de faire partie de tes préoccupations, ces derniers temps. »

Je fis signe à la manipulatrice de patienter. J'étais obligé de réagir.

« C'est plutôt toi qui t'es éloignée de moi. Il semble que tu te sois fait des amis sur place.

— Je te rassure, ils ne tiennent pas la comparaison face à toi. Écoute, continua-t-elle, on est venus ici pour mener la guerre contre ce virus, pas pour nous affronter.

— OK, je passe l'éponge. »

J'avais sans doute entendu ce que je voulais entendre.

Je détestais les conversations téléphoniques, j'avais des fourmis au pli du coude. Une femme attendait l'insémination, pubis bouclé, je pensais à un mouton. Autour de moi l'équipe préparait la table, la seringue au Systac attendait sur le champ stérile. Pas question de me laisser entraîner dans un dialogue glissant. Pourtant, je ne savais comment ni ne voulais vraiment raccrocher, je laissai la ligne ouverte.

« Max, voilà maintenant quinze jours que tu m'adresses à peine la parole, que tu te comportes avec moi comme si j'étais une pestiférée. Pas une seule sortie ensemble, pas un seul verre en ville, le travail, rien que le travail. OK pour le caractère prenant de ce que tu as entrepris ici, bravo pour ta technique d'insémination révolutionnaire. Mais est-ce que cela justifie pour autant ton attitude ? Je te rappelle que nous avons entrepris ce voyage ensemble, notre collaboration a été fructueuse. On ne change pas une équipe qui gagne... »

Silence radio.

« Mais je m'emporte. Après tout, tu ne me dois rien, si tu veux que l'on ne se voie plus du tout, tu n'as qu'à le dire. »

Notre conversation avait tout de déplacé. Nous venions de découvrir le réservoir de virus, il y avait mille choses à faire, et nous nous étions lancés dans une sorte de chipotage amoureux. Mais l'être humain est ainsi fait, ses paradoxes le gouvernent.

« Je n'ai pas dit ça, Julia, mais j'ai traversé ici une sorte de passage à vide ; appelons ça une manifestation d'existentialisme russe.

— Tu aurais pu m'en parler. On se connaît peu, mais j'aurais pu t'aider, un peu comme on aide un compatriote dans un pays étranger.

— Il n'est pas trop tard, répondis-je. Nous avons un événement à fêter, je crois, une nouvelle comme il n'en arrive qu'une ou deux fois dans la vie d'un chercheur. »

Élan soudain ? Moyen de clore enfin la conversation ? En tout cas, inspiration funeste. Je poursuivis par une proposition dont les conséquences devaient bouleverser ma vie.

« Je t'invite à dîner ce soir au Tchornaya Ikra, si tu es libre. »

Le Tchornaya Ikra était le plus grand restaurant d'Astrakhan, les habitués y affluaient de toutes les berges de la Caspienne.

« J'accepte avec plaisir.

— Rendez-vous à l'hôtel, disons dans deux heures ? Je serai dans ma chambre.

— À ce soir, Max. »

ESPRIT

Votre espèce était puissante et ses moyens importants, nous l'avons sous-estimée. L'idée du Sida était pourtant excellente. Mais, fâcheux réflexe hérité de millions d'années de mauvaises habitudes, nous n'avons pu résister à la tentation : apparaître au grand jour. Nous étions tellement persuadés d'avoir mis au point une arme imparable ! Notre VIH joua les folles. « Et vas-y que je me montre, et vas-y que je m'étale devant leurs microscopes électroniques, et vas-y que j'apparais bourgeonnant à la surface de leurs cellules amoindries. » Quel gâchis ! « Pour vivre fatal, vivons masqué. » Voilà ce que nous aurions dû lui apprendre avant de le lâcher. Car une fois parvenu à le repérer, vous n'avez pas tardé à découvrir des moyens de le pister, de le traquer jusque chez les individus les moins douteux, et ce même à la veille de leur union. Vous avez appelé ça « dépistage obligatoire ». Pour nous, le revers était de taille. Un trou dans l'esthétique maillage de notre chaîne de contamination.
Une fois repérés les individus contaminés, vous nous avez envoyés dans le mur, comprenez sur cet horrible latex que vous avez nommé préservatif. Lancés à pleine vitesse sur ces barrières polymériques, nous restions cantonnés dans l'aire de notre hôte. Retour à l'envoyeur, on ne passe pas. Si seulement nous nous étions retenus ! Vous auriez sans doute fini par céder à la panique, pendant que nous avancions nos pions dans le silence de vos sécrétions. Scénario de victoire finale, une alternative, la stérilité ou la mort. Bâillonner vos phallus, obturer vos vagins pour que cesse la contamination : fin d'espèce. Ou nous laisser nous exprimer : suicide... Sans compter la souffrance.
Avec le Sida, nous nous sommes sentis invincibles, il faut nous comprendre. Nous avons eu besoin d'un événement phare, histoire de relever la capside après un siècle d'avanie, pour nous le plus long des siècles. Avec le recul, je me dis que des membres plus anonymes de la confrérie auraient peut-être mieux fait l'affaire. Car nous avions tous les moyens logistiques de nous dissimuler en vous en toute quiétude, nous le faisons quotidiennement pour tant de maladies. Qui peut par exemple

se douter que la plupart des cancers sont liés à nos agissements ?
Nous n'avons jamais laissé de preuves.
Adieu donc, prince Sida, ange déchu. Le vaccin destiné à te
soumettre ne tardera plus le coup de grâce. Ils t'ont d'abord
laminé à coups de médicaments et autres tri- et quadri-thérapies.
Ils t'ont saigné comme un taureau sous les coups d'un picador. Ils
t'ont rendu vide de sens avant de se débarrasser de toi.
Pourtant, vois-tu, malgré toutes tes imperfections, il y a en toi
quelque chose de grandiose. Maintenant que tu es presque à terre,
sache que tu nous as servi de « premier jet » – j'aime bien cette
expression humaine – dans l'élaboration de l'arme suivante,
la solution définitive. Je n'ose dire finale.

LIAISON

Vers 20 heures, Julia frappa trois coups à la porte séparant nos deux chambres.
« Entre. »
Un ravissement. Elle avait enfilé une robe de soirée cintrée que lui avait prêtée une de ses amies virologues : « Une soirée au Tchornaya Ikra, cela doit se fêter dignement », avait déclaré Katarina. Julia avait ramené ses cheveux en chignon sur sa nuque, quelques anglaises rebelles s'en échappaient. Un voile satiné recouvrait ses jambes : collants ou bas ?

J'étais en train de mettre la dernière main à un article sur les premières évaluations de la méthode d'insémination par voie salpingienne, j'avais du mal à me concentrer. Ma tête était pleine de tapis, de motifs kazakhs, j'étais impatient de passer à l'étape suivante, de savoir ce qu'il allait advenir. Julia m'observait, je revois la couleur de ses yeux, noisette, regard teinté d'espièglerie et d'une dose d'impudeur : un beau spécimen de l'espèce humaine telle qu'elle l'était alors. Je ne pus cacher mon émotion, c'est peut-être à ce moment que j'envisageai son corps pour la première fois, attraction brutale. Je me levai. J'avais également soigné ma mise, j'étais neutre, sombre et brun.

« On y va ? fis-je d'une voix moins assurée que prévue. La table est réservée pour 20 h 30.
— Je suis prête, le temps de mettre mon manteau et mes gants et j'arrive. »

Une Skoda bleue nous attendait. Le restaurant était situé à la sortie de la ville, au sommet d'une petite colline. Le chauffeur de taxi, un vieux Russe dont les moustaches blanches paraissaient recouvertes d'une couche de glace, ouvrit les portières.

« Le petit frère du Dr Jivago, susurrai-je à l'oreille de Julia.
— Il me fait plutôt penser à un Taras Boulba reconverti dans le trafic de voitures. »

Nous nous installâmes sur une banquette arrière spartiate pour qui les premiers postérieurs ne devaient être plus qu'un lointain souvenir. Le taxi s'engouffra dans la nuit.

« Je suis progressivement en train de prendre conscience de l'importance de ta découverte, commençai-je au bout d'un moment.

— De notre découverte.

— Pour te faire plaisir : de notre découverte. Nous allons déclencher un véritable séisme médico-économique.

— Nous devrons convaincre tous azimuts, Max. Ça risque d'être long et laborieux. D'abord nos collègues, puis les gouvernants, les industriels et leurs intérêts financiers, les syndicats, les ouvriers, les douaniers, les paysans... j'en oublie certainement. Toute une chaîne de gens plus ou moins récalcitrants, obtus, inconscients.

— Des grèves, des conflits sociaux, de la misère en perspective. À se demander finalement si le Systac n'est pas préférable à tout ça, à court terme. »

Nous avions froid, les cahots nous projetaient l'un contre l'autre.

« Cela dépend de quel point de vue on se place, tempéra Julia. Plus on attend, plus la déperdition humaine sera importante. Nous devons penser aux générations à venir.

— D'autant que notre équation comporte une inconnue : le taux de pénétration du virus à l'avenir.

— Je m'attends à un doublement prochain, Max. Il suffit de regarder les chiffres des années précédentes.

— Il faudra dans un premier temps bloquer toutes les exportations de tapis ou de tout tissu ou lainage susceptible d'être contaminé. Il y aura des fraudes, de la contrebande, les gens ne vont pas se laisser affamer comme ça.

— Les régions sinistrées bénéficieront sans doute de compensations, le FMI paiera.

— L'indemnisation se devra d'être conséquente. Je vois d'ici la joie sur le visage de ces paysans analphabètes menant les troupeaux d'ovins à l'abattoir... Pardon.

— C'est un fait, le concept de réservoir de virus risque de leur paraître quelque peu étranger.

— D'autant qu'il n'est pas certain que les dirigeants jouent le jeu. Les régimes politiques d'Asie centrale ne sont pas réputés pour leur transparence.

— On peut difficilement leur jeter la pierre. Souviens-toi des difficultés pour faire entendre raison aux éleveurs anglais lors de l'épidémie de vache folle. J'en sais quelque chose, le CREAM était en première ligne sur cette affaire, et la vérité a longtemps été étouffée aux noms des sacro-saints intérêts économiques de la Grande-Bretagne ; il en allait pourtant de la santé du monde entier, et des Britanniques au premier chef.

— Et les pull-overs ? Association libre de ma part.

— Tiens, je n'y avais pas pensé. Ce virus est peut-être mieux introduit que nous ne le pensions. Nous devons tenir un raisonnement en cascade, dresser des listes de produits.

— En fait, c'est toute la filière de la laine qui est sur la sellette. »

La ville était silencieuse, seul le ronronnement intempestif du moteur à explosion de la Skoda occupait l'espace sonore.

« Et si l'origine de l'épidémie était criminelle ? repris-je. Après tout, nous ne savons rien de l'origine de ce virus : apparition spontanée ? accident de laboratoire ? volonté délibérée d'un groupe terroriste ? »

Bien sûr, je ne pouvais me douter du rôle d'Harold dans la genèse de Bob. Julia, elle, savait. Elle avait lu les carnets. Mais elle n'en était pas pour autant convaincue.

« Pendant mon cursus, j'ai reçu une formation de NRBC, répondit-elle hésitante.

— Excuse-moi, mais je crois qu'il me manque des lettres.

— Ça signifie nucléaire-radiologique-biologique-chimique. Nous avons notamment appris que certains groupes islamistes se sont intéressés de près aux techniques d'épandage agricole. Pendant longtemps, l'Afghanistan a été la plaque tournante des armes chimiques et biologiques, une sorte de laboratoire du Mal.

— C'est dans le secteur.

— Mille six cents kilomètres à vol d'oiseau, j'ai vérifié, précisa Julia. Un peu loin, mais les agents biologiques sont comme des pigeons voyageurs, ils sont relativement faciles à produire et à diffuser.

— Et les frontières sont perméables, depuis l'implosion du bloc soviétique.

— D'autant que le nombre de victimes ne dépend pas seulement de la quantité de virus mis en circulation, mais également du mode de dissémination choisi par les terroristes, reprit Julia. Les voies de la malveillance sont sans limites : aérosols, réseaux d'eau, gaines de ventilation, transmission de poudre, etc.

— Pour en revenir à nos moutons, recadrai-je, il pourrait s'agir d'une simple mutation d'un virus existant. Le même schéma par exemple que pour la grippe aviaire. Il faudrait étudier la courbe de natalité ovine dans la région. Peut-être suit-elle celle des humains ? »

Notre antique véhicule était empli de nos interrogations. Mais nos corps se frôlaient.

« Et quand bien même nous aurions affaire à une créature venue de nulle part, reprit-elle. Certains États pourraient prendre le train de l'épidémie en marche. Dans la mesure où leur population serait faiblement atteinte, ils ne pourraient avoir aucun intérêt à éradiquer l'épidémie. La fraternité est une valeur qui a devant elle encore des siècles d'abstraction. »

J'ouvre une parenthèse : Julia se trompait.

« Si je te suis bien, certains pays d'Asie centrale pourraient par exemple s'en servir pour lancer une guerre "viro-intégriste" contre l'Occident.

— D'autant que les ovins, comme les virus d'ailleurs, n'ont aucune notion de géophysique : nous sommes ici aux portes de l'Asie centrale, tous les États se touchent. La région est une vraie passoire. »

La sombre silhouette du Pr Balanjani, la contestataire iranienne de Cardery Street, fit un instant les cent pas dans mon esprit.

« Tu as peut-être raison, repris-je. Mais une telle politique serait suicidaire, la bombe virale finirait par leur exploser en pleine figure.

— La politique de la terre brûlée, cela ne te rappelle rien ? Et puis peut-être existe-t-il un antidote ? »

Les lumières d'Astrakhan défilaient par la fenêtre du taxi, de plus en plus clairsemées à mesure que l'on s'éloignait du centre-ville. Le chauffeur nous jetait de temps à autre des regards curieux. Les nombreux nids-de-poule trouant çà et là l'asphalte secouaient fortement le châssis de la Skoda, nous rapprochant chaque fois un peu plus l'un de l'autre. Nos mains s'agrippaient à la banquette arrière, toutes proches.

« Il faudrait pouvoir disposer d'un test pour détecter la présence du virus ; cela éviterait beaucoup de morts et de destructions inutiles », continuai-je.

Mon désir pour Julia croissait avec l'intérêt scientifique de la conversation. Je me surpris moi-même de penser à deux choses si prenantes en même temps. Julia faisait celle qui ne se rendait compte de rien, elle avait croisé les jambes.

« Nous sommes bien loin de la mise au point d'un test, Max. Je te rappelle que jamais aucun anticorps n'a été mis en évidence. Or la plupart des tests de détection virale sont basés précisément sur la détection d'anticorps.

— Peut-être aurons-nous plus de chance avec les moutons. Le virus s'y multiplie peut-être en toute liberté, continuai-je.

— Il faudra essayer de passer leurs poils au microscope électronique. »

Le taxi s'engageait à présent sur une piste non goudronnée, à en juger par les cahots qui le secouaient.

« Ce restaurant est vraiment excentré, fit Julia en soupirant ; heureusement que le chauffage commence à fonctionner.

— Entre nous aussi. »

Julia avait tourné son visage vers le mien, frisson de deux regards qui se croisent et qui ne se cachent plus leurs émotions. Décharge paroxystique.

Nos doigts se frôlèrent, puis se saisirent. Nous nous serrâmes très fort dans les bras l'un de l'autre, être unique ballotté au gré des accidents de terrain, je cherchai ses lèvres, les baisai avidement.

« Ça faisait longtemps que je t'attendais », me dit-elle.

Le taxi s'était arrêté devant une sorte de grande gentilhommière en bois agrémentée de tourelles dont les coiffes en bulbe d'oignon se détachaient sur le ciel noir. Tchornaya Ikra, le plus grand restaurant des bords de la Caspienne, se dressait là... telle une menace.

ESPRIT

J'ai découvert Prion par hasard, au travers de textes australiens du début du siècle, la description d'un certain type de folie aborigène. Je ne peux être au courant de tout ! L'ami a pris racine sur des rites anthropophages. Au premier abord, ce n'est qu'une protéine folle. Mais ce mode d'expression un peu inhabituel n'est qu'une couverture. J'ai bien compris que nous sommes derrière, nous avons nos signes de reconnaissance. Voyez-vous, ce qui me plaît bien dans ce diablotin, c'est cette possibilité de passer de la vache folle à l'homme dérangé et du coq à l'âne. Cher Prion, tu ne respectes rien, pas même la prétendue barrière des espèces.
Tu as le pouvoir de les rendre séniles ou fous. Tu vampirises leur cerveau jusqu'au trognon, jusqu'à ce qu'il ne soit plus qu'une éponge bonne à jeter. Il faut dire que leur cupidité t'a donné un sacré coup de main, mon vieux. À quoi serais-tu parvenu sans toutes leurs magouilles, leur amour de l'argent, cette marchandise abstraite qu'ils s'échangent ? Le sang de leurs sociétés. L'espèce humaine est décidément bien étrange.
Mais bien que les cas de ce qu'ils ont appelé « maladie de Creutzfeld-Jakob » se soient multipliés au sortir de cette incubation préhistorique, toi aussi tu t'es heurté à un problème de taille : les végétariens. Tu n'as pas cherché le consensus, tu les as laissés sur le bord de la route. Les végétariens, une humanité dans l'humanité. Tu n'étais pas assez universel.
Mais à ta manière, tu fus utile à la Cause. De toi nous avons retenu l'idée du passage par l'animal. Puis nous avons continué notre quête... Sur la voie de la vengeance absolue.

TCHORNAYA IKRA

Un chasseur nous attendait sous le porche. Nous pénétrâmes dans un hall carré dont les hauts plafonds s'ornaient de fresques datant de Pierre le Grand. Le personnel en livrée tourbillonnait dans ce large vestibule, apparaissant et disparaissant par un escalier étroit qui semblait conduire aux entrailles de l'édifice. Un maître d'hôtel s'approcha.

« Puis-je vous débarrasser ? »

L'homme s'exprimait dans un français délicieusement désuet, teinté de modulations slaves. Échange de sourires avec Julia, c'était la première fois que nous entendions parler notre langue depuis le début du voyage. Une sorte de redécouverte. La direction de Tchornaya Ikra avait apparemment tout prévu.

« Merci de nous accueillir en français, dis-je.

— Vous n'êtes pas sans savoir que, dans la haute gastronomie, le français est la langue de prédilection. J'ai moi-même travaillé quelques années chez Lucas Carton, à Paris. Mon nom est Dimitri, et j'aurais l'honneur de vous guider dans vos choix au cours de ce dîner. Nos cartes sont hélas rédigées uniquement en russe ; c'est une tradition à laquelle nous sommes attachés. Le personnel de Tchornaya Ikra fera tout pour que vous conserviez un souvenir inoubliable de votre passage chez nous. »

Il nous introduisit dans la salle principale du restaurant. Nous nous retrouvâmes dans une immense enceinte octogonale, dont les voûtes semblaient se perdre à l'infini, contrastant avec l'aspect extérieur de la bâtisse. La lumière quasi monastique qui nimbait les lieux pouvait faire craindre que les icônes qui ornaient les parois de l'octogone ne se détachent et se joignent à nous : un banquet de popes.

Dimitri nous installa à une table stratégique, puisqu'elle occupait l'un des angles de l'octogone. C'était une de ces volumineuses tables rondes, un vestige de l'Ancienne Civilisation. Sur ce témoin du passé résidait un chandelier en argent ; cinq bougies y brûlaient paisiblement. Autour de nous, les autres tables s'animaient. Nous étions au spectacle et, de notre loge, la vue était magnifique.

« Julia, ferme les yeux, faisons un vœu. »

Julia plissa les paupières d'un air coquin, ses doigts dans les miens.

« Max, le moment est unique : cette découverte, ce cadre... »
Je me rapprochai de son oreille.
« Et puis toi.
— Il faut apprendre à jouir de tels instants de bonheur, il y en a très peu au cours d'une vie. »
À ce moment, Julia sortit de son sac un étui allongé. Ses yeux brillaient, allumés par les chandelles.
— Tiens, c'est pour toi, me dit-elle dans un souffle. Sur la boîte en velours noir se détachaient deux lettres d'or à moitié effacées, "J et B".
— Justerini and Brooks, tentai-je, sentant monter la pression.
— Non, dit-elle, John Berenson, mon père. »
J'ouvris l'étui : une montre à trois chronos.
« Tu es folle, je ne la mérite pas ! Je ne suis encore qu'un inconnu pour toi.
— Accepte-la, je t'en prie, comme gage de ma bonne foi.
— Écoute, Julia, je ne peux pas, tu dois y être tellement attachée.
— C'est une montre d'homme, tu en feras meilleur usage. »
La montre d'un assassin... J'ignorais tout cela à l'époque. Lorsque j'y repense, je me rends compte que nous étions assez proches lui et moi, par le passé et pour l'avenir... Une partie de moi aussi était destinée à mourir. J'acceptai donc. J'appris par la suite qu'il la portait le jour de son accident. Je refermai la boîte noire.
« Quand je pense qu'il y a quelques semaines à peine, je me promenais quelque part entre la vie et la mort, reprit Julia. Et maintenant nous sommes ensemble. J'ai l'impression d'être ressuscitée.
— La mémoire tient du tronc d'arbre, elle s'édifie par strates. Certaines couches très séparées peuvent entrer en résonance.
— Comme certaines personnes ! »
Nos genoux se frôlèrent sous la table. Dimitri ne tarda pas à réapparaître avec les cartes.
« Je vous les confie par principe. J'imagine que vous n'entendez rien à l'écriture cyrillique.
— Soyez notre guide, déclara Julia, mais s'il vous plaît, pas de mouton, ni d'agneau.
— Cela élimine quelques plats de la carte. Il nous reste donc le bœuf, le porc, le poisson. Ce dernier est excellent et préparé de manière exquise par nos soins. Ce sera d'ailleurs notre chef en personne qui mitonnera ce que vous mangerez ce soir. On ne reçoit pas tous les jours le "Petit Père des œufs"... Et une chercheuse de tout premier plan.
— C'est trop d'honneur, bafouillai-je, mal à l'aise. »

Je n'ai jamais trop bien su réagir aux éloges.

« Puis-je vous poser une question ? demanda Julia.

— Je vous en prie, je verrai si je peux vous répondre.

— Que signifie le nom de votre enseigne, *Tchornaya Ikra* ?

— Tout simplement "caviar noir" : c'est la grande spécialité du restaurant. »

Je dus faire une sorte de moue de dégoût, qui n'échappa pas à Julia.

« Puis-je prendre la commande ?

— Allons-y, je crois que nous allons choisir ensemble.

— En entrée, je vous conseille notre assortiment de poissons fumés. Nos sprats sont absolument exquis, et notre esturgeon est l'un des meilleurs de la région. Mais comme il fait très froid, je vous apporterai pour commencer notre *rassolnik*. C'est un potage aux concombres, à l'oseille et aux rognons de bœuf. À moins que vous ne préfériez une *solianka rybnaïa*.

— ??!

— Excusez-moi, je vois que vous êtes arrivés depuis peu dans le pays. C'est une soupe à l'esturgeon.

— Je crois que je vais opter pour cette possibilité, déclara Julia.

— Je vais rester sur l'idée du *rassolnik*.

— Choix judicieux, monsieur. Pour continuer, je vous propose un assortiment de beignets servis avec différentes sauces, suivis d'un *kotleti pokieski*. C'est un plat de Kiev, une spécialité de notre chef en second qui est ukrainien.

— De quoi s'agit-il ? demanda Julia.

— Des blancs de poulet assemblés en pilon autour d'un os, panés et percés d'un large trou rempli de beurre fondu. »

Nous nous décidâmes. Dimitri se volatilisa en direction des cuisines, absorbé par le clair-obscur de la grande salle. L'attente ne fut pas longue. L'homme revint rapidement, accompagné de trois petites boîtes en métal.

« Caviar à volonté ! Le cadeau du chef », proclama-t-il cérémonieusement.

Il accompagna son geste d'un mouvement sec de poignet. Les trois boîtes offrirent leurs entrailles denses à nos regards. Dimitri vida le contenu de chaque boîte dans un petit saladier et planta délicatement dans chacun une cuillère en nacre.

« Les cuillères en nacre dans le caviar étaient pour nous le privilège des tsars et des nobles, avant la Révolution. »

J'avalai péniblement ma salive, je détestais alors deux aliments : le fromage et le caviar. Dimitri se lança dans un cours.

« Les grains de petite taille et très noirs, c'est le sévruga. Son goût est... comment dire en français ? Disons chaleureux, vif, et iodé. Les grains gris sombre et dorés, c'est l'osciètre, recherché pour son goût de noix. Enfin, le béluga, acheva Dimitri en désignant la boîte la plus petite qui contenait des grains gris clair, est savoureux et subtil... Je ne vous en dis pas plus. Je vous apporte les blinis et la vodka.

— C'est extraordinaire, s'exclama Julia les yeux écarquillés. Je crois que je n'ai jamais vu autant de caviar de ma vie. Et tout ça pour nous ! »

Depuis sa disparition, depuis que je sais la vérité, je ne cesse de m'interroger sur la joie sans partage de Julia ce soir-là. Passons sur les circonstances troubles de la mort d'Harold, sur la maladie dont elle avait réchappé de justesse, sur la quête d'un virus dévastateur qui rendait notre avenir hypothétique et sur les interrogations que suscitait le fait de se livrer tous les jours à des expérimentations avec du sperme mystérieux. Mais comment avait-elle surmonté sans dommage apparent le fait d'être la fille d'un salaud, comment lui était-il passé par la tête de m'offrir sa montre ? J'avais lu quelques témoignages d'enfants d'anciens criminels de guerre. Généralement, les positions évoluaient entre l'acceptation, voire l'assentiment, et la schizophrénie. L'être génétique et l'être réel se livraient un duel fratricide. La personnalité résultante était torturée, malade, on mettait des années à s'en remettre. On écrivait parfois son histoire, pour offrir à l'humanité un témoignage que l'on espérait rédempteur. On s'excusait d'être là, d'exister, il fallait que l'on se rachète. Julia ne m'a jamais parlé des abominations perpétrées par son père. A-t-elle seulement cherché à en savoir plus ? Je n'en sais rien, elle a gardé ça en elle jusqu'au bout. Compte tenu de ce que j'ai moi-même infligé à mon frère, je ne peux m'empêcher de me sentir solidaire. La vie à tout prix, la vie malgré tout.

« Il y a juste un problème : je n'aime pas le caviar.

— Quel dommage ! Mais quand en as-tu mangé pour la dernière fois ?

— Je devais être adolescent. C'était un des premiers réveillons que je passais en dehors de chez moi, une invitation chez le fils d'un haut fonctionnaire du Quai d'Orsay, un camarade de lycée dont j'ai oublié le nom. J'ai le souvenir d'un aliment au goût très salé, écœurant. La nuit qui a suivi a été terrible, je crois que je n'ai jamais été aussi barbouillé de ma vie. Je me suis juré qu'on ne m'y reprendrait plus.

— C'était il y a longtemps, Max, les œufs n'étaient peut-être pas frais. Tu pourrais refaire un essai ce soir, avec moi. Je déteste manger seule. »

Je me sentis faiblir. Pourquoi ne pas réessayer ? D'autant que Julia enfonça le clou, espiègle.

« Tu sais, le goût est un sens plein d'affectivité. »

J'étais vraiment sous le charme, les yeux de Julia étaient limpides et gais, le cadre était magique. Nous étions dans le delta du caviar, j'étais le Petit Père des œufs ; c'était l'occasion ou jamais.

« C'est vraiment pour te faire plaisir. »

Dimitri revint, disposa sur la table la vodka, la crème fraîche et les blinis, s'éclipsa.

« Je t'en prépare un ? »

Julia saisit délicatement le blini.

« Un tout petit peu, pour la mise en bouche.

— On va commencer par le sévruga », dit-elle en me tendant le disque d'air et de pâte recouvert d'une motte de crème fraîche sur laquelle quelques œufs noirs se détachaient.

Je mordis courageusement dans la tartine, prêt au choc de l'aliment honni. Explosion de goût, bonne surprise.

« Alors ? »

Je découvrais la subtilité des petits grains au fur et à mesure de l'ascension des saveurs.

« J'avoue que c'est nettement mieux que dans mon souvenir. Peut-être est-ce uniquement parce que je suis en meilleure compagnie. Feu vert pour un autre blini, avec plus de caviar.

— Ça me fait plaisir de t'avoir converti. Une cuvée spéciale... C'eut été dommage.

— Tu sais, tant que j'y pense, déclarai-je – le bonheur rend-il stupide ? –, le caviar aurait fait un réservoir de virus idéal. Un aliment de gens aisés, produit spécifique de la région d'Astrakhan. Beaucoup de gens à revenu moyen possèdent des tapis, alors que le caviar, c'est vraiment la quintessence du luxe. »

Les traits resplendissants de Julia s'obscurcirent d'un coup, sans doute la manifestation d'une pensée fugace se frayant un passage dans sa conscience, à travers les vapeurs d'alcool. La remarque de Zeek sur Volinski, le juif pratiquant du service de Karamazov, lui revint alors en mémoire. Elle était presque certaine que le caviar faisait partie des aliments interdits par la loi juive. Et puis, sans vraiment se l'avouer, elle avait été un peu décontenancée par la signature de Bénédicte sur le fax incriminant les tapis. Cette dernière n'était que simple laborantine, non habilitée à signer les papiers sensibles. Les règles de fonctionnement du CREAM avaient dû être quelque peu chamboulées pendant la période des fêtes. Mais déjà Dimitri revenait avec un extraordinaire plateau de zakouski. La Russkaia aidant, nous sombrâmes progressivement dans une indolente euphorie.

« Si nous partagions ? Ton consommé aux rognons me tente. Je t'offre ma soupe à l'esturgeon. »

Nous fîmes discrètement tourner les assiettes.

« Ce soir, tu as tous les droits, tu es la reine de la soirée ! Une graine de prix Nobel ! »

J'étais dans un tel état que j'aurais bien fracassé mon verre contre la paroi peinte. Mais il me restait encore un semblant de retenue.

Un groupe de trois musiciens s'était approché de nous, en costume traditionnel. Un violon, un accordéon, une balalaïka. La musique commença à se répandre, voluptueuse et nostalgique, par-delà les ogives et les colonnes de la grande salle voûtée de Tchornaya Ikra. C'est à ce moment qu'elle apparut, une sorte de grosse matrone, mi-homme, mi-femme, en large costume de soie noire. Elle me regarda fixement, oui, moi, un regard tragique qui m'était destiné, chantant d'une voix ample des airs tziganes. Au détour d'une mélodie, cet être étrange fondit sur moi, me saisit lestement la main, en déplia la paume. Elle y jeta un regard furtif, puis la referma brusquement, horrifiée.

C'est vrai que je portais le diable en moi. À présent, j'étais même son associé.

ESPRIT

Très tôt, nous avons compris qu'il fallait vous atteindre par
le sexe. Il était évident que c'était votre point faible, nous tenions
cela de l'expérience Sida. Mais nous avions dans l'idée un piège à
tiroirs, par exemple vous faire croire à une chose alors que nous
en préparions une autre, vous communiquer l'impression d'un
danger diffus, flottant, mais décalé par rapport au péril réel.
Il ne fallait pas être très futé pour anticiper que la crainte
de la stérilité ne manquerait pas de vous faire réagir avec vigueur,
voire de manière irrationnelle. L'irrationnel, ce mal spécifiquement
humain, corollaire de la conscience de mort. Starter
de l'avènement du religieux, moteur de la haine, vecteur
de la guerre.
Vous avez donc cherché à vous perpétuer coûte que coûte.
Logique : vous vous êtes vus dévaler inexorablement la pente
de l'extinction. Vous avez commencé à perdre les pédales,
décidément j'adore vos images. Vous avez alors pris des risques
inconsidérés. C'est là que nous vous attendions… Car vous ne
pouviez imaginer la nature de notre ultime objectif.

RAPPORT

Nous rentrâmes à l'hôtel vers une heure du matin, même taxi. Serrés l'un contre l'autre sur la banquette arrière, nos mains faisaient connaissance.

« Si tu avais su y faire à l'époque où tu étais interne, je serais tombée dans tes bras. Mais tu ne t'intéressais qu'à tes patients, pas aux jeunes étudiantes comme moi.

— Détrompe-toi, je t'avais remarquée, mais je ne pouvais quand même pas te faire la cour de manière trop ostensible. Qu'auraient pensé les autres étudiants ?

— Oh, certes, tu ne risquais pas d'être trop offensif. Tu m'as laissée partir à la fin du stage sans même me demander mon numéro de téléphone.

— Je ne te laisserai pas partir si facilement, cette fois-ci. »

Nos lèvres s'effleurèrent.

« Ce Dimitri, tout de même, quel curieux bonhomme, dis-je au bout d'un moment, un morceau de France en pays slave.

— Nous nous souviendrons longtemps de cette soirée. La pièce montée offerte en ton honneur à tous les clients du restaurant, la *standing ovation*...

— Je ne savais plus où me mettre.

— Je crois que tu ne te rends pas compte. Ces gens te vénèrent presque religieusement, tu as rendu l'espoir à des milliers de personnes. Peut-être même as-tu inséminé certaines des femmes présentes.

— J'espère que j'ai bien fait, parfois je suis assailli par le doute, j'ai mis du virus partout. Une responsabilité énorme face à l'Histoire.

— Tu n'es pas le seul apprenti sorcier de la planète.

— Sauf que j'ai fait passer la FIV du stade artisanal à la production industrielle. Une insémination intrasalpingienne me prend à présent dix minutes, je suis un expert.

— Écoute, l'IIS est le meilleur moyen pour repeupler cette région sinistrée. Effectivement, ce ne serait peut-être pas la solution pour un secteur moins contaminé. Mais ici, crois-moi, c'est ce qu'il fallait faire avant qu'il ne soit trop tard, enrayer l'hémorragie. La conjuration de Thanatos. Un échec infligé au Systac sur ses propres terres. »

Julia se blottit contre moi, je sentis ses formes. Le désir monta d'un cran, les doutes reculèrent.

« Et puis, je te rappelle que maintenant, continua-t-elle, nous tenons le réservoir de virus, la porte d'entrée. Il ne reste plus qu'à la fermer. Dès demain, il faudra prendre notre bâton de berger, se justifier, aller convaincre à droite et à gauche, preuves à l'appui.

— Au moins nous n'aurons plus à déplorer de nouveaux cas. Il ne nous restera qu'à traiter ceux que nous avons sur les bras, et ils sont légion. »

Je pensai au taux de réussite des IIS, une inconnue encore, somme toute.

« Je me demande si la grossesse de la femme de Zeek a pris. Nous ne sommes plus très loin de J+15.

— En tout cas, elle pourra témoigner pour la postérité. La première femme à avoir été inséminée par le Dr Max Journo. Pour un peu, j'en serais jalouse !

— Le sperme venait de son mari, tout de même !

— Ce n'est qu'un détail... »

Je l'embrassai dans le cou, je la sentis frémir. Le taxi nous déposa devant l'hôtel.

« Nous faisons chambre à part, bien sûr.

— Peut-être bien », répondit Julia sur le même ton.

Nous montâmes ensemble le grand escalier.

J'ouvris la porte d'une chambre, la mienne, doucement. La pièce était emmitouflée dans le velours. Un rayon de lune s'y était installé, projecteur oblique. J'attirai son corps contre le mien. Son manteau glissa sur le sol. Mes mains fébriles s'attaquèrent à la robe du soir. « Doucement, ce n'est pas la mienne. » Ses doigts se glissèrent sous mes vêtements. Le désir pendant trop longtemps contenu nous explosa au visage. Le grand lit à baldaquin nous tendait les bras.

Une scène après l'amour. Le chevet allumé, ses courbes voluptueuses, son corps nu. Elle partit à la découverte du mien, sans doute l'envie de le rallumer. Mais la descente aux baisers fut interrompue.

« Tiens, qu'est-ce que c'est ça ? »

Julia venait de découvrir la traînée blanchâtre que je porte à l'aine.

« Rien, une marque de naissance ; paraît-il que ça a suinté tout au long de mon premier mois de vie, cela ne voulait pas passer. »

La trace de mon frère, de notre combat singulier.

« Une cicatrice, quoi ! »

J'étais dégrisé.

ESPRIT

Pour l'élaboration de notre arme suprême, nous avions nécessairement besoin de l'un des vôtres. Nous savions qu'à un moment ou un autre nous aurions besoin d'une aide extérieure. D'autant que vous aviez mis toutes les chances de notre côté. Vous nous avez réunis dans ces villes que vous aviez bâties pour nous, des sortes de zoos pour virus. Ces centres de détention allaient nous apporter quelque chose que notre longue histoire avait été incapable de nous livrer : la promiscuité entre espèces qui n'auraient jamais dû se rencontrer, la possibilité de communiquer et d'échanger des gènes.
Il nous fallait donc un grand gourou, un expert en manipulation virale. Qui plus est, quelqu'un de mal intentionné à votre égard, un renégat. Comment trouver cette perle rare ? Nous pouvions choisir les gènes, pas les personnes. Nos échelles sont si différentes.
Nous avons donc développé une stratégie indirecte. Nous nous sommes mis à fomenter des épidémies foudroyantes en divers points de notre planète commune, des coups d'éclat que nous savions impressionnants. Parallèlement, nous avons essayé d'épargner çà et là quelques êtres aux gènes jeunes, des exemplaires auxquels vous donniez le nom d'enfants. Nous en avons épargné des milliers, nous espérions provoquer chez ces survivants une sorte de choc psychologique. Les chances étaient infimes.
Car comment faire pour que cet individu, que nous concevions nécessairement comme un trait d'union entre vous et nous, se retourne contre sa propre espèce ?

INVASION

Au départ, ce fut un léger tintement, une corne de brume quelque part dans la tête. Puis la perturbation s'imposa, emplissant l'espace. Enfin, il n'y eut plus que ça. Julia se réveilla en sursaut. Une sonnerie de téléphone. Quelle heure pouvait-il bien être ? Le gros réveil baroque posé sur la table de nuit indiquait 3 heures du matin. La sonnerie venait de la chambre d'à côté, on l'appelait sur son poste. Elle se détacha de mon étreinte, se précipita dans sa chambre. J'étais réveillé. J'ai peu de mal à reconstituer la conversation. Il s'agissait de moi. Si l'on peut dire.

« Allô ?

— Bonsoir. Pr Bailleys à l'appareil, excusez-moi de vous déranger à cette heure-ci, mais c'est urgent. »

La voix de Bailleys était hachée. Julia eut l'intuition fulgurante que le coup de fil la concernerait personnellement. Quelque chose comme un problème familial, voire judiciaire : on avait retrouvé la bande. On la visualisait en train de sectionner le cordon d'alimentation en air d'Harold. Elle attendit. Bailleys était très hésitant.

« Eh bien voilà, mademoiselle Berenson, continua Bailleys lentement. Il y a eu une erreur, Mlle Banks a inversé les prélèvements.

— Inversé les prélèvements, c'est-à-dire ?

— C'est le caviar qui est contaminé.

— Le caviar ??? »

Je m'étais brutalement raidi sous la couette. Je portais involontairement la main sur mes testicules.

« Oui, le caviar. Les traces virales se trouvaient en fait dans le caviar, une erreur de manipulation de dernière minute. »

Le film de la soirée défila dans la tête de Julia, autant de cris d'orfraie poussés par des cordes vocales tétanisées : Max en train de mordre dans un blini tartiné de perles noires, Max en train de tergiverser autour du tombeau, et puis sa propre voix qui repassait en boucle : « Je déteste manger seule », « on va commencer par le sévruga », « je t'en prépare un ? ». Adam et Ève version poisson.

Nue au bord de son lit intact, Julia se tordait les mains. Quelle gourde ! Oui, c'était elle et elle seule qui m'avait contaminé. Elle n'entendait même plus la voix nasillarde de Bailleys qui lançait des « allô » désespérés à l'autre bout du fil. Le constat était sans appel, j'avais été condamné uniquement à cause de son insistance. D'abord Harold, et puis moi. Pas d'erreur possible, le sang de son père coulait bien en elle. Atavisme involontaire, mais atavisme quand même.

Puis, subitement, comme c'est souvent le cas dans ce genre de situation, la panique fit place à l'espoir, comme si son esprit se refusait à plonger d'un coup dans l'affliction après tant de bonheur. Un espoir fou, sans aucun fondement scientifique. Et si le caviar de Tchornaya Ikra n'était pas contaminé ? Peut-être qu'une seule prise ne suffisait pas à déclencher l'infection ? Sursaut aussitôt balayé par une vague de pessimisme. Une seconde source de culpabilité était en train de se constituer, une congère dans la tempête : pourquoi n'avait-elle pas appelé Bénédicte dès qu'elle avait reçu le fax ? Comment la signature d'une simple laborantine avait-elle pu lui suffire ?

« Je pensais que vous supervisiez vous-même les travaux, finit-elle par répondre à un Bailleys à deux doigts de raccrocher.

— Écoutez, mademoiselle Berenson. Je vous appelle de mon lieu de vacances, je ne peux pas habiter en permanence Porton Down. Nous avons nos équipes de garde. Mlle Banks a cru bien faire en vous avertissant le plus rapidement possible. Et puis la contre signature d'un médecin n'aurait rien changé. C'est seulement quand le Dr Box, qui était d'astreinte, a refait les manipulations qu'il s'est rendu compte de l'erreur. Il vient de me joindre à l'instant. Je vous ai appelée tout de suite. »

Le vieux avait décidé d'avoir la dent dure, il embraya.

« Mademoiselle Berenson, vous auriez dû avoir des doutes, tout de même ! Il était évident que les tapis faisaient un criminel imparfait. La laine n'est pas vraiment un produit de luxe, elle entre dans la composition de nombreux vêtements, et pas que pour les riches. Si encore vous étiez au Cachemire... »

Julia ressentit la morsure, professionnelle celle-là. Bailleys avait raison, elle avait été légère. Le pire était que, dans son for intérieur, elle n'avait été que moyennement convaincue par l'hypothèse des tapis. Et qu'elle se méfiait de cette Bénédicte... Toujours se fier à ses intuitions. Bailleys grésilla à nouveau.

« Mademoiselle, je vous rappelle que nous sommes entre Noël et le jour de l'An, le service travaille au ralenti.

— Il est bien connu que les virus sont très pratiquants. En tout cas, monsieur, sachez que votre "ralenti" est à l'origine de la contamination du Dr Max Journo. Car figurez-vous que nous nous sommes offert une orgie de caviar, pour fêter la découverte de devinez quoi... la présence du virus dans les poils de tapis. »

Ce fut au tour de Bailleys de rester coi.

« Journo, le découvreur du Systac ? Il est venu avec vous, finalement ?

— Oui, nous avons fait le voyage ensemble. »

Percevant sans doute l'histoire de cœur derrière la causticité, Bailleys opta pour la surenchère.

« Cela va coûter cher à Mlle Banks. Non seulement elle s'est trompée, mais elle est à l'origine d'une contamination supplémentaire, et quelle contamination !

— Son blâme ne fera pas revenir la fécondité de Max, répliqua Julia désespérée, perdant sa retenue. C'est un voyage sans retour. Au revoir, monsieur. »

Elle raccrocha le combiné, submergée par les larmes remontant du fond de son enfance malheureuse comme une lame de fond dévastatrice. Je l'entendais sangloter, son désespoir étouffé par les draps blancs. À qui étaient destinés ces pleurs ? À son père ? À Harold ? À moi ? Ou à notre hypothétique fils à venir, un enfant « raide » en puissance ? Quel manque de chance, tout de même ! Pauvre Julia, elle qui pensait me faire plaisir. En me forçant à manger de l'aliment maudit, elle me trahissait pour la seconde fois. Sans son intervention, mes inclinations culinaires m'auraient protégé.

Puis le raisonnement se déroula dans son esprit, tapis jeté sur les marches d'un escalier sans fin. On ne connaissait aucun traitement, aucun vaccin. Et Max ne pourrait plus jamais avoir d'enfants par des moyens naturels, sa compagne serait obligée de se faire inséminer. Ses enfants seraient par définition contaminés, les enfants de ses enfants seraient également malades, et il en serait ainsi jusqu'à la fin des temps ; tout cela parce qu'elle avait eu la bêtise de le forcer à manger du caviar, un soir d'euphorie, qui plus est lors d'un repas qui lui était dédié. Belle dédicace, en vérité. À travers ses yeux confits de larmes, elle aperçut sa boîte de pilules contraceptives posée sur la table de nuit. Le sens des réalités lui revint d'un coup : zut ! trois heures de retard. Elle se leva et alla machinalement se remplir un verre d'eau, un comprimé à la main.

Et puis non, se dit-elle soudain, prise d'un coup de folie. Je vais donner une chance à ces spermatozoïdes qui progressent en moi, peut-être sont-ils encore sains ? Elle reposa le verre et le comprimé sur la tablette du lavabo. « Si par hasard je devais être enceinte, se dit-elle, je garderais l'enfant. Même si notre relation est sans lendemain, ce sera ma manière d'expier ; et n'en déplaise aux bien-pensants ! »

Julia retourna lentement dans ce qui était devenu notre chambre, ne sachant que faire, que dire. Elle regarda la forme de mon corps attentif, emballé dans le drap, hasardeusement mis en lumière par le réverbère d'une quelconque rue Pouchkine. Elle ressentit sans doute un intense besoin d'affection, recherchant le réconfort auprès de sa victime même, mais elle ne s'en sentait pas le droit. « Et dire que pendant ce sommeil profond, se disait-elle, le virus est en train d'effectuer ses basses œuvres et que nous n'y pouvons rien. Quand il saura, il se défiera de moi, j'étais parvenue à regagner sa confiance, et puis patatras ! Peut-être même voudra-t-il rompre. » Le pire, c'est qu'elle avait raison. Cette fille ne m'attirait que des ennuis : duplicité, trahison, et maintenant contamination. Et pourtant, malgré tout cela, j'avais l'impression qu'elle était la femme que j'attendais.

« Tu ne dors pas ? »

Il était temps que la comédie cesse : non, je ne dormais pas ! J'avais dans la tête le visage grimaçant de la vieille tsigane refermant ma main avec effroi, et puis comme une vieille blessure toujours suintante, le visage accusateur et bouffi d'un fœtus, celui de mon frère jumeau. Peut-être que cela aussi, la vieille l'avait vu.

Je me redressai brutalement, l'œil fixe ; Julia était assise en face de moi, sur le fauteuil en velours, la tête entre les mains. À quoi servait-il d'attendre le lendemain avant de m'annoncer une nouvelle que je connaissais déjà ? Ses paupières tuméfiées parlaient pour elle.

« Ne dis rien, je sais. »

Julia releva la tête.

« Qu'est-ce que tu sais ?

— Le virus est dans le caviar, c'est tout. »

Je lui adressai dans la pénombre un regard fourre-tout. On aurait pu y lire rancune, désespoir, tristesse, rage, colère froide, un sale mélange.

« Comment as-tu deviné ? »

Devais-je dire à Julia que j'écoutais aux portes ? Ou plutôt que mes testicules commençaient à gonfler, qu'ils me faisaient mal.

« Disons que j'en ressens les premiers symptômes. »

Que dire de plus ? Assis dans le noir, les mains et les tempes parcourues de sueurs froides, je rêvais éveillé. Des enfants. Il s'agissait d'une chaîne humaine, une file indienne de petits garçons et de petites filles ayant tous mon visage, qui s'étendait à perte de vue. Leurs bras étaient tendus au maximum, leurs mains se touchaient à peine, la chaîne pouvait ainsi se rompre à tout moment : l'image de ma postérité conditionnelle.

Julia s'élança vers moi et couvrit mon visage de baisers. Je la laissai faire, passif, meurtri, incapable de l'embrasser en retour ou de la rejeter.

« Laisse-moi », dis-je enfin.

Cette manifestation de tendresse, qui venait des profondeurs, m'avait laissé de glace. Julia s'écarta, blessée, meurtrie, frustrée : c'était un rejet.

« Tu as raison. De toute manière, je ne suis qu'une criminelle.

— Tu n'y es pour rien, articulai-je, tu ne pouvais pas savoir. Nous avions la certitude qu'il s'agissait des tapis.

— Je ne parle pas de ça, je suis un monstre. C'est moi qui ai tué Harold, je ne l'ai encore dit à personne. »

Vue sous cet angle, le visage à peine éclairé, Julia était convaincante. Je lui découvrais effectivement des traits inquiétants, insoupçonnés.

Julia raconta.

« Lorsque nous nous sommes retrouvés dans le labo, j'avais accumulé tant de haine contre le personnage que j'ai ressenti une forte pulsion de meurtre à son égard. Non, ce n'était pas que de la légitime défense, il y a eu préméditation. C'est sciemment que je l'ai attiré dans un endroit du labo sans caméra. Si j'avais vraiment voulu me sauver sans attenter à sa vie, il y avait un moyen. La porte de la chambre froide était restée ouverte, j'aurais pu m'y barricader en attendant les secours. Le scaphandre est équipé d'une sorte de bouclier thermique, il m'aurait protégée du froid. J'ai réellement voulu me débarrasser de lui, je savais qu'il n'y aurait pas de témoin. Que je jouirais du bénéfice du doute. Alors j'ai tranché le cordon. »

À présent, je réalise à quel point sa confession était courageuse. J'aurais pu la dénoncer, mu par je ne sais quel civisme imbécile. D'autant qu'elle ne devait jamais m'avouer son véritable mobile : Harold avait démoli son père, son enfance, les fondements mêmes de sa personnalité.

Ainsi nous étions tous les deux des damnés, il fallait que j'explose à mon tour.

« Au registre des meurtres, je ne vaux guère mieux que toi, moi aussi je suis un assassin, d'un genre original et ancien. Mon homicide est congénital. »

Julia releva la tête lentement, je continuai, comme sous hypnose.

« J'avais un frère jumeau, un vrai. Nous nagions ensemble dans le liquide initial. Mais je l'ai tué, je l'ai fait disparaître avant même sa naissance. Au bout des neuf mois fatidiques, nous étions deux : un mort-né et moi. »

Julia trouva la force de venir à ma rescousse.

« Tu ne peux pas t'accuser de la mort de ton frère *in utero* ; des tas de grossesses gémellaires tournent mal pour l'un des jumeaux.

— Sauf que je suis né avec le cordon ombilical de mon frère serré dans mon poing miniature, le pauvre est né bleu, ils n'ont pas pu le réanimer. Je n'en ai aucun souvenir, et pourtant c'était déjà moi. Mais comme je devais le haïr ! Une haine primordiale, essentielle. Nous avons dû nous battre. »

Julia me considéra comme un juge d'instruction en face d'un suspect.

« Mais qui t'a appris une chose pareille ? Ce sont généralement des secrets bien gardés.

— Ça s'est passé par hasard. J'ai reçu une éducation très stricte, presque austère, je comprends à présent que mes parents m'en voulaient. Maman s'occupait toujours de tout, les formulaires d'inscription à l'école, aux activités sportives, aux cours de musique. Je n'avais jamais accès au livret de famille. »

J'avais enroulé mon avant-bras dans un morceau de drap, et je serrais.

« Je suis tombé un jour par hasard sur ce livret, j'avais 12 ans. Je suis rentré de l'école à l'improviste, un prof d'anglais grippé, quelque chose comme ça. Le fascicule secret était posé sur le rebord de la cheminée du salon, juste à côté de mon album de timbres, couleur rouge sang coagulé. Ma mère avait dû l'oublier là, entre deux documents administratifs. Les lettres d'or m'ont sans doute attiré, j'ai ouvert comme on ouvre un album de photos anciennes, l'envie de se voir quand on était petit, la nostalgie des enfants. Et j'ai vu : Léon, enfant mort-né. Mort le jour même de ma naissance. Léon, mon frère, avec sa petite tête bleue, pourquoi ne m'avait-on rien dit ? »

Il fallait que tout le pus s'échappe de mon cloaque, Julia pressura la plaie.

« Comment as-tu réagi ?

— Bien sûr, je n'ai rien dit, je pressentais le drame. J'étais terrorisé. Mes résultats scolaires ont commencé à décliner, je me suis refermé sur moi-même, comme une mère enlace son enfant, je portais le deuil de mon frère comme s'il venait de mourir. Je n'ai rien dit à ma sœur non plus. Ce jumeau était mon problème à moi. »

Tout en déroulant l'écheveau, je comprenais progressivement pourquoi j'avais accepté sans mot dire tant de choses au cours de ma vie, mes rapports avec Benjamin, mon renvoi du CECOS, et tant de petites choses qui tissaient mon quotidien. Je ne portais jamais mes coups, j'avais peur de moi-même.

« À présent nous sommes quittes, conclus-je. Lui mort, moi stérile, nous devenons semblables, en quelque sorte.

— Quand as-tu appris la vérité ?

— Tout est allé assez vite, une réunion de famille qui s'éternise, quelques mois après ma découverte. Déballage d'histoires oubliées, de rancœurs qui stagnent, le ton monte. Puis l'inévitable gaffe. Ma tante, la belle-sœur de ma mère, dépressive, hésitant entre alcool, tranquillisants, et lunettes à double foyer... Sa phrase cruelle : "C'est vrai que lorsque l'on a donné asile à deux fils qui se sont entre-tués..."

Ma voix s'obscurcit, noyée par les sanglots si longtemps réprimés. J'appelai Julia.

« Viens. »

Nous avons refait l'amour avec violence, la haine des damnés chevillée au sexe. Nous ressentions déjà l'un pour l'autre cet attachement particulier que peuvent se porter des êtres dont les problématiques s'imbriquent. Mes testicules me faisaient mal. Je voulais lui offrir ma semence maudite.

Accrochés l'un à l'autre, les yeux ouverts, nous regardions le lustre.

« Finalement, tu vois, il y a une sorte de logique à tout ça. Depuis des mois que je manipule ce sperme plombé dans lequel chaque spermatozoïde porte en lui un exemplaire du virus vivant, il y avait quelque chose d'immoral à ce que je reste indemne. À présent que l'ennemi est en moi, je me sens presque soulagé. Désormais, j'en fais une affaire personnelle.

— Moi aussi. Je ferai tout ce qui est en mon pouvoir pour faire rendre gorge à ce virus. Une lutte à mort. »

Nos doigts s'entrecroisèrent comme deux enfants mêlent leurs sangs. La phrase qui suivit me coûta, mais il fallait qu'elle sorte.

« Une chose encore, Julia. Si tu veux rompre, dis-le tout de suite. Je peux comprendre que tu ne te contentes pas d'un homme disons... amoindri. »

Julia était trop fine pour ne pas anticiper ma perversité. Elle fonça. Au diable la pudeur ! Cette nuit était *la* nuit.

« Max, que les choses soient claires entre nous. Je ne marche pas à la pitié. Contaminé ou pas, tu me plais, continua-t-elle en me passant la main dans les cheveux. Je suis libre de mes choix, et je ne travaille pas pour l'Armée du Salut ! »

Merci Julia, cinquante ans après, je te remercie encore. Une brise d'optimisme se leva dans mon esprit vidé de son fiel. Après tout, cette maladie n'avait rien de fatal. L'homme finirait bien par relever le défi, il en avait vu d'autres. Il ne fallait pas perdre de vue l'essentiel : malgré ce cafouillage qui m'avait coûté si cher, le réservoir de virus était enfin découvert. Que valait ma petite contamination face à ce grand pas pour l'humanité ? Le virus lui-même n'allait plus tarder à être mis en évidence dans son intégralité, et non plus à l'état de traces. Et cette identification précise et complète pourrait être le prélude à l'élaboration d'un vaccin.

« Tu as prévu de continuer à méditer comme ça toute la nuit ? Le sommeil ne viendra plus. Sortons.

— Pour aller où ?

— Au labo de viro.

— En pleine nuit ?

— J'ai les clefs. L'accès est beaucoup moins sophistiqué qu'à Porton Down... ou même qu'au CECOS de Necker. Et puis, en tant que chargée de mission, j'ai entrée libre 24 heures sur 24.

— Que comptes-tu y faire ?

— Je veux le voir, cette crapule. J'ai gardé quelques grains de caviar dans de la glace avant d'envoyer les prélèvements au CREAM. Je vais les passer au microscope électronique. »

Je me levai, m'habillai, la pesanteur testiculaire commençait à s'estomper. Je regardai le réveil, 4 heures. « Un gonflement de quelques heures », avaient dit les patients. Cela se vérifiait, Bob prenait ses quartiers chez moi.

« Tu vois, c'est ça l'intérêt de connaître le réservoir de virus. L'agrandissement en microscopie électronique d'un unique œuf d'esturgeon permettra la visualisation de milliers de particules virales », continua Julia en enfilant ses collants.

Sur le pas de la porte, elle eut cette réflexion troublante.

« C'est drôle, ces thèmes d'étouffement et de cordon ombilical qui reviennent sans cesse dans cette affaire. Moi qui coupe le conduit d'alimentation d'air d'Harold, toi qui serres le cordon de ton frère avec ton poing, ce virus à la nuque raide qui provoque des circulaires du cordon chez les enfants mâles. Ne serions-nous pas tous un peu "en famille" ? »

J'attachai « ma » montre à mon poignet ; nous ne devions plus nous quitter.

ESPRIT

Il fallait qu'il se passe quelque chose, et c'est arrivé. Parmi tous les petits gènes que nous avons épargnés, un ensemble, un être, un enfant se devait de basculer dans la folie. Et c'est sur ce terrain non stabilisé que nos deux volontés se sont rejointes.
Nous connaissions votre peur de la contagion. Il suffisait de se pencher sur notre histoire commune. Vous en avez isolé des hameaux, mis en quarantaine des villes entières, brûlé des maisons !
Nous savions donc qu'une peur intense était susceptible de vous faire recommencer... Et Lassa n'est pas un tendre.
Cela n'a pas manqué. Vous avez sacrifié un des villages d'où nous nous étions retirés. Un réflexe médiéval, comme j'aime à le croire.
Quand je pense que je suis le petit-fils de celui qui donna le signal !

BOB

Le thermomètre indiquait − 35 °C, mais la Lada démarra au quart de tour. Je me sentis soudain fébrile. Curieux, aucun des patients ne m'avait signalé de fièvre. Julia prit la direction de l'hôpital central. Je regardais défiler les rues d'Astrakhan, désertes et glacées. À présent, j'hébergeais la mort. Je portais mon frère en moi, je l'avais en quelque sorte réhabilité. Une part de ma masculinité s'était envolée, quelque chose de très profond, d'animal, hérité du fond des âges, s'écrasait dans le néant. Maintenant au moins, je n'aurai plus à me méfier de tout, exit les analyses hebdomadaires de sperme. Le statut d'indemne tenait de l'équilibre instable. À dater de ce jour, je rejoignais la cohorte piétinante des hommes raides. Après tout, c'était un fléau mondial, j'avais le premier découvert l'anomalie. Le virus m'avait retrouvé, normal.

Puis soudain, la fulgurance d'un espoir insensé : soixante-dix jours ! soixante-dix jours ! C'était le laps de temps pendant lequel un spermatozoïde pouvait vivre au sein des voies génitales masculines. Si comme nous le pensions le virus ne s'en prenait pas aux spermatozoïdes « adultes », mais seulement à ses précurseurs, cela me laissait encore soixante-dix jours pour me reproduire normalement. Le début d'une course contre la montre avec la Bête. Je me tournai mécaniquement vers Julia. Ses ovaires, deux bouées de sauvetage… La honte.

La jeune femme, elle, conduisait en silence, enchaînant nerveusement les vitesses. Le 4 × 4 arriva en vue de l'hôpital, la guérite du vigile était allumée mais déserte. Le bâtiment de virologie était situé au fond de l'enceinte. Julia arrêta le moteur, elle avait le trac. Encore quelques instants et nous nous retrouverions face à face, elle et moi, Lui et son démiurge. Harold, Max, Bob, Julia : un quatuor dramatique.

« On y va ? » lâcha Julia.

Ses yeux étaient tordus par l'angoisse. Elle se rappelait sans doute la dernière fois qu'elle s'était retrouvée la nuit dans un laboratoire de virologie désert en compagnie d'un amant. Je me penchai sur elle, l'embrassai sur la joue.

« Ne t'inquiète pas, nous l'aurons, ce monstre. »

Nous sortîmes de la voiture, gravîmes les quelques marches qui nous séparaient du bloc. Julia sortit son passe, ouvrit la porte en acier noir, cerbère dérisoire. Rien à voir avec Porton Down : pas de digicode, de barbelés, ni de surveillance électronique. Un simple laboratoire de campagne endormi. Je crois que nous l'avons traversé au pas de course.

La salle principale, enfin. La température était proche de 0 °C. De nos bouches s'échappaient des nuages de buée blanche. Julia tourna le commutateur, lumière clinique. Apparut une salle austère aux murs blancs avec des vasistas, un hangar déguisé en laboratoire.

« Avec une telle température, comment font les virus pour se reproduire ?

— Les cultures sont conservées dans les étuves qui sont à ta droite », répondit Julia en désignant des parallélépipèdes vitrés.

Elle afficha un sourire minimaliste.

« Nous serons plus à l'aise sans nos fourrures, dit-elle en enlevant sa pelisse. D'ailleurs, par rapport à l'extérieur, ici, il fait presque chaud. »

Elle se dirigea vers un gros congélateur, en sortit un petit sachet en plastique transparent : je reconnus immédiatement les perles noires fatidiques. Par un curieux ricochet, je pensai à d'autres perles noires, cet ADN fossile qui agrémentait les testicules fibreux de mon ami Benjamin. Un clin d'œil du virus, nous n'avions pas percuté. Ce poisson antédiluvien, peut-être s'agissait-il d'un ancêtre de l'esturgeon ?

« Tu peux m'aider à les préparer ? demanda Julia sur un ton qui aurait mieux convenu dans une cuisine. Il faut réaliser deux ou trois manipulations avant de les passer au microscope électronique.

— Pourquoi ne pas avoir fait ça avant ? demandai-je malgré moi. Pourquoi passer systématiquement par le CREAM pour l'analyse des échantillons alors qu'il existe ici un plateau technique visiblement conséquent ?

— Je suis ici en mission, Max. L'analyse locale des prélèvements n'était pas prévue au programme. Elle m'aurait bloquée ici. J'étais plus utile sur le terrain, à collecter de nouveaux échantillons et des informations épidémiologiques, que dans un labo sous-équipé à tenter de mener l'enquête pour mon propre compte. »

Julia était sur la défensive, je n'eus pas l'intelligence de clore.

« Ta "mission" t'aurait-elle fait perdre toute curiosité scientifique ? »

Julia me lança un regard apeuré, elle était à bout, appelait à l'aide. Nous restâmes quelques instants face à face, à nous jauger, les grains de la discorde éparpillés entre nous.

« Excuse-moi, fit-elle au bout d'un moment. Je suis vraiment nulle, j'ai tout gâché.

— C'est moi qui suis désolé, je ne sais pas ce qui m'a pris. Peut-être le contre coup de l'incubation. »

Julia vint se serrer contre moi.

« Tu es sûr que ça va aller ?

— Oui. À présent je n'ai envie que d'une chose, visualiser ce satané virus et lui faire rendre l'âme. C'est tout de même lui le véritable responsable.

— Ah bon, ce n'est pas moi ? »

Connivence et sympathie. Le ballet de gestes allait pouvoir commencer, nous étions impatients.

Julia introduisit un grain de caviar dans une microbroyeuse dont elle mit le moteur en route.

« Allez, mon vieux, sors de ta tanière », adressa-t-elle à la bouillie.

Je récupérai le broyat, l'étalai sur de petites grilles recouvertes de microfilms de collodion.

« À présent, je vais te tuer », proféra Julia d'une voix convulsive, déposant sur l'échantillon une goutte d'acide osmique.

L'acide osmique était alors encore en usage : c'était une sorte de colorant métallique permettant la visualisation des structures biologiques au microscope électronique, mais il entraînait la mort des tissus à examiner. C'était un colorant létal.

« Passons aux choses sérieuses », fit Julia, réprimant de plus en plus mal sa nervosité, son attente.

Le microscope électronique était un vieux modèle, un ancêtre datant des années 1970, installé là sans doute dans le cadre de quelque plan quinquennal. Julia connaissait bien l'histoire de l'appareil. Il avait fait jadis la fierté de la région, de nombreux paysans et pêcheurs du delta s'étaient même déplacés pour le voir, la propagande. Le modèle n'avait jamais été réactualisé depuis. Trônant dans cette petite pièce sombre attenante au labo, son aspect colossal, grand cylindre de métal noir s'élevant jusqu'au plafond, imposait pourtant le respect. Julia alluma l'appareil : un feulement sourd et continu se manifesta, inquiétant.

« Les turbines d'un sous-marin.

— Immersion », répondit Julia en introduisant le broyat fixé au cadmium dans l'antre du microscope, au sein duquel régnait un vide poussé.

Le faisceau d'électrons se mit à balayer la surface de la préparation. Progressivement apparaissaient sur l'écran de contrôle, au milieu d'une cellule reproductrice éventrée, des boules rondes, des milliers de boules rondes, presque translucides. Nous contemplâmes sans mot dire : ainsi c'étaient ces sphères si simples, si banales, qui semaient la panique.

« Depuis que je fais ce métier, je n'ai jamais vu autant de particules virales sur un seul prélèvement. Cela augure d'une prolixité extraordinaire.

— Voilà donc le redoutable virus du Systac, finis-je par émettre, la déférence masquant la rage. On dirait des milliers de bulles de savon.

— Des bulles de savon, cela ressemble à un rhino... »

Julia n'acheva pas. Son inquiétude se figea en effroi. Elle venait de réaliser que le virus ressemblait à s'y méprendre au banal virus des rhumes. Ici aussi, je suis obligé de combler les trous. Harold avait utilisé du matériel de rhinovirus pour fabriquer sa chimère. C'était bien là la preuve que le virus qui étalait avec ostentation ses sphères devant nous était sa créature, son Œuvre au Noir. Harold était mort avec ses doutes, il aurait donné sa vie pour vivre un moment pareil. Julia évalua en un jet de pierre les conséquences de sa découverte, sa pensée joua aux dominos : 1. Harold était bien le père de ce microbe ; 2. Il avait réussi son coup ; 3. La bestiole avait probablement totalement réorganisé ses protéines pour se rendre méconnaissable, il ne réagissait même pas aux réactifs antirhinovirus qu'ils avaient utilisés pour la caractériser ; 4. Le virus était bien doué d'une intelligence diabolique, il avait un projet intrinsèque, et il avait pris ses distances avec son créateur. Tout devenait possible, l'humanité s'engageait sur un terrain marécageux, inconnu.

Je la tirai de sa stupeur, moi aussi je me mettais à lui parler.

« Nous sommes les premiers humains à te contempler. Un nom, il te faut un nom. »

Comment baptiser ce guerrier de l'Apocalypse ? Le froid que nous avions oublié reprit sa place. Nous avions le choix des mots, armes dérisoires, littéraires.

« B comme bulle de savon, murmura Julia.

— O comme organique, continuai-je.

— Et B comme... bloquante, puisqu'il bloque la chaîne des générations. Bob. Bulle organique bloquante. »

Ainsi, le sigle scientifique recoupait le sobriquet d'Harold. Mais cela, bien sûr, je l'ignorais.

« Bob ! Le nouveau prénom à la mode ! m'exclamai-je avec une joie mahlérienne.

— Courte vie à toi ! continua Julia, à son tour dissonante, s'adressant à l'écran.

La haine, la violence, le désir de vengeance, nous envahissent. Nous aurions voulu nous métamorphoser en casseurs, nous saisir de bonnes barres de fer, et casser, casser, éventrer cet écran, dilacérer ces sphères noires, les réduire en charpie. Et puis, de proche en proche, nous en prendre à tout le labo, une rage dévastatrice, humaine, inutile. Mais nous étions avant tout des machines à penser.

— Quoi qu'il en soit, repris-je, baptisé ou pas, je crois que nous avons vraiment mis la main sur sa base arrière. Plus qu'un réservoir de virus, le caviar, c'est comme du virus à l'état pur. Rien à voir avec la parcimonie avec laquelle il se livre chez l'homme.

— Observe bien ces boules ! Un virus tout ce qu'il y a de plus quelconque, de banales microsphères, un camouflage parfait. Effectivement, nous pourrions croire à un inoffensif rhinovirus. »

Mon attention fut soudain attirée par un détail.

« Regarde la particule à l'extrême nord de l'écran. »

Julia cligna les yeux.

« Je ne détecte rien de particulier.

— Regarde encore, il y a quelque chose d'anormal, on dirait qu'elle bouge. »

Julia regarda encore, soudain elle vit.

« Tu as raison. Un léger mouvement, elle tourne sur elle-même.

— Mais elle n'est pas la seule. Il y a celle-là, et cette autre, et cette autre encore. »

Nous en vînmes ainsi à une conclusion insolite. Toutes les particules de la préparation étaient animées d'un léger mouvement de rotation associé à un déplacement. Julia, en virologue aguerrie, fut la première à mettre en doute nos constatations.

« Il s'agit peut-être d'un artefact. Le mouvement est sans doute lié à une mauvaise stabilisation du gel. Un mouvement passif.

— Cela m'étonnerait. Je ne suis pas virologue, mais, d'après ce que je connais de la matière vivante, cela m'a tout l'air d'être un mouvement organisé... volontaire.

— Tu insinuerais que...

— Oui, que Bob est vivant.

— Vivant ! C'est impossible, persista Julia, réactionnaire malgré elle. Aucune structure vivante ne résiste à l'acide osmique. C'est un métal lourd, un toxique.

— Il faut pourtant bien admettre que ce que l'on voit n'est pas inerte.

— Mon Dieu, mais qu'est-ce qui nous arrive ? Qu'est-ce que cette calamité ? »

Julia fut prise d'un tremblement intempestif. On aurait dit qu'elle allait se mettre à hurler. Je lui saisis les mains, tentai de lui faire tourner le dos à l'écran.

« Calme-toi. »

Mais son regard restait braqué sur les sphères tournantes.

« Où vont-elles ? reprit-elle.

— Que veux-tu dire ?

— Ce mouvement a un sens. »

Je desserrai mon étreinte, ramenant toute mon attention vers l'écran. Les bulles glissaient véritablement sur leur support osmique, se livraient à une sorte de grand ballet, une danse dont nous ne percevions pas encore la finalité. Esthétique morbide. Au bout d'un temps d'observation, je détectais une certaine logique.

« On dirait que toutes les particules se dirigent vers la périphérie de la préparation, un gigantesque mouvement centrifuge.

— C'est dingue ! On a même l'impression qu'elles sont moins nombreuses au centre. Certaines sortent déjà du champ du microscope.

— À ce rythme, bientôt, il n'y en aura plus. »

Julia déplaça l'objectif.

« On va tenter de les suivre. »

À la périphérie de l'œuf d'esturgeon s'étaient massées une multitude de particules virales. Certaines étaient même en train de bourgeonner à sa surface : une activité intense, maléfique et vorace.

Julia tapa la paillasse de sa paume.

« Le virus s'échappe !

— Qu'est-ce que tu racontes ? »

Un instant, je crus qu'elle devenait folle, que ses nerfs lâchaient.

« Ce virus ignore tout de nous, il ne sait pas, ne peut pas savoir qu'on l'observe.

— Je comprends tes doutes, Max. Mais c'est un fait, Bob se sent observé. Ne me demande pas comment il s'y prend, il doit "ressentir" quelque chose. Il ne veut pas qu'on le voie. »

Effectivement, c'était indéniable, chaque fois que nous braquions l'objectif sur une concentration virale, les particules prenaient le large.

« Je ne sais pas, m'acharnai-je, c'est peut-être la lumière polarisée de l'oculaire qui n'est pas à son goût. »

C'est dans sa nature, Harold l'a voulu indétectable, se disait Julia en pensant aux carnets.

« Écoute-moi, Max, je te rappelle que, à l'heure qu'il est, ce virus aurait dû être raide mort. Aucune particule connue ne survit à l'osmium. Nous avons basculé. »

Tout cela me paraissait incroyable, un représentant du premier maillon de la chaîne des vivants envoyant un message à son dernier avatar, le narguant même. Nous avions noué avec la bête quelque chose de parfaitement inédit, une relation interactive.

« Son activité est incessante ; il est de plus en plus rapide », repris-je.

Le champ du microscope fut nettoyé, cette fois, à grande vitesse. Les bulles devenaient folles, ou plutôt phobiques. Elles s'adaptaient rapidement, du jamais vu. Je déplaçai l'objectif sur un nouveau gisement, étrangement motivé par cette vaine traque. J'étais comme sous hypnose.

Julia écrasa un grain de caviar entre ses doigts.

« Nous te broierons, bulle organique bloquante ! »

Prétentieuse !

ESPRIT

Le petit homme que nous avions épargné, par chance un être à la base psychiquement fragile, devait s'en sortir une seconde fois sauvé grâce à un miracle. Recueilli par une peuplade qui ratissait le secteur, une forme primitive de solidarité qui n'est pas sans rappeler la nôtre. Ce survivant, qui avait perdu tout repère, était suffisamment déstructuré pour devenir un autre et, de là, se retourner contre vous. Ah, le merveilleux psychisme humain ! Ses carnets, je les ai découverts par hasard, en fouillant dans les cartons à chaussures de maman. C'est comme ça que j'ai pris conscience de ma vraie nature, et de ce que nous avions fomenté. Car mes frères, les autres hybrides, ne savent ni qui ils sont ni ce qu'ils font. Ils sont programmés pour quelque chose qui les dépasse.
C'est aussi par hasard que je suis arrivé dans cette famille. Nous ne choisissons pas nos cibles, mais je suis bien tombé. C'était sur ce couple, si dangereux pour notre cause, qu'il fallait agir.

LE FLOCH

Nos manipulations avaient duré jusqu'au matin. Nous étions comme hallucinés, deux revenants éblouis par la lumière de l'aube : travailler pour ne plus penser, pour oublier, jusqu'en enfer. L'excitation côtoyait le désarroi ; nous étions parvenus aux confins du monde scientifique connu. Au-delà de cette limite s'étendaient des terres inexplorées. Les règles que nous avaient inculquées nos pairs, nos livres et nos chères études étaient devenues soudain inadaptées. Avec ce virus qui survivait même à l'acide osmique, qui se dérobait dès que nous voulions l'étudier, nous avions mis la main sur un Être à part entière, un esprit capable de dissimulation, un stratège.

Julia avait encore une dernière chose à faire, une visite à rendre. Il fallait descendre jusqu'à sur les bords de la mer Caspienne. Elle me proposa de l'accompagner. Après l'atmosphère confinée du labo, l'air du large, l'ultime terre avant la mer. Et puis, Julia, Julia à mes côtés. Julia, mi-ange, mi-démon.

« J'ai quelqu'un à aller voir à la pointe sud du delta de la Volga. Je l'ai déjà raté une fois. Tu sais, cette maudite panne de voiture.

— De quoi s'agit-il ? Un pêcheur oublié ?

— Tu ne crois pas si bien dire. Un vieux pêcheur breton qui s'est reconverti dans les esturgeons, un ami personnel du chef de labo. Il commande un bateau-usine à l'embouchure de la Volga. C'est une espèce d'original, à ce qu'il paraît, et on ne peut le rencontrer qu'entre 6 et 8 heures du matin. »

Pour descendre vers la mer Caspienne, il fallait prendre des routes non goudronnées, longer les méandres du fleuve, des bras tentaculaires. Le sol étant gelé sur près d'un mètre, il n'y avait pas de risque d'être pris dans les marais, mais les chances de s'égarer étaient importantes. Zoom sur la carte : Astrakhan se trouvait à environ soixante-quinze kilomètres du petit village d'Ognovkha, notre destination.

La Lada mit le cap vers le sud. L'air froid et sec s'engouffrait par les interstices de l'habitacle. Le paysage était à couper le souffle. Les canaux gelés faisaient ressembler le delta à quelque labyrinthe fantaisiste abandonné par son minotaure. Des cormorans nous accompagnaient dans notre descente. La piste serpentait entre les bras du fleuve, comme une invitée se frayant un chemin. Nous traversâmes ainsi villages de pêcheurs et petits hameaux, désertés à cette époque de l'année, maisons de bois grinçant au vent. Seule la bourgade de Mumra était un peu animée. Nous y fîmes une courte halte, petit-déjeunant d'un thé brûlant et de quelques beignets achetés dans une petite cahute. C'était la dernière étape avant Ognovkha. Nous repartîmes ; un soleil ancestral se levait sur la steppe aride et durcie, il était 7 heures.

André Le Floch vivait toute l'année dans le bateau-usine dont il était le capitaine. Le bâtiment était amarré le long d'un bras de mer, à hauteur de la péninsule d'Ognovkha. Julia gara la voiture du labo sur le quai. Aucune passerelle ou filin ne semblait relier la coque raide et noire du Serguei à l'embarcadère. Pas de trace de présence humaine non plus. Je klaxonnai, sirène de terre. C'est à ce moment-là que nous l'aperçûmes : un barbu en caban, qui nous regardait depuis le haut du gaillard avant, juché sur sa forteresse d'acier. Nous lui fîmes des signes que nous nous efforçâmes de rendre engageants : bordée d'injures russes, mais il n'était pas difficile d'en saisir le sens général. Ah ! le langage universel des gestes.

« Il n'a pas l'air commode, ton ermite. Essaie le français. Après tout, il s'appelle André Le Floch, il n'a peut-être pas tout perdu de sa langue maternelle.

— Je m'appelle Julia Berenson, s'égosilla Julia, je suis une amie du Pr Lubjinski, d'Astrakhan. Pouvez-vous nous recevoir ? »

Le visage de Le Floch sembla s'éclairer, malgré la distance.

« C'est bon, j'arrive, grommela-t-il dans un français à l'accent suranné.

— Il ne doit pas souvent se servir de ses cordes vocales, émis-je en attendant la réapparition du marin.

— Tu oublies que nous sommes hors saison ! »

L'écoutille latérale du Serguei s'ouvrit en grinçant, témoignant de la rouille qui rongeait le bateau. Nous aperçûmes alors un Le Floch soudain devenu plus proche manier la passerelle de bois.

« Bonjour, fit-il en esquissant un salut marin de pure forme, bienvenue à bord. »

Nous grimpâmes. Le Floch avait la main osseuse, agrippante. Ses yeux, enfoncés dans ses orbites, ne renvoyaient rien : deux trous noirs. Ses sourcils mal peignés et une barbe aléatoire achevaient de lui dénaturer le portrait.

« Il y aura toujours une place à bord pour les amis de Lubjinski. Nous avons fait ensemble des pêches à l'esturgeon mémorables, avant que je ne prenne le commandement de cette usine flottante. »

Croisements de regards entre Julia et moi : nous étions d'emblée dans le vif du sujet.

« Justement, c'est de pêche à l'esturgeon que nous aimerions vous entretenir, embrayai-je.

— Vous tombez mal. C'est en avril et en mai, quand la Volga en crue envahit les terres basses du delta, qu'il aurait fallu venir. »

Je compris que Le Floch risquait à tout moment de rompre l'entretien. Je ne m'étais pas assez méfié du bonhomme, Julia rattrapa le coup.

« Nous sommes venus vous entretenir d'une affaire qui ne peut attendre la réouverture de la pêche. »

Le Floch hésitait ostensiblement à nous introduire plus avant dans l'intimité de son bateau. Cela faisait sans doute quelques mois qu'il n'avait pas adressé la parole à une autre « personne » qu'à son chien Leonid. Mais nous avions sans doute l'air pitoyable avec nos visages blêmes et nos yeux cernés, et l'esturgeon était sa raison de vivre.

« Venez dans mon salon, nous serons plus à l'aise », se décida-t-il enfin.

Le Floch nous fit passer par les coursives du vaisseau, destination son antre, entamant des explications dignes d'un guide touristique.

« Pendant la période de frai, le delta s'anime. Vous auriez l'impression d'être dans une autre région. Au cours de leur périple, les esturgeons peuvent remonter jusqu'à Volgograd, à cinq cents kilomètres en amont, mais la pêche n'est autorisée que dans le delta, dans le bras principal du fleuve. »

Les égouts de Volgograd, la pollution de la Volga, Bob emmitouflé dans une serpillière. J'ignore si Julia pensa à ce fameux stage relaté dans les carnets d'Harold, mais je surpris son frémissement. Puis Le Floch se mit d'un coup à devenir prolixe, la volubilité des timides.

« Les braconniers sont malgré tout nombreux, poursuivit-il, la pêche à l'esturgeon est lucrative. Le caviar de béluga atteignait jusqu'à ces derniers temps encore près de deux mille euros le kilo à l'export.

— Vous pêchez vous-même ?

— Dans le temps, j'étais pêcheur d'esturgeons professionnel. C'était d'ailleurs mon premier métier dans ce qui s'appelait alors l'URSS. À la haute époque, nous lancions nos filets dans le chenal, les eaux étaient fabuleusement poissonneuses ; la pêche durait nuit et jour : sévrugas, osciètres, bélugas, certains dépassant la tonne, se pressaient dans nos pièges de corde, flancs contre flancs, nageoires contre nageoires. »

Le Floch marqua un temps d'arrêt ; trop de mots avaient dû se bousculer d'un coup dans son gosier malhabile.

« Mais avec la pollution et la baisse du niveau de la rivière, l'esturgeon s'est fait de plus en plus rare... Jusque dans ces dernières années. Quant à moi, je me consacre à présent à l'exploitation industrielle du caviar, on m'a confié le commandement de ce bateau-usine, continua Le Floch en baissant la voix. La conséquence d'un malheureux accident de pêche. »

Tout en devisant, nous étions arrivés dans une sorte de grande cabine ovale, qui devait faire office à la fois de chambre à coucher, de bureau et de salle de réunions. Une odeur de tabac froid grignotait l'acier. D'énormes poissons naturalisés, agrémentés çà et là de grosses masses en bois, se pavanaient sur les murs.

« Ce sont des gourdins destinés à assommer l'esturgeon, expliqua Le Floch. La marchandise est précieuse ; assommer le poisson est ce que nous avons trouvé de mieux pour tuer l'animal sans le faire souffrir. Une mort brutale pour un caviar sans toxines. »

Le Floch était devenu presque chaleureux.

« Celui-ci est un osciètre que j'ai dû pêcher en 1962, continua-t-il en désignant un gros poisson avec d'immenses moustaches suspendu au-dessus de son lit. Mais voici le roi ! Un béluga de plus d'une tonne que nous avons ramené en 1967, lors d'une pêche miraculeuse au voisinage de l'île aux Perles. L'esturgeon est une espèce à part, un poisson fossile venu du fond des âges. Il en circulait déjà à l'ère primaire. »

Fossile, encore un mot renvoyant à autre chose. Les perles d'ADN maculant les testicules de Benjamin n'avaient-elles pas été identifiées comme du matériel de poisson fossile ? La colonisation de l'esturgeon par Bob n'avait-elle pas fait prendre un furieux coup de vieux à la vénérable espèce ? À ce stade de nos recoupements, il n'y avait plus qu'à laisser parler Le Floch, la vérité allait tomber d'elle-même, comme un fruit pourri.

« À l'abri derrière sa cuirasse, je me demande parfois quelle est la nature réelle de cet animal. N'est-ce pas, Leonid ? »

Un grand chien blanc que ni Julia ni moi n'avions encore remarqué émit un grognement dans un coin de la cabine. Le Floch refit surface.

« Mais que me voulez-vous, au juste ? Vous n'avez tout de même pas fait toute cette route, en plein hiver, pour m'entendre parler de caviar ?

— Eh bien, si. Avez-vous déjà entendu parler du Systac ? demandai-je abruptement.

— Qu'est-ce que cela a à voir avec moi ? Je crois d'ailleurs que nous n'avons pas été présentés, jeune homme. Vous êtes également un ami de Lubjinski ? »

Décidément, je n'avais pas la cote.

« Max Journo, dis-je en tendant une main débonnaire. »

Nouveau contact osseux.

« Le Petit Père des œufs en personne ?! s'exclama Le Floch en se tapant la cuisse. Ça alors ! Vous savez que vous êtes une sorte de célébrité locale ? La radio d'Astrakhan ne parle plus que de vous, depuis une ou deux semaines. Comme c'est mon seul contact avec la civilisation, pensez comme je l'écoute ! Si vous continuez, les gens du coin vont vous ériger une chapelle, surtout depuis que la première femme que vous avez inséminée est enceinte, une certaine Alexaia Peek, je crois. J'ai entendu son interview pas plus tard que ce matin.

— Alexandra Zeek, rectifiai-je.

— C'est ça. »

Julia me sauta au cou.

« Ça a marché ! Extraordinaire, une première mondiale. La première insémination intrasalpingienne avec du sperme raide. Plus besoin de FIV !

— On va arroser ça ! »

Un Le Floch de nouveau déridé se dirigea vers le bar.

« Nous avons bien fait de venir nous planquer ici, sur les bords de la Caspienne. L'atmosphère à l'hôpital central d'Astrakhan doit être irrespirable, entre ton fan-club et les journalistes.

— Heureusement que je ne parle pas le russe. Cela me donne un prétexte pour ne pas répondre, maugréai-je, me souvenant d'une certaine interview. »

Le Floch revint avec trois petits verres en cristal et y fit couler quelques centilitres d'une vodka aux reflets vert d'eau.

« *Za vaché zdarovié*, entonna-t-il avant de vider son verre et de l'envoyer se fracasser sur l'une des parois de la cabine. Faites comme moi !

— Qu'est-ce que ça veut dire ? demanda Julia avec la tête d'un lapin au sortir du terrier.

— "À votre santé", répondis-je, déjà rodé.

— La dernière fois que j'ai trinqué, c'était pour arroser la pêche de ce gros béluga. Seize kilos de caviar ! Un record. Regardez cette balafre sur le côté : c'est la cicatrice de l'incision qui l'a vidé de ses œufs. »

Le Floch fit une pause.

« La maladie du sperme raide, poursuivit-il lentement. Bien sûr que je connais. Ici les pêcheurs l'ont baptisée la "mort froide". Les femmes du delta ont fait courir le bruit que le sperme de leurs hommes était devenu froid. D'ailleurs, cela fait bien longtemps que l'on n'a pas enregistré de naissance dans le secteur. Le plus jeune enfant du village d'Ognovkha doit être âgé de 7 ou 8 ans.

— Eh bien, nous croyons pouvoir ramener la vie dans le bassin de la Volga ! Nous avons fini par découvrir que la maladie était due à un virus, et que ce virus proliférait précisément dans le caviar. »

Julia y était allée un peu fort. Le visage de notre hôte, pourtant d'un naturel exsangue, blêmit encore. Ses yeux devenus soudain expressifs jetèrent des regards désespérés à tous les esturgeons et autres souvenirs de pêches extraordinaires accrochés aux parois de la cabine.

« Ce n'est pas possible, je ne vous crois pas, parvint-il à articuler. Hors de mon bateau ! Je n'ai aucun besoin d'apprendre ce genre de nouvelles ! Vous autres scientifiques n'êtes pas meilleurs que les autres : vous affirmez des choses avec une certitude absolue, que vous démentez sans vergogne ensuite, sur la foi d'une étude, d'une expérience. La vérité est pour vous une donnée changeante. Le pire est que cela ne vous cause aucun problème moral. Vous ne vous sentez pas personnellement impliqués.

— Nous aimerions bien nous tromper, répondis-je, conscient de rouvrir la balafre du béluga, mais j'en ai fait moi-même la cruelle expérience. Je viens d'être contaminé, pas plus tard que cette nuit. Le coupable ne fait hélas aucun doute. »

Malgré son sursaut d'incrédulité, le vieux pêcheur devait bien pressentir que nous disions vrai. Se tournant de nouveau vers ses trophées, il semblait les accuser à présent de haute trahison : pourquoi m'avez-vous fait ça, vous, mes fidèles amis, mes compagnons de lutte, pourquoi ? L'univers du capitaine Le Floch était en train de sombrer sous nos yeux. Devant ce muet désarroi, je repensai moi-même à l'intrus à qui j'avais offert asile, cette impression étrange que l'on ne s'appartient plus tout à fait.

« Je sentais bien que quelque chose ne tournait pas rond. C'était trop beau, je le savais !

— Que voulez-vous dire par là ? risqua Julia.

— C'est un secret d'État, je ne peux rien pour vous. »

Le Floch était soudain devenu dense, recroquevillé sur son chagrin.

« De quel État parlez-vous ? L'URSS n'est plus, et la Russie n'en finit pas de se définir.

— Écoutez, capitaine, renchéris-je. Au moment où nous parlons, de nombreux hommes, des citoyens du monde comme vous et moi sont en train ou sur le point de déguster du caviar. Pas plus tard que tout à l'heure, j'ai moi-même contracté la maladie, et tout porte à croire qu'une seule ingestion suffit. Le virus fait mouche du premier coup. Vous êtes sans doute vous-même concerné. Alors, s'il vous plaît, si vous détenez des informations, aidez-nous, le temps nous est compté. »

Le Floch releva la tête. Visiblement, le plaidoyer avait porté. Le marin semblait peser le pour et le contre. Julia porta le coup de grâce.

« Si vous ne le faites pas pour nous, faites-le pour votre ami Lubjinski. »

Le Floch céda.

« Eh bien voilà, commença-t-il en essuyant d'un revers de manche un des hublots de la cabine. Ce devait être il y a une dizaine d'années. Nous nous sommes rendu compte que la production de caviar, qui était en diminution constante depuis le début du siècle dernier, semblait avoir atteint un plateau. Les autorités fluviales ont d'abord pensé qu'il s'agissait d'un phénomène naturel, de bonnes années pour la pêche comme il en arrive parfois ; puis la production s'est mise carrément à augmenter, d'abord progressivement, puis de manière plus sensible. De mémoire d'homme, cela ne s'était jamais vu dans le delta. On a envisagé toutes les hypothèses, résultats de la politique agricole à orientation plus écologique, diminution de la pollution des eaux, remontée mystérieuse du niveau de la Caspienne... Certains y ont même vu une conséquence très à distance de l'explosion du réacteur nucléaire de Tchernobyl.

— Ainsi, la prolifération virale a été bénéfique à l'esturgeon, déduisis-je. Elle a augmenté sa fécondité.

— Quel paradoxe, tout de même ! Un même virus rend l'homme stérile et augmente la fécondité des esturgeons femelles, celles qui produisent le caviar, continua Julia.

— On n'a jamais su si la laitance des mâles est parallèlement devenue plus abondante. Mais ce que l'on a pu vérifier, c'est que le comportement des animaux s'était modifié.

— ??!

— Tout a débuté par des accidents de pêche. Les esturgeons ont commencé à devenir de plus en plus gros, de plus en plus agressifs. De nombreux pêcheurs ont été estropiés à cette époque. Je dois d'ailleurs ma jambe de bois à un sévruga qui m'a chargé une nuit que j'étalais mes filets dans la Volga – Le Floch retroussa son pantalon comme pour appuyer ses dires. C'est Lubjinski, en compagnie duquel je pêchais, qui m'a transporté sur la rive pendant que je me vidais de mon sang. C'est encore lui qui a arrêté l'hémorragie, me garrottant avec des mailles de filets. Puis les œufs ont mis au monde des alevins énormes, qui ressemblaient déjà comme deux gouttes d'eau à des adultes en miniature, alors qu'ils ne sont habituellement pas plus gros que des têtes d'épingles et méconnaissables à la naissance. On aurait dit des animaux...

— Préhistoriques ?

— C'est ça, des sortes de montres antédiluviens. »

Bob avait donc bien modifié le génome des esturgeons. Il avait dû réactiver des gènes anciens, des morceaux d'ADN tombés en désuétude. Une évolution à l'envers.

« Suite à ces modifications de comportement, la pêche n'a pas été interdite ?

« — Au départ, les autorités locales ont laissé faire, probablement sous l'œil complaisant du pouvoir central. La vente de caviar est une source conséquente de devises. Il y avait déjà à cette époque un important flottement au sein du gouvernement de l'Union. Peut-être n'étaient-ils d'ailleurs même pas au courant de la situation réelle. Vous savez, la vie économique du delta est tout entière basée sur le caviar. Le peuple de ce pays est courageux. Les hommes sont le plus souvent marins de père en fils, pêcheurs d'esturgeons selon une tradition plusieurs fois millénaire, plongeant peut-être ses racines au néolithique. Ils étaient prêts à continuer de travailler même s'ils savaient que cela devenait risqué. L'esturgeon est ici considéré comme une sorte de demi-dieu. Et puis... »

Nouveau blocage. Nous jouâmes la carte du silence. La suite ne tarda pas.

« Il faut avouer que, parallèlement à la sauvagerie croissante des poissons, jamais leur caviar n'avait été aussi délicieux. Nous avons même vu réapparaître un ou deux bélugas albinos, devenus rarissimes, et qui portent en eux des œufs exceptionnels : le fameux "caviar doré du tsar". »

Le Floch avait à présent les yeux mi-clos, dégustant sans doute le fabuleux caviar. Il les rouvrit brutalement.

« Mais le nombre sans cesse croissant des accidents de pêche a finalement forcé le pouvoir central à prendre des mesures. J'ai ouï dire que les ordres provenaient du plus haut niveau de l'État. Quoi qu'il en soit, la région du delta est subitement devenue zone interdite. Toutes les modifications de comportement et de taille des esturgeons et de leurs œufs ont été tenues secrètes. Le cours inférieur de la Volga a été interdit à la presse et au tourisme. Le plus curieux a peut-être été la réaction économique du gouvernement devant l'augmentation subite de la production : pour ne pas laisser s'effondrer les cours, ordre nous a été d'abord donné de commencer la pêche en mai, au lieu de mars-avril. Puis nous avons dû cesser plus tôt nos activités, aux alentours du mois d'août. Mais ce que je n'oublierai jamais, continua Le Floch d'un air écœuré, c'est d'avoir vu de mes yeux incinérer des tonnes entières de caviar pour préserver le cours à l'exportation. J'ai assisté à des scènes similaires en Bretagne, avant mon départ. Des paysans chauffés à blanc qui renversaient sur la chaussée leurs récoltes. Mais jamais je n'aurais cru que cela pourrait arriver avec du caviar. Même si je réalise après coup que cette attitude abjecte a peut-être servi à éviter d'autres contaminations. Mais... »

Le Floch à présent animé d'un curieux tremblement.

« Mais quoi ?

— Nous avons arrêté cette année cette politique de destruction systématique. Voyez-vous, la Russie a trop besoin d'argent Même dévalorisé, le caviar n'en demeure pas moins un aliment prestigieux, dont l'aura dépasse de loin nos frontières. Je crois savoir que cette année, nous avons exporté toute la production.

— Bravo ! s'exclama Julia. Vous avez fait exactement le jeu du virus. Imaginez un caviar à vingt euros le kilo. Le prestige aidant, cela revient à mettre l'aliment à portée de tous. Il n'y aura pas de ménage, même à revenu modeste, qui n'aura pas sur sa table de réveillon sa petite boîte de caviar. Plus qu'une contamination, un carnage. »

De drôles d'images me traversèrent l'esprit. Je revoyais défiler les affiches publicitaires des grands magasins et hypermarchés français pour les fêtes de fin d'année, le soir de mon aventure au CECOS, alors que je raccompagnais Julia à Fontainebleau. Ma voix se fit mécanique.

« Le caviar était déjà en promotion un peu partout en France dès la fin novembre. Les photos alléchantes me reviennent en mémoire, des boîtes bleues en gros plan. Certaines grandes surfaces s'en servaient même de produit d'appel. Il n'y a aucune raison qu'il n'en ait pas été ainsi un peu partout dans le monde.

— Et nous sommes aujourd'hui le 31 décembre ! » clôtura Julia.

31 DÉCEMBRE

C'était la première fois que le prix du caviar était vraiment abordable. Les masses populaires – terme déjà vieillissant à l'époque des faits – voulurent profiter de l'aubaine. Les petites boules noires étaient en passe de devenir l'aliment de luxe le plus démocratique de ce début de millénaire. Le roi caviar descendait de son piédestal, comme en leur temps saumon et foie gras. Les profits furent extraordinaires sur ce produit phare, dernier symbole de la fête et du luxe dans une société où la plupart des références alimentaires s'étaient progressivement érodées. La contagion fut générale – au sens propre comme au figuré. L'effet nouveau millénaire accentuait encore la tendance. En ce 31 décembre particulier, la planète tout entière – à part les pays très sous-développés et peut-être l'État d'Israël – dansait au son du caviar. Les consommateurs se pressaient devant stands et têtes de gondoles, lesquels proposaient souvent du caviar en dégustation. Si bien que même ceux qui finalement n'en achetaient pas devenaient concernés par le Systac – un grain suffisait. Petites et grandes surfaces s'étaient largement approvisionnées, le caviar coulait à flots. Les *hard discounters* en proposaient à des prix défiant toute concurrence. La mafia russe proposait même du caviar « extra » à la vente sur Internet. Caviar.com enregistra plus de dix mille connexions par jour pendant tout le mois de décembre. Cette année-là, si l'on avait pu directement télécharger le caviar, il est probable qu'on l'aurait fait. Et les logiciels antivirus auraient de toute manière été impuissants face à ce virus-là.

Nous avons tout tenté pour bloquer la commercialisation. Nous ne pûmes téléphoner à l'étranger du village d'Ognovkha. Nos portables étaient hors réseau, impossible d'avoir l'international. Nous remontâmes à toute allure sur Astrakhan que nous atteignîmes vers 11 heures. Une fois au labo de virologie, Julia commença par essayer de joindre Bailleys au CREAM : il était encore en vacances dans les Highlands. Elle réussit toutefois à parler avec Mac Debsley, le chef de la sécurité, qui ne lui communiqua qu'avec une extrême réticence le numéro du « Parrain ». Il fallut près d'une demi-heure de palabres pour que la pragmatique l'emporte sur l'obtus.

La communication fut orageuse. Bailleys revenait de sa promenade matinale au bord de l'océan, lui aussi. Compte tenu de l'urgence, Julia lui demanda de convoquer sur-le-champ les journalistes et d'improviser une conférence de presse au CREAM. Si lui ne pouvait pas, son numéro deux n'avait qu'à prendre la parole, ou n'importe quel autre médecin disponible. L'essentiel était de donner l'alerte. Bailleys n'était que moyennement motivé. Il argua que c'était trop tôt, qu'ils ne connaissaient encore rien du mécanisme de contamination de l'homme, qu'ils n'avaient pas encore fait toutes les vérifications nécessaires. Le CREAM ne pouvait pas engager sa réputation sur un faisceau de présomptions, d'autant qu'un gag était déjà arrivé.

« Mais bon sang, c'est tout de même vous qui m'avez avertie que le virus se trouvait dans le caviar ! » s'emporta-t-elle.

Depuis ses îles, l'urgence de la situation ne lui sautait peut-être pas aux yeux. De guerre lasse, il promit finalement qu'il allait réfléchir, qu'il rappellerait. Un jour de plus ou de moins devait lui paraître sans importance. Mais les 31 décembre ne sont pas des jours comme les autres.

J'avais pour ma part vainement essayé de joindre le cabinet du Premier ministre, puis celui du ministre de la Santé. Tout le monde s'était volatilisé en cette fin de trêve des confiseurs. La grande majorité de la classe politique française avait déserté la capitale. J'eus un peu plus de chance avec le correspondant permanent de CNN à Moscou, mais celui-ci voulait d'abord vérifier qu'il ne s'agissait pas d'un canular. En désespoir de cause, nous parvînmes à convaincre le directeur des programmes de la radio d'Astrakhan de diffuser une émission spéciale sur ondes courtes. L'heure avançait, comme un rouleau compresseur en marche. Nous passâmes l'après-midi à faire de nouvelles tentatives pour joindre diverses personnalités influentes, galérant du standard téléphonique de l'OMS à celui de Médecins sans frontières, en passant par l'ONU et la Maison Blanche. Les décisionnaires étaient pour la plupart absents et nous avions affaire à des sous-fifres qui débarquaient. Ils avaient des consignes pour ne déranger leurs huiles que dans des cas bien précis, attentat, catastrophe naturelle, etc. Le péril viral ne figurait pas sur leurs tablettes, en tout cas pas sous cette forme. Quant à Bailleys, il ne se manifestait toujours pas. Le CREAM restait désespérément muet. Un CREAM contre l'humanité.

Aux environs de 16 heures, le désespoir et la fatigue à leur comble, vint le temps de recourir à des mesures « micro-épidémiologiques ». Je téléphonai moi-même, fourmi dérisoire, au plus grand nombre possible de directeurs de grandes surfaces et de centres commerciaux un peu partout dans le monde. Je me heurtai partout au même cynisme. Les sommes en jeu étaient sans doute beaucoup trop importantes, et une simple « rumeur » ne pouvait leur faire retirer tout leur caviar de leurs linéaires. Certains, par je ne sais quelle incohérence malhonnête, faisaient même encore mine de croire à une plaisanterie alors qu'ils prenaient visiblement mes affirmations au sérieux. D'autres, autruches impolies, me raccrochèrent au nez, comprenant sans doute dès les premiers mots la teneur de mon discours, préférant le doute à la mauvaise conscience. D'autres enfin attestaient avec une belle assurance que tout leur caviar était importé d'Iran et que, bien sûr, « il ne saurait être atteint ». Ces derniers ne voulurent rien entendre lorsque, pédagogue ridicule, je tentais de leur expliquer que la mer Caspienne était commune à la Russie et à l'Iran.

Bilan de ces gesticulations d'avant le grand soir : seule une infime minorité de directeurs de magasin – l'humanité n'était donc pas entièrement pourrie – furent troublés par mes propos, consentant à retirer leur caviar des rayonnages, ou prenant l'engagement formel de ne pas se réapprovisionner avant que l'affaire soit tirée au clair.

Nous restâmes ainsi jusqu'à minuit au labo, enchaînant e-mails et coups de fil, de moins en moins fructueux au fur et à mesure que l'on s'avançait vers la nouvelle année. Nous nous endormîmes sur place, épuisés, déprimés.

Bailleys appela finalement vers 2 heures du matin pour annoncer qu'il convoquait la presse pour le lendemain à la première heure. Il s'était décidé à écourter ses vacances et rentrait de toute urgence à Porton Down. Vers 3 heures, ce fut au tour du journaliste de CNN. Il avait fait son enquête sur « ses sources » – sa manière de nous désigner –, et s'apprêtait à diffuser l'information. Un envoyé spécial partait d'ailleurs à l'instant par avion spécial à Astrakhan et se ferait un plaisir de nous interviewer dès son arrivée.

« Ils se réveillent dix heures trop tard », dis-je en raccrochant.
Julia endormie sur sa chaise fit une réponse de somnambule.
« Ils se réveillent un milliard de cas trop tard. »

CINQUIÈME PARTIE

ADAM

ESPRIT

Mon père adoptif : une espèce d'inadapté. Par hasard il a découvert la maladie, puis a été submergé par elle. Un enfant qui trébuche sur une racine qui sort à peine du sol et qui progressivement se rend compte qu'il s'agit de l'infime partie d'un immense animal. Comme nous l'avons manipulé ! D'une certaine manière, il fut le fer de lance de la panique. C'est lui, lui et quelques autres, qui a participé à notre prise de pouvoir en pratiquant, puis en enseignant cette technique extraordinaire : l'insémination intrasalpingienne. De notre point de vue, il s'agissait plutôt d'une « dissémination intrasalpingienne ». Même dans nos rêves les plus fous, nous n'aurions pu imaginer meilleure « introduction ».
Car nous avions commis une maladresse technique, une erreur de calcul. Notre colonisation de l'esturgeon s'était passée avec une réussite au-delà de nos espérances, nous nous y étions multipliés comme des petits pains – encore une expression humaine. Nous n'avions pas prévu qu'avec les spermatozoïdes humains cela serait plus difficile. Avec ces derniers, nous avons eu à assumer un important revers. Par mégarde, nous leur avons transmis cette raideur imprévue !
Nous avons pourtant tout fait pour nous insérer au niveau d'une zone muette de votre chromosome Y, mais nous étions trop près de ce gène TSPY, nous avons été victimes d'une plicature imprévue de votre ADN.
L'anomalie vous empêchait de féconder. Pour nous, elle était également dommageable. Car au lieu d'occasionner seulement un fléchissement de la fécondité masculine, avec une multiplication des cas d'enfants mort-nés, nous nous sommes engagés sur un chemin qui nous empêchait, nous aussi, de nous perpétuer. Ainsi, si les circulaires du cordon chez les fœtus étaient bien voulues, histoire de vous effrayer un peu, ce que vous avez appelé Systac, ou maladie du sperme raide, n'était que la manifestation d'une erreur de trajectoire, un artefact. Avec l'insémination intrasalpingienne, vous nous remettiez dans le droit chemin, vous accomplissiez notre dessein initial. Merci, « Papa ».

CAR NOUS N'AVONS JAMAIS VOULU VOUS RENDRE STÉRILES, NOUS VOULIONS SIMPLEMENT NOUS INSTALLER EN VOUS... POUR TOUJOURS.

ESPOIR

Nous quittâmes définitivement la Russie le 2 janvier, tristes et célèbres : le Systac étalait ses six lettres obscènes à la une des quotidiens et hebdomadaires. Au sigle Systac s'était adjoint depuis peu un petit vocable de trois lettres. « Bob » s'était imposé comme le qualificatif le plus terrible du moment, et nul couple ayant encore la chance de pouvoir procréer ne se serait sans doute aventuré à donner un prénom pareil à son rejeton. Pour l'être humain de base, sa simple évocation suffisait à détourner le regard. Un prénom cyclonique pour un virus, on n'avait pas l'habitude.

Une grande partie de la population des pays développés avait été contaminée au cours de la nuit du 31 décembre. Je me souviens de ce début d'année folle. Pour certains sondages officieux, c'étaient plus de 70 % des gens qui avaient consommé du caviar cette nuit-là, enfants inclus. Le plus pathétique était peut-être que beaucoup de journalistes étaient eux-mêmes concernés, ce qui donnait une intensité particulière à leurs productions. La plupart des reportages, des interviews étaient d'ailleurs curieusement assurés par des femmes, peut-être moins impliquées affectivement. Les services d'urgence des hôpitaux étaient submergés par une avalanche de cas de « pesanteurs testiculaires douloureuses inexpliquées ». Le monde était en état de choc, la planète avait la nausée. De nombreux reportages d'archives sur le caviar furent diffusés, et les CECOS, à nouveau propulsés sur le devant de la scène, ne tardèrent pas à crouler sous les demandes de dépistage. En fait, étant donné la charge virale au sein du caviar, tout test devenait inutile. La seule question à poser était : « En avez-vous mangé ? »

Depuis notre interview en direct d'Astrakhan le 1er janvier au matin par Paul Epstein, le correspondant de CNN à Moscou, nous étions devenus des sortes d'aventuriers planétaires, des stars d'un nouveau genre : nous avions rencontré le monstre, face à face. Le seul espoir que nous parvînmes à susciter reposait sur un point : les hommes qui avaient consommé du caviar disposaient encore de soixante-dix jours pour procréer « normalement » – le temps de maturation d'un spermatozoïde dans les voies génitales masculines. Au-delà, toutes les générations de spermatozoïdes seraient malades, et il n'y aurait plus rien à faire. Seule la fécondation intrasalpingienne pourrait alors les tirer d'affaire, avec toutes les incertitudes inhérentes à ce sperme d'un nouveau type. Cette dernière petite phrase à propos de « l'incubation 70 » allait d'ailleurs être fortement amplifiée par les médias, à l'origine d'une pathétique course contre la montre : on repassa *Run for Your Life,* des Beatles, un titre oublié. Résultat : des couples qui officialisent, une ascension vertigineuse des mariages, une recrudescence de viols et d'épouses soumises, une chute des IVG. Conséquence : une vague de naissances sans précédent au cours des mois de septembre et octobre de la même année, que certains démographes devaient appeler dans leurs chroniques « les enfants de la dernière chance », alors que d'autres préféreraient le terme de « Boby boom ».

Nous décidâmes de taire nos découvertes sur la résistance du virus à l'acide osmique, et sur les mystérieux mouvements d'échappement que nous avions constatés. Ces deux points n'allaient pas tarder à être vérifiés et à faire l'objet de nombreuses publications. Pourtant, à aucun moment il ne fut question d'une intelligence virale, la plupart des auteurs invoquant un simple tropisme négatif du virus pour la lumière polarisée utilisée en microscopie électronique. La « fuite » de Bob était assimilée à un mouvement passif, sans aucune volonté organisée sous-jacente. Le virus était bien mort, il subissait les instabilités de la prépation, quelque chose comme le flux et le reflux. L'homme n'était pas encore mûr pour envisager l'existence d'un esprit émanant de l'infiniment petit. Mais il est des prises de conscience brutales.

Tout le caviar encore en circulation fut passé au crible. Bob fut analysé, séquencé, codifié sans relâche. Les techniques de biologie moléculaire les plus sophistiquées achevèrent de lui arracher ses derniers secrets. Hélas, cette connaissance n'était d'aucune utilité pour la découverte d'un traitement, et encore moins d'un vaccin. Certains virologues réussirent bien à fabriquer, grâce à des expériences sur le macaque, des anticorps dirigés contre des fragments du nouveau virus. Mais ces anticorps s'avéraient totalement inefficaces pour atteindre l'ADN de Bob, tapi au cœur de sa tanière, dans le secret du chromosome Y. Comme les spermatozoïdes atteints n'étaient porteurs d'aucune marque extérieure de présence virale, les anticorps ne trouvaient aucun point d'arrimage à la surface de leur cible. Et bien qu'intimement connu par l'homme, Bob continuait à le narguer superbement.

Les seules mesures appliquées ne purent donc être que préventives. La principale décision fut le blocage total à l'importation du caviar de quelque provenance que ce soit. Les analyses microbiologiques du caviar iranien devaient en effet révéler que celui-ci était contaminé dans les mêmes proportions que la souche russe. En fait, l'Iran ne s'était jamais servi des prélèvements viraux dérobés par Eva Alexandrovna. Les spécialistes iraniens n'avaient d'ailleurs jamais eu véritablement conscience de l'essence réelle du virus qu'ils avaient subtilisé, croyant avoir affaire à un simple rhinovirus trafiqué, ainsi qu'Harold l'avait désiré. Cet embargo sur le caviar se révéla lourd de conséquences ; des pans entiers d'une économie florissante et lucrative s'écroulèrent du jour au lendemain. Les pays en question se rabattirent sur un autre or noir.

Le delta de la Volga sombra dans un marasme sans précédent ; la région se vida en quelques mois d'une bonne partie de ses habitants. En fait, l'ostracisme vis-à-vis du caviar avait fait tache d'huile, et toute la filière de la pêche entra en récession. Le poisson fit l'objet de toutes les défiances, la mer n'avait plus la cote. Julia m'appela un jour au travail ; elle venait de lire un entrefilet de *Courrier international* : « Suicide singulier d'un certain capitaine Le Floch, commandant d'un bateau-usine sur la Caspienne, marin breton, communiste convaincu, qui avait émigré en URSS au cours des années 1960. » L'article, daté du 26 avril, soit près de quatre mois après notre visite, décrivait dans des termes laconiques le découpage du capitaine par des esturgeons affamés. On avait récupéré ce qui restait du corps du malheureux dans une Volga en cours de dégel, au petit matin. Il avait été émasculé.

Julia était retournée plus tôt que prévu à Porton Down. Son rôle dans la découverte du virus l'avait promue maître de conférences. Sa thèse sur les rétrovirus avait été expédiée comme une vulgaire formalité, Bob lui prenait tout son temps, il y avait urgence. Mais le cœur n'y était plus. Les murs du CREAM suintaient le drame qu'elle avait vécu dans sa chair. Elle ne pouvait plus pénétrer dans l'aile ouest du labo, celle qui abritait le niveau 4. Blocage psychologique, phobie, traumatisme, allez savoir. Elle avait bien essayé une fois, mais s'était mise à trembler sous son scaphandre, se refusant à franchir le sas, comme un cheval se cabrant dans son enclos. Refaisant les mêmes gestes, elle revivait la même scène en boucle. Et puis le vieux Bailleys l'avait déçue, son attitude cynique de la nuit de la Saint-Sylvestre, et puis sa conférence de presse du 2 janvier, plus que timorée. Elle tenait en outre de mauvaises langues bien informées que le grand patron entretenait des rapports tendancieux avec Bénédicte Banks, lui aussi. D'où les paraphes fatals, indices de la couverture professorale.

Plusieurs laboratoires avaient discrètement démarché Julia, dont l'Institut Pasteur, à Paris.

Notre lien s'était maintenu, plus fort, plus désespéré, renforcé par des allers-retours à la sauvette. Quelques heures de fusion qui nous consumaient, avec entre nous les morts et les vivants. Un amour qui dépassait le cadre de nos deux entités. C'était comme si Bob, elle, et moi, avec en filigrane Harold, mon frère, son père, et même notre fils à venir avions signé un pacte, un pacte de sperme. Malgré son attitude téméraire de la « nuit du caviar », ses ovaires étaient restés sages. Nous nous acheminions donc vers un bébé Systac, si toutefois notre relation perdurait. Je me souviens mal de cette période. Je sais que je surveillais avec un masochisme teinté de délectation morbide l'apparition de nouveaux essaims de spermatozoïdes à nuque raide colonisant progressivement mon sperme. Début mars, je me trouvai dans un état d'esprit proche de celui d'un homme qui s'aventure dans un désert sans fin : il ne restait plus un seul exemplaire de l'ancienne génération. Les derniers Mohicans avaient été atteints par la limite d'âge. Désormais, Bob m'accompagnerait tout au long de ma vie. J'étais devenu une sorte d'artefact.

Professionnellement, ce fut grisant. J'avais rebondi de façon extraordinaire. Après la Russie, les invitations tombèrent : voyages, voyages. J'exposais ma technique d'insémination intrasalpingienne là où je pouvais, avec l'énergie d'un croisé, d'un évangélisateur. Comment savoir que je portais partout l'inquisition ? L'enfer est pavé de bonnes intentions, je convertis le maximum de praticiens possible à ma technique. Il faut dire que la situation était devenue singulièrement préoccupante. Le pourcentage des hommes contaminés était passé de 4 % avant la nouvelle année à près de 50 à 60 % selon un pointage de l'INSEE réalisé mi-mars en France. Les taux moyens étaient voisins de 50 % pour l'ensemble des pays dits développés. Pour certains hommes, un seul grain de caviar avait suffi, comme nous le pensions intuitivement. On était proche de la permissivité des fièvres hémorragiques virales. Et puis, il y avait cet art si consommé de déjouer les défenses immunitaires de ses victimes. « Chez vous est mon droit », telle aurait pu être sa devise.

Les résultats des premières fécondations intrasalpingiennes étaient prometteurs. Près d'une femme sur deux parvenait à tomber enceinte grâce à cette technique, ce qui représentait un taux nettement supérieur à celui d'un rapport sexuel normal en période d'ovulation. À se demander si Bob ne rendait pas les ovules permissifs et les spermatozoïdes conquérants une fois corrigée cette erreur de trajectoire. Le marasme de la stérilité semblait s'éloigner, l'optimisme revint. Les centres d'insémination avaient réagi rapidement, des fonds avaient été débloqués. L'espèce humaine s'organisait. On commençait à prendre l'habitude de se mobiliser contre les virus. De nombreux mécènes y étaient allés de leur poche, des émissions de télévision à grand spectacle collectaient de l'argent. Un Spermothon permit ainsi de récolter la bagatelle de cinq cents milliards d'euros, du jamais vu de mémoire d'animateur télé. Des chansons patchwork – un mot chacun – réunissant des cohortes d'artistes en pointe furent enregistrées, je me souviens d'une, une reprise de Bob Marley : *Bob marre-toi* ! Quant à la nouvelle technique d'insémination, elle était à présent bien rodée. Stimulation hormonale des ovaires, « nettoyage » du sperme afin d'augmenter le pouvoir fécondant des spermatozoïdes, déclenchement chimique de l'ovulation. Avec un opérateur entraîné, l'insémination proprement dite durait entre sept et dix minutes. Dans un pays comme la France, il fallait environ six mois pour obtenir un rendez-vous, en passant par la filière habituelle. Les populations frappées de plein fouet par l'épidémie commençaient à reprendre confiance. Même si elles ne réalisaient pas tout à fait que les enfants de sexe masculin à naître ne seraient pas exactement des enfants « normaux ». La médecine s'engouffrait dans l'IIS comme l'agriculture dans les OGM. Les garçons avaient habituellement droit à une césarienne vers le huitième mois de grossesse, compte tenu des risques de décès *in utero*. Les fœtus qui n'avaient pas la chance d'avoir survécu avaient été surnommés les *« fingers scrot »*, en raison des traces de doigts qu'ils portaient sur leurs bourses momifiées.

Au mois d'avril, épuisé par une tournée mondiale, je revins à Paris. Un avis de passage du facteur m'attendait, une lettre recommandée : le papier à en-tête du ministère de la Santé.

Lorsque je réalisai que je tenais à la main ma nomination au poste de professeur agrégé des hôpitaux, je n'éprouvai nulle joie. À l'inverse, l'amertume se déversa en moi, comme une outre pleine de bile qu'on pourfend. Réintégré et promu, pensai-je, dreyfusard. Ils avaient donc eu besoin de quatre mois de réflexion.

Pour moi, c'était la fin des vacances.

TERREUR

Je rejoignis le CECOS de l'hôpital Necker à la fin avril, le temps des honneurs. Nouveau bureau, nouveaux locaux, nouveaux médecins. Le Pr Journo — c'était comme cela à présent que l'on me désignait — était devenu du jour au lendemain chef de service à part entière. Guy Fron avait été muté à la direction des Affaires départementales de la Ville de Paris, comme prévu. Une passation de pouvoir brève et tout juste courtoise.

Côté jardin, réception donnée par le directeur de l'hôpital, avec participation du ministre de la Santé lui-même, du maire et du personnel d'établissement. Je me sentais indigne de tous ces salamalecs. Un tribunal eût mieux convenu.

Côté cour, de brefs entretiens privés — le minimum vital — sur le fonctionnement « intime » du CECOS. Les rapports entre le directeur de l'hôpital et le CECOS, entre l'économe de l'hôpital et le CECOS, entre le ministère de la Santé et le CECOS. Le ministre avait tenu à me montrer lui-même le nuancier de la doublure de sa veste, en d'autres termes à me remercier personnellement pour tout le travail accompli, le rayonnement de la France dans le monde grâce à mes découvertes, etc. Et ce, moins d'un an après m'avoir voué aux gémonies. De quelle manière m'aurait-il congratulé s'il avait su qu'il venait de nommer à la tête du CECOS le bras armé de Bob pour sa conquête de la planète ? Parfois je me demande même si l'On ne s'est pas aussi servi de moi, si l'On ne m'a pas choisi, et si je n'ai pas été pour Lui une sorte de second Harold.

Mais, pour l'heure, j'étais sur un nuage. Même le personnel paramédical paraissait se réjouir. Chacun avait sans doute perçu à l'époque une secrète iniquité dans les mobiles de mon éviction, l'existence sous-jacente d'une sombre « chasse au sorcier ». Sorcier, en effet.

L'équipe médicale avait subi de profonds bouleversements. De l'ancienne formation ne restaient plus que l'énigmatique Willy Cleg et l'incontournable Natacha Bailly, que j'avais retrouvée avec plaisir. De nouvelles têtes avaient surgi. Les autres étaient partis traîner leurs éprouvettes ailleurs. Aviloine avait suivi Fron dans sa nouvelle affectation, pitbull inféodé à son maître.

J'avais des ambitions particulières pour mon nouveau service. Quel enthousiasme ! Quelle prétention ! Je voulais revoir dans ses moindres détails le fonctionnement du département, bousculer les habitudes : revues de presse hebdomadaires, réunions internes deux fois par semaine pour discuter des dossiers à problèmes, staffs interservices avec les radiologues, les obstétriciens, les généticiens. De nombreux stagiaires étrangers affluèrent pour se familiariser avec la nouvelle technique. Bob, lui, veillait, stagiaire à demeure.

La bombe éclata vers la fin du mois de décembre, entre Noël et le jour de l'An, près d'un an après la découverte du réservoir de virus. Le service travaillait au ralenti. C'était, je m'en souviens, un jeudi, en fin d'après-midi, et seule Natacha, cette travailleuse acharnée chronique, était présente. Nous avions programmé avec Julia un week-end prolongé. Ma compagne avait finalement accepté le poste de maître de conférences à l'Institut Pasteur. Elle travaillait depuis déjà quelques mois sur le séquençage moléculaire de Bob.

L'enveloppe à en-tête de l'INSEE, sur laquelle était inscrite en grosses lettres noires la mention « CONFIDENTIEL ET PERSONNEL », était adressée directement à mon attention. Une banale enveloppe bulle, comme nous en recevions plusieurs par semaine. Ces rapports confidentiels de l'INSEE portaient sur des sujets aussi divers que la qualité du sperme dans le monde, l'évaluation des taux de fécondité des populations en fonction de leur niveau de vie, les pourcentages de stérilité primaire et secondaire parmi la population féminine allemande, etc. Aussi décachetai-je distraitement la missive. Mon détachement ne dura pas. Je compris dès l'ouverture que ce que j'avais entre les mains était d'une autre nature : il s'agissait de courbes déclinantes. L'INSEE nous avait communiqué plusieurs graphiques, la synthèse des résultats de l'insémination intrasalpingienne au cours des derniers mois. Une courbe attira d'emblée mon attention. Sur un même graphique étaient représentés la courbe des inséminations intrasalpingiennes – chacune d'entre elles faisait l'objet d'une déclaration à la DDASS – et le nombre de grossesses effectives issues de ces inséminations. Le taux de réussite de ces IIS était resté voisin de 50 % jusqu'à début juin, puis marquait une chute d'abord progressive, puis spectaculaire à partir de la mi-août, pour ne plus représenter que 10 % d'après le dernier pointage en date, celui du mois de novembre. Panique, sueurs froides. L'humanité perdait du kérosène, l'altimètre devenait fou, l'avion allait s'écraser. Que s'était-il passé ? J'appelai Natacha, puis Julia. « Viens vite. Il se passe quelque chose. » Notre voyage passa à la trappe, dérisoire.

Natacha apporta avec elle une pile de dossiers, les inséminations réalisées au CECOS au cours des derniers mois. Celles qui avaient donné lieu à une grossesse étaient marquées d'une croix rouge, celles n'ayant pas abouti d'une croix noire. Celles en cours d'évaluation n'étaient pas marquées. Personne dans le service ne s'était occupé de rentrer sur informatique les résultats des IIS les plus récentes. En fait, en cliquant sur l'icône du fichier je me rendis compte avec incrédulité que nous avions des mois de retard. Un relâchement inadmissible, et dans mon propre service. Un témoignage flagrant de mon incapacité à diriger : pas assez paranoïaque. De l'action, toujours de l'action, les inséminations en série. À force, l'analyse des résultats était passée au second plan. Diriger un service, débusquer un gène : deux métiers en un, le créatif et le gestionnaire, deux personnalités opposées, en fait. Fron aurait mieux assuré, il faisait régner sur ses subordonnés une forme de doute, de terreur flottante. Sous son ministère, personne ne se sentait vraiment tranquille. Nous rattrapâmes donc le temps perdu, introduisîmes sur tableur les résultats mois par mois. Un travail qui aurait pu paraître long et fastidieux. Mais très vite nos craintes se confirmèrent : la courbe d'évaluation du nombre de grossesses déclarées au CECOS de Necker était à peu de chose près superposable à celle de la DDASS. Chez nous aussi, le taux de réussite des IIS était en chute libre depuis la mi-août. À mesure de nos constatations, nous passâmes de la perplexité à l'anxiété, de l'anxiété au désarroi. Si l'insémination intrasalpingienne elle-même ne marchait plus, qu'allions-nous donc trouver pour nous reproduire ? Restait le retour à la FIV, cette technique artisanale réservée à quelques heureuses élues. D'autant que, côté virus, il n'y avait rien en vue : ni test, ni vaccin, ni médicament. Rien.

« Nous avons peut-être commis une erreur technique, hasarda Natacha.

— C'est impossible, la technique d'IIS est à présent bien rodée, et elle n'a pas varié depuis plus de six mois. Depuis le mois d'août, nous l'avons même un peu améliorée, lorsque nous avons pris la décision d'introduire les spermatozoïdes encore plus loin dans la trompe.

— Peut-être avons-nous de ce fait entraîné des petites lésions pariétales ?

— C'est peu probable, les sondes que nous utilisons sont en matériau très mou. Cela fait des années que les radiologues les introduisent dans des artères. Si elles étaient traumatisantes, nous le saurions, depuis le temps.

— Tu as raison. Et puis, comment expliquer cette même baisse un peu partout en France ? »

À ces mots, je me tournai de nouveau vers l'écran de l'ordinateur, et me connectai sur le Net.

« Nous allons voir ce qu'il en est dans le monde. Je vais interroger à tout hasard l'hôpital de mon copain Joe Aladef, à New York, j'ai les codes d'accès. »

Je lançai la recherche.

« Mais je pense subitement à quelque chose, me dit Natacha, m'agrippant le bras. As-tu observé récemment des spermatozoïdes contaminés ?

— Bien sûr, pas plus tard qu'hier. Pourquoi me demandes-tu ça ?

— Eh bien, je me disais que si l'IIS ne marchait plus, c'était peut-être que la maladie avait varié. Pas une révolution bien sûr, rien qu'une petite nuance. Tu sais, les affections virales sont par essence très instables. Regarde la grippe. Une petite mutation, et hop ! une nouvelle épidémie. Une infection très voisine de la précédente, mais suffisamment différente pour entraîner de nouveaux symptômes. Tu n'aurais rien remarqué d'anormal ?

— Non, toujours la même raideur caractéristique », répondis-je, plus hésitant que je ne l'aurais voulu.

L'ordinateur recherchait toujours la connexion.

« En fait, il y a quelque chose qui me chiffonne, repris-je, mais j'ai mis ça sur le compte d'un problème d'appareillage.

— Dis toujours.

— C'est au sujet du microvidéographe. Tu sais que lorsque j'ai découvert l'anomalie caractéristique du Systac, le compteur de vitesse de défilement de bande-vidéo indiquait le chiffre 4. Pour une fréquence inférieure, l'anomalie n'était pas détectable, et pour une fréquence supérieure non plus. Eh bien, il m'arrive actuellement de plus en plus souvent de devoir inscrire le chiffre 5 pour dépister l'anomalie.

— As-tu appelé le service de maintenance de l'appareil ?

— Oui, mais pour eux tout est OK. Ils m'ont laissé cependant entendre que c'est peut-être l'appareillage qui est atteint par la limite d'âge.

— C'est quand même incroyable que le CECOS de l'hôpital Necker ne puisse pas renouveler plus souvent son matériel, monsieur le chef de service. »

Pendant l'échange, une courbe bicolore s'était déployée sur le moniteur.

« Regarde ! s'exclama Natacha, les yeux exorbités. La même courbe que celle de la DDASS. »

Je me retournai et constatai effectivement que la seconde courbe, la rouge, celle des grossesses effectives, déclinait en direction du futur.

« L'infléchissement est manifestement mondial, conclus-je ; ce satané virus semble se comporter partout de la même manière.

— Si je comprends bien, reprit Natacha qui s'était levée, arpentant à présent le bureau, il existe donc des spermatozoïdes raides différents de ceux que l'on connaissait jusqu'à présent.

— C'est difficile à admettre. Ce lien entre la vitesse de la caméra et une éventuelle mutation virale. Un peu tiré par les cheveux. Mais bon. À t'entendre, nous aurions actuellement sur les bras des spermatozoïdes "anciens", appelons-les "type 4", et les spermatozoïdes "nouveaux", les "type 5".

— Deux types de spermatozoïdes pour deux virus frères. L'ancien, permissif, et le nouveau, impitoyable. »

Deux frères. Tous les chemins menaient à moi. Je me sentis pourchassé par cette thématique congénitale. Il fallait que je sache. Que se passait-il réellement lorsqu'un spermatozoïde de type 5 rencontrait un ovule ?

« As-tu quelque chose de prévu ce soir ?

— Nous devions aller dîner chez des amis. Mais je vais prévenir que je serai en retard. Que me proposes-tu à la place ? Fêter l'arrivée du "spermatozoïde nouveau" ?

— Vengeance tardive. »

Dernier sourire avant la guerre.

« Je te propose d'assister à une fécondation *in vitro*, en direct. »

Nous nous rendîmes dans la partie du laboratoire où étaient conservées les paillettes de sperme congelé et les ovules en attente de fécondation.

Je sortis d'un container une paillette d'un sperme émis le jour même, pour avoir encore plus de chance d'avoir affaire à un type 5.

Natacha installa spermatozoïdes et ovule sous l'oculaire d'un microscope optique. La fécondation pouvait être un processus assez long, nous nous relayâmes. Mais cela ne tarda pas : l'ovule, grosse cellule ronde, finit par expulser au bout d'un moment une sorte de grosse coque translucide. Nous savions tous deux ce que cela voulait dire : un spermatozoïde avait réussi à pénétrer dans l'enceinte.

— Je n'y comprends rien, dis-je, tout de même un peu rassuré. La fécondation resterait donc possible, même pour les type 5 ?

— Attendons un peu », murmura Natacha.

Je jetai un œil dans l'oculaire, plus détendu. Mon soulagement fut de courte durée. Je me redressai brutalement, m'éraflant le front avec le remontoir de ma montre.

« Que se passe-t-il ? »

J'étais aphone.

« Regarde toi-même », finis-je par articuler.

Natacha regarda.

L'ovule avait littéralement explosé. Tout le champ d'observation du microscope était rempli de débris biologiques. Une véritable déflagration à l'échelon cellulaire.

Bob s'était vengé.

PASTEUR

Nous venions à peine de constater l'effet désastreux du sperme de type 5 sur l'ovule témoin que le téléphone sonna. Julia.

« Cytolyse ! Le virus entraîne une cytolyse ! déclarai-je comme on annonce un avis de tempête.

— Je ne suis pas sûre de comprendre. »

Je lui résumai la situation, les deux spermes, la fécondation, l'explosion de l'ovule avant même la survenue de la première division cellulaire fondatrice d'un nouvel être à venir.

« Bref, conclus-je, ton Bob est devenu une sorte de bombe à fragmentation. »

Silence radio. Julia devait digérer l'information.

« Eh bien, je crois qu'il faut se rendre à l'évidence », dit-elle au bout d'un moment.

Je branchai le haut-parleur du téléphone, anticipant le verdict de la virologue.

« Tu peux continuer, Julia, nous t'écoutons. »

La voix de Julia se déversa dans la pièce.

« Cette cytolyse brutale ne peut être liée au virus que nous connaissions jusqu'à présent. Bob a muté, je ne vois pas d'autre possibilité.

— C'est également notre conclusion.

— Il y avait Bob 4. Maintenant, il y a Bob 5, ponctua Natacha en faisant pivoter sa chaise.

— Et Bob 5 semble vouloir prendre la place de Bob 4, surenchéris-je, sadique.

— Mais j'ai moi aussi découvert quelque chose de stupéfiant, s'exclama la voix à l'autre bout du fil. C'est d'ailleurs pour cela que j'appelle. Peux-tu venir me chercher au labo ? »

Il y a des jours comme ça… « J'arrive tout de suite. »

Je raccrochai. Mes mains tremblaient. Nous étions à la pointe du progrès, à la proue de l'angoisse.

« Tu veux venir, Natacha ?

— Non, vraiment, je ne peux pas. César et ses amis doivent m'attendre pour dîner. Il est déjà 21 heures. Voici le numéro de téléphone où tu peux me joindre, continua-t-elle en griffonnant ses chiffres sur une feuille d'observation vierge. Je crois que j'ai eu ma dose pour ce soir. »

Il y avait toujours chez Natacha, même aux moments les plus exaltants de nos travaux, ce petit côté fonctionnaire qui réapparaissait, énervant. En fait, une volonté maladive de séparer vies professionnelle et privée. Un leurre, en réalité, car Bob, lui, liait nos deux vies sans vergogne.

« Merci, Natacha, pour ta collaboration.

— Tiens-moi au courant. »

J'arrivai à l'Institut Pasteur vers 21 heures 30. Seule une des fenêtres de la façade était éclairée. Je repensais à ces fins d'après-midi d'hiver, à l'école, après l'étude, quand j'attendais ma mère. Une attente interminable, déstructurante. Elle ne m'avait jamais pardonné, pour mon frère... La fenêtre était celle de Julia.

Je trouvai mon amie en proie à une vive émotion. Brève étreinte. Lorsque nous nous regardâmes de nouveau, je pus percevoir dans ses yeux les stigmates du désespoir.

« C'est fini, je crois, dit-elle en se laissant tomber sur une chaise. Regarde ce que je viens de lire. »

Un exemplaire du dernier *Virus* était ouvert sur le bureau. L'article en question, intitulé « L'inquiétante augmentation de l'incidence du Syndrome de stérilité acquise en Europe », faisait état d'incompréhensibles nouveaux cas, alors même que toute importation de caviar et d'esturgeon était stoppée. Le papier concluait que le virus s'était sans doute trouvé un nouveau réservoir, une seconde voie de contamination.

« Et tu n'as encore rien vu, poursuivit Julia. Regarde le courrier que nous venons de recevoir de l'OMS. »

De nouveau l'enveloppe brune de l'INSEE, même format et même typographie que celle que j'avais décachetée le jour même.

« Toi aussi !

— À l'heure où nous parlons, la plupart des chercheurs concernés sont au courant. Cela promet une belle panique. »

Bonjour tristesse ! Tout ce travail pour rien. Décidément, le recours à l'IIS aura été bien bref, une petite année, pas plus. Avantage réduit à néant.

« Qu'allons-nous pouvoir inventer d'autre ?

— Il est encore trop tôt pour répondre à ça.

— En tout cas, la perspective de vaincre la maladie s'éloigne.

— Et à ces bonnes nouvelles, compléta Julia qui bénéficiait d'autres sources, tu peux ajouter que les instances de l'OMS estiment le taux réel de la maladie aux alentours de 30 %. Et ce n'est qu'une grossière moyenne. Le même rapport fait état de pics de près de 90 % en Europe de l'Ouest et aux États-Unis. Je te rappelle que l'incidence en France n'était encore "que" de 50 % au premier trimestre.

— Heureusement que ces chiffres ne sont pas divulgués.

— Je ne sais même pas si les gens voudraient savoir. L'atteinte est tellement massive. »

Assis sur ce tabouret pivotant, je me sentis soudain inutile, débordé par ce Systac qui nous attaquait de toutes parts, sans répit, qui détruisait nos espoirs à mesure qu'il les suscitait. Bob jouait avec nos nerfs, insultait notre intelligence. La sienne était supérieure. Nettement au-dessus, même pas de rivalité possible. Et dire que les hommes me considéraient comme une sommité ! Malade dans mon corps, dépassé par l'imprévisibilité du virus, j'étais comme n'importe lequel d'entre eux : j'avais peur.

« À t'entendre, émis-je, cela signifierait que les hommes "normaux" ne représenteraient plus que 10 % de la population masculine des pays développés.

— Et tu veux savoir le plus drôle ? Enfin, si l'on peut dire !

— Vas-y, je me tiens les côtes.

— C'est que l'incidence de la maladie augmente également de manière constante dans le tiers-monde, alors que la plupart des gens n'ont jamais approché le moindre grain de caviar.

— Eh bien, il faut bien se rendre à l'évidence. Notre nouvel ami, Bob 5, n'est plus dans le caviar. Il est quelque part ailleurs.

— Max, je crois que nous brûlons. Le nouveau réservoir de virus, c'est probablement... l'homme lui-même. »

Julia s'arrêta. Les objets qui nous entouraient, auréolés d'une lumière fadasse, paraissaient eux aussi encaisser les coups. Julia reprit.

« Sais-tu quels sont les virus qui peuvent s'enorgueillir de taux de pénétration de près de 90 % ?

— Je ne sais pas. Je dirais les virus de la grippe ou des rhumes ?

— Tout à fait. Cela voudrait dire que le mode de contamination virale a totalement changé. Le virus ne se propagerait plus par voie alimentaire, mais se serait aérosolisé.

— Une transmission par voie aérienne, si je te suis bien. Cela voudrait dire par exemple qu'il y aurait des particules virales dans la salive ou la morve.

— C'est en tout cas une hypothèse à approfondir. L'affection se transmettrait ainsi actuellement par l'intermédiaire des gouttelettes de salive, comme un vulgaire rhume

— Voilà qui pourrait expliquer l'extension du Systac aux pays pauvres.

— C'est tout simplement diabolique, articula Julia. Tout se passe comme si Bob avait compris que, ne pouvant plus atteindre l'homme par l'intermédiaire du caviar, il devait se trouver un autre mode de dissémination.

— Et pour être plus sûr de son coup, il a choisi l'homme lui-même.

— Je vous présente l'Homme ! Il vient d'être promu au grade de réservoir de virus principal », proclama Julia.

Je me levai, regardant par la fenêtre le flot des voitures, le monde réel. Après tout, Bob ne mettait pas la vie en danger. Peut-être étions-nous à la veille d'une période de collaboration fructueuse entre l'homme et les virus ; la symbiose parfaite. Notre intelligence alliée à leur esprit communautaire. Un mélange détonant, s'il n'y avait la stérilité. Je pensai à la modification de comportement des esturgeons décrite par Le Floch. Un virus capable d'influer sur le psychisme.

« Ce n'est pas la première fois que nous prêtons à ce Bob un mode de fonctionnement quasi humain.

— "Quasi inhumain" serait plus approprié », répliqua Julia, le visage soudain plus grave, la pensée sans doute traversée par un météore, la linéaire silhouette d'Harold, le père de Bob. Lui aussi avait subi une étonnante mutation psychologique.

Je déglutis. Réflexe suivi d'une idée.

« Mais si le virus est dans la salive des sujets atteints, il est également dans ma propre salive. Nous pourrions savoir ça rapidement.

— Tu veux dire tout de suite ! Je vais mettre en route le microscope électronique. »

Ce fut une marche rapide, presque une course, à travers couloirs et escaliers de l'Institut. Le microscope électronique, un Zeiss dernier modèle, était au sous-sol.

Puis tout se précipita. À l'aide d'un écouvillon, je prélevai de ma salive, l'étalai sur lame, aidai Julia à la préparation du prélèvement. Lorsque nous eûmes fini, la gouttelette de salive, grossie des milliers de fois, s'étalait sur l'écran du microscope ; mon intuition était exacte.

« Les voilà ! »

J'avais appris à reconnaître la morphologie si particulière de Bob. Trois des bulles fatidiques étaient en effet apparues dans un coin de l'écran

« En haut à droite ! » dis-je.

Julia se centra dessus et augmenta le grossissement de l'appareil. Bientôt, il n'y eut plus que les trois sphères et nous, nous et nos yeux grands ouverts. Je collai mécaniquement ma langue contre mon palais, production de salive, éjaculation virale.

Julia avait toujours les yeux rivés sur l'écran.

« C'est curieux. Je jurerais que Bob a changé.

— Je ne suis pas virologue, mais pour moi, il a toujours le même aspect.

— Je suis sûre qu'il y a quelque chose en plus, dit-elle en allumant le PC situé sur sa gauche. Si mes souvenirs sont bons, il doit encore y avoir dans un de ces fichiers des photos de Bob 4. J'ai fait un topo là-dessus la semaine dernière pour les internes. »

J'éteignis la lumière. Julia fit défiler les images. Bob « caviar » apparut sur l'écran de gauche, Bob « salive » était à ses côtés, il n'avait pas bougé du moniteur du microscope.

« Tu ne trouves pas que les parois de la bulle se sont épaissies ? »

Je ne répondis pas, j'avais remarqué autre chose.

« Tu peux agrandir cette zone ? » demandai-je en désignant au centreur lumineux un bout de capside effectivement plus épaisse.

Julia tourna la molette du microscope dans le sens des plus forts grossissements. La région que j'avais désignée était une sorte de triangle pointé vers l'extérieur.

« Qu'est-ce c'est que ce truc ?

— Je ne sais pas. On dirait un éperon ou une épine.

— Le témoin de la production d'une nouvelle protéine virale.

— L'expression vivante de la mutation. »

La pointe en question faisait penser à une déformation localisée de la capside virale, comme un minuscule barbelé.

« On peut aussi y voir un nouveau signe d'agressivité de la particule, dis-je.

— Peut-être que c'est précisément à cause de cette modification que les œufs fécondés avortent si précocement.

— Ces éperons pourraient perforer le fuseau de division de l'ovule.

— Possible. »

Julia était adossée à la colonne du microscope, caryatide de chair et d'acier. Moi, je restai immobile. Bob me fascinait. Les deux Bob.

« Je ne sais pas ce qui me retient d'éteindre l'écran, dit-elle. Je ne peux plus le supporter.

— Il ne faut pas céder à la panique, Julia. Après tout, cet éperon n'est que l'expression d'une protéine supplémentaire à séquencer. Peut-être ne s'agit-il d'ailleurs de rien d'autre que d'une simple plicature d'une protéine déjà existante.

— Demain, nous analyserons Bob 5 sous toutes les coutures. Nous allons le séquencer, le tester, le filtrer, comme nous savons si bien le faire. Que va-t-il en ressortir ? Pour quoi faire ? Nous connaissons déjà Bob 4 à fond. Cela n'a débouché sur rien. »

Je ne trouvais rien à dire. Julia, qui avait surmonté tant d'épreuves, sombrait dans la déprime. Comme d'habitude lors de ces moments-là, mon esprit s'échappa, produisant des idées bizarres. Je pensai par exemple que nous ne devions pas avoir ce genre de conversation devant Lui. Qu'à sa manière, il nous entendait, nous comprenait, savourait sa victoire. Ce Bob m'avait-il vraiment perturbé le jugement ? Pas tant que ça.

Julia rebondit.

« Il y a quand même quelque chose qui m'étonne, reprit-elle. Contrairement à Bob 4, les particules mutantes m'ont l'air moins mobiles. Elles ne réagissent presque pas à la lumière de l'appareil.

— Il se pourrait qu'elles aient moins peur de nous », murmurai-je.

Je me rapprochai du microscope, pour constater. Les particules s'animèrent.

« Elles sont juste un peu paresseuses, mais elles bougent. »

Je ne me faisais pas à l'idée de cette vitalité virale. Je n'avais jamais digéré cette anomalie. Pour moi, comme tout un chacun, un virus aspergé d'acide osmique se devait nécessairement d'être inerte, une nature morte. Julia était plus blasée, elle côtoyait Bob tous les jours.

« Effectivement, dit Julia. Je dois être distraite. C'est vrai qu'il semble un moins vivace que l'exemplaire précédent. Je pense à un truc. Éloigne-toi juste un peu du microscope. »

Je reculai : les sphères s'immobilisèrent.

« Rapproche-toi à nouveau. »

Les sphères s'animèrent. J'entrevis l'indicible. Je prononçai les mots qui suivirent à mi-voix, mâchoires serrées. Ce que j'avais à dire ne concernait que ma compagne.

« Ce n'est pas un mouvement, Julia. C'est un langage. Bob communique. Regarde. »

Je m'installai cette fois le plus près possible de la colonne du microscope. Le virus s'agita à nouveau. Le mouvement circulaire habituel s'était enrichi, si l'on peut dire, d'un mouvement à bascule de la région de l'éperon. Ce dernier entrait et sortait. Des mouvements rythmiques.

J'expliquai, dans un état second.

« Je suis porteur de ces bestioles en des milliards d'exemplaires. Bob se loge un peu partout dans mes liquides vitaux : il est dans mon sang, ma salive, et mon sperme. Lorsque je m'approche, il ressent sa propre présence, et entre en communication avec lui-même. Les particules que je porte en moi doivent probablement s'animer des mêmes simagrées.

— Si je te suis bien, Bob parle, et voici sa bouche, conclut Julia en pointant le centreur lumineux sur la proéminence triangulaire.

— C'est un anthropomorphisme, mais je ne vois pas d'autre explication. Comme tu n'es pas toi-même porteuse, il ne voit pas l'intérêt de se manifester lorsque c'est toi qui l'observes. »

Si seulement nous avions à ce moment vérifié cette hypothèse, nous aurions peut-être pu éviter la suite. Mais Julia ne pouvait imaginer que Bob 5 était aussi en elle. Aussi se tint-elle à distance.

Je me rapprochai à nouveau du microscope, sécrétant de la salive, sadique : la bouche de Bob entrait et sortait, de plus en plus violente, malveillante.

« Ses possibilités de communication sont distance-dépendantes ; dès que je m'éloigne un peu, il cesse d'émettre.

— Je commence à comprendre. Bob 4 et Bob 5 ont des problématiques différentes. Bob 4 était peu contagieux, il avait donc besoin de bouger tout le temps pour signaler sa présence à ses semblables, même à distance. Bob 5 est beaucoup plus transmissible, il passe de l'un à l'autre par la voie des airs, il n'a donc besoin d'émettre qu'à très courte distance de ses semblables. Enfin, je parle de ses semblables comme s'il s'agissait d'individus différents. Mais il faut bien comprendre qu'il n'y a qu'un seul Bob 5, une seule souche, un seul Être, un Être aux multiples lui-même. »

Julia fit une pause avant de reprendre.

« En revanche, il est peut-être plus fragile que son prédécesseur. Cela va généralement ensemble : moins contagieux, plus résistant, plus contagieux, plus…

— Délicat ?

— C'est ça. »

Ma compagne retrouva brièvement le sourire, avant de poursuivre.

« Cela ne nous dit pas à quoi peuvent bien correspondre ces mouvements d'éperon.

— Je ne suis pas du métier, mais je pense qu'il est possible que ces grimaces témoignent de l'exacerbation de sa virulence avant l'invasion d'un nouvel organisme vierge, quelque chose comme : à l'abordage ! Sus à l'ennemi ! »

Julia s'arrêta. Peut-être pensait-elle de nouveau à Harold. Lui aussi soupçonnait l'existence d'une communication intervirale.

« En tout cas, malgré toute son insolence, reprit-elle, je crois que Bob a commis une erreur stratégique.

— Comment ça ?

— Eh bien, lorsqu'il était tapi au fin fond du chromosome Y, au cœur des spermatozoïdes, il était quasiment invulnérable. Je te rappelle que si l'on a mis autant de temps à découvrir que le Systac était d'origine virale, c'est précisément parce qu'à aucun moment on n'avait pu retrouver de particule entière chez les sujets atteints.

— Tu veux dire que l'on peut considérer que le virus avance à présent en terrain découvert ?

— Tout à fait. Le fait même de cette ubiquité ouvre la voie à de nouvelles possibilités de traitement, peut-être même à un vaccin.

— J'avoue que je suis un peu sceptique. Un virus capable de muter quasiment du tout au tout a, j'imagine, plus d'un tour dans son sac.

— Nous verrons, Max, nous verrons. »

Elle se rapprocha de moi et me serra dans ses bras. Bob, qui envahissait encore les écrans, nous tenait une chandelle ardente. Mais sa bouche était à présent muette. Je me tenais à une distance respectable.

— Et si tu m'inséminais ? »

J'ai dû lui jeter un de ces regards blessés qui faisaient jadis tout mon charme. En d'autres temps, Julia m'aurait simplement dit : « Fais-moi un enfant. » Mais cette maladie avait tout perverti : même les déclarations d'amour étaient devenues techniques.

« Tu sais, je n'arrive pas à me résoudre à mettre au monde des êtres contaminés. Et puis je te rappelle que je suis à présent porteur du type 5. Toute tentative avorterait dans l'œuf – c'est le cas de le dire.

— Mais qui a parlé de sperme contaminé ? »

Julia me regardait avec un drôle de sourire.

« Viens, j'ai une surprise pour toi. »

Elle m'entraîna de nouveau au travers des légendaires couloirs de l'Institut Pasteur. Il était minuit. Son bureau était encore allumé. Elle ouvrit une petite armoire fermée à clé située dans un renfoncement, et en sortit un petit cylindre de métal. Brutale réminiscence. Julia avait conservé des paillettes marquées MJ, celles qui contenaient le sperme témoin que je lui avais confié avant de partir à Porton Down.

« Il t'en restait donc encore ? Je n'y pensais même plus.

— Je n'ai utilisé en tout que trois paillettes au CREAM, le strict minimum.

— Comment as-tu compris qu'il s'agissait de moi ?

— Que veux-tu, je devais déjà être un peu amoureuse, à l'époque, me sourit-elle. Je conservais alors tout ce qui venait de toi. Et puis il fallait être particulièrement idiote pour ne pas faire le rapprochement entre les énigmatiques majuscules MJ et le beau Dr Max Journo qui me faisait la cour ! »

J'étais touché. Julia avait de la suite dans les idées. Mais tout cela était ridicule. Notre hypothétique rejeton n'aurait peut-être pas Bob 4, mais attraperait Bob 5 dans la première crèche venue. Pis encore, le premier bisou de son papa lui serait fatal. Et puis ma Julia ne pouvait tout prévoir. Elle ne pouvait en particulier pas imaginer que Bob était devenu transsexuel, qu'il y avait eu échange de matériel génétique entre les chromosomes Y et X, et qu'à ce titre elle en était devenue elle-même porteuse. Une mère porteuse, comme tant d'autres.

Oui, c'était irréaliste et ridicule, puéril même. Mais au milieu de tout ce marasme, de ce naufrage humanitaire, nous eûmes besoin de donner la vie. Comme un acte de résistance. Alors nous l'avons fait quand même.

Même si Bob était devenu « panhumain ».

ESPRIT

Quand nous est venue cette idée ? Quand s'est édifié au sein de notre conscience éclatée ce projet fou de devenir l'espèce dominante ? Je ne sais pas, c'était avant moi, il y a des millions de générations… Et je sais, car c'était déjà moi. Là d'où je viens, le temps tel que vous le concevez n'existe pas.
L'Histoire nous a sans doute appris qu'il ne servait à rien de vous supprimer physiquement, de vous exterminer. Cela n'est pas dans notre culture de groupe. Et puis, à la réflexion, c'eût été suicidaire. Nos intérêts étaient tellement liés. Notre vengeance devait se frayer d'autres chemins. Notre ruse contre vos armes de destruction massive.
Quelle était l'autre alternative ? Un partenariat ! Comment n'y avions-nous donc pas songé plus tôt ? Enfin, un partenariat, si l'on peut dire. Vous les jambes, nous la tête. Prendre le contrôle de vos merveilleuses machines, s'installer dans vos cerveaux et se servir de vos prodigieuses facultés. Finalement la quintessence de ce que nous faisions jusqu'alors. Utiliser non plus simplement votre machinerie cellulaire pour nous reproduire, mais utiliser le Tout. Nous voulions Tout de vous. Parvenir à un être hybride, mi-virus, mi-humain, une espèce qui conserverait votre apparence, mais fonctionnerait selon nos lois. La loi du nombre. L'humanité ne serait plus qu'un être unique, un ensemble organique, la transposition de ce que nous sommes dans le monde de l'infiniment petit. Le pluriel se conjuguerait au singulier.
Et « homme » s'écrirait avec un grand H, un grand V.

LA PARENTHÈSE ENCHANTÉE

Le vaccin contre Bob 5 fut mis au point dans les six mois qui suivirent. Aux dires mêmes des virologues, ce fut « l'enfance de l'art ». Les molécules vaccinales, des anticorps monoclonaux, furent dirigées spécifiquement contre l'éperon que nous avions découvert. Il n'y eut pas d'autre mutation. Julia prit une part active à l'élaboration du produit, mais ce fut un chercheur russe en stage à l'Institut qui en fit le premier la synthèse – juste retour des choses. Une campagne de vaccination mondiale fut lancée rapidement, orchestrée par l'OMS. Tous les laboratoires du monde se lancèrent dans la fabrication des doses salvatrices. Pour les sujets déjà atteints, on essaya toutes sortes de molécules antivirales. Au grand étonnement des chercheurs qui s'attendaient à plus de difficultés, un nombre important de substances testées donna un résultat satisfaisant. Ils n'eurent que l'embarras du choix. Curieusement, à partir de cette période, aucun nouveau cas ne fut plus enregistré. Cette brusque modification de comportement épidémiologique de Bob nous laissa perplexe. D'autant qu'apparurent les premiers cas de guérison spontanée : les sujets atteints s'étaient mis à sécréter spontanément des anticorps anti-Bob. Tout le monde y croyait, ou faisait mine d'y croire. L'atmosphère était à l'après-guerre, l'après-krach. Les gens sortaient, faisaient la fête, les jeunes faisaient l'amour. La machine économique tournait de nouveau à plein régime : la consommation connut des sommets. Soudain, on n'avait plus peur du lendemain.

La maladie laissa cependant d'importantes séquelles dans l'inconscient collectif, et les premières naissances après le cataclysme furent fêtées avec enthousiasme. On instaura même un « Jour de la naissance des enfants » tous les 6 juin, date anniversaire de la première naissance naturelle issue d'un couple systaquien. La pyramide des âges des pays développés et, dans une moindre mesure, celle des pays du tiers-monde, devait néanmoins garder des traces de l'affection, un énorme creux sur une courte période. Sans avoir eu connaissance de l'épidémie, les historiens des siècles à venir pourraient croire de manière rétrospective à une guerre d'une violence inouïe. Afin d'éliminer toute ambiguïté, les épidémiologistes du moment nommèrent ce creux de la pyramide des âges la « faille de Bob ». Et dire que cette appellation a maintenant disparu de la plupart des disques durs !

La majorité des gens et même des spécialistes virent dans la mise au point du vaccin une victoire de plus de la science sur la souffrance et la maladie, complexe de supériorité de l'espèce humaine oblige. Seuls quelques esprits dissonants s'interrogèrent, avec le sentiment que quelque chose leur avait échappé. Pourquoi un virus si retors, si expérimenté, qui plus est un exemplaire de la redoutable famille des rétrovirus, cousin de Sida et neveu d'Ebola, s'était-il fait prendre de manière aussi grossière, alors même que la victoire lui était acquise ? Ce comportement énigmatique n'en finissait pas de susciter doutes et interrogations parmi ce groupe d'empêcheurs de tourner en rond. La plupart des participants au congrès de Cardery Street étaient de ceux-là. Quant à Karamazov, avec lequel j'étais resté en contact, il partageait avec moi le scepticisme le plus absolu.

Julia se rendit à Porton Down un jour de juillet, invitée à faire une présentation sur l'éperon de Bob. Elle devait bien vite comprendre que cette invitation n'était qu'un prétexte, Baileys désirait avoir une conversation en tête à tête. Il la reçut en fin d'après-midi. Son bureau était surexposé par un soleil orange. Après les mondanités d'usage, il fit part de ses impressions à son ancienne stagiaire.

« Julia, vous avez joué un rôle central dans la découverte de Bob. Alors, vous savez bien que quelque chose ne tourne pas rond dans cette prétendue disparition. Apparemment, nous sommes peu, dans la communauté scientifique, à nous en émouvoir. Eh bien moi, Baileys, j'ose le dire ! De mémoire de biologiste, je n'ai jamais vu un virus, ou d'ailleurs quelque espèce vivante que ce soit, ne pas lutter âprement pour sa vie. Même le virus de la variole, qui était pourtant une cible facile, avait en son temps vendu plus chèrement sa peau que ce falot de Bob. »

Julia ne tenait pas à rouvrir d'anciennes blessures : elle opta en faveur de l'autruche.

— Je pense que vous allez trop loin, monsieur. Le virus a commis une erreur, il est sorti des spermatozoïdes dans lesquels il s'était lové, il s'est rendu vulnérable. Nous avons ainsi pu mettre au point un vaccin contre lui.

— Je vous trouve bien naïve, mademoiselle Berenson, cela ne vous ressemble pas. La Bulle organique bloquante n'était pas un virus comme les autres, vous le savez très bien. C'était un kamikaze, un fourbe. La destruction de l'espèce humaine était pour lui plus importante que sa propre survie. Il a dû se passer quelque chose.

— Bob 5 a remplacé Bob 4. Plus violent, plus agressif, mais finalement plus fragile. »

Julia clignait des yeux, elle était éblouie par le soleil.

« Allons Julia, les rétrovirus ne sont pas nés de la dernière pluie ! Leurs mutations vont rarement dans le sens d'une plus grande vulnérabilité. Cette histoire de langage viral, vous y croyiez dur comme fer. Pourquoi un tel revirement ? »

Suite aux observations des mouvements surprenants de l'éperon de Bob en présence de lui-même, Julia avait publié deux ou trois papiers sur le langage viral, mais elle n'avait reçu qu'un accueil mitigé de la part de la communauté scientifique. L'idée était vraiment trop dérangeante, révolutionnaire. Il n'est jamais bon d'avoir raison trop tôt. Seuls Bailleys et quelques collègues de l'Institut l'avaient réellement soutenue. Pourtant, elle restait persuadée que, dans un avenir lointain, l'homme communiquerait avec les virus. Erreur d'appréciation...

« J'en ai assez, j'ai envie de vivre, de souffler, d'oublier un peu ces virus et leur intelligence. D'ailleurs, j'attends un enfant.

— Félicitations. Il est de ce Pr Journo ? »

Bailleys semblait insinuer autre chose. Julia eut envie de répondre : Harold est mort depuis plus d'un an.

« Oui. »

Bailleys referma la parenthèse.

« Contrairement à vous, je ne pense pas qu'on puisse parler de psychisme viral, c'est aller trop loin. Mais voyez-vous, je crois malgré tout qu'il s'est produit un phénomène étrange, quelque chose de l'ordre du comportement biologique. D'une certaine manière, on peut dire que Bob a pris goût à la vie. Son projet initial s'est brisé à l'épreuve des faits. Il s'est reproduit abondamment, a trouvé que c'était bon. Et de ce fait a renoncé à s'autodétruire. Dès lors que sa propre survie devenait plus importante que la suppression de son hôte, il rentrait dans le rang et devenait un virus disons plus banal. La pulsion de vie est plus forte que tout.

C'est curieux, a dû se dire alors Julia, Bailleys se met à penser comme Harold aurait pu le faire ; comportement viral, pouvoir, projet. Voilà certes des termes qu'il n'aurait pas désavoués. Bailleys poursuivit.

« Et puis la victoire de Bob aurait induit une catastrophe non seulement pour l'homme, bien sûr, mais également pour l'écologie virale dans son ensemble. Imaginez le drame pour les virus qui ne vivaient que par l'espèce humaine : rayés de la carte, eux aussi. Décidément, ce Bob était devenu trop encombrant. Il ne faisait pas l'affaire des autres. Le monde des virus a été contraint de le liquider, de faire son ménage lui-même. Si vous ne croyez pas à cette théorie insolite, appelez ça de la sélection naturelle ; la nature a l'habitude de s'autoréguler. »

Julia était pensive. Harold avait lui aussi prévu dans ses carnets une cabale possible du landernau viral contre le nouveau trublion. Mais elle fut tirée de ses réflexions par la dernière saillie de Bailleys.

« Qu'auriez-vous fait, Julia, si vous étiez le virus de la grippe ou celui du Sida ? »

Julia ne m'a rapporté l'entretien que jusque-là. Mais je comprends à présent que Bailleys était trop précis dans ses assertions pour ne pas avoir eu connaissance des carnets d'Harold.

Julia dut se tenir le même genre de discours que le mien, à cinquante ans de distance ; les mêmes termes que dans les carnets. Ainsi, Bailleys savait. Les avait-il lus ? S'était-il entretenu avec Harold ? Avait-il lu les carnets ? La faisait-il marcher depuis le début ?

Le vieux ouvrit le premier tiroir de son bureau, en sortit une liasse de photocopies ; Julia reconnut au premier coup d'œil l'écriture caractéristique.

— Mais, comment avez-vous fait ?

— Vous oubliez, chère amie, que mon chef de la sécurité, Mac Debsley, a des yeux et des oreilles partout. J'ai bien été obligé de le charger de mener l'enquête après l'énigmatique suicide d'Harold – je ne pense pas qu'il ait été jusqu'à dire « présumé suicide ». Nous étions sûrs que son geste avait un quelconque rapport avec vous ; nous nous sommes donc autorisés à fouiller quelque peu vos affaires, et en particulier votre boîte aux lettres. La caméra située à l'entrée du bâtiment des stagiaires avait filmé Harold, peu avant son acte, introduire un paquet dans votre case. Vous pouvez aisément reconstituer la suite.

— Mais pourquoi ne m'avez-vous rien dit ? À la réflexion, ces carnets ne contiennent rien d'autre que le délire schizophrénique d'un malade mental.

— Vous oubliez que ce malade mental était un virologue de génie, et qu'il avait mis au point une arme qui a failli faire mouche. Il fallait que vous soyez concentrée au maximum pour votre mission en Russie. Et puis, moi aussi j'ai été choqué par la lecture de ces carnets. Je ne savais pas comment vous en parler. En fait, j'avais décidé de ne pas évoquer la sombre destinée d'Harold avant le dénouement de l'affaire. Je l'aimais comme un fils. »

Bailleys regarda vers le couchant.

« Vous savez, monsieur, répondit Julia également très émue, il y a probablement une part de vrai dans les élucubrations d'Harold. Les virus ont de bonnes raisons de vouloir nous détruire. De leur point de vue, au sens propre, ce que nous leur faisons subir tous les jours est intolérable. Nous autres virologues nous connaissons bien leurs possibilités infinies en termes de dissimulation et de nuisance. Réarrangements protéiques en tout genre, passerelles de plus en plus fréquentes entre l'animal et l'homme. Variations infinies sur un même thème nucléique. Rien ne nous dit qu'ils ne tenteront pas encore autre chose. Bob était peut-être effectivement l'expression d'une volonté délibérée de leur part de nous rayer de la surface de la Terre, avec Harold dans le rôle du cheval de Troie. »

Le cheval de Troie allait habiter mon propre appartement.

ESPRIT

J'ai passé mon enfance à le regarder vivre. Un humain dans toute sa splendeur, avec ses doutes, ses faiblesses, sa bienveillance. Nous avons eu de la chance de tomber sur lui. Pas une goutte de cynisme, il croit faire le bien. Mais objectivement, pour son propre camp, c'est un damné. Un des principaux fossoyeurs de l'humanité.
Nous lui devons tout. Hier, il m'a regardé d'un air bizarre.
Je crois qu'il a compris.
Il en sait trop, ce type. Un jour, je le tuerai.

ESPRIT

Julia, c'est le prénom de ma mère adoptive. C'est un cas complexe, elle porte en elle une large zone d'ombre. Son père était un tueur, elle était la maîtresse d'Harold. Elle a intrigué contre mon père, au temps de sa jeunesse. Depuis, elle partage sa vie. Nous avons failli la massacrer. Nous l'avons épargnée. Comment vit-elle avec toute cette fiente qui clapote en elle ? Il y a en elle un zeste de Lassa, cet ami de la famille. Elle est belle. Je ne peux m'empêcher de ressentir une certaine tendresse à son égard. Je la sens proche, presque virale, c'est dire. Suis-je atteint par une forme d'Œdipe ? Étonnant pour un virus.
Ma mère nous connaît très bien. Son métier, c'est de s'occuper de nous. Aussi, très tôt, elle a compris qui j'étais, d'où je venais. Quelque chose dans mon comportement a dû la mettre sur la voie. C'est pour cette raison, et pour ce qu'elle sait de nos desseins, qu'elle est une femme à abattre. Il est urgent de l'empêcher de nuire. Il faut qu'elle cesse de travailler dans ce labo. Je vais m'employer à la faire mettre sur le banc des remplaçants. Un congé longue durée, voilà ce qu'il lui faudrait.
Je t'annihilerai, Maman.

ÉCLIPSE

Nous perdîmes progressivement la trace de Bob. La forme Bob 5 disparut, vaincue par le vaccin. Je crois qu'on peut le considérer comme une forme de transition, une fulgurance concoctée par un ADN instable, une sorte de brouillon rageur. Seul Bob 4 resta en circulation, mais ses caractéristiques biochimiques étaient tellement similaires à celles des rhinovirus qu'on finit par le considérer comme tel, dès lors qu'il cessa d'être nuisible. L'ironie du sort fut que ce qui avait été l'une des clefs de son camouflage devint la raison de son oubli.

Adam Journo naquit le jour de la mise au point du vaccin anti-Bob 5, un prématuré, une césarienne. Son visage me dit d'emblée quelque chose. Le nez peut-être, ou les oreilles ; en tout cas, une impression de déjà-vu. L'un des premiers exemplaires d'origine féminine. Mon sperme n'y était pour rien.

Il n'a même pas crié à la naissance : un bébé très réfléchi, d'emblée.

ESPRIT

Aujourd'hui, c'est au tour de Joe Aladef. Un ami de la famille de longue date. Il a envoyé à mon père un e-mail de trop : « Notre victoire est trop parfaite, c'est trop beau. Il y a quelque chose qui ne colle pas, une protéine qui a "disparu". » J'ai acheté mon aller-retour Paris-New York sous un faux nom. J'avais dans mes bagages un petit prélèvement de cervelle de singe. Un personnage sympathique, cet Aladef. Je lui ai inoculé Ebola au moyen d'une minuscule aiguille, pendant son sommeil. Une bonne dose.
Normal que je fasse travailler les copains.
Bientôt je me rendrai en Écosse... Un certain Mac Cormack.

HUMANOÏDES

Ceux qui parviendront à me lire, s'il y en a, se demanderont sans doute comment on en est arrivé là. L'humanité avait gagné. Bob s'était quasiment liquéfié, fondu dans sa propre nature nucléaire. La fécondité de l'espèce humaine était revenue. Alors quoi ?

Pour comprendre la fin, il faut peut-être revenir aux origines. L'Homme est, ou plutôt était, une espèce prétentieuse. Et sa science triomphante peu accessible au doute. Bien sûr, quelques chercheurs se sont un temps étonnés de cette victoire trop facile : mais leurs atermoiements ont été rapidement balayés. Curieusement, tous ceux qui avaient émis des réserves suffisamment bruyantes quant à la réalité de la victoire sont décédés de mort violente, dans des circonstances souvent mal élucidées. Natacha a été retrouvée un matin, inanimée, dans le garage de son César de mari ; la porte à fermeture électromagnétique s'était refermée sur elle. Ce devait être dans les années 2020. On n'a jamais retrouvé le moteur à l'origine de l'émanation létale. Mon ami Joe Aladef, lui, a été découvert dans son lit, couvert de pustules sanguinolentes. Rassmussen, le père des enfants « raides », est mort gelé, enfermé dans la chambre froide de son laboratoire, suspendu à un crochet de boucher. Le coupable de ces abominations – car j'ai la certitude qu'il s'agit de la même personne – n'a jamais été retrouvé. Mais toutes ces morts sont douces comparées à celle de Mac Cormack, retrouvé en kilt, le ventre ouvert avec au cœur de la plaie béante, englué dans le sang frais, son dernier-né, assoupi. Comment ne pas y voir une allusion à ces accouchements qui l'avaient rendu célèbre ? L'assassin connaissait tout cela. Un virologue peut-être ? Pis, un virus.

Nous avons été mystifiés par Bob. Nous avons ignoré pendant des années ce qui se tramait sous nos yeux. Il aurait pourtant suffi de presque rien. Comme de surveiller le devenir des enfants raides, ou d'observer Adam grandir. Mais l'amour pour sa progéniture était un sentiment très profondément implanté dans le psychisme humain et, alors qu'il eût mieux valu liquider physiquement ces enfants, nous nous sommes mis à les chérir, envers et contre presque tout. À notre décharge, comment imaginer que nous avions mis au monde des êtres hybrides entre l'homme et le virus, ou plus précisément un virus incarné dans l'homme, ayant choisi le véhicule homme pour se déplacer et assouvir ses desseins ? Comment imaginer que mon propre fils était animé par « l'Esprit » ?

Quand avons-nous commencé à réaliser que Bob n'avait jamais voulu s'en prendre physiquement à l'espèce humaine, que son but n'était pas de nous empêcher de nous reproduire, mais de nous supplanter ?

J'en ai pris conscience par paliers. Au début le hasard, comme souvent, attira mon attention. Ce devait être dans les années 2015. Le Systac était oublié et personne ne parlait plus de Bob. L'homme se reproduisait de nouveau en toute quiétude. Adam travaillait bien à l'école, très bien même. Il faisait preuve de capacités d'abstraction étonnante pour un enfant de son âge. De toute manière, le niveau scolaire avait globalement augmenté.

Tout d'abord, il y a eu cet encart dans un journal du soir, un genre de fait divers que l'on lit distraitement. J'ai gardé avec moi la coupure, ou plutôt la blessure.

« Le personnel d'une école primaire séquestré par des élèves pendant une heure. Un groupe d'élèves a enfermé dans la salle de commission pédagogique d'une école du 16ᵉ arrondissement parisien son équipe enseignante. Les élèves, tous très déterminés, provenaient de classes diverses. Ils ont formé une sorte de chaîne humaine autour de leurs professeurs. Ces derniers n'ont opposé aucune résistance, croyant à un jeu de rôle. Il faut dire qu'il s'agissait des meilleurs éléments de l'établissement, et que leurs gestes étaient parfaitement synchrones et coordonnés, comme s'ils avaient minutieusement répété leur coup. Le plus étrange est peut-être qu'aucun des petits plaisantins n'a été capable d'expliquer son acte de manière convaincante. La réponse revenant le plus souvent était "je ne sais pas"… ». Julia lisait par-dessus mon épaule. Je me souviens encore de sa réflexion : « C'est drôle, cette synchronisation, cette organisation, cela me fait penser à un comportement viral. » Adam était en train de s'essayer à l'imparfait du subjonctif sur la table de la salle à manger. Il releva la tête, autour de ses lèvres étaient apparues d'étranges plicatures. Et là, j'ignore pourquoi, j'ai porté sur lui un autre regard : je l'ai soudain envisagé non pas comme mon propre fils, mais comme un étranger. C'est vrai qu'il ne nous ressemblait pas, avec sa face triangulaire, son corps compact et ses membres courts. Et dire qu'à l'âge où d'autres jouaient aux billes, lui avait déjà écrit dans le plus grand secret bon nombre des feuillets que j'ai fondus dans le corps de ce récit. Il aurait dû mieux les dissimuler, mais peut-être voulait-il que nous sachions. Une telle erreur est improbable de sa part. Nous aurions sans doute dû l'appeler Bob, les choses auraient été plus claires… Mais dans le genre, Adam, c'était pas mal trouvé.

Alors, comme le sang peut rejaillir d'une cicatrice dont les berges sont restées disjointes, j'ai repensé aux enfants « raides » que nous, scientifiques du monde entier, avions générés par millions au début du millénaire et éparpillés au hasard des familles. C'était comme si nous avions inséminé l'humanité. Ces enfants qui à présent devaient avoir dans les 8 à 10 ans. J'ai souvent entrevu ces visages d'un nouveau type que je croisais sur les chemins des écoles, et j'ai pensé : « Voici la vraie famille d'Adam, voici ses frères et ses sœurs. Nous avons eu un enfant en multipropriété, nous partageons son ascendance avec un être multiple et ubiquitaire. » La conclusion s'imposait d'elle-même : Bob n'avait jamais déposé les armes.

Encore fallait-il le prouver. J'ai commencé par chercher les noms des enfants de l'article, nous avions parmi nos connaissances un inspecteur de la PJ, un certain André C. Le fait divers avait fait l'objet d'un rapport, j'ai demandé à André s'il pouvait me procurer la liste des enfants. C'était à la limite de la légalité, mais l'affaire était sans grande importance, en fait plus curieuse que grave. Il n'y avait même pas eu dépôt de plainte. J'ai obtenu le renseignement, tapé les noms des enfants, consulté les listings des différents CECOS. À part un « exemplaire » prénommé Christopher – je n'ose dire un élève –, tous étaient issus d'une insémination de début du millénaire.

Pourtant, avec Julia, nous avons classé l'événement, l'accepter aurait impliqué trop de remises en cause. Adam avait tout du fils modèle, nous étions heureux. Alors pourquoi remuer tout ça ? En fait, notre virus de fils n'était pas programmé pour exploser tout de suite. Nous ne pouvions encore deviner sa vraie nature. Le programme d'un virus a tout de la bombe à retardement.

La seconde prise de conscience eut lieu quelques mois après, au cours d'un grand ménage de printemps. Je rangeais sa penderie. Les extraits de *Courrier international*, soigneusement découpés, me tombèrent dessus, une pluie de confettis. Tiens ! me suis-je dit, Adam s'intéresse à l'actualité ? J'ai dû sourire fièrement. Puis mon sourire s'est évanoui, mes sourcils se sont froncés. Chaque manchette pouvait paraître anodine, mais l'ensemble avait indéniablement quelque chose d'inquiétant, d'inédit. « Nette augmentation du nombre des surdoués en Pennsylvanie », « Manifestation silencieuse des enfants madrilènes pour un changement des programmes d'histoire », « Chaîne de l'espoir des enfants catholiques et protestants en Ulster », « Site Internet pour les grammairiens en herbe : structure de la langue et décryptage de la pensée des locuteurs », « Une classe de 6e de Los Angeles met tout son argent de poche en commun ». Julia était moins inquiète que moi, elle a toujours voulu le couvrir : cela ne lui a pas porté chance. Quant à moi, j'ai vu, j'ai douté. Ces articles disparates portaient la trace d'une nouvelle humanité, un monde qui n'aurait plus rien à voir avec ce que nous avions connu jusque-là, et que par mon inconscience j'avais ardemment contribué à mettre en place. Harold en était l'instigateur, moi le fondement.

Je n'ai pas envie de raconter la colonisation rampante de l'espèce humaine, son avilissement, puis, au final, sa supplantation. Leur reproduction me pose encore problème. Je pense que leur épanouissement à la surface de la planète a reposé sur une multiplication de type viral. Ils ont dû se reproduire par clonage, ne recourant qu'épisodiquement à cette bonne vieille sexualité qui nous caractérisait : trop aléatoire, pas assez efficace. L'amour, de facultatif, est devenu indésirable. Ils le considéraient comme une prodigieuse perte d'énergie, une mécanique tortueuse à la réussite incertaine. L'amour, pensaient-ils, ce fameux sentiment humain, était asymptotique : tous le cherchaient, peu l'atteignaient.

Lorsque a commencé la phase agressive de leur expansion, ils avaient déjà installé aux postes clés de différents pays des gens à eux : police, banque, administration, caisses d'allocations familiales, d'assurance-maladie, etc. Selon un plan préétabli, ils ont ainsi investi en priorité toutes les fonctions de la société qui avaient à voir avec l'identité des gens. À partir du moment où ce noyautage a été opérationnel, ils ont pu gérer leur mode particulier de reproduction : attribution de faux papiers, filiations imaginaires, inscriptions dans les différents services sociaux, etc.

Quant à l'humanité native, celle dont je suis, elle s'est progressivement éteinte, comme prévu. Bob 4 n'avait jamais cessé son travail de sape. La réussite de notre vaccin contre Bob 5 était sans doute un piège mis en place pour annihiler notre vigilance. En fait, toutes les statistiques de fécondité étaient bidons, ou plutôt tenaient du trompe-l'œil : la remontée des taux était simplement l'expression de leur fécondité à eux. C'étaient eux qui se multipliaient, pas nous. L'espèce humaine réelle a continué de décroître, dans l'ombre de ces chiffres exubérants.

C'est sans doute à cause des services rendus à la cause virale que Julia et moi, collabos à notre insu, avons été laissés en vie si longtemps. Mais cette survie fut d'une pénibilité rare. Adam nous a maintenus dans la terreur dès lors que sa puberté nous explosa à la figure : chantage, délation, limitation d'accès à nos comptes en banque. Il avait tout prévu, nous n'avons rien pu faire. Nous nous sommes retrouvés en liberté conditionnelle. Ce n'est que récemment, un peu avant la mort de Julia, que j'ai découvert les ampoules de médiateurs chimiques, des neuroleptiques qu'il nous injectait pendant notre sommeil. Peut-être les a-t-il laissé traîner sciemment, pour que je comprenne. Maintenant qu'ils ont définitivement gagné, une partie de ma liberté m'a été rendue. À quoi bon ?

Il a perturbé notre jugement, fait dévier notre volonté. Nous avons été limogés pour faute grave. À plusieurs reprises, j'ai interverti les paillettes des donneurs anonymes, fait des mélanges contre nature. Quant à Julia, la pauvre, elle a inoculé le virus du Sida à l'un de ses collaborateurs, ayant confondu le doigt de l'infortuné stagiaire avec une patte de rat. C'était ce que voulait Adam, nous isoler, nous discréditer, nous interdire les échanges avec nos collègues, pendant que lui et ses collatéraux ruinaient l'espèce humaine sans même qu'elle s'en rende compte.

Mais leur avènement est étrange, une victoire à la Pyrrhus. Et la vérité est au-delà de ce qu'ils peuvent concevoir. Ils n'ont pas eux-mêmes conscience d'être ce qu'ils sont. À vrai dire je peux comprendre, aucune espèce vivante n'a la conscience de soi. L'homme lui-même avait-il intégré le fait d'être une sorte de gros animal savant ? Quand je me regarde dans la glace, y vois-je les nombreuses bêtes qui m'ont précédé, qui m'habitent, et qui interviennent dans mon comportement ? Pourtant, je suis la somme de toutes ces espèces anciennes. Je tiens de chacune quelque chose.

Nous, vivants, avons subi des invasions de bactéries, des attaques de virus, nous les avons incorporées, intégrées, et nous avons appris à cohabiter. C'était du donnant-donnant, ou plutôt du donnant-prenant, chacun y a trouvé son compte. Mais de tout ça, nous n'avons pas ni n'avons eu conscience. Nous pensons être hommes, en fait nous sommes hybrides. En définitive, qui sommes-nous vraiment ? Car être est une chose, savoir qui l'on est en est une autre.

Eh bien, eux aussi, ils ignorent qu'ils sont devenus ces espèces de gros virus qu'ils sont pourtant. Ils pensent être des hommes, tout comme moi, ils ne voient pas la différence. Ils n'identifient pas ce qui a changé, ce que moi j'appelle la participation virale. Difficile de se voir de l'intérieur. La faille réside dans leurs facultés d'introspection, leur vraie nature leur est cachée.

Il y a près de trente-cinq mille ans, ils avaient déjà fait le coup avec Neandertal, sans en avoir conscience : une extinction brutale, pourtant. Ils s'en étaient pris alors aux femmes : une prolifération de fibromes au niveau de leur utérus, toute nidation embryonnaire y était devenue impossible. Mais c'était pour favoriser l'émergence d'un meilleur produit : *sapiens sapiens*. Déjà, à l'époque, surgi d'entre les glaces du quaternaire, Bob 3 avait supplanté Bob 2. Nouvelle boîte crânienne, nouvel esprit, là aussi, déjà.

C'est comme un immense tour de prestidigitation. Ils ne peuvent savourer leur victoire, car ils ignorent qu'ils ont combattu. *Homo sapiens sapiens* s'éteint, *Homo virens* apparaît, plus intelligent ; plus fraternel aussi.

Car tout n'est pas négatif dans le bilan de Bob. Le nouvel homme est par exemple plus solidaire, il s'attache à une répartition équitable des biens, les gouvernements sont de plus en plus souvent ancrés dans des systèmes politiques que l'on pourrait qualifier de gauche, selon l'ancienne nomenclature. Je vois là une manifestation humaine du communautarisme viral. En revanche, ils ne se rendent pas compte que leur mémoire s'altère. Personne n'étudie plus l'histoire ancienne, ce qui s'est passé ne serait-ce que vingt ans en arrière est mal connu... Une sorte de maladie d'Alzheimer généralisée. Quand je pense que cette dernière était également d'origine virale ! Ainsi la mémoire de ce nouvel Être est-elle à l'image de ces générations de virus qui se succèdent à un rythme effréné : pas de passé, pas d'avenir, rien qu'un présent, immense et stagnant. La création artistique marque le pas. Plus rien d'original, rien que de la copie, de la photocopie : du *ready-made*. Et puis l'avènement du clonage comme reproduction alternative.

Ici, dans cette prison pour humains qu'ils appellent hypocritement maison de retraite – ils ont gardé l'ancien nom –, personne ne me croit. Ils disent que je suis fou, que l'homme est toujours le même, qu'il ne s'est pas modifié d'un iota. Je peux les comprendre : lorsqu'une chose n'est pas intelligible, c'est comme si elle n'existait pas.

Mais hélas, elle existe.

Seul Adam est au courant de sa double nature. Il faut dire qu'il est tombé sur une famille spéciale. Je pense qu'il a dû éplucher le contenu de nos travaux, le récit de notre épopée. Peut-être même a-t-il eu connaissance du journal d'Harold ? Peu importe au fond. C'est lui qui nous a fait interner dans ce site maudit, jouant au fils modèle. C'est lui qui a supprimé tous ceux qui savaient, qui avaient des doutes, une infime minorité à travers le monde. Lui qui a fait le ménage, qui a coupé tous les cordons entre nous, qui savions – et eux, qui ne doivent pas savoir.

ESPRIT

Parfois j'ai du mal, je me sens éclaté. Homme ou virus, virus ou homme ? Qui suis-je réellement ? J'ai du mal à recoller les morceaux. Ce malaise, je vis avec depuis ma naissance, c'est celui d'Harold, je crois.
Quand je pense que pas un exemplaire parmi tous les miens n'est au courant de sa vraie nature ! Ils croient tous qu'ils sont humains, sans malice. Ils se reproduisent par clonage, dirigent le monde selon nos règles, mais pensent qu'ils sont humains ! Croyez-vous seulement qu'ils savent ce qu'humain signifie ? Ils n'en ont cure, puisqu'ils sont la nouvelle humanité. Ils croient tous que Bob a disparu au début du millénaire, mis hors de combat par un vaccin minable. Ils ignorent qu'ils sont devenus Bob. À présent, nous sommes tous des humanoïdes.
Et il n'y a que moi qui sais. Et tout ça parce que j'ai atterri dans cette famille de dingues, un homme et une femme qui n'ont jamais été dupes. À présent que j'ai supprimé tous ceux qui savaient, tous ceux qui avaient des doutes, je me sens si seul.
J'ai fait tout le travail, jusqu'au bout. J'ai agi pour notre cause. J'ai permis l'instauration sans retour et à son insu du royaume des virus sur la terre, la nouvelle humanité. Je suis une sorte de messie, mais inversé et inconnu. Je m'éclipse pour que le monde puisse exister.
J'ai démoli tous les ponts. Il n'y a plus que moi, et lui. La solitude est si lourde à porter. Si je leur disais la vérité, si je parlais, ils me prendraient pour un fou. Après tout ce chemin parcouru, malgré nos routes divergentes, je partage au fond la même problématique que mon père adoptif. Je me retrouve être pour les virus ce que lui est devenu pour les hommes. Sauf que homme et virus, à présent, c'est pareil.
Mais je suis un extrémiste, j'assumerai ma mission jusqu'au bout, il m'attend. Puis je disparaîtrai.

AU COMMENCEMENT...

J'attends Adam, dans quelques minutes il sera là. À l'aube de ma vie, j'ai assassiné mon frère de cette main, jadis fœtale, à présent osseuse et sèche. Quoi de plus doux pour moi que de mourir de celle de mon propre... fils. Bob.

REMERCIEMENTS

À Anaëlle – l'ado, Léa – la chimiste, Théo – le mécano, Solal – à tout ségnor, tout au Nord.

À mes parents.
À Valérie et Arièle.

À Gaby et Jo.
À Cathy, qui y a cru tout de suite.

À Marie-Noël de Vathaire, pour son aide, une merveilleuse rencontre.

À Lariette.com, ce lecteur infatigable ! Qu'il continue à descendre les cartes. À Moujielle, son acolyte.

À Joyçon – Tu vois pas ?, à l'Andrecht – pour qui seul le fond compte.

À Anne Judith Lévy, pour son enthousiasme. Une fan inconditionnelle.
À Goldo.

À Bruno Halioua, mon double.

À Agnès Manalt pour ses judicieux conseils, à Frédérique Cantrell, immédiatement conquise.

À Agnès Ameler et Jean-Jaques Gay, pour leur symphonie inachevée.

À Karen Maharshak, Isabelle Da Silva, Gérard Bijaoui, pour leur rôle de conseillers techniques.

Enfin, l'auteur tient à remercier personnellement Odile Jacob, sans qui rien n'eût été possible, ainsi que toute son équipe.

Cet ouvrage a été imprimé par la
SOCIÉTÉ NOUVELLE FIRMIN-DIDOT
Mesnil-sur-l'Estrée
pour le compte des Éditions Odile Jacob
en août 2004

Imprimé en France
Dépôt légal : août 2004
N° d'édition : 7381-1447-X – N° d'impression : 69444